Schnittpunkt **6**

Mathematik – Orientierungsstufe
Rheinland-Pfalz

Joachim Böttner
Rainer Maroska
Volker Müller
Achim Olpp
Rainer Pongs
Claus Stöckle
Hartmut Wellstein
Heiko Wontroba

bearbeitet von
Emilie Scholl-Molter, Sippersfeld
Colette Simon, Eisenberg

Ernst Klett Verlag
Stuttgart · Leipzig

Schnittpunkt 6, Mathematik – Orientierungsstufe, Rheinland-Pfalz

Begleitmaterial:
Lösungsheft (ISBN 978-3-12-742864-3)
Arbeitsheft plus Lösungsheft (ISBN 978-3-12-742866-7)
Arbeitsheft plus Lösungsheft mit Lernsoftware (ISBN 978-3-12-742865-0)
Schnittpunkt Kompakt, Klasse 5/6 (ISBN 978-3-12-740358-9)
Kompetenztest 1, Klasse 5/6 (ISBN 978-3-12-740467-8)
Formelsammlung (ISBN 978-3-12-740322-0)

1. Auflage

1 10 9 8 7 | 20 19 18

Alle Drucke dieser Auflage sind unverändert und können im Unterricht nebeneinander verwendet werden.
Die letzte Zahl bezeichnet das Jahr des Druckes.

Autoren: Joachim Böttner, Rainer Maroska, Volker Müller, Achim Olpp, Rainer Pongs, Emilie Scholl-Molter, Colette Simon, Claus Stöckle, Hartmut Wellstein, Heiko Wontroba

Redaktion: Kerstin Leonhardt, Elke Linzmaier
Herstellung: Martina Mannhart

Illustrationen: Uwe Alfer, Waldbreitbach; Rudolf Hungreder, Leinfelden-Echterdingen
Satz: Media Office GmbH, Kornwestheim
Reproduktion: Meyle + Müller, Medien-Management, Pforzheim
Druck: FIRMENGRUPPE APPL, aprinta druck, Wemding

Printed in Germany
ISBN 978-3-12-742861-2

Liebe Schülerin, lieber Schüler,
auf dieser Seite wird dir dein Mathematikbuch Schnittpunkt erklärt.

Jedes Kapitel beginnt mit einem **Standpunkt**, hier kannst du überprüfen, ob du fit bist.

1. Schätze dich ein mit „Wo stehe ich?".
2. Bearbeite die Aufgaben, überprüfe die Lösungen und damit deine Einschätzung.
3. Die **Lerntipps!** führen dich auf Seiten, die dir helfen, die Aufgaben richtig zu lösen.

Der orange Kasten „Das lerne ich:" zeigt dir, was dich in diesem Kapitel erwartet.

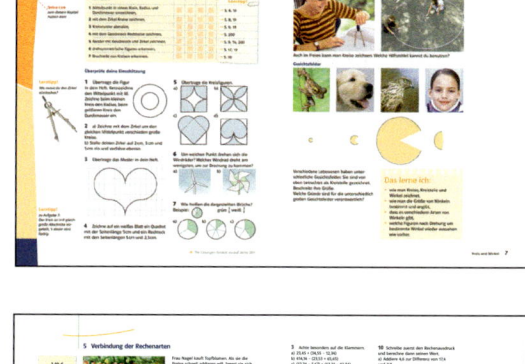

In der Lerneinheit findest du Merkwissen, Beispiele und Aufgaben. Das Wichtigste steht im grünen Merkkasten.

Schwierige Aufgaben sind **blau** gekennzeichnet.

Die Kästen bieten Wissenswertes rund um Mathematik wie Knobelaufgaben, Interessantes und Aufgaben, die du mit dem Computer lösen kannst.
- Gelbe Kästen sind einfacher.
- Graue Kästen sind schwieriger.

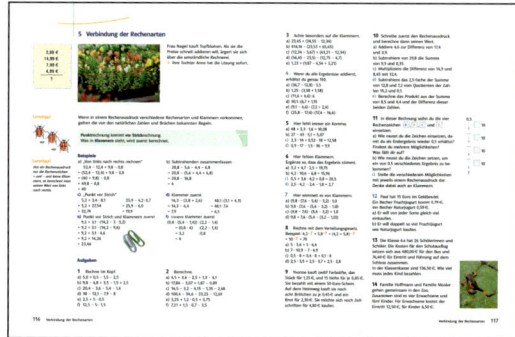

Auf den Seiten **Üben • Anwenden • Nachdenken** findest du Aufgaben, die an das anknüpfen, was du bisher gelernt hast.

Am Ende jedes Kapitels gibt es eine **Zusammenfassung** mit wichtigen Regeln zum Nachschlagen.

Mit dem legeipskcüR, Rückspiegel kannst du deine Kenntnisse überprüfen:

0. (Freiwillig) Drucke dir die Tabelle aus dem Internet aus und schätze dich ein. Gib den Online-Link auf www.klett.de ein.
1. Bist du unsicher, beginne mit der Aufgabe links.
2. Fühlst du dich sicher, bearbeite die schwierigere Aufgabe rechts.
3. Hast du dabei Probleme, wechsle wieder nach links.
4. Die Lösungen stehen am Ende des Buches.

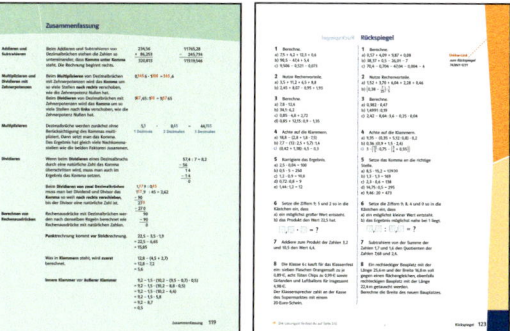

Online-Link
742861-1231

Im **Sammelpunkt** sind noch einmal Aufgaben zusammengestellt, die aufgreifen, was du in den Klassen 5 und 6 gelernt hast. Auch zu diesen Aufgaben findest du Lösungen am Ende des Buches.

Im **Basiswissen** am Ende des Buches findest du weitere Erklärungen, Beispiele und Aufgaben zu mathematischem Wissen.

Und jetzt wünschen wir dir viel Spaß und Erfolg!

Inhalt

1   Kreis und Winkel ⎯⎯ 6

1   Kreis ⎯⎯ 8
2   Kreisausschnitt ⎯⎯ 10
3   Winkel ⎯⎯ 12
4   Winkelmessung. Einteilung der Winkel ⎯⎯ 14
5   Drehsymmetrische Figuren ⎯⎯ 17
  Zusammenfassung ⎯⎯ 19

2   Teilbarkeit und Brüche ⎯⎯ 24

1   Kopfrechnen: Rechenzauber ⎯⎯ 26
2   Teiler und Vielfache ⎯⎯ 28
3   Endziffernregeln ⎯⎯ 31
4   Quersummenregeln ⎯⎯ 33
5   Primzahlen ⎯⎯ 35
6   Brüche ⎯⎯ 37
7   Brüche am Zahlenstrahl ⎯⎯ 42
8   Erweitern und Kürzen ⎯⎯ 44
9   Brüche ordnen ⎯⎯ 47
10 Prozent ⎯⎯ 49
  Zusammenfassung ⎯⎯ 51

3   Rechnen mit Brüchen ⎯⎯ 56

1   Addieren und Subtrahieren
    gleichnamiger Brüche ⎯⎯ 58
2   Addieren und Subtrahieren
    ungleichnamiger Brüche ⎯⎯ 60
3   Vervielfachen von Brüchen ⎯⎯ 64
4   Teilen von Brüchen ⎯⎯ 66
5   Multiplizieren von Brüchen ⎯⎯ 68
6   Dividieren von Brüchen ⎯⎯ 71
7   Punkt vor Strich. Klammern ⎯⎯ 74
  Zusammenfassung ⎯⎯ 76

4   Dezimalbrüche ⎯⎯ 82

1   Dezimalschreibweise ⎯⎯ 84
2   Vergleichen und Ordnen von Dezimalbrüchen ⎯⎯ 86
3   Umwandeln von Brüchen in Dezimalbrüche ⎯⎯ 89
4   Periodische Dezimalbrüche* ⎯⎯ 91
  Zusammenfassung ⎯⎯ 93

5 Rechnen mit Dezimalbrüchen ———— 98
1 Addieren und Subtrahieren ———— 100
2 Multiplizieren und Dividieren
   mit Zehnerpotenzen ———— 104
3 Multiplizieren ———— 108
4 Dividieren ———— 112
5 Verbindung der Rechenarten ———— 116
   Zusammenfassung ———— 119

6 Körper ———— 124
1 Prisma ———— 126
2 Pyramide ———— 129
3 Schrägbilder von Pyramiden und Prismen* ———— 131
4 Zylinder. Kegel. Kugel ———— 133
   Zusammenfassung ———— 135

7 Terme. Variablen. Gleichungen ———— 140
1 Terme mit Variablen ———— 142
2 Berechnen von Termwerten ———— 144
3 Aufstellen von Termen ———— 146
4 Einfache Gleichungen ———— 149
   Zusammenfassung ———— 152

8 Ganze Zahlen ———— 156
1 Ganze Zahlen ———— 158
2 Anordnung ———— 160
3 Zunahme und Abnahme ———— 163
4 Das Koordinatensystem ———— 165
   Zusammenfassung ———— 167

9 Daten erfassen und auswerten ———— 172
1 Daten erfassen ———— 174
2 Daten darstellen ———— 176
3 Daten auswerten ———— 180
4 Daten vergleichen ———— 184
   Zusammenfassung ———— 186

Sammelpunkt ———— 190
Basiswissen ———— 200
Lösungen ———— 209
Register ———— 228
Symbole und Maßeinheiten ———— 230

* Zusatzstoff (Inhalte sind nicht verbindlich)

Standpunkt

Online-Links
zum Standpunkt
742861-0061
zu Kapitel 1
742861-0001

Wo stehe ich?

Ich kann…

	gut	weniger gut	etwas	nicht mehr	Lerntipp!
1 Mittelpunkt in einem Kreis, Radius und Durchmesser einzeichnen,	☐	☐	☐	☐	→ S. 8; 19
2 mit dem Zirkel Kreise zeichnen,	☐	☐	☐	☐	→ S. 8; 19
3 Kreismuster abmalen,	☐	☐	☐	☐	→ S. 9; 19
4 mit dem Geodreieck Rechtecke zeichnen,	☐	☐	☐	☐	→ S. 200
5 Muster mit Geodreieck und Zirkel zeichnen,	☐	☐	☐	☐	→ S. 9; 14; 200
6 drehsymmetrische Figuren erkennen,	☐	☐	☐	☐	→ S. 17; 19
7 Bruchteile von Kreisen erkennen.	☐	☐	☐	☐	→ S. 10

Überprüfe deine Einschätzung

Lerntipp!

Wo musst du den Zirkel einstechen?

1 Übertrage die Figur in dein Heft. Kennzeichne den Mittelpunkt mit M. Zeichne beim kleinen Kreis den Radius, beim größeren Kreis den Durchmesser ein.

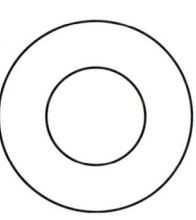

2 a) Zeichne mit dem Zirkel um den gleichen Mittelpunkt verschieden große Kreise.
b) Stelle deinen Zirkel auf 2 cm, 3 cm und 5 cm ein und verfahre ebenso.

3 Übertrage das Muster in dein Heft.

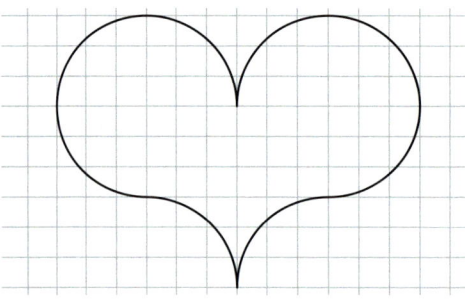

Lerntipp!

*zu Aufgabe 7:
Der Kreis ist in 8 gleich große Abschnitte eingeteilt, 5 davon sind farbig.*

4 Zeichne auf ein weißes Blatt ein Quadrat mit der Seitenlänge 5 cm und ein Rechteck mit den Seitenlängen 5 cm und 2,5 cm.

5 Übertrage die Kreisfiguren.

a) b)

c) d)

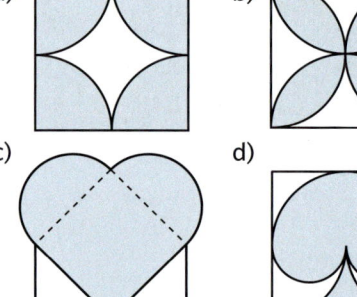

6 Um welchen Punkt drehen sich die Windräder? Welches Windrad dreht am wenigsten, um zur Deckung zu kommen?
a) b)

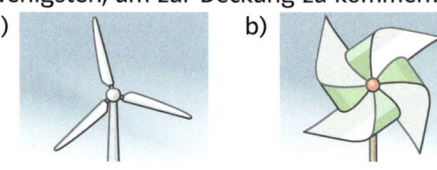

7 Wie heißen die dargestellten Brüche?
Beispiel: grün: $\frac{5}{8}$ weiß: $\frac{3}{8}$

a) b) c)

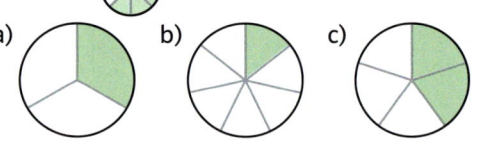

→ Die Lösungen findest du auf Seite 209.

Jetzt gehts rund

Kreise

Auch im Freien kann man Kreise zeichnen. Welche Hilfsmittel kannst du benutzen?

Gesichtsfelder

   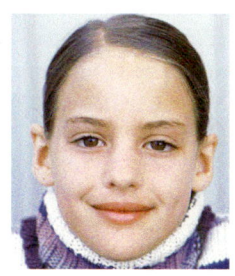

  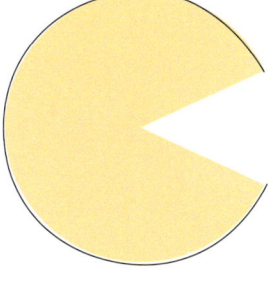 

Verschiedene Lebewesen haben unterschiedliche Gesichtsfelder. Sie sind von oben betrachtet als Kreisteile gezeichnet. Beschreibt ihre Größe.
Welche Gründe sind für die unterschiedlich großen Gesichtsfelder verantwortlich?

Das lerne ich:

- wie man Kreise, Kreisteile und Winkel zeichnet,
- wie man die Größe von Winkeln bestimmt und angibt,
- dass es verschiedene Arten von Winkeln gibt,
- welche Figuren nach Drehung um bestimmte Winkel wieder aussehen wie vorher.

1 Kreis

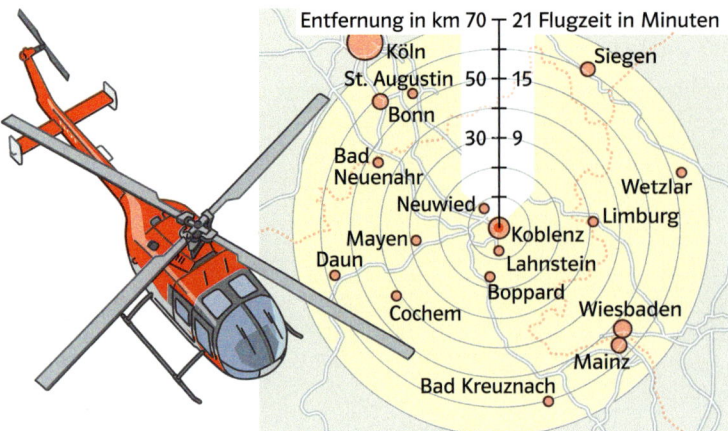

Entfernung in km 70 — 21 Flugzeit in Minuten
Köln
Siegen
St. Augustin 50 — 15
Bonn
30 — 9
Bad Neuenahr
Wetzlar
Neuwied — Limburg
Mayen — Koblenz
Daun
Lahnstein
Boppard
Cochem — Wiesbaden
Mainz
Bad Kreuznach

Bei der medizinischen Versorgung von Menschen nach Unfällen ist Zeit sehr kostbar. Rettungshubschrauber sind in ganz Deutschland so stationiert, dass jeder Ort innerhalb von 21 Minuten erreicht werden kann.
Koblenz ist der Standort des Rettungshubschraubers „Christoph 23".
→ Nenne Städte, die in 9 min; 15 min oder 21 min erreichbar sind.
Gib ihre Entfernung von Koblenz an.
→ Bestimme die Entfernungen Bonn – Wiesbaden, Limburg – Mayen und St. Augustin – Neuwied ohne Messung.

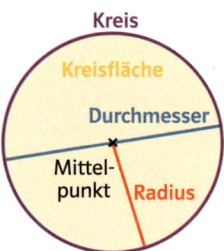

Kreis
Kreisfläche
Durchmesser
Mittelpunkt
Radius

Alle Punkte des Kreises haben vom Mittelpunkt dieselbe Entfernung. Die Kreisfläche wird vom Kreis eingeschlossen.
Kreise zeichnet man mit dem Zirkel: Zuerst wird der Mittelpunkt markiert. Der Radius des Kreises wird zwischen Spitze und Mine des Zirkels eingestellt.

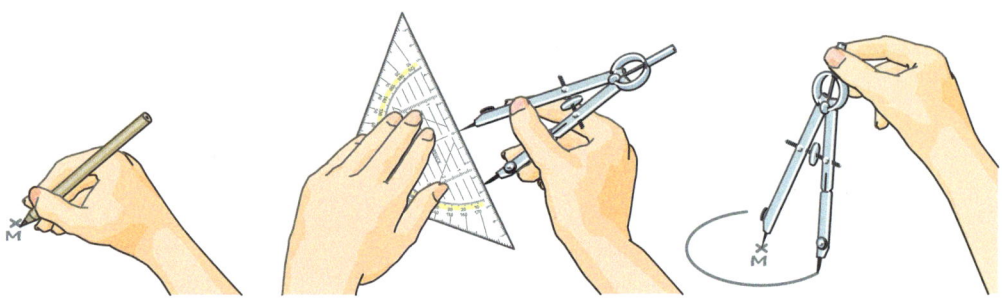

Jede Strecke vom Mittelpunkt zu einem Punkt auf dem Kreis heißt **Radius** r.
Jede Strecke, die zwei Punkte auf dem Kreis verbindet und durch den Mittelpunkt geht, heißt **Durchmesser** d.
Der Durchmesser ist doppelt so lang wie der Radius.

Beispiele

a) Um den Mittelpunkt $M(5|5)$ ist ein Kreis mit dem Radius 4 Kästchen eingezeichnet. Der Radius wird zwischen zwei Gitterpunkten oder auf dem Lineal mit dem Zirkel abgegriffen.
b) Um den Mittelpunkt $M(11|2)$ ist ein Kreis gezeichnet, der durch den Punkt $P(11|0)$ geht.
Auf diesem Kreis liegen außerdem die Gitterpunkte Q, R und S.

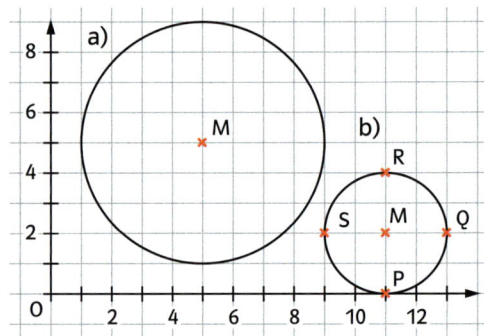

Aufgaben

1 Nenne kreisförmige Gegenstände aus deiner Umgebung. Skizziere sie.

2 Zeichne Kreise mit dem
a) Radius: 3 cm; 5 cm; 40 mm; 3,5 cm.
b) Durchmesser: 80 mm; 64 mm; 1 dm.
c) Was fällt dir auf?

3 a) Zeichne den Kreis um M mit dem Radius r bzw. Durchmesser d.
M (4 | 8); r = 2 cm   M (14 | 16); r = 3,5 cm
M (7 | 9); d = 60 mm   M (5 | 5); d = 50 mm
b) Zeichne den Kreis um M durch P.
M (8 | 10); P (15 | 10)   M (13 | 8); P (10 | 10)
M (12 | 10); P (7 | 6)   M (7 | 7); P (3 | 3)

4 a) Zeichne die Kreisfiguren vergrößert ins Heft und färbe sie.

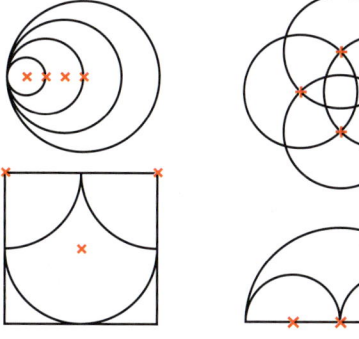

b) Gestalte selbst schöne Kreisfiguren.

5 Für viele Sportarten braucht man kreisförmige Spielfeldmarkierungen. Zeichnet auf dem Pausenhof mit Kreide ein Basketball-Freiwurffeld. Welche besonderen Spielregeln gelten auf dem Freiwurffeld?

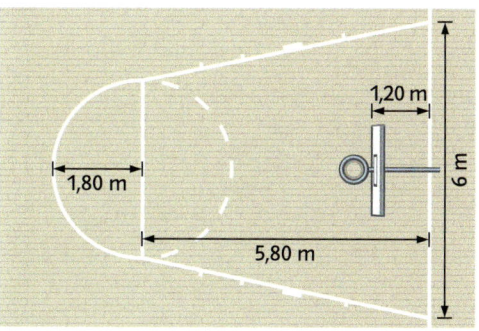

6 Zeichne eine Spirale aus Halbkreisen und schneide an den Kreislinien entlang. Mit Fäden und kleinen Stäbchen lassen sich interessante Mobiles herstellen.

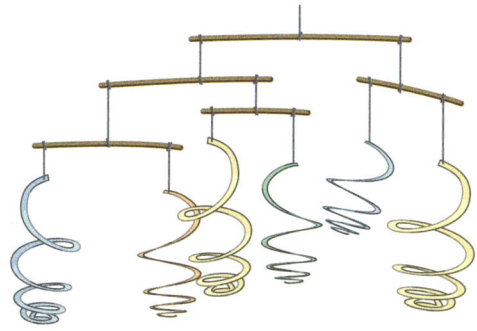

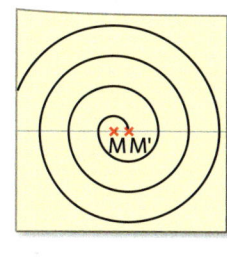

7 Die 32 Fünfer passen nicht in das Rechteck. Wie viele musst du wegnehmen, damit die übrigen hineinpassen? Probiere oder zeichne.

Online-Link
zu den Aufgaben 4
742861-0091

Kreispuzzles

8 Wenn ihr die Figuren sinnvoll zerschneidet, könnt ihr aus dem Kreis ein Windrad und aus den Fischen Quadrate legen.

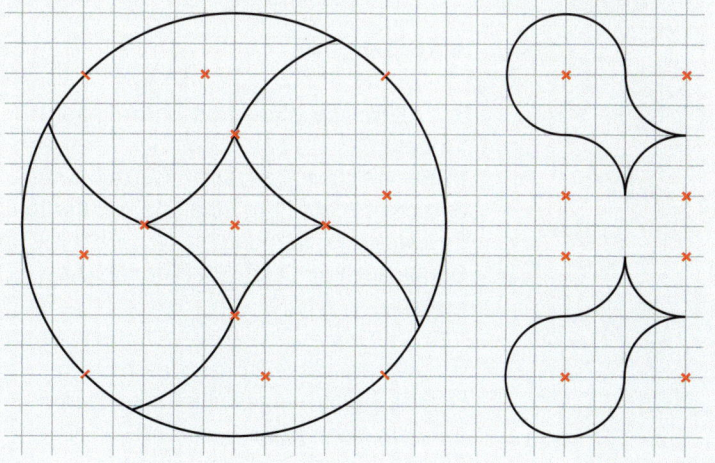

2 Kreisausschnitt

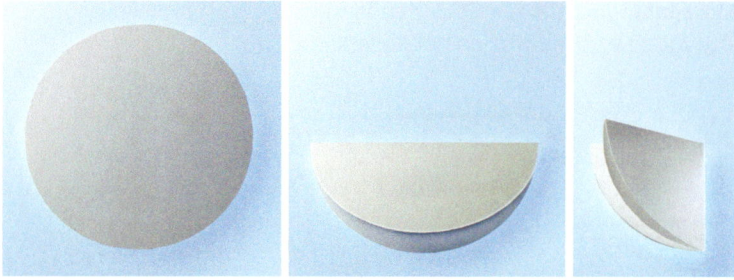

Falte eine ausgeschnittene Kreisfläche immer wieder in der Mitte.
→ Wie werden die entstehenden Teile genannt?
→ Erkläre die Bezeichnungen.
→ Wie oft muss man falten, um einen „Sechzehntelkreis" zu erhalten?
→ Wer von euch kann den kleinsten Kreisteil falten?

Zwei Radien teilen eine Kreisfläche in zwei **Kreisausschnitte**.

Ein von zwei Punkten begrenztes Stück des Kreises heißt **Kreisbogen**.
Ein von zwei Radien und einem Kreisbogen begrenztes Stück der Kreisfläche heißt **Kreisausschnitt**.

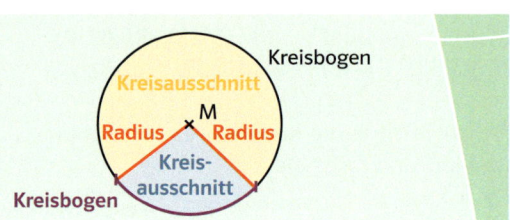

Beispiel
Die Kreisfläche wurde in vier gleich große Kreisausschnitte zerlegt. Davon wurden drei gefärbt.
$\frac{3}{4}$ der Kreisfläche sind also gefärbt, das entspricht einem Dreiviertelkreis.

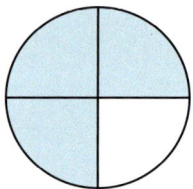

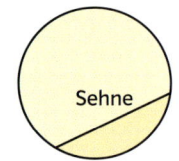

Bemerkung
Faltet man eine Kreisfläche einmal, entstehen zwei Kreisabschnitte.
Die Trennlinie muss dabei nicht durch den Kreismittelpunkt gehen. Sie heißt **Sehne**.

Aufgaben

1 a) Welche „Kreisausschnitte" kannst du essen?
b) Bei welchen Sportarten werden Kreisausschnitte auf dem Spielfeld mit Kreide gestreut oder markiert?
Denke auch an Disziplinen der Leichtathletik.

2 Mit Kreisausschnitten lassen sich schöne Figuren legen. Legt die Figuren auf dem Rand nach.
Sammelt weitere Ideen in der Klasse.

3 Welche der abgebildeten Kreisteile sind Kreisausschnitte? Begründe.

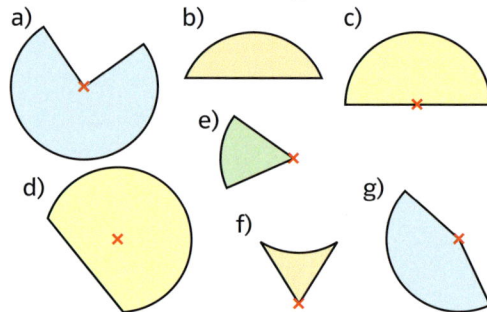

4 Falte einen Kreisausschnitt, der viermal, achtmal, sechzehnmal in einen Kreis passt. Wie erhältst du einen Sechstel- bzw. einen Drittelkreis?

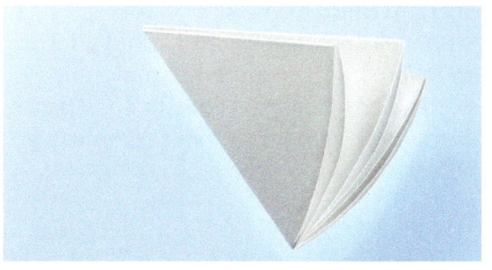

5 In wie viele Teile wurde zerlegt? Benenne jeweils den Kreisausschnitt und den gefärbten Anteil der Kreisfläche.

a)

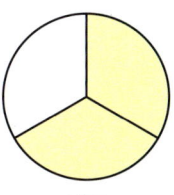

b)

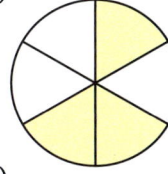

c)

d)

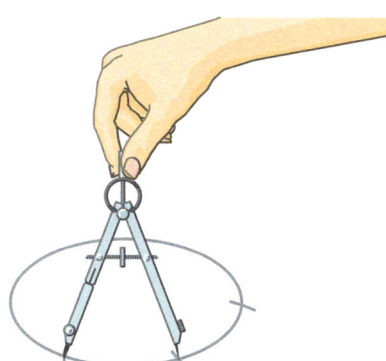

6 Falte Kreisausschnitte und male sie so an, dass sie $\frac{3}{4}$; $\frac{1}{12}$ bzw. $\frac{5}{8}$ eines Kreises ausmachen.

7 Zeichne einen Kreis mit dem Radius r = 4 cm. Wie oft kannst du den Radius auf dem Kreis abtragen?
Welche Figur entsteht, wenn du die abgetragenen Punkte verbindest?

8 An Autofelgen kannst du Kreisausschnitte entdecken.
Stelle deiner Partnerin oder deinem Partner Fragen.

a)

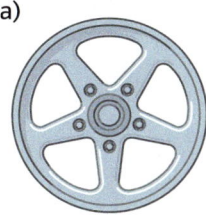

b)

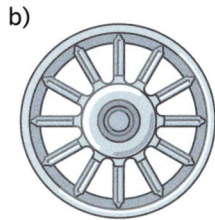

9 Welche Bruchteile sind gegessen?

a)

b)

c)

d)

10 Welche Kreisausschnitte überstreicht
a) der große Zeiger einer Uhr in 45 min; 30 min; 10 min; 5 min; 20 min?
b) der kleine Zeiger einer Uhr in 6 h; 3 h; 12 h; 1 h; 5 h?

11 Hier wurden Diagramme verwendet, um die Wahlergebnisse in Parlamenten darzustellen.
a) Hat eine Partei die absolute Mehrheit?
b) Welche Parteien müssen zusammenarbeiten, um eine Zweidrittelmehrheit zu erreichen?

(1)

(2)

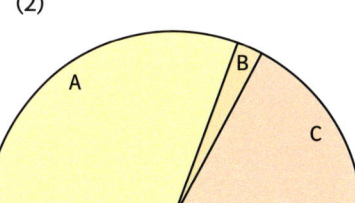

3 Winkel

Die Zeiger von Messgeräten können auf ihren Skalen unterschiedliche Bereiche überstreichen.

→ In welchem Bereich darf sich die Tachonadel im Stadtverkehr bewegen?

→ Lies den zulässigen Bereich des Wasserdrucks am Manometer einer Warmwasserheizung ab.

Dreht sich ein Zeiger um seinen Drehpunkt, so überstreicht er ein Gebiet, das als **Winkel** bezeichnet wird.

> Ein **Winkel** wird von zwei Halbgeraden mit gemeinsamem Anfangspunkt S begrenzt. Die Halbgeraden heißen **Schenkel**, der Punkt S **Scheitel** des Winkels.

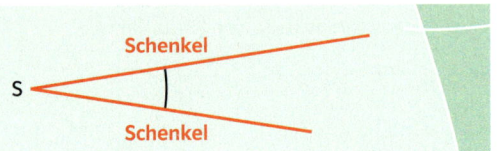

Beispiele

a) Winkel werden mit einem Bogen markiert und mit kleinen griechischen Buchstaben bezeichnet.

α	β	γ	δ	ε
Alpha	Beta	Gamma	Delta	Epsilon

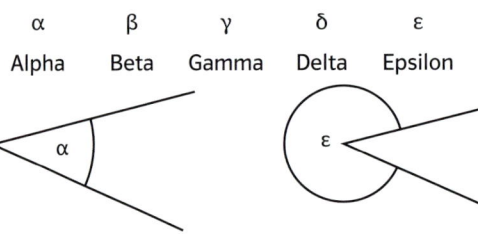 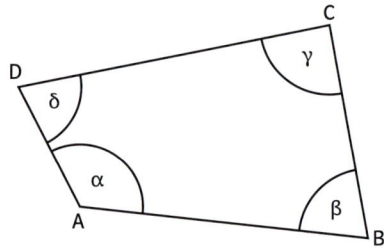

b) Die Größe eines Winkels hängt weder von der Lage noch von der Länge der gezeichneten Schenkel ab.

 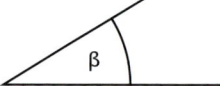 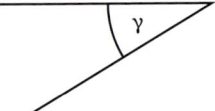

$$\alpha = \beta = \gamma$$

Aufgaben

1 Kennst du die Bedeutung folgender Redewendungen?
„Das angewinkelte Bein …"
„Die verwinkelten Gassen …"
„Ein geschickter Winkelzug …"
„Im toten Winkel …"
„Im steilen Winkel auf das Tor …"

2 Beschreibe die Schenkel und den Scheitelpunkt der Winkel:
a) die Tür des Klassenzimmers,
b) der Zirkel,
c) die Seiten deines Mathematikbuchs,
d) die Schaukel auf dem Spielplatz,
e) das Gesichtsfeld eines Menschen.

3 Skizziere ins Heft und zeichne die Winkelbögen ein. Gibt es mehrere Möglichkeiten? Benenne die Winkel mit griechischen Buchstaben.

a) b)

c) d)

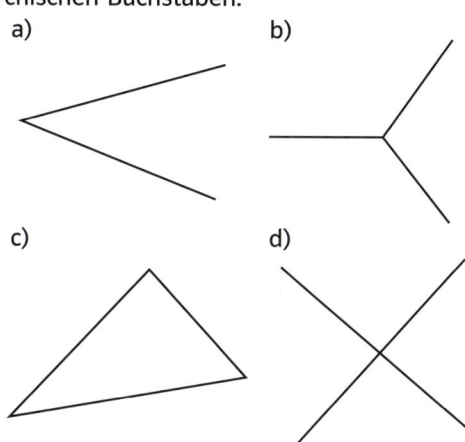

4 Es entstehen jeweils zwei Winkel. Welcher ist der größte?
a) Der Scheitel liegt im Punkt A(6|4). Ein Schenkel geht durch den Punkt B(10|12), der andere durch C(12|6).
b) Die Schenkel gehen durch die Punkte D(2|10) und E(14|2). F(2|2) ist der Scheitelpunkt.

5 Zeichne drei Geraden, die sich in einem gemeinsamen Punkt schneiden. Bezeichne alle entstehenden Winkel.

6 Der Stunden- und der Minutenzeiger einer Uhr bilden um 03:00 Uhr einen besonderen Winkel.

a) Gibt es diesen Winkel auch zu weiteren Uhrzeiten?
b) Nenne auch den Winkel zwischen Sekunden- und Minutenzeiger, sowie den zwischen Stunden- und Sekundenzeiger.
c) Addiere alle drei Winkel.

7 Welchen Schatten wirft die Baumkrone im Scheinwerferlicht an die Hauswand? Zeichne ins Heft.

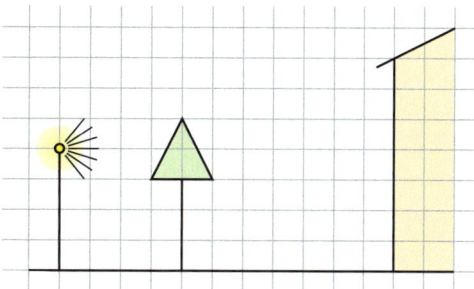

8 In manchen Verkehrssituationen kannst du als Radfahrer von anderen Fahrzeugführern leicht übersehen werden. Der Pkw-Fahrer kann den Radfahrer nicht sehen, wenn dieser durch die Dachholme des Autos verdeckt wird. Übertrage die Zeichnung in dein Heft und skizziere die Lösung.

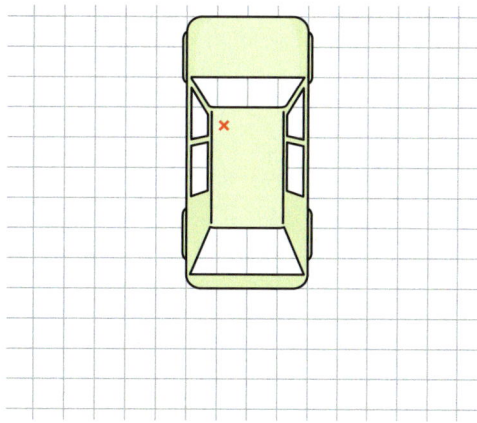

9 Ordne die Winkel nach ihrer Größe.

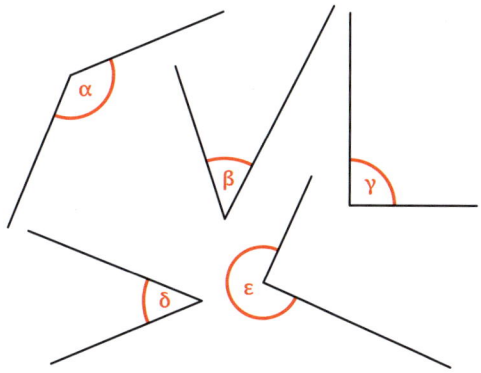

Lerntipp!
zu Aufgabe 3:

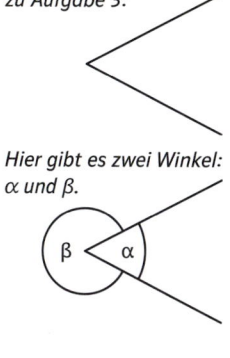

Hier gibt es zwei Winkel: α und β.

Online-Link
zu Aufgabe 6
742861-0131

Lerntipp!
Um die Winkel zu vergleichen, kannst du Folien verwenden.

4 Winkelmessung. Einteilung der Winkel

Ein Pilot kann sich nicht nur mithilfe von Straßen, Flüssen oder Bergen orientieren. Für ihn sind Karte und Kompass wichtige Hilfsmittel, um einen gewünschten Ort zu erreichen. Dabei ist die Angabe der Himmelsrichtung nicht immer ausreichend. Es gibt eine noch genauere Einteilung.

→ Welchen Flughafen erreicht ein Flugzeug, welches von Idar-Oberstein aus Südkurs steuert?

→ Auf welchem Kurs erreicht ein Flugzeug Koblenz von Zweibrücken, Bitburg oder von Mainz aus?

Zum Messen von Winkeln verwendet man eine Maßeinheit. Sie entsteht durch Zerlegung eines Kreises in 360 gleiche Teile. Man nennt diese Einheit **1°**, gelesen **ein Grad**.

Mithilfe des Geodreiecks kann man einen gegebenen Winkel messen oder einen Winkel mit vorgegebener Größe zeichnen.

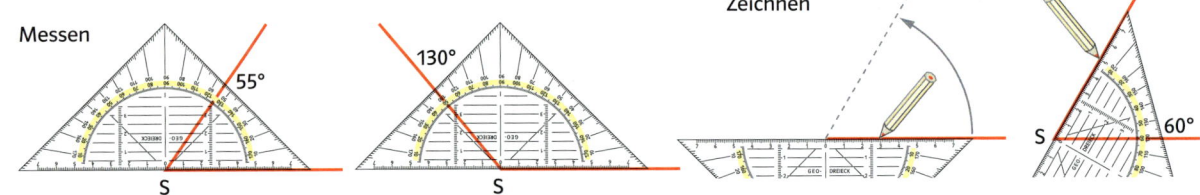

Online-Link
zum Merkkasten
742861-0141

Die Maßeinheit für die Größe eines Winkels heißt **1 Grad** (kurz: 1°).
Winkel werden nach ihrer Größe eingeteilt.

spitze Winkel (kleiner als 90°)	rechte Winkel (90°)	stumpfe Winkel (zwischen 90° und 180°)	gestreckte Winkel (180°)	überstumpfe Winkel (zwischen 180° und 360°)	volle Winkel (360°)

Beispiele

a) Manchmal muss man die Schenkel verlängern, um den Winkel ablesen zu können.

Lerntipp!

Das Geodreieck hat zwei Skalen, die links bzw. rechts mit 0° beginnen.

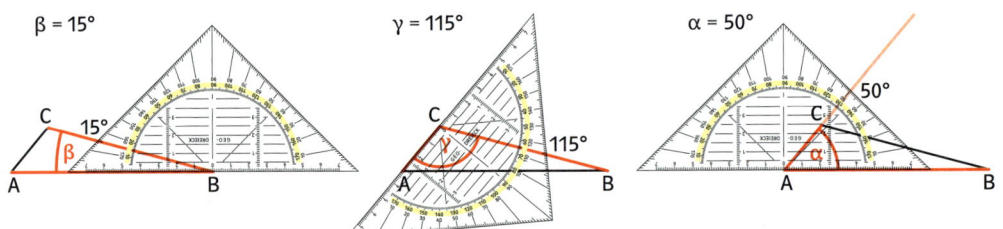

$\beta = 15°$ $\gamma = 115°$ $\alpha = 50°$

b) Um einen überstumpfen Winkel zu zeichnen, wird er in 180° und den fehlenden Rest zerlegt.

210° = 180° + 30°

Man zeichnet zuerst den gestreckten Winkel von 180° und trägt dann den spitzen Winkel von 30° an. Entsprechend geht man beim Messen von überstumpfen Winkeln vor.

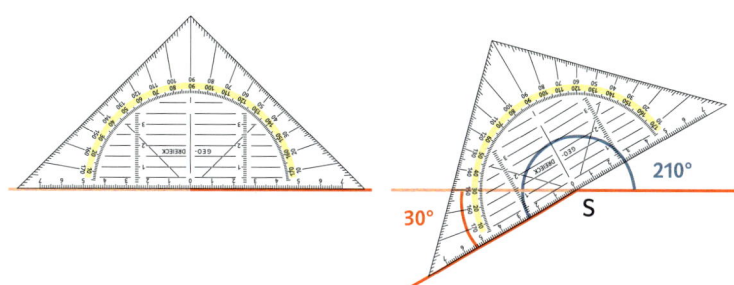

Aufgaben

1 Aus welchen Winkeln kannst du einen Vollwinkel bilden?

Beispiel: 90° + 45° + 180° + 45° = 360°

2 a) Schätze die Größen der Winkel.

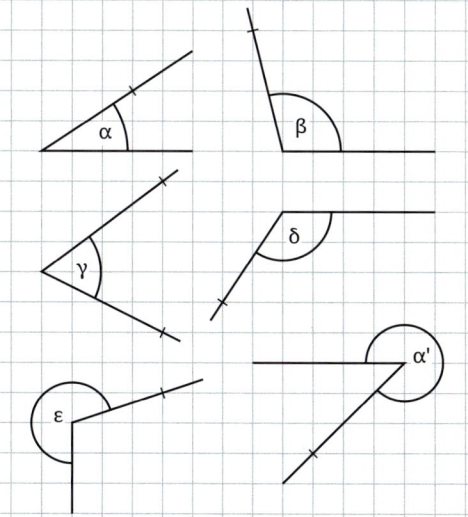

b) Übertrage die Winkel ins Heft und gib ihre Größe in Grad an. Verlängere die Schenkel vor dem Messen falls nötig.

3 Stelle auf der Kreisscheibe zunächst nach Augenmaß die Winkel ein und miss nach. Gib die Winkelart an. Ihr könnt auch zu zweit arbeiten.

a) 90°	b) 30°	c) 45°	d) 190°
180°	80°	150°	250°
270°	130°	220°	300°

4 Zeichne Winkel der angegebenen Größen. Welche Winkelarten erkennst du?

a) 30°	b) 60°	c) 45°	d) 90°
15°	155°	89°	190°
75°	230°	290°	340°

5 Übertrage die Figur in doppelter Größe in dein Heft. Schätze zunächst und miss die Winkel.

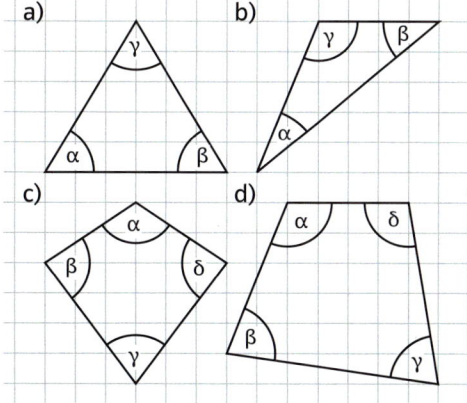

Hast du eine Vermutung, wie groß die Summe der Innenwinkel von Dreiecken bzw. Vierecken ist?

6 Wie lange braucht der Minutenzeiger, um diese Winkel zu überstreichen?
a) 180° b) 90° c) 30° d) 60° e) 12°

Schneide zwei Kreise aus Pappe aus und schneide sie wie im Bild ein. Wenn du sie jetzt ineinandersteckst, kannst du Winkel darstellen.

Online-Link
zu Aufgabe 2
742861-0151

7 Wie viel Grad überstreicht der Minutenzeiger in diesen Zeiträumen?
a) 20 min b) 15 min c) 6 min d) 5 min
e) 1 min f) 15 s g) 45 s h) 50 min

8 Wie viele spitze, rechte, stumpfe, überstumpfe und volle Winkel findest du im abgebildeten Haus?

9 Arbeitet zu zweit. Legt auf dem 5 × 5-Nagelbrett einen Schenkel fest. Einer von euch verändert den zweiten Schenkel, der andere gibt die Winkelart an und misst die Größe.

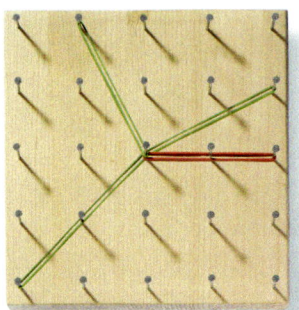

Wenn ihr die Rollen tauscht, könnt ihr die Lage des ersten Schenkels neu festlegen.

10 Bestimme die Größe der Winkel, die durch die gleichmäßige Zerlegung des Kreises entstanden sind.
a) b)

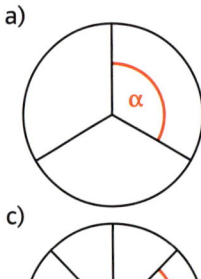

c) d)

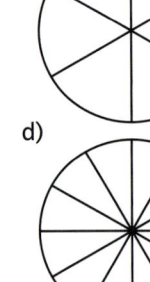

11 Bestimme die Größe
a) $\frac{1}{3}$ des gestreckten Winkels.
b) $\frac{3}{4}$ des Vollwinkels.
Formuliere weitere solche Aufgaben.

12 Berechne den Winkel α mithilfe des gestreckten Winkels.

Beispiel: α = 180° − 50°
α = 130°

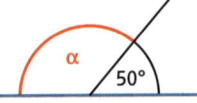

a) b)

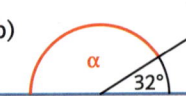

c) d)

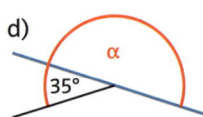

13 Berechne den Winkel α mithilfe der Winkeldifferenz.

Beispiel: α = 30° − 10°
α = 20°

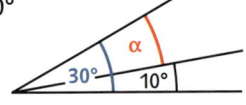

a) b)

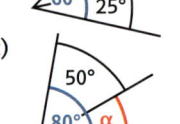

c) d)

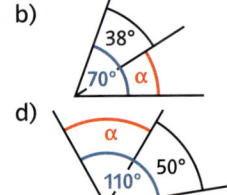

14 Steuert ein Schiff einen bestimmten Kurs, so kann dieser als Himmelsrichtung, aber auch als Winkel angegeben werden.

a) Welche Winkel gehören zu den Richtungen Ost, West, Nordost, Südwest?
b) Welche Richtungen gehören zu den Winkeln 180°; 135°; 0°; 315°?

15 Zeichne ein Dreieck
a) mit einem rechten Winkel.
b) mit einem stumpfen Winkel.
c) mit drei spitzen Winkeln.

5 Drehsymmetrische Figuren

David hat an einem windigen Tag zwei
Fotos von einer Windmühle gemacht.
„Quatsch", meint Lea „das ist doch dasselbe
Bild".

→ Was meinst du?
→ Beschreibe die Regelmäßigkeit.
→ Kennst du weitere Gegenstände oder
Figuren, die eine ähnliche Eigenschaft
haben?

In Natur und Technik findet man viele Figuren und Gegenstände, bei denen man nicht
unterscheiden kann, ob sie sich in der Ausgangsposition befinden oder ob sie um einen
bestimmten Winkel gedreht wurden.

Eine Figur, die durch eine **Drehung**
um das **Drehzentrum** Z in sich selbst
überführt werden kann, nennt man
drehsymmetrisch.
Der Winkel, um den man die Figur
dazu drehen muss, heißt **Drehwinkel**.

Drehwinkel: 72°; 144°; 216°; 288°; …

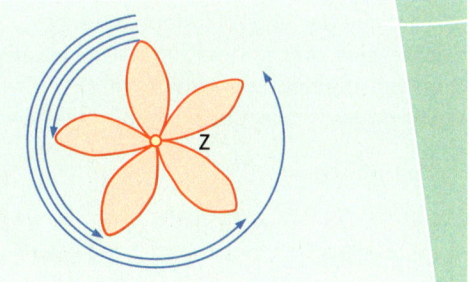

Bemerkung
Figuren, die sich erst nach einer Drehung um 360° wieder in der Ausgangsposition
befinden, sind nicht drehsymmetrisch.

Beispiel
a) Die Blüten des gelben Enzians und der
Erdbeere sind drehsymmetrisch.
Eine Drehung um 60°; 120°; 180°; 240°;
300°; 360° bringt die Enzianblüte wieder
in die Ausgangsposition. Bei der Erdbeere
sind die Drehwinkel 72°; 144°; 216°;
288°; 360°.
b) Die Hasen im Fenster des Doms zu Pader-
born sind drehsymmetrisch angeordnet.
Das Drehzentrum Z befindet sich zwischen
den Ohren der Hasen. Drehwinkel sind
120°; 240°; 360°.

Gelber Enzian   Erdbeere

Aufgaben

1 a) Gib die Drehwinkel der Sterne an.

(1)   (2)

(3)   (4)

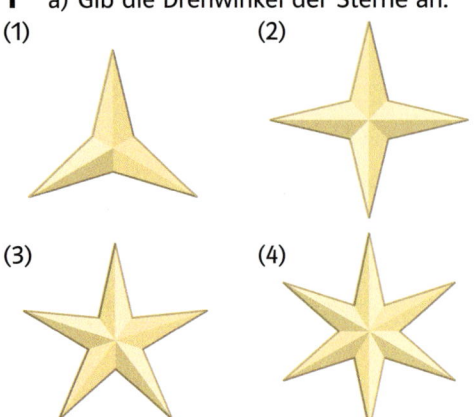

b) Setze die Reihe in Gedanken fort. Findest du eine Regel?

2 Welche der abgebildeten Verkehrszeichen sind drehsymmetrisch? Gib jeweils Drehzentrum und Drehwinkel an.
Weißt du auch, was die Zeichen bedeuten?

a)   b)   c)

d)   e)   f)

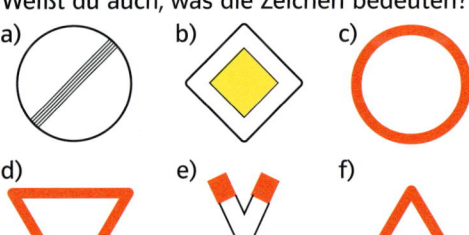

3 Viele Firmenlogos sind drehsymmetrisch.

a) Sind alle abgebildeten Logos drehsymmetrisch? Gib den Drehwinkel an.
b) Schneidet drehsymmetrische Logos aus Zeitschriften und Prospekten aus und stellt sie der Klasse vor (mit Drehzentrum und Drehwinkeln).
c) Gestalte ein Plakat mit den gesammelten Logos.
d) Entwirf eigene drehsymmetrische Firmenlogos. Vorsicht beim Färben, die die Drehsymmetrie soll erhalten bleiben.

4 a) Lisa hat versucht, die linke Figur um 180° zu drehen. Dabei sind Fehler passiert. Kannst du die Fehler finden?

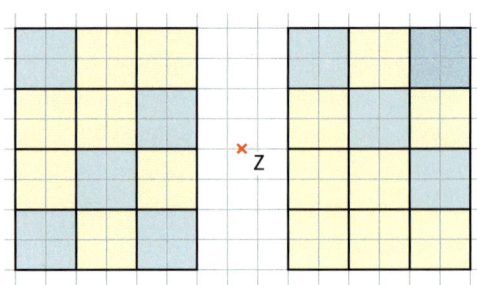

b) Übertrage die linke Figur und das Drehzentrum Z ins Heft, drehe die Figur um 180°.
c) Stellt euch gegenseitig solche Aufgaben und vergleicht die Ergebnisse.

5 Übertrage die Figuren in dein Heft. Wenn du sie um Z drehst mit den Drehwinkeln 90°; 180° und 270° und die gedrehten Figuren einzeichnest, erhältst du jeweils eine drehsymmetrische Figur.

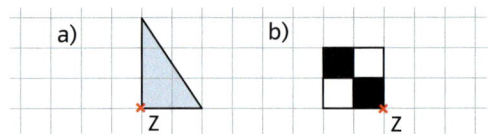

Zeichne die Figur in doppelter Größe auf ein Blatt, schneide sie aus und drehe sie. Nimm eine Stecknadel zuhilfe.

Streichholzfiguren

6 Lege mit Streichhölzern die abgebildete Ausgangsfigur nach.
Die Aufgaben beziehen sich immer auf diese Figur.
Lege jeweils eine drehsymmetrische Figur.
a) Lege ein Streichholz hinzu.
b) Nimm ein Streichholz weg.
c) Nimm zwei Streichhölzer weg.
d) Nimm drei Streichhölzer weg.
e) Stelle deiner Partnerin oder deinem Partner weitere „Nimm-weg-Aufgaben".

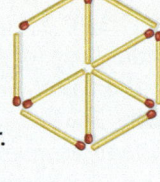

Zusammenfassung

Kreis

Alle Punkte des Kreises haben vom Mittelpunkt dieselbe Entfernung.
Jede Strecke vom Mittelpunkt zu einem Punkt auf dem Kreis heißt **Radius** r.
Der **Durchmesser** d ist doppelt so lang wie der Radius.

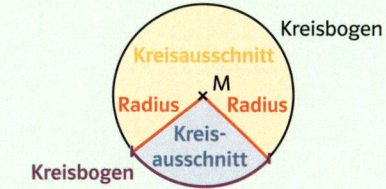

Kreisbogen

Ein von zwei Punkten begrenztes Stück des Kreises heißt **Kreisbogen**.

Kreisausschnitt

Ein von zwei Radien und einem Kreisbogen begrenztes Stück der Kreisfläche heißt **Kreisausschnitt**.

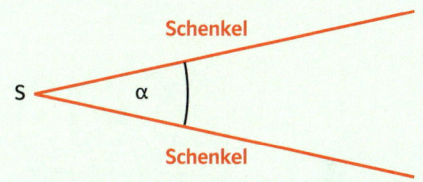

Winkel

Ein **Winkel** wird von zwei **Schenkeln** mit gemeinsamem Anfangspunkt S begrenzt.
Der Punkt S heißt **Scheitel** des Winkels.
Winkel werden mit einem Bogen markiert und können mit kleinen griechischen Buchstaben bezeichnet werden.

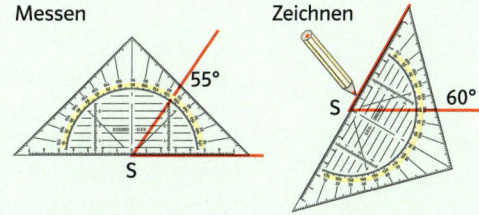

Winkelmessung

Die Maßeinheit für die Größe eines Winkels heißt **1 Grad** (kurz: **1°**).
Sie entsteht durch Teilung eines Kreises in 360 gleiche Teile.

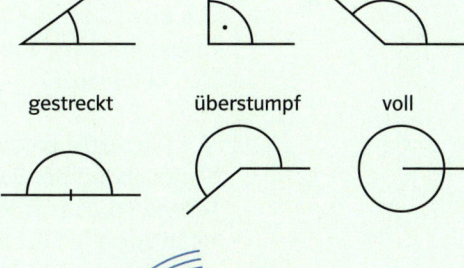

Einteilung der Winkel

Winkel werden nach ihrer Größe eingeteilt.

spitze Winkel	kleiner als 90°
rechte Winkel	90°
stumpfe Winkel	zwischen 90° und 180°
gestreckte Winkel	180°
überstumpfe Winkel	zwischen 180° und 360°
volle Winkel	360°

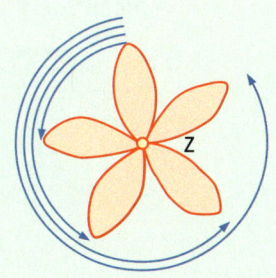

Drehsymmetrische Figur

Eine Figur, die durch eine **Drehung** (ungleich 360°) um das **Drehzentrum** Z in sich selbst überführt werden kann, nennt man **drehsymmetrisch**.
Der Winkel, um den man die Figur drehen muss, heißt **Drehwinkel**.
Drehwinkel: 72°; 144°; 216°; 288°; …

Üben • Anwenden • Nachdenken

1 Mandalas haben eine lange Tradition. Das Wort kommt aus der altindischen Sprache und bedeutet „Kreis". Manche Menschen meditieren auch heute noch mit Mandalas.
Ihr könnt die Figuren abzeichnen oder neue erfinden.

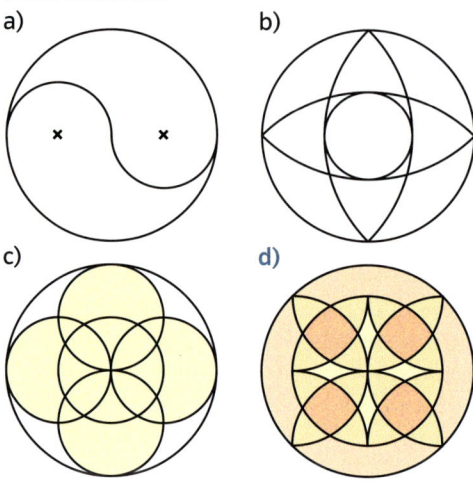

a)   b)

c)   d)

2 Ein Spiel für zwei: Das Spielfeld ist ein Kreis mit 10 cm Radius.
Nun zeichnet ihr abwechselnd Kreise mit 2 cm Radius in das Feld. Kein Kreis darf einen anderen treffen.
Wer als Erster keinen solchen Kreis mehr zeichnen kann, hat leider verloren.

3 Zeichne zwei Kreise mit den Radien $r_1 = 4$ cm und $r_2 = 25$ mm.
In welcher Lage zueinander können sie sich befinden?

4 Die Speichen der Wagenräder bilden Kreisausschnitte. Benenne sie mit Bruchteilen und begründe deine Bezeichnung. Beim Zeichnen der Räder helfen Winkel.

a)   b)

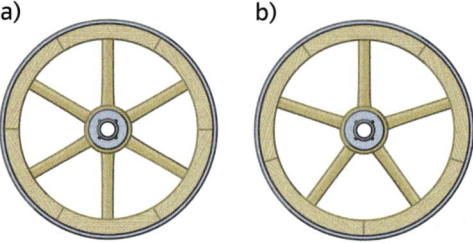

5 Zeichne die Figuren nach.

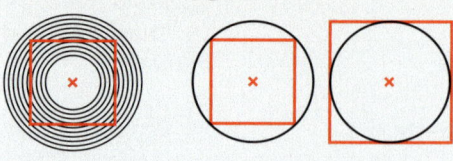

6 Gibt es große und kleine 1-€-Stücke?

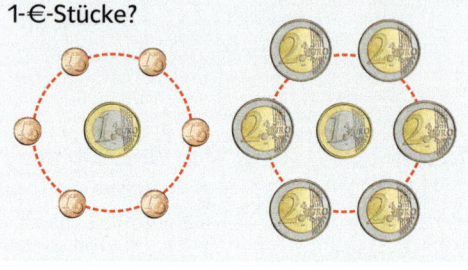

7 Die Chancen, dass das Glücksrad beim Drehen auf einem bestimmten Feld zum Stehen kommt, lassen sich mit Brüchen ausdrücken.
Sind die Chancen für alle Zahlen gleich? Sind sie auch für alle Farben gleich?

8 Wer schätzt besser?
Zeichne mit einer Partnerin oder einem Partner je einen Winkel. Jeder schätzt die Größe des Winkels, den der andere gezeichnet hat. Wer besser geschätzt hat, bekommt einen Punkt.

9 Zeichne die Winkel und nenne die Winkelart.

a) 55°	b) 27°	c) 123°	d) 190°
240°	325°	5°	199°
333°	175°	185°	360°

10 Übertrage die Figur in doppelter Größe in dein Heft.
Schätze zuerst die Größe der Winkel und miss dann nach.

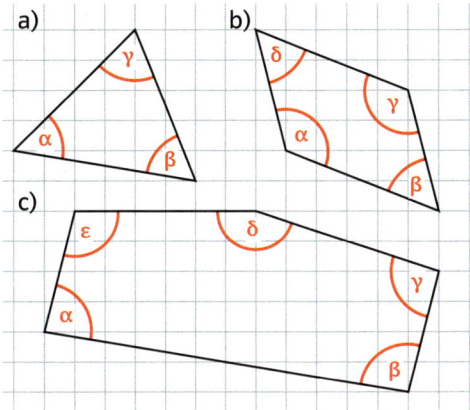

a)
b)
c)

11 Warum kann man kein Dreieck mit
a) zwei rechten
b) zwei stumpfen
Winkeln zeichnen?

12 Aus einem Stück Karton kannst du ein Messgerät für Steigungswinkel herstellen. Miss verschiedene Winkel an Gegenständen.

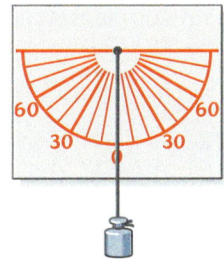

13 Betrachte die Wagenräder in Aufgabe 4.
a) Gib alle möglichen Drehwinkel der Räder an.
b) Kannst du Speichen weglassen, ohne dass die Drehsymmetrie verloren geht? Welche? Wie viele?
Skizziere verschiedene Möglichkeiten im Heft. Gib die Drehwinkel der veränderten Räder an.

Online-Link
zu „Geometrie-Diktate"
742861-0211

Geometrie-Diktate

Auch in der Geometrie gibt es Diktate.

14 Zeichne …
a) die Strecke $\overline{AB}$ = 5 cm,
b) einen Kreis um A, dessen Radius r größer als die halbe Länge von $\overline{AB}$ ist,
c) einen Kreis mit dem gleichen Radius r um B. (Die Schnittpunkte der Kreise sind sind die Punkte P und Q.)
d) die Gerade m durch die Schnittpunkte P und Q.
e) Wie verläuft die Gerade m zur Strecke $\overline{AB}$?
Versuche es auch mit anderen Lagen und Streckenlängen.

15 Zeichne …
a) einen Winkel mit dem Scheitel S,
b) einen Kreis um S mit dem Radius r. (Die Schnittpunkte des Kreises mit den Schenkeln des Winkels sind A und B.)
c) Kreise mit dem gleichen Radius r um A und B,
d) w von S durch den Schnittpunkt P der beiden Kreise.
e) Wie verläuft die Halbgerade w im Winkel? Versuche es auch mit anderen Lagen und Winkelgrößen.

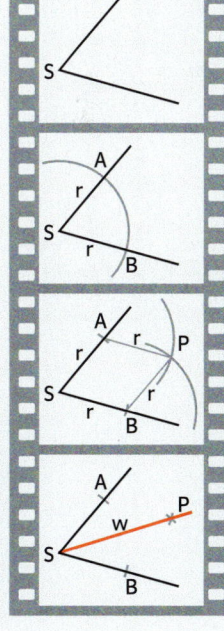

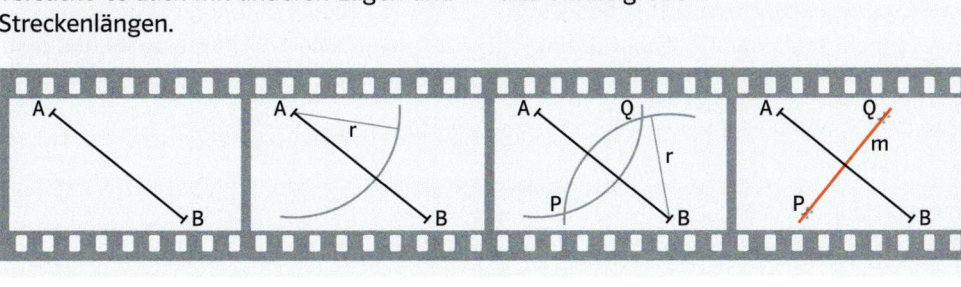

16 Ein Segelboot fährt 600 m weit mit Kurs 90°, dann 450 m mit Kurs 45°, dann 900 m mit Kurs 315°.
Mit welchem Kurs könnte es geradlinig zum Ausgangspunkt zurückkommen?

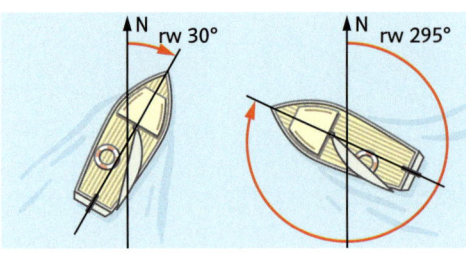

Zeichne. In der Abbildung kannst du erkennen, wie die Fahrtrichtung bestimmt wird. (rw bedeutet rechtsweisend.)
Nimm 1 cm für 100 m.

17 Auf der Seekarte ist die Fahrstrecke eines Schiffes eingetragen.

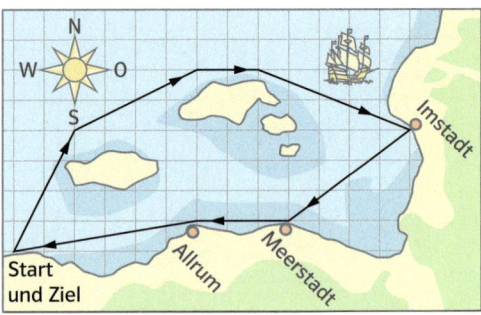

Übertrage die Karte und miss die Winkel der Fahrtrichtung an den Punkten, an denen eine Richtungsänderung stattfindet. Miss die Länge der Fahrstrecke. 1 cm im Heft entspricht 20 sm (Seemeilen).

Das Gradnetz der Erde

18 Um sich auf der Erde zu orientieren, denkt man sie sich mit einem Gradnetz überzogen. Auf dem Globus und im Atlas sind diese Linien eingetragen.

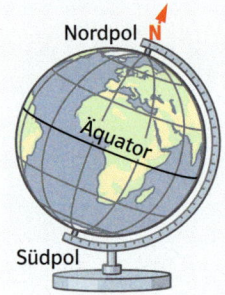

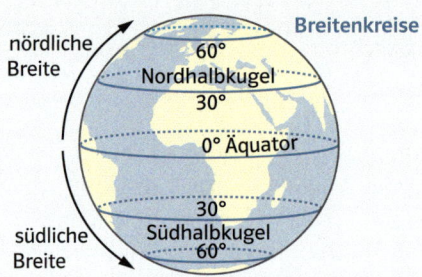

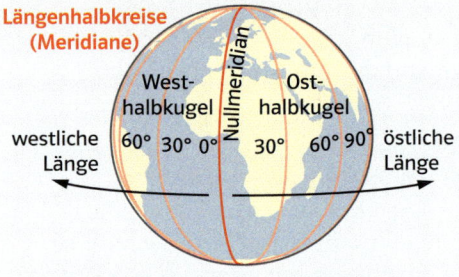

Parallel zum **Äquator** verlaufen die **Breitenkreise**. Sie bestimmen die geografische Breite eines Ortes. Ihre Lage wird durch den Winkel beschrieben, den sie mit dem Erdmittelpunkt und der Äquatorebene bilden. An der aufgeschnittenen Erdkugel kannst du das erkennen. Auf der Nordhalbkugel spricht man von nördlicher Breite, auf der Südhalbkugel von südlicher Breite.

Die **Längenhalbkreise** oder Meridiane verlaufen von Pol zu Pol. Als Nullmeridian hat man den Längenhalbkreis durch Greenwich, eine Stadt bei London, festgelegt. Die Längenhalbkreise bestimmen die geografische Länge eines Ortes. Ihre Lage wird durch den Winkel bestimmt, den sie mit dem Erdmittelpunkt und dem Nullmeridian auf dem Äquator bilden.

Beispiel: Kairo liegt auf 30° nördlicher Breite und 30° östlicher Länge.

a) Mainz liegt auf dem 50. Breitenkreis. Ist es von dort aus weiter zum Äquator oder zum Nordpol?
b) Welcher Punkt hat 90° nördlicher Breite, welcher hat 90° südlicher Breite?

Rückspiegel # Rückspiegel

Online-Link
zum Rückspiegel
742861-0231

1 Zeichne je einen Kreis mit dem Radius 2 cm; 35 mm und 5,5 cm.

2 Zeichne den Kreis um M mit r bzw. d.
M (5|6); r = 2 cm
M (18|14); r = 4,5 cm
M (6|18); d = 6 cm
M (20|10); d = 70 mm

3 Zeichne die Kreisfigur und färbe sie.

4 Zeichne je einen Winkel mit 35°; 90°; 105°; 210°.
Um welche Winkelarten handelt es sich?

5 Schätze die Winkel. Übertrage sie ins Heft und gib ihre Größe in Grad an.

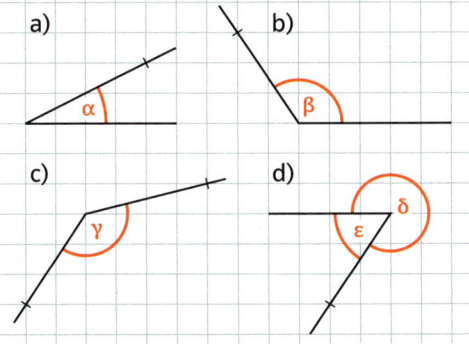

6 Gib die Drehwinkel an.
a) b)

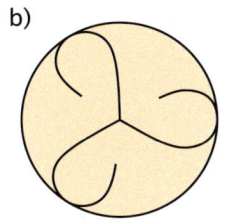

1 Zeichne je einen Kreis mit dem Durchmesser 6 cm; 80 mm und 0,9 dm.

2 Zeichne den Kreis um M durch P. Gib jeweils Radius und Durchmesser an.
M (10|8); P (5|8)
M (18|16); P (18|7)

3 Zeichne die Kreisfigur und färbe sie.

4 Zeichne je einen Winkel mit 27°; 175°; 270°; 310°.
Um welche Winkelart handelt es sich?

5 Schätze die Winkel. Zeichne ins Heft, miss die Winkel und gib die Winkelart an.

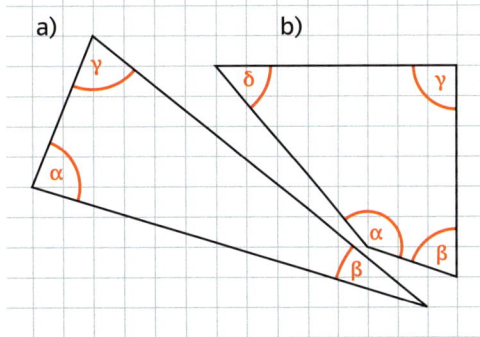

6 Gib die Drehwinkel an.
a) b)

→ Die Lösungen findest du auf Seite 209.

Standpunkt

Online-Links
zum Standpunkt
742861-0241
zu Kapitel 2
742861-0002

Wo stehe ich?

Ich kann…

	gut	weniger gut	etwas	nicht mehr	Lerntipp!
1 im Kopf multiplizieren,	☐	☐	☐	☐	→ S. 26; 202
2 im Kopf dividieren,	☐	☐	☐	☐	→ S. 27 ff
3 mithilfe von Umkehraufgaben die Probe machen,	☐	☐	☐	☐	→ S. 203
4 mit Zehnerzahlen multiplizieren und dividieren,	☐	☐	☐	☐	→ S. 26; 27
5 Brüche erkennen und darstellen,	☐	☐	☐	☐	→ S. 37f; 51
6 Bruchteile von Größen umwandeln,	☐	☐	☐	☐	→ S. 40; 41
7 Brüche am Zahlenstrahl ablesen.	☐	☐	☐	☐	→ S. 42; 51

Überprüfe deine Einschätzung

Lerntipp!

Probe mithilfe der Umkehraufgabe:

$7 \cdot 13 = 91$, denn
$91 : 13 = 7$

$7 \xrightarrow[: 13]{\cdot 13} 91$

$99 : 9 = 11$, denn
$11 \cdot 9 = 99$

$99 \xrightarrow[\cdot 9]{: 9} 11$

$37 : 9 = 4 R1$, denn
$4 \cdot 9 + 1 = 37$

1 Rechne im Kopf.

a) $5 \cdot 17$ b) $5 \cdot 76$ c) $10 \cdot 38$
  $2 \cdot 91$ $64 \cdot 4$ $4 \cdot 64$
  $19 \cdot 16$ $9 \cdot 19$ $9 \cdot 20$

2 Rechne.

a) $32 : 8$ b) $63 : 7$ c) $52 : 6$
  $54 : 6$ $96 : 3$ $47 : 7$
  $56 : 7$ $120 : 12$ $80 : 5$

3 Mache zu diesen Aufgaben die Probe.

a) $8 \cdot 15$ b) $45 : 9$
c) $17 \cdot 11$ d) $96 : 8$

4 Fülle die Lücken.

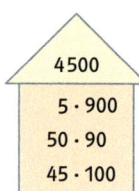

a)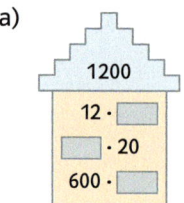

b)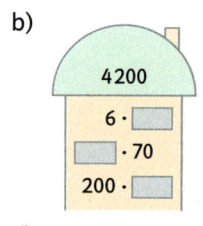

c)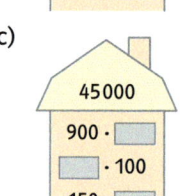

d)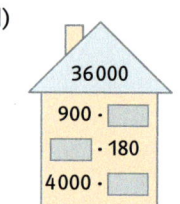

5 a) Welcher Bruchteil ist dargestellt?

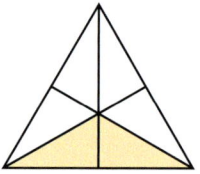
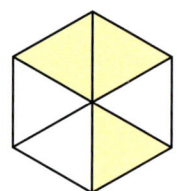

b) Stelle die Bruchteile dar: $\frac{1}{4}$; $\frac{2}{3}$; $\frac{3}{8}$.

6 Schreibe ohne Brüche.

a) $\frac{1}{4} m = \square\,cm$ b) $\frac{1}{2} h = \square\,min$
c) $\frac{3}{4} km = \square\,m$ d) $\frac{1}{8} kg = \square\,g$

7 a) Welche Brüche sind markiert?

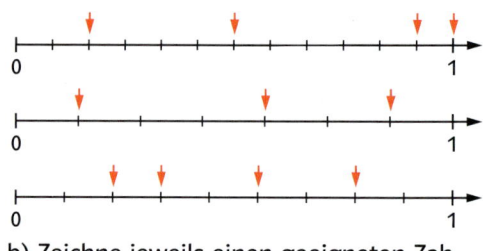

b) Zeichne jeweils einen geeigneten Zahlenstrahl für die Brüche $\frac{2}{5}$ und $\frac{3}{5}$.

→ Die Lösungen findest du auf Seite 209.

Zahlen zu verteilen

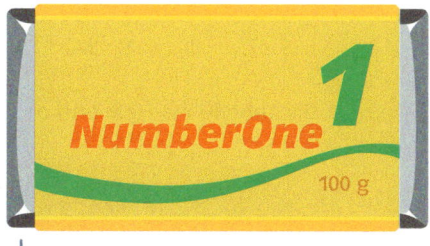

Gerecht teilen

Hier siehst du eine Tafel *Number-One-Schokolade*.
- An wie viele Personen kannst du die Tafel gerecht verteilen?
- Welchen Bruchteil bekommt jede Person bei den verschiedenen Möglichkeiten?
- Zeichne wie im Beispiel das Bild verschiedener Bruchteile.

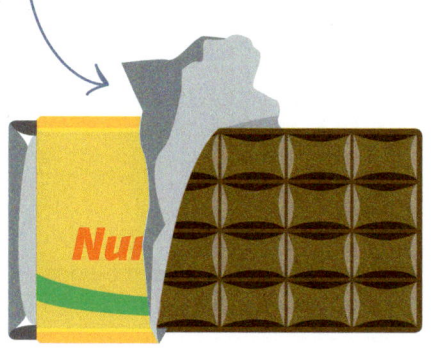

Zahlenspiel für 3 bis 5 Spieler

- Schreibt die Zahlen von 2 bis 121 auf 120 Karten. Mischt die Karten, verteilt sie gleichmäßig und legt sie offen vor euch hin.
- Wer die 2 hat, ruft „2" aus und legt die Karte verdeckt vor sich hin. Alle anderen Spielerinnen und Spieler legen die Karten, auf denen eine gerade Zahl steht, verdeckt in die Mitte des Tischs.
- Wer die 3 hat, ruft sie aus und legt sie verdeckt vor sich hin. Alle Karten mit Zahlen, die ohne Rest durch 3 teilbar sind, werden verdeckt in die Mitte gelegt.
- Immer mit der kleinsten noch offenen Zahl geht es so lange weiter, bis alle Karten verdeckt sind.
- Wer am Ende die meisten verdeckten Karten besitzt, hat Glück gehabt und soll erklären, welche Art von Zahlen auf seinen Karten steht.

72

112   7

99

54

17

Online-Link
zu „Zahlenspiel für
3 bis 5 Spieler"
742861-0371

Das lerne ich:

- was Teiler und Vielfache sind,
- wie man Zahlen auf Teilbarkeit prüft,
- was eine Primzahl ist,
- wie man Brüche am Zahlenstrahl darstellt,
- wie man Brüche erweitert und kürzt,
- wie man Brüche der Größe nach ordnet,
- wie Brüche und Prozentzahlen zusammenhängen.

1 Kopfrechnen: Rechenzauber

Online-Link
Hunderterfeld
742861-0261

Lerntipp!
*Es lohnt, die Zahlen-
reihen aus Aufgabe 4
bis zum Produkt 20 · 20
zu üben.*

1 Übertrage das Hunderterfeld ins Heft
und ergänze die Einmaleinsreihen.

·	1	2	3	4	5	6	7	8	9	10
1	☐	☐	☐	☐	☐	☐	☐	☐	☐	☐
2	☐	☐	☐	☐	☐	☐	☐	☐	☐	☐
3	☐	☐	☐	☐	☐	☐	☐	☐	☐	☐
4	☐	☐	☐	☐	☐	☐	☐	☐	☐	☐
…	☐	☐	☐	☐	☐	☐	☐	☐	☐	☐
10	☐	☐	☐	☐	☐	☐	☐	☐	☐	☐

a) Welche Gemeinsamkeiten haben alle
Zahlen in der 2er-Reihe (der 5er-Reihe; der
10er-Reihe)?
b) Vergleiche die 3er-Reihe mit der
6er-Reihe. Was fällt dir auf?
c) Vergleiche die 2er- und die 4er- mit der
8er-Reihe.
d) Vergleiche die 2er-, die 3er- und die
6er-Reihe.
e) Was stellst du beim Vergleichen der
5er-Reihe mit der 3er-Reihe, der 2er- mit
der 7er-Reihe fest?
f) Stelle weitere Vergleiche an.

2 a) Kannst du 89; 789; 6789; 16789 ohne
Rest durch 2 teilen?
Begründe.
b) Erfinde eine ähnliche Aufgabe zur
5er-Reihe.

Zaubertrick 1

Einstellige Zahlen mit zweistelligen
Zahlen multiplizieren.

Beispiel: 7 · 28 = ?

1. einstellige Zahl mit dem Zehner der
   zweistelligen Zahl multiplizieren:
   7 · 2 = 14
2. Null anhängen: **140**
3. Einer multiplizieren: 7 · 8 = **56**
4. Ergebnisse addieren:
   140 + 56 = 196
Ergebnis: 7 · 28 = 196

Zu Zaubertrick 1:

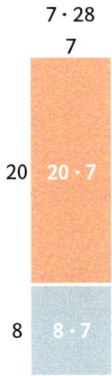

7 · 28

Zu Zaubertrick 2:

3 Berechne mit Zaubertrick 1.
a) 6 · 18   b) 5 · 47   c) 7 · 89
   7 · 14   3 · 32   74 · 9
   13 · 4   6 · 72   8 · 96

4 Übertrage die Tabelle ins Heft und ergänze.

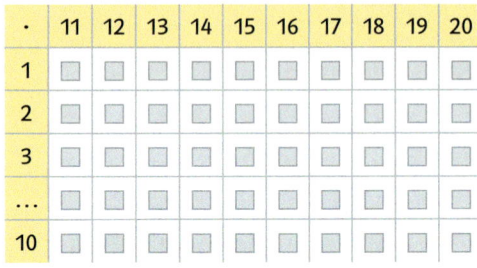

·	11	12	13	14	15	16	17	18	19	20
1	☐	☐	☐	☐	☐	☐	☐	☐	☐	☐
2	☐	☐	☐	☐	☐	☐	☐	☐	☐	☐
3	☐	☐	☐	☐	☐	☐	☐	☐	☐	☐
…	☐	☐	☐	☐	☐	☐	☐	☐	☐	☐
10	☐	☐	☐	☐	☐	☐	☐	☐	☐	☐

Vergleiche die 3er-und die 5er-Reihe mit
der 15er-Reihe.

5 Führe die Zahlenreihen nach beiden
Seiten um drei weitere Zahlen fort.
Um welche Zahlenreihen handelt es sich?
a) …; 28; 35; 42;…   b) …; 44; 55; …
…; 48; 56; 64; …   …; 99; 110; 121; …
…; 81; 90; 99; …   …; 60; 72; 84; …
c) …; 72; 90; 108; …   d) …; 52; 65; 78; …
…; 136; 153; 170; …   …; 75; 90; 105; …
…; 84; 98; 112; …   …; 80; 96; 112; …

Zaubertrick 2

Zweistellige Zahlen von 11 · 11 bis 19 · 19
miteinander multiplizieren.

Beispiel: 16 · 17 = ?

1. Einer des zweiten Faktors zum ersten
   Faktor addieren: 16 + 7 = 23
2. Null anhängen: **230**
3. Einer miteinander multiplizieren:
   6 · 7 = **42**
4. Ergebnisse addieren: 230 + 42 = 272
Ergebnis: 16 · 17 = 272

6 Berechne trickreich wie in Zaubertrick 2.
a) 12 · 14   b) 16 · 18   c) 19 · 17
   13 · 15   19 · 14   18 · 16
   15 · 11   18 · 15   17 · 18

7 Berechne wie im Beispiel:

13 · 17 = (10 + 3) · 17 = 170 + 51 = 221

a) 35 · 14   b) 16 · 52   c) 18 · 79
   13 · 25   16 · 24   17 · 56
   15 · 42   18 · 74   19 · 68

8 Nenne mindestens drei Zahlenreihen, aus der die folgende Zahl stammen kann.
Beispiel: 64

64 = 1 · 64; 64 = 2 · 32; 64 = 4 · 16; 64 = 8 · 8
64 kann aus der 2er-, 4er-, 8er-, 16er-, 32er- und 64er-Reihe stammen.

a) 36   b) 48   c) 72
d) 75   e) 84   f) 96

9 Fülle die Lücken.

·	11	12	13	14	15	16	17	18	19	20
11	☐	☐	☐	☐	☐	☐	☐	☐	☐	☐
12	☐	☐	☐	☐	☐	☐	☐	☐	☐	☐
13	☐	☐	☐	☐	☐	☐	☐	☐	☐	☐
…	☐	☐	☐	☐	☐	☐	☐	☐	☐	☐
20	☐	☐	☐	☐	☐	☐	☐	☐	☐	☐

Welche Zahlen stehen in der Diagonalen von links oben nach rechts unten?

Zaubertrick 3

Der Trick mit der 11

Beispiel: 11 · 27 = ?

1. Die Lösung beginnt mit der Zehner-ziffer des Faktors, der nicht 11 ist: **2**
2. Es folgt die Summe aus dessen Ziffern: **2** + **7** = **9**: **29**
3. Jetzt wird noch der Einer dieses Faktors angehängt: **297**
4. Ergebnis: 11 · 27 = **297**

10 Berechne ebenso.

a) 11 · 26   b) 17 · 11   c) 11 · 62
   11 · 13   63 · 11   36 · 11
   36 · 11   11 · 18   11 · 87
   11 · 54   11 · 45   93 · 11

Zaubertrick 4

Mal 5 (die Hälfte vom Zehnfachen)

Beispiel: 26 · 5 = ?

1. 26 · 10 = 260
2. 260 : 2 = 130
Ergebnis: 26 · 5 = 130

Mal 25 (ein Viertel vom Hundertfachen)

Beispiel: 57 · 25 = ?

1. 57 · 100 = 5700
2. 5700 : 4 = 1420
Ergebnis: 57 · 25 = 1420

Mal 125 (ein Achtel vom Tausendfachen)

Beispiel: 72 · 125 = ?

1. 72 · 1000 = 72 000
2. 72 000 : 8 = 9000
Ergebnis: 72 · 125 = 9000

11 Rechne geschickt. Beispiel:
25 · 42 = 100 · 42 : 4 = 4200 : 4 = 1050

a) 35 · 5   b) 25 · 34   c) 24 · 125
   5 · 78   25 · 98   125 · 44
   36 · 5   56 · 25   125 · 25

Zaubertrick 5

Division durch 9

Beispiel: 231 : 9 = ?

1. Notiere die erste Ziffer: **2**.
2. Addiere die ersten beiden Ziffern:
   2 + **3** = **5**
3. Addiere nun alle Ziffern: **2** + **3** + **1** = **6**
Ergebnis: **2**31 : 9 = **25** Rest **6**

Beispiel: 546 : 9 = ?

1. 5
2. 5 + 4 = 9
3. 5 + 4 + 6 = 15
Ergebnis: 546 : 9 = 59 Rest 15 = 60 Rest 8

12 Berechne wie in Zaubertrick 5.

a) 125 : 9   b) 143 : 9   c) 359 : 9
   251 : 9   343 : 9   443 : 9
   620 : 9   257 : 9   327 : 9

Zu Zaubertrick 3:

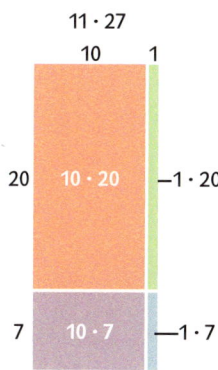

11 · 27

2 Teiler und Vielfache

Die Stücke bei einer Tafel Schokolade sind in 4 Reihen und 6 Spalten angeordnet. Man kann die Tafel sehr einfach ohne Rest auf 4 oder 6 Personen aufteilen.

→ Kann man die Tafel auch ohne Rest auf 8, 10 oder 12 Personen aufteilen?
→ Welche Aufteilungen sind noch möglich?
→ Wie viele Stücke könnte eine Tafel Schokolade haben, die ohne Rest auf 7 Personen aufgeteilt werden soll?

Zu jeder Multiplikationsaufgabe gehören zwei Divisionsaufgaben mit Rest 0.

$$1 \cdot 18 = 18 \qquad 18 : 1 = 18 \qquad \text{und} \qquad 18 : 18 = 1,$$
$$2 \cdot 9 = 18 \qquad 18 : 2 = 9 \qquad \text{und} \qquad 18 : 9 = 2,$$
$$3 \cdot 6 = 18 \qquad 18 : 3 = 6 \qquad \text{und} \qquad 18 : 6 = 3$$

Die Zahl 18 kann also durch 1; 2; 3; 6; 9 und 18 geteilt werden.

> Die Zahl 18 hat die **Teiler** 1; 2; 3; 6; 9; 18. Jede der Zahlen 1; 2; 3; 6; 9; 18 **teilt** 18.
> Es gilt also z.B.: 6 **teilt** 18; 7 **teilt nicht** 18, kurz: 6 | 18; 7 ∤ 18.
> Die Zahl 18 ist ein **Vielfaches** der Zahlen 1; 2; 3; 6; 9; 18.

Beispiele

a) Alle Teiler von 48 werden gesucht.
Man schreibt 48 auf alle möglichen Arten als Produkt von zwei Zahlen. Dazu probiert man, ob 2; 3; 4; 5; ... ein Teiler von 48 ist. Produkte, in denen der erste Faktor größer ist als der zweite, muss man nicht mehr aufschreiben. Die Teiler werden in der **Teilermenge** zusammengefasst.

48	90	25	31
1·48	1·90	1·25	1·31
2·24	2·45	5·5	
3·16	3·30		
4·12	5·18		
6·8	6·15		
	9·10		

$T_{48} = \{1; 2; 3; 4; 6; 8; 12; 16; 24; 48\}$
$T_{25} = \{1; 5; 25\}$
$T_{90} = \{1; 2; 3; 5; 6; 9; 10; 15; 18; 30; 45; 90\}$
$T_{31} = \{1; 31\}$

b) Die Vielfachen der Zahl 6 sind 1·6; 2·6; 3·6; ... Man fasst sie in der **Vielfachenmenge** zusammen. Es genügt, die ersten drei oder vier Vielfachen aufzuschreiben.
$V_6 = \{6; 12; 18; 24; ...\}$ $\qquad$ $V_9 = \{9; 18; 27; ...\}$ $\qquad$ $V_{18} = \{18; 36; 54; 72; ...\}$

Aufgaben

Lerntipp!
| *bedeutet teilt.*
∤ *bedeutet teilt nicht.*

1 Setze ein: „teilt" oder „teilt nicht".

a) 4 ☐ 12   b) 4 ☐ 64   c) 16 ☐ 64
   9 ☐ 27   9 ☐ 108   15 ☐ 60
   8 ☐ 58   11 ☐ 121   15 ☐ 75
   3 ☐ 33   12 ☐ 112   16 ☐ 76
   4 ☐ 34   12 ☐ 84   15 ☐ 55
   7 ☐ 49   15 ☐ 90   22 ☐ 110

2 Welche der Zahlen sind Vielfache
a) von 5?
   25; 35; 45; 145; 70; 75; 89; 92; 105
b) von 8?
   24; 36; 28; 104; 164; 72; 88; 84; 799
c) von 12?
   24; 32; 48; 124; 132; 148; 97; 111; 240

3 Begründe mit der Produktschreibweise.

Beispiel: 7 ist Teiler von 35, da $5 \cdot 7 = 35$

a) 2 ist Teiler von 28.
b) 3 ist Teiler von 39.
c) 4 ist Teiler von 60.
d) 7 ist Teiler von 84.
e) 12 ist Teiler von 144.
f) 15 ist Teiler von 105.
g) 17 ist Teiler von 119.
h) 18 ist Teiler von 324.
i) 19 ist Teiler von 171.
j) 25 ist Teiler von 275.

4 Bestimme die Teilermenge.
Beispiel: $T_{15} = \{1; 3; 5; 15\}$

a) T_4 b) T_6 c) T_8
d) T_5 e) T_9 f) T_{10}
g) T_{18} h) T_{22} i) T_{27}
j) T_{36} k) T_{56} l) T_{100}

5 Bestimme die Vielfachenmenge.
Beispiel: $V_2 = \{2; 4; 6; 8; 10; 12; \ldots\}$

a) V_3 b) V_{10} c) V_4
d) V_9 e) V_{20} f) V_8
g) V_{12} h) V_{15} i) V_{17}

6 Die Zahlen werden größer.
Bestimme die Vielfachenmenge.
$V_{25} = \{25; 50; 75; 100; 125; \ldots\}$

a) V_{18} b) V_{13} c) V_{16}
d) V_{40} e) V_{28} f) V_{24}
g) V_{100} h) V_{56} i) V_{48}

7 Welche Vielfachenmenge ist das?
Setze die fehlenden Zahlen ein.
a) $V_\square = \{8; 16; 24; \square; 40; \square; \ldots\}$
b) $V_\square = \{\square; 22; 33; \square; \square; 66; 77; \square; \ldots\}$
c) $V_\square = \{\square; \square; 36; \square; \square; \ldots\}$
d) $V_\square = \{\square; \square; 27; \square; \ldots\}$
e) $V_\square = \{\square; 36; \square; 72; \ldots\}$

8 Welche Teilermenge ist das?
Setze die fehlenden Zahlen ein.
a) $T_\square = \{\square; 5\}$
b) $T_\square = \{1; 2; \square; \square; 6; \square\}$
c) $T_\square = \{\square; \square; 17; 51\}$
d) $T_\square = \{1; 2; 5; 10; \square; \square\}$
e) $T_\square = \{\square; \square; \square; \square; 6; \square; 15; \square\}$

9 Bestimme die beiden Teilermengen und die beiden Vielfachenmengen der folgenden Zahlenpaare.
Beispiel: 10; 30
$T_{10} = \{1; 2; 5; 10\};$
$T_{30} = \{1; 2; 3; 5; 6; 10; 15; 30\}$
$V_{10} = \{10; 20; 30; 40; \ldots\};$
$V_{30} = \{30; 60; 90; 120; \ldots\}$
a) 4; 12   b) 6; 36   c) 21; 63
d) 11; 44   e) 12; 24   f) 16; 48
Was fällt dir auf?
Suche ähnliche Zahlenpaare.

10 Welche Teilermenge könnte das sein?
Es gibt mehr als eine Möglichkeit.
a) $T_\square = \{\square; \square; 5; \square\}$
b) $T_\square = \{\square; \square; 11; \square\}$
c) $T_\square = \{\square; \square; \square; 11; \square; \square; \square\}$
d) $T_\square = \{\square; \square; \square\}$
e) $T_\square = \{\square; \square; \square; \square\}$
Stelle selbst solche Aufgaben.

11 Paul sagt: „Jedes zweite Vielfache von 2 ist auch ein Vielfaches von 4."

$$V_2 = \{2; 4; 6; 8; 10; 12; 14; 16; \ldots\}$$
$$V_4 = \{ \quad 4; \quad 8; \quad 12; \quad 16; \ldots\}$$

Formuliere solche Sätze auch für diese Paare.
a) V_4 und V_8 b) V_4 und V_{16}
c) V_2 und V_6 d) V_4 und V_6
e) V_4 und V_5 f) V_5 und V_4

Teiler würfeln

12 a) Jeder wirft zweimal mit drei Würfeln.
b) Die Augenzahlen des ersten Wurfs werden multipliziert.
c) Aus den Augenzahlen des zweiten Wurfs werden möglichst viele Zahlen ausgerechnet, die das Produkt aus dem ersten Wurf teilen.
Alle Rechenoperationen sind erlaubt.
d) Für jeden Teiler gibt es einen Punkt.
e) Wer die volle Teilermenge herstellen kann, bekommt fünf Punkte extra.

1. Wurf:

$4 \cdot 3 \cdot 4 = 48$

2. Wurf:

$1; 2 = 5 + 1 - 4;$
$3 = 4 - 1; 4;$
$6 = 5 + 1;$
$8 = 5 + 4 - 1;$
$16 = (5 - 1) \cdot 4;$
$24 = (5 + 1) \cdot 4$

13 In den folgenden beiden Teilermengen kommen die Zahlen **1**; **2**; **5**; **10** vor. Sie sind die **gemeinsamen Teiler** von 20 und 30.

> T_{20} = {1; 2; 4; 5; 10; 20}
> T_{30} = {1; 2; 3; 5; 6; 10; 15; 30}

Bestimme die gemeinsamen Teiler von:
a) 15 und 25   b) 6 und 9
c) 18 und 24   d) 25 und 70
e) 48 und 60   f) 26 und 39
g) 28 und 63   h) 150 und 225
Suche den größten und den kleinsten gemeinsamen Teiler.

14 In beiden Vielfachenmengen kommen die Zahlen **60**; **120**; **180**; … vor. Sie sind die **gemeinsamen Vielfachen** von 20 und 30.

> V_{20} = {20; 40; 60; 80; 100; 120; 140; … }
> V_{30} = {30; 60; 90; 120; 150; 180; 210; … }

Bestimme die gemeinsamen Vielfachen von:
a) 15 und 25   b) 6 und 9
c) 18 und 24   d) 25 und 70
e) 48 und 60   f) 26 und 39
g) 28 und 63   h) 150 und 225
Gibt es ein kleinstes gemeinsames Vielfaches, gibt es ein größtes?

15 Bestimme die gemeinsamen Teiler und die gemeinsamen Vielfachen. Was fällt dir auf? Schreibe deine Beobachtung auf.
a) 6 und 12   b) 15 und 30
c) 20 und 100   d) 15 und 45
e) 9 und 27   f) 7 und 21

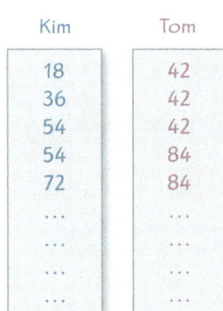

Kim	Tom
18	42
36	42
54	42
54	84
72	84
…	…
…	…
…	…
…	…

16 Kim und Tom starten mit verschiedenen Zahlen, sie suchen gemeinsame Vielfache.
• Kim schreibt 18 auf, Tom 42.
• Kims Zahl ist kleiner. Sie erhöht um 18 auf 36. Tom bleibt bei 42.
• Kims neue Zahl ist noch kleiner. Sie erhöht um 18 auf 54. Tom bleibt bei 42.
• Jetzt ist Toms Zahl kleiner. Er erhöht um 42 auf 84. Kim bleibt bei 54.
• Jetzt ist Kim wieder an der Reihe.
Kommen Kim und Tom schließlich zu einem gemeinsamen Ergebnis? Spielt das Spiel mit eigenen Zahlen, auch zu dritt.

17 Ein Riesenblech Streuselkuchen ist 144 cm lang und 120 cm breit. Die Stücke sollen quadratisch sein.
a) Welche Möglichkeiten gibt es?
b) Wie wird der Bäcker teilen?

18 Der Bus, die Straßenbahn und die S-Bahn fahren um 8:00 Uhr am Willy-Brandt-Platz ab.
Alle 8 Minuten fährt der nächste Bus, alle 12 Minuten die nächste Straßenbahn, alle 15 Minuten die nächste S-Bahn.
Zu welchen Zeiten fahren alle drei Verkehrsmittel gleichzeitig ab?

19 Eichhörnchen, Frosch und Springmaus hüpfen gleich schnell nebeneinander her.

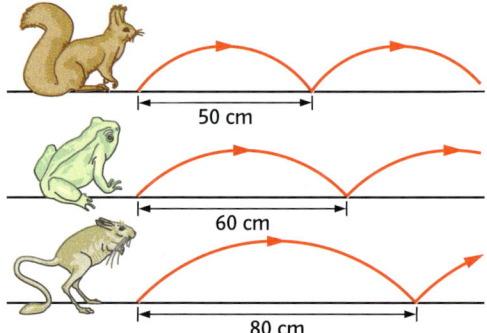

a) Nach welcher Strecke springen Eichhörnchen und Frosch wieder genau nebeneinander ab?
b) Nach welcher Strecke springen alle drei Tiere wieder genau nebeneinander ab?

20 Das große Zahnrad hat 30 Zähne, das kleine 12.

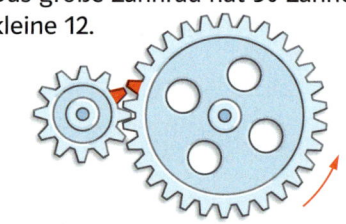

a) Wo steht der rote Zahn des kleinen Zahnrads, nachdem sich das große Zahnrad um 360° gedreht hat?
b) Nach wie vielen vollen Umdrehungen des großen Zahnrads steht der rote Zahn des kleinen Zahnrads wieder wie anfangs?
c) Überlege dir selbst Zahnrad-Aufgaben.

3 Endziffernregeln

→ Sortiere die Kärtchen in jeder Zeile so um, dass die neuen Zahlen durch 2 teilbar sind.

→ Sortiere dann so, dass sie durch 2, aber nicht durch 4 teilbar sind.

→ Kannst du auch lauter durch 5 teilbare Zahlen erhalten?

→ Gelingt es dir, die 16 Kärtchen so zu legen, dass alle Zahlen in den Zeilen und den Spalten durch 4 teilbar sind?

Durch geschickte Zerlegung kann man prüfen, ob eine Zahl durch 2; 5 oder 4 teilbar ist. An der Beispielzahl 5738 ist das Verfahren gut zu sehen.

Lerntipp!
$10 = 2 \cdot 5$
$100 = 2 \cdot 50$
$1000 = 2 \cdot 500$

	$5 \cdot 1000$	+	$7 \cdot 100$	+	$3 \cdot 10$	+	8	=	5738
teilbar durch 2?	ja		ja		ja		ja		ja
teilbar durch 5?	ja		ja		ja		nein		nein

10; 100; 1000 und alle Vielfachen dieser Zahlen sind durch 2 teilbar. Daher ist auch die Summe $5 \cdot 1000 + 7 \cdot 100 + 3 \cdot 10$ durch 2 teilbar. Es kommt also nur auf die letzte Ziffer an. Bei 5738 ist sie 8, also durch 2 teilbar. Damit ist auch 5738 durch 2 teilbar.

Genauso prüft man die Teilbarkeit durch 5. Weil 8 nicht durch 5 teilbar ist, ist auch 5738 nicht durch 5 teilbar.

100; 1000 und alle Vielfachen sind durch 4 teilbar. Also kommt es nur auf die letzten beiden Ziffern an.

Lerntipp!
$100 = 4 \cdot 25$
$1000 = 4 \cdot 250$

	$5 \cdot 1000$	+	$7 \cdot 100$	+	38	=	5738
teilbar durch 4?	ja		ja		nein		nein

Die Zahl 38 ist nicht durch 4 teilbar, also auch die Zahl 5738 nicht.

Eine Zahl ist nur dann
- durch 2 teilbar, wenn die Endziffer 0; 2; 4; 6 oder 8 ist.
- durch 5 teilbar, wenn die Endziffer 0 oder 5 ist.
- durch 4 teilbar, wenn die zwei letzten Ziffern eine durch 4 teilbare Zahl bilden.

Lerntipp!
38 sind die letzten beiden Ziffern von 5738.

Beispiele
a) 8276 ist durch 2 teilbar, da die Endziffer 6 ist.
b) 8276 ist durch 4 teilbar, da 76 durch 4 teilbar ist.
c) 8274 ist nicht durch 4 teilbar, da 74 nicht durch 4 teilbar ist.
d) 8276 ist nicht durch 5 teilbar, da die Endziffer weder eine 0 noch eine 5 ist.
e) 8760 ist durch 5 und 4 teilbar, weil die Endziffer 0 ist und 60 durch 4 teilbar ist.

Wann ist eine Zahl durch 10 teilbar?

1 Notiere jeweils fünf Zahlen, die
a) durch 2
b) durch 5
c) durch 10
d) durch 4
teilbar sind.

2 Welche der Zahlen kannst du durch 5 teilen?
a) 90; 110; 225; 439; 653; 765; 825
b) 1258; 2270; 3280; 5301; 6475; 8500
c) 11 075; 13 406; 37 895; 120 003

3 Welche der folgenden Zahlen sind durch 2 teilbar?
a) 12; 14; 15; 17; 24; 30; 34; 36
b) 82; 88; 100; 118; 127; 135; 144
c) 255; 658; 777; 880; 994; 1212
d) 13 111; 20 735; 586 219; 1 234 567

4 Welche der folgenden Zahlen sind durch 4 teilbar?
a) 43; 48; 55; 56; 64; 78; 84; 96; 100
b) 116; 223; 327; 428; 532; 638; 740
c) 1000; 1152; 2166; 3172; 4184; 7192
d) 10 214; 12 238; 14 271; 15 300; 17 419
e) 123 788; 5 837 209; 12 001 000

Lerntipp!
200 ist durch 4 teilbar.

5 Die Zahl 56⬜⬜ soll durch 4 teilbar sein. Welche Zahlen können am Ende stehen? Wie viele Zahlen findest du?

6　52⬜　　79⬜　　51⬜4　　45⬜
　　875⬜　　449⬜　　56⬜2　　97⬜4
a) Setze Ziffern so ein, dass die Zahl den Teiler 2, aber nicht den Teiler 4 hat.
b) Setze Ziffern so ein, dass die Zahl den Teiler 4 hat.
c) Wie viele Möglichkeiten gibt es? Erkläre die unterschiedlichen Ergebnisse.

7 a) Welche beiden Endziffern muss eine Zahl haben, damit sie durch 25 teilbar ist? Schreibe eine Regel auf.
b) Prüfe mit der gefundenen Regel, ob die folgenden Zahlen durch 25 teilbar sind.
2375　　6980　　7225　　2572
8550　　1600　　7576　　9775

8 Dividiere mit Rest: 91**75** : 4
Dividiere ebenso: **75** : 4
Probiere dasselbe mit anderen Zahlen. Formuliere eine Regel über die Divisionsreste einer Zahl und der Zahl, die aus ihren zwei letzten Ziffern gebildet ist.

9 Die Teilbarkeit durch 8 kannst du in fünf Schritten prüfen:
(1) Prüfe mit der Vierer-Regel, ob die Zahl durch 4 teilbar ist.
(2) Ist die Zahl nicht durch 4 teilbar, so auch nicht durch 8.
(3) Ist die Zahl durch 4 teilbar, so dividiere die aus ihren letzten drei Ziffern gebildete Zahl durch 4.
(4) Ist das Ergebnis durch 2 teilbar, ist die Ausgangszahl durch 8 teilbar.
(5) Ist das Ergebnis nicht durch 2 teilbar, ist die Ausgangszahl nicht durch 8 teilbar.
a) Prüfe nach dieser Regel:
1136; 2728; 5412; 6936; 7402; 92 424
b) Begründe, warum dies gilt.

10 Für den Revueabend der Klasse 6b haben sich 48 Leute angemeldet. Wie können die Sitzreihen aufgestellt werden, wenn in jeder Reihe gleich viele Leute sitzen sollen?

11 Schaltjahre sind Jahre, in denen es einen zusätzlichen Tag gibt. Man hat ihn auf den 29. Februar festgesetzt. Ein Jahr ist ein Schaltjahr, wenn seine Jahreszahl durch 4 teilbar ist. Ausgenommen sind die vollen Jahrhunderte, deren Jahreszahl nicht durch 400 teilbar ist.
a) Welche Jahre sind Schaltjahre? 1648; 1716; 1800; 1814; 1992; 2000; 2030; 4000

b) Karin hat am 29. Februar Geburtstag. Wie oft feiert sie in den nächsten 20 Jahren am richtigen Datum?

4 Quersummenregeln

Marc hat neun Plättchen in die Stellen-werttafel gelegt. Er schiebt das Plättchen aus der Hunderterspalte in die Einerspalte. Dann schiebt er das Plättchen aus der Tausenderspalte in die Einerspalte.

→ Um wie viel ändert sich die Zahl im ersten Schritt, um wie viel im zweiten?

→ Um wie viel ändert sie sich insgesamt?

→ Welchen Teiler haben daher alle Zahlen aus neun Plättchen? Gib eine Begründung.

→ Dann probiert Marc es mit 10 Plättchen, dann mit 18 Plättchen.

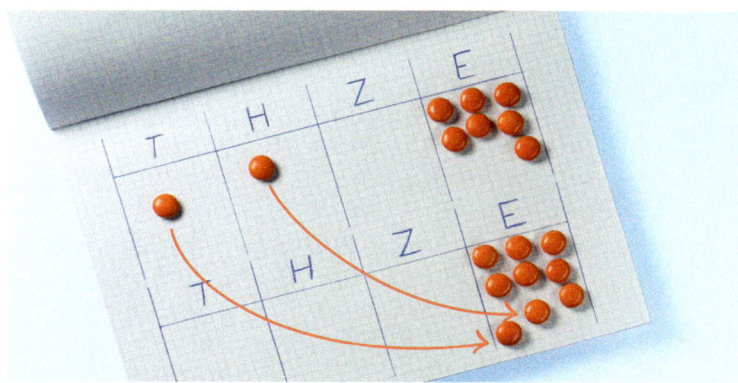

Die Teilbarkeit einer Zahl durch 9 und durch 3 lässt sich an einer geschickten Summen-zerlegung überprüfen.

$$8274 = 8 \cdot 1000 + 2 \cdot 100 + 7 \cdot 10 + 4$$
$$= 8 \cdot 999 + 8 + 2 \cdot 99 + 2 + 7 \cdot 9 + 7 + 4$$
$$= 8 \cdot 999 + 2 \cdot 99 + 7 \cdot 9 + (8 + 2 + 7 + 4)$$

Die Zahlen 999; 99; 9 und ihre Vielfachen sind alle durch 9 und durch 3 teilbar.
Es kommt also nur auf die Summe in der Klammer an: $(8 + 2 + 7 + 4) = 21$.
Da　　　21 durch 3, aber nicht durch 9 teilbar ist,
ist auch 8274 durch 3, aber nicht durch 9 teilbar.

> Die Summe der Ziffern einer Zahl heißt **Quersumme**.
> Eine Zahl ist nur dann
> • durch 3 teilbar, wenn ihre Quersumme durch 3 teilbar ist.
> • durch 9 teilbar, wenn ihre Quersumme durch 9 teilbar ist.

Beispiele

a) 1728 ist durch 3 und durch 9 teilbar, da die Quersumme $1 + 7 + 2 + 8 = 18$ durch 3 und durch 9 teilbar ist.

b) 7467 ist durch 3, aber nicht durch 9 teilbar, da die Quersumme $7 + 4 + 6 + 7 = 24$ durch 3, aber nicht durch 9 teilbar ist.

c) 2615 ist weder durch 3 noch durch 9 teilbar, denn die Quersumme 14 ist weder durch 3 noch durch 9 teilbar.

Aufgaben

1 Bilde jeweils die Quersumme.
Zahl: 24　Quersumme: $2 + 4 = 6$

35　87　94　101　135
143　150　189　207　226

2 Ist die Zahl durch 3 teilbar?

a) 165	b) 213	c) 678
d) 921	e) 1049	f) 3942
g) 7201	h) 4297	i) 51723
j) 82464	k) 33771	l) 48831
m) 349752	n) 509486	o) 602427

3 Ist die Zahl durch 9 teilbar?
a) 181
b) 252
c) 423
d) 780
e) 8640
f) 1296
g) 5861
h) 8298
i) 99 999
j) 17 388
k) 47 653
l) 27 496
m) 123 456
n) 123 456 789

4 Welche Zahl ist durch 3 teilbar, welche auch durch 9?
a) 5796
b) 7563
c) 17 322
d) 99 075
e) 290 542
f) 867 442
g) 123 456 789
h) 12 345 654 321

5 Setze eine Ziffer so ein, dass eine durch 3 teilbare Zahl entsteht.
Wie viele Möglichkeiten gibt es?
a) 25☐
b) 73☐
c) 9☐4
d) ☐56
e) ☐256
f) 20☐1
g) 865☐
h) 100☐

6 Setze Ziffern so ein, dass eine durch 3, aber nicht durch 9 teilbare Zahl entsteht.
Wie viele Möglichkeiten gibt es?
a) ☐41
b) 3☐8
c) 65☐
d) 4☐0
e) 6☐39
f) 720☐
g) 32☐0
h) 444☐
i) 318☐2
j) ☐3726
k) 90☐28
l) 1000☐

7 Welche der Zahlen auf den beiden Zetteln am Rand sind durch 3 teilbar?

143	123 456
243	234 567
343	345 678
443	456 789
543	567 890
643	678 901
743	…
843	
943	

8 Welche Zahl ist durch 6 teilbar?
a) 354
b) 357
c) 678
d) 182
e) 216
f) 264
g) 498
h) 3662
Schreibe eine Regel auf und überprüfe sie.

9 Welche Zahlen sind durch 4 und zugleich durch 9 teilbar?
a) 384
b) 11106
c) 585
d) 5967
e) 3782
f) 2088
g) 1332
h) 4936
Schreibe eine Regel auf:
Durch welche Zahl ist eine Zahl teilbar, die durch 4 und durch 9 teilbar ist?

10 a) Welches ist die kleinste vierstellige Zahl, die durch 4 und durch 9 teilbar ist?
b) Welches ist die größte vierstellige Zahl, die durch 4 und durch 9 teilbar ist?

11 Nimm die Anfangszahl 4689 und bilde ihre Quersumme. Addiere fortlaufend 9 zur Anfangszahl. Wie ändert sich die Quersumme? Was kannst du also über alle diese Zahlen sagen?

12 Würfelt eine dreistellige Zahl. Prüft auf Teilbarkeit durch 2; 3; 4; 5; 6; 7; 8; 9. Für jeden gefundenen Teiler gibt es Punkte nach diesem Gewinnplan.

Teiler	2	3	4	5	6	7	8	9
Punkte	1	2	2	1	4	5	4	2

Wer nach 10 Runden die meisten Punkte hat, hat gewonnen.

Verquere Summen

13 Wenn man von einer Zahl die Quersumme nimmt, von der Quersumme wieder die Quersumme und so fort – wie endet die Zahlenkette? Probiere aus.
a) Du kannst auch mit der doppelten Quersumme experimentieren.
$6797 \rightarrow 2 \cdot 29 = 58 \rightarrow 26 \rightarrow ? \rightarrow ?$
b) $6797 \rightarrow 87 \rightarrow ? \rightarrow ?$
Wie kommt hier die Zahl 87 aus der Zahl 6797 zustande? Nenne die Regel und setze die Kette nach dieser Regel fort.
c) Denke dir eine eigene „verquere" Summe aus und bilde Ketten.

14 Das Querprodukt ist das Produkt aller Ziffern einer Zahl. Also:
$347 \rightarrow 3 \cdot 4 \cdot 7 = 84; \; 222 \rightarrow 8; \; 973 \rightarrow ?$
a) Du kannst auch Ketten von Querprodukten bilden:
$347 \rightarrow 84 \rightarrow 32 \rightarrow …$
Probiere das mit eigenen Zahlen aus. Sobald eine einstellige Zahl herauskommt, ist die Kette zu Ende.
b) Welche Endzahl kommt besonders oft vor?

5 Primzahlen

In rechteckigen Packungen liegen Pralinen
auf Lücke oder im Quadratraster.
→ Versuche die Pralinen umzupacken.
→ Probiere es auch mit anderen Packungs-
größen.

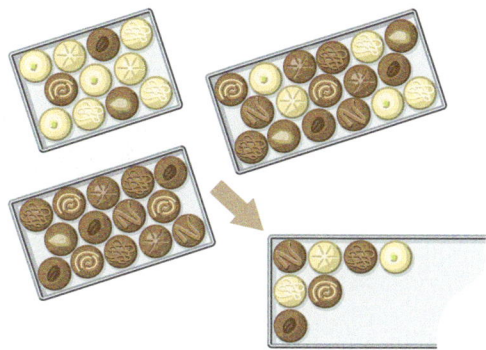

Manche Zahlen lassen sich in ein Produkt aus kleineren Faktoren zerlegen, andere nicht:

$20 = 4 \cdot 5$ $\qquad$ $21 = 3 \cdot 7$ $\qquad$ $22 = 2 \cdot 11$ $\qquad$ $23 = ? \cdot ??$

> Eine Zahl mit genau zwei Teilern heißt **Primzahl**.
> Sie lässt sich nicht in ein Produkt aus zwei kleineren Faktoren zerlegen.

Warum ist die Zahl 1 keine Primzahl?

Beispiele

a) Die ersten zehn Primzahlen sind 2; 3; 5; 7; 11; 13; 17; 19; 23; 29.

b) Um zu prüfen, ob die Zahl 97 eine Primzahl ist, geht man die möglichen Teiler durch.
Geschicktes Überlegen spart dabei viel Arbeit.

- 2 ist kein Teiler von 97.
- 4 ist kein Teiler von 97, weil dann auch 2 ein Teiler von 97 wäre. Aus demselben Grund
  sind 6; 8; 10; ... keine Teiler von 97 und brauchen nicht mehr geprüft zu werden.
- 3 ist kein Teiler von 97.
- Damit sind auch die Vielfachen von 3, also 6; 9; 12; ... keine Teiler von 97.
- 5 ist kein Teiler von 97.
- Damit sind auch die Vielfachen von 5, also 10; 15; 20; ... keine Teiler von 97.
- 7 ist kein Teiler von 97, denn $97 : 7 = 13$ Rest 6.
- Der nächstmögliche Teiler ist 11. Ginge die Division $97 : 11$ auf, wäre der Quotient kleiner als 11, weil $11 \cdot 11 > 97$ gilt. Der Quotient wäre ein Teiler von 97. Die Zahlen bis 10
  sind aber schon geprüft. Also muss man ab 11 nicht mehr nach Teilern suchen.

Die Zahl 97 ist also eine Primzahl.

Aufgaben

1 Welche Zahl ist eine Primzahl?
a) 1; 11; 21; 31; 41 $\qquad$ b) 3; 13; 23; 33; 43
c) 7; 17; 27; 37; 47 $\qquad$ d) 9; 19; 29; 39; 49

2 Begründe mit den Teilbarkeitsregeln,
dass die folgenden Zahlen keine Primzahlen sind.
102; 123; 177; 205; 249; 591; 777; 1002

3 Welche Zahl ist eine Primzahl?
a) 51 $\qquad$ b) 59 $\qquad$ c) 79 $\qquad$ d) 91
e) 17 $\qquad$ f) 93 $\qquad$ g) 83 $\qquad$ h) 29

4 Bestimme
a) die kleinste zweistellige Primzahl.
b) die größte zweistellige Primzahl.
c) die kleinste dreistellige Primzahl.

Wie viele gerade Primzahlen gibt es?

Online-Link
zu Aufgabe 5
742861-0361

*Eratosthenes
(276 v. Chr. – 194 v. Chr.)
studierte in Athen
an der berühmten
Akademie.
Später leitete er die
Bibliothek von Alexandria, die größte und bedeutendste der antiken
Welt. Als Erster berechnete er den Erdumfang.*

5 Vor mehr als 2000 Jahren hat der Mathematiker Eratosthenes ein Verfahren gefunden, wie man Primzahlen ohne jede Rechnung finden kann. Weil alle Zahlen, die keine Primzahlen sind, dabei weggestrichen werden, nennt man sein Verfahren das Sieb des Eratosthenes.

1̶	2	3	4̶	5	6̶
7	8̶	9̶	1̶0̶	11	1̶2̶
13	1̶4̶	1̶5̶	1̶6̶	17	1̶8̶
19	2̶0̶	2̶1̶	2̶2̶	23	2̶4̶
2̶5̶	2̶6̶	2̶7̶	2̶8̶		...

- Streiche die 1.
- Umrahme die 2 und streiche von da aus alle Vielfachen von 2.
- Umrahme die 3 und streiche von da aus alle Vielfachen von 3.
- Verfahre ebenso mit der 5 und der 7.

Alle nicht durchgestrichenen Zahlen sind jetzt Primzahlen. Wie kam das zustande? Wenn ihr zusammenarbeitet, könnt ihr auch aus den Zahlen bis 200 oder sogar bis 300 die Primzahlen aussieben. Ihr dürft dann aber nicht mit der Zahl 7 aufhören. Das Verfahren geht immer mit der nächsten noch nicht gestrichenen Zahl weiter. Es ist praktisch, die Zahlen in 6er-Zeilen oder 10er-Zeilen anzuordnen. Dabei könnt ihr einiges beobachten.

6 Im Diagramm ist dargestellt, wie viele Teiler eine Zahl hat.

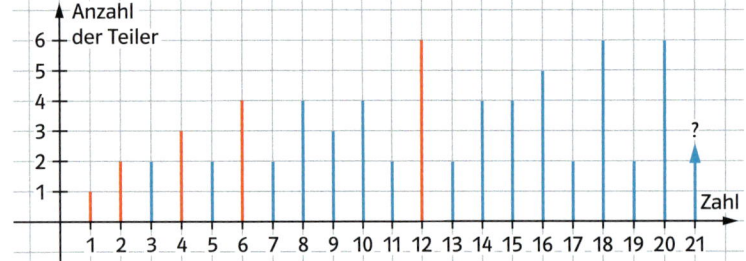

Setzt es in Gemeinschaftsarbeit fort. Je größer die Zahlen, desto größere Anzahlen von Teilern sind möglich. Säulen, die einen neuen Rekord bedeuten, könnt ihr rot färben.

7 Überprüfe folgende Aussagen: Es gibt eine Primzahl,
a) die gerade ist.
b) die durch 5 teilbar ist.
c) die durch 6 teilbar ist.
d) die zwischen 50 und 60 liegt.
e) die größer als 100 ist.

8 Manche Primzahlen bleiben Primzahlen, wenn man sie rückwärts liest. Eine solche „Mirpzahl" ist beispielsweise 13. Suche mehr Mirpzahlen.
Zwischen welchen zwei Zahlen suchst du bestimmt vergeblich nach Mirpzahlen?

9 Zwei im Abstand 2 aufeinanderfolgende Primzahlen heißen Primzahlzwillinge. Kleine Zwillinge sind 3 und 5 oder auch 5 und 7. Suche größere Primzahlzwillinge.

10 Anette behauptet: Es gibt mehr Primzahlen zwischen 10 und 20 als zwischen 20 und 40. Hat sie Recht?

Große Primzahlen

11 Es ist sehr mühsam, eine große Zahl daraufhin zu prüfen, ob sie eine Primzahl ist. Auch Computer müssen dazu lange rechnen. Viele große Primzahlen sind um 1 verminderte Zweierpotenzen. Eine von dieser Art ist
$2^{127} - 1 = 170\,141\,183\,460\,469\,231\,731\,687$
$303\,715\,884\,105\,727.$

Heutzutage kennt man aber schon Zehntausende von Primzahlen mit mehr als 1000 Ziffern. Ein solcher Primzahlgigant wurde im Jahr 2008 gefunden. Er heißt
$2^{43\,112\,609} - 1.$
Das sind mehr als 20 Millionen Zweier-Faktoren. Wenn man diese Zahl ausrechnet, hat sie 6\,320\,430 Stellen.

Wie viel Platz bräuchte man für diese Zahl auf Karopapier? Würde ein Schulheft reichen? Wie lange würde es dauern, sie aufzuschreiben? Überschlage grob.

6 Brüche

Die Blätter wurden so gefaltet, dass immer gleich große Felder entstehen. Durch Einfärben ergeben sich verschiedene Muster.

→ Wie viele Teilflächen weisen die einzelnen DIN-A4-Blätter auf?
Welcher Bruchteil davon wurde jeweils eingefärbt, welcher nicht?

→ Falte ein Blatt so, dass 16 gleich große Teile entstehen. Färbe $\frac{5}{16}$ davon grün und $\frac{3}{16}$ gelb ein.

→ Kannst du ein Blatt so falten, dass 9 gleiche Flächen entstehen?
Tipp: Teile das Blatt zuerst in 3 und danach in 9 gleiche Felder auf.

Brüche wie $\frac{1}{2}$; $\frac{1}{3}$ oder $\frac{4}{5}$ entstehen durch das Aufteilen von einem Ganzen. Die Nenner 2; 3 und 5 geben an, in wie viele gleiche Teile zerlegt wird. Die Zähler 1 und 4 sagen aus, wie viele dieser Teile ausgewählt werden.

Lerntipp!

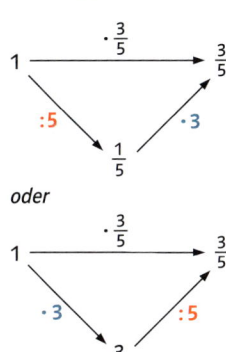

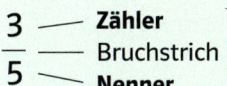

$$\frac{3}{5} \begin{array}{l} \text{— Zähler} \\ \text{— Bruchstrich} \\ \text{— Nenner} \end{array} \Big\} \textbf{Bruch} \quad \text{Lies: drei Fünftel}$$

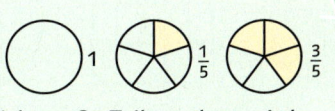

Der Nenner eines Bruches gibt an, in wie viele gleich große Teile zerlegt wird.
Der Zähler eines Bruches gibt an, wie viele dieser Teile ausgewählt werden.

Beispiele

a)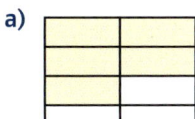

b) $\frac{7}{16}$

c) $\frac{7}{5}$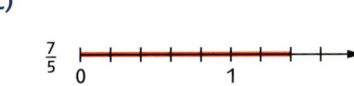

Bemerkung

$2\frac{1}{3}$ bezeichnen wir als gemischte Zahl, weil eine natürliche Zahl und ein Bruch gemeinsam auftreten. Das Pluszeichen wird weggelassen: $2\frac{1}{3} = 2 + \frac{1}{3}$.

Aufgaben

1 a) Schreibe als Bruch: ein Halbes; ein Drittel; zwei Drittel; drei Achtel; sieben Zehntel.
b) Schreibe mehrere Brüche mit dem Nenner 9 auf.
c) Schreibe mehrere Brüche auf, die den Zähler 3 besitzen.

2 Welche Brüche werden dargestellt? Erkläre, wie der Bruch entstanden ist.

a)  b) 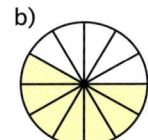 c)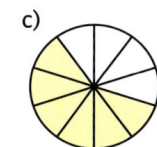

Online-Link
zu Aufgabe 2
742861-0371

3 In wie viele Teile ist unterteilt worden? Welcher Bruchteil ist gefärbt? Welcher Bruchteil bleibt weiß?

a)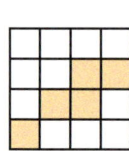
b)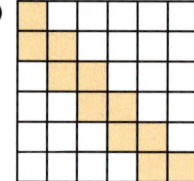

4 Unterschiedliche Figuren, unterschiedliche Bruchteile.

a) b) c)
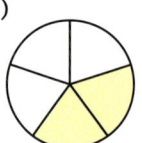 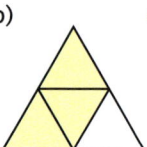 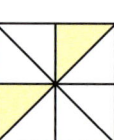

d) e) f)
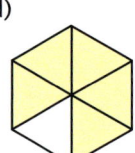 

Bruch als Quotient

Man kann verallgemeinern: Jeder Quotient kann als Bruch aufgefasst werden, das Divisionszeichen und der Bruchstrich bedeuten also dasselbe.
Wenn du diese beiden Rechengesetze benutzt, kannst du oft vorteilhaft rechnen.

Beispiel

Zwei Pizzas – drei Hungrige!
Bevor sie zu essen anfangen können, müssen sie die Aufgabe 2:3 lösen.
Sie schneiden durch und sehen:
$2:3 = \frac{2}{3}$.

5 a) Schreibe als Bruch.
4 geteilt durch 5; 3 geteilt durch 7;
9 geteilt durch 12
b) Welcher Bruch ist gemeint?
2:5; 3:4; 6:7; 7:3; 8:5; 11:10
12:5; 21:4; 45:6
c) Schreibe den Quotienten als gemischte Zahl.
15:4; 20:3; 18:5; 8:3; 13:2; 25:4

6 Zeichne die Figur ins Heft und färbe den angegebenen Bruchteil.

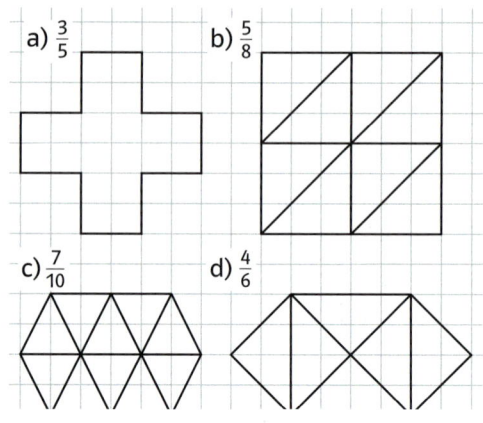

a) $\frac{3}{5}$ b) $\frac{5}{8}$ c) $\frac{7}{10}$ d) $\frac{4}{6}$

7 Stelle den Bruchteil in einem Rechteck dar. Wähle die Länge des Rechtecks geschickt.
$\frac{3}{5}$; $\frac{5}{6}$; $\frac{4}{7}$; $\frac{7}{9}$; $\frac{5}{12}$
Eignen sich auch andere Formen?

8 Zeichne einen Kreis und färbe die Bruchteile.
a) $\frac{1}{3}$ b) $\frac{2}{5}$ c) $\frac{5}{6}$ d) $\frac{3}{10}$ e) $\frac{5}{12}$

9 Wo haben sich Fehler eingeschlichen?
a) b) c)
 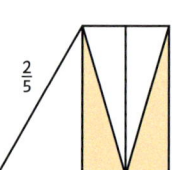

10 Zeichne die Figur in dein Heft und ergänze zu einem Ganzen.
a) b)
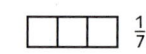
c) d)
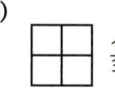 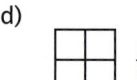

11 Zeichne ein geeignetes Rechteck und stelle die Brüche $\frac{1}{3}$; $\frac{1}{12}$ und $\frac{3}{8}$ nebeneinander farbig dar.
Welcher Bruchteil bleibt frei?

12 Gummibänder umspannen unterschiedliche Bruchteile der Brettfläche.

a) 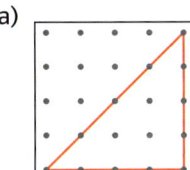   b)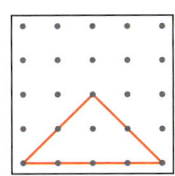

c) 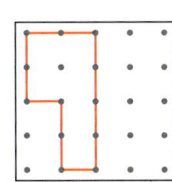   d)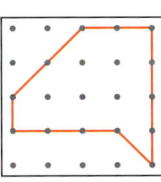

e) 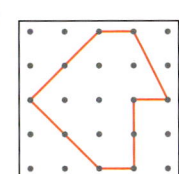   f)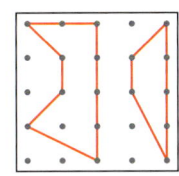

13 Schreibe als unechten Bruch und als gemischte Zahl.

a)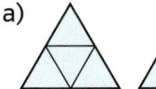

b)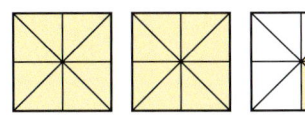

c)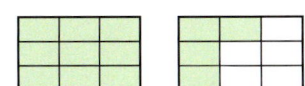

14 Stelle folgende Brüche durch Rechtecke zeichnerisch dar und schreibe sie als gemischte Zahlen.

Beispiel: $\frac{7}{4}$

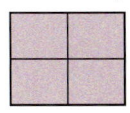 $\frac{7}{4} = 1\frac{3}{4}$

a) $\frac{3}{2}$ b) $\frac{5}{4}$ c) $\frac{12}{4}$ d) $\frac{29}{8}$ e) $\frac{10}{3}$

15 Schreibe als natürliche Zahlen.

a) $\frac{16}{4}$; $\frac{10}{2}$; $\frac{40}{5}$; $\frac{54}{6}$; $\frac{32}{8}$; $\frac{49}{7}$

b) $\frac{100}{10}$; $\frac{99}{9}$; $\frac{80}{20}$; $\frac{75}{25}$; $\frac{15}{15}$; $\frac{26}{13}$

16 Schreibe als gemischte Zahlen.

Beispiel: $\frac{17}{5} = \frac{15}{5} + \frac{2}{5} = 3 + \frac{2}{5} = 3\frac{2}{5}$

a) $\frac{6}{5}$; $\frac{9}{5}$; $\frac{23}{5}$; $\frac{32}{5}$; $\frac{48}{5}$; $\frac{50}{5}$

b) $\frac{17}{2}$; $\frac{23}{3}$; $\frac{15}{8}$; $\frac{27}{4}$; $\frac{35}{6}$; $\frac{11}{3}$

c) $\frac{37}{9}$; $\frac{11}{10}$; $\frac{29}{3}$; $\frac{21}{11}$; $\frac{9}{8}$; $\frac{7}{7}$

17 Jeweils eine gemischte Zahl und ein unechter Bruch gehören zusammen. Die Buchstaben ergeben in der richtigen Reihenfolge gelesen ein Lösungswort.

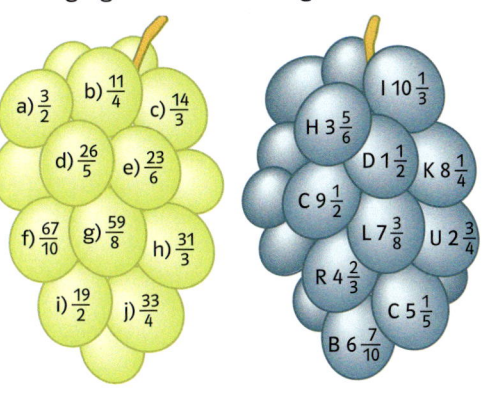

a) $\frac{3}{2}$ b) $\frac{11}{4}$ c) $\frac{14}{3}$ d) $\frac{26}{5}$ e) $\frac{23}{6}$ f) $\frac{67}{10}$ g) $\frac{59}{8}$ h) $\frac{31}{3}$ i) $\frac{19}{2}$ j) $\frac{33}{4}$

I $10\frac{1}{3}$ H $3\frac{5}{6}$ D $1\frac{1}{2}$ K $8\frac{1}{4}$ C $9\frac{1}{2}$ L $7\frac{3}{8}$ U $2\frac{3}{4}$ R $4\frac{2}{3}$ C $5\frac{1}{5}$ B $6\frac{7}{10}$

18 Schreibe als unechte Brüche.

Beispiel: $3\frac{5}{6} = 3 + \frac{5}{6} = \frac{18}{6} + \frac{5}{6} = \frac{23}{6}$

a) $1\frac{3}{4}$; $4\frac{1}{5}$; $2\frac{1}{2}$; $5\frac{2}{3}$; $10\frac{1}{6}$

b) $3\frac{1}{10}$; $1\frac{1}{8}$; $1\frac{7}{8}$; $6\frac{5}{9}$; $9\frac{5}{6}$

19 Wie viele Stunden sind seit 12:00 Uhr verstrichen?

a)

b)

c)

20 Bruchteile von Größen.
In der Leichtathletik werden Läufe bis 10 000 m auf einer 400-m-Bahn durchgeführt.
a) Um welche Wettbewerbe handelt es sich, wenn $\frac{1}{4}$ Runde, $\frac{1}{2}$ Runde, $2\frac{1}{2}$ Runden, $3\frac{3}{4}$ Runden, $7\frac{1}{2}$ Runden gelaufen werden?
b) Wie viele Runden müssen bei einem 5000-m-Lauf und wie viele bei einem 10 000-m-Lauf zurückgelegt werden?
c) Ein Volkslauf wird um 10:45 Uhr gestartet. Die ersten Läuferinnen und Läufer kommen nach $1\frac{1}{2}$ Stunden und die letzten nach $2\frac{1}{4}$ Stunden ins Ziel.

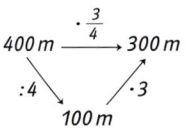

21 Schreibe ohne Brüche.

a) in Zentimeter

$\frac{1}{4}$ m; $\frac{2}{4}$ m

$\frac{1}{5}$ m; $\frac{3}{5}$ m

$\frac{1}{10}$ m; $\frac{9}{10}$ m

$\frac{1}{20}$ m; $\frac{19}{20}$ m

b) in Meter

$\frac{1}{4}$ km; $\frac{3}{4}$ km

$\frac{1}{2}$ km; $\frac{2}{2}$ km

$\frac{1}{5}$ km; $\frac{4}{5}$ km

$\frac{1}{8}$ km; $\frac{5}{8}$ km

22 Der Tank fasst 60 l Treibstoff.

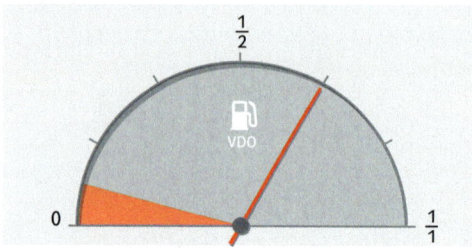

a) Wie viel Liter Benzin sind noch im Tank und wie viel wurden verbraucht?

b) Worauf weist der Zeiger, wenn er das rote Feld erreicht?

c) Wie viel Kilometer kann der Fahrer noch zurücklegen, wenn eine Tankfüllung für ungefähr 900 km reicht?

23 In Koch- und Backrezepten werden Flüssigkeitsmengen oft als Bruchteile von einem Liter angegeben.

Schreibe ohne Brüche in Milliliter.

a) $\frac{1}{2}$ l; $\frac{1}{4}$ l; $\frac{3}{4}$ l   b) $\frac{1}{8}$ l; $\frac{3}{8}$ l; $\frac{7}{8}$ l

24 Suche Paare gleicher Größe.

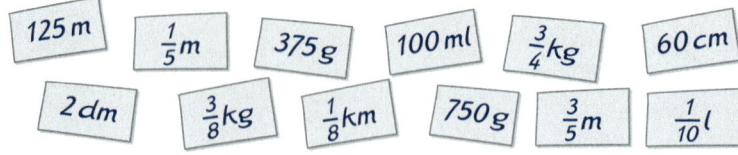

125 m $\frac{1}{5}$ m   375 g   100 ml $\frac{3}{4}$ kg   60 cm

2 dm $\frac{3}{8}$ kg $\frac{1}{8}$ km   750 g $\frac{3}{5}$ m $\frac{1}{10}$ l

25 Schreibe als Bruchteil der angegebenen Einheit.

Beispiel: 30 cm = $\frac{3}{10}$ m

a) in Meter   b) in Tagen   c) in Kilogramm

20 cm   1 h   1 g

10 cm   3 h   100 g

1 cm   12 h   500 g

50 cm   4 h   50 g

d) in Stunden   e) in Ar   f) in Liter

1 min   1 m^2 100 ml

15 min   10 m^2 250 ml

45 min   100 m^2 500 ml

30 min   50 m^2 25 ml

26 Wandle in eine kleinere Einheit um.

Beispiel: $\frac{3}{4}$ a = $\frac{3}{4}$ von 100 m^2 = 75 m^2

a) $\frac{1}{5}$ kg   b) $\frac{3}{10}$ km   c) $\frac{2}{3}$ h   d) $\frac{1}{3}$ Jahr

$\frac{1}{8}$ t $\frac{2}{5}$ m $\frac{3}{4}$ Tag $\frac{3}{4}$ Jahre

e) $\frac{3}{10}$ cm^2 f) $\frac{3}{5}$ m^2 g) $\frac{3}{4}$ min   h) $\frac{3}{20}$ l

$\frac{3}{100}$ dm^2 $\frac{2}{25}$ ha $5\frac{1}{2}$ min $2\frac{1}{4}$ l

27 Schreibe als Bruchteil der nächstgrößeren Einheit.

a) 250 m   b) 5 mm   c) 500 ml

400 m   4 mm   125 ml

d) 50 m^2 e) 10 m^2 f) 15 min

30 m^2 70 m^2 36 min

g) 8 h   h) 150 g

15 h   875 g

28 Gib als Bruchteil der Einheit an und wandle in die nächstkleinere Einheit um.

Beispiel: der sechste Teil von 5 Stunden

$\frac{5}{6}$ h und (5 · 60 min) : 6 = 50 min

a) der fünfte Teil von 4 €

b) der achte Teil von 5 kg

c) der zehnte Teil von 9 km

d) der fünfte Teil von 2 h

e) der vierte Teil von 3 Tagen

f) der zwölfte Teil von 5 min

29 Schreibe als Bruch.

a) $1\frac{1}{2}$ b) $8\frac{3}{8}$ c) $15\frac{2}{3}$ d) $10\frac{2}{5}$

e) $2\frac{1}{4}$ f) $3\frac{3}{10}$ g) $12\frac{4}{7}$ h) $15\frac{4}{5}$

30 Schreibe in einer kleineren Einheit.

Beispiel: $1\frac{1}{2}$ dm² = 150 cm²

a) $3\frac{1}{2}$ m   b) $3\frac{1}{2}$ l   c) $2\frac{1}{3}$ h   d) $4\frac{1}{4}$ kg

e) $1\frac{3}{4}$ Jahr   f) $5\frac{1}{4}$ m²   g) $6\frac{2}{5}$ a   h) $7\frac{3}{4}$ ha

i) $2\frac{3}{4}$ cm²   j) $3\frac{3}{5}$ dm²   k) $8\frac{1}{4}$ dm³   l) $5\frac{3}{4}$ l

31 Rechne auf die günstigste Art.

Beispiel:

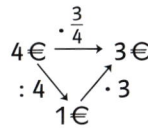

a) $\frac{3}{10}$ von 30 min   b) $\frac{3}{10}$ von 36 km

c) $\frac{3}{10}$ von 70 €   d) $\frac{3}{10}$ von 18 l

32 Bestimme die fehlenden Werte.

a) 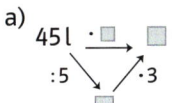   b)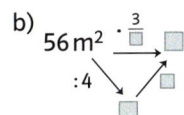

c) 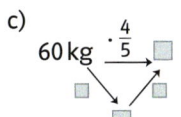   d)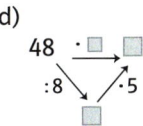

e) 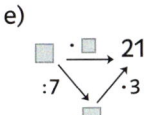   f)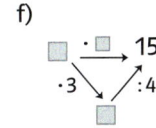

33 Berechne schriftlich.

a) $\frac{3}{5}$ von 80 t (125 €; 1815 dm²)

b) $\frac{3}{8}$ von 200 dm (1216 g; 4856 mm)

c) $\frac{4}{7}$ von 161 t (119 €; 364 l)

d) $\frac{5}{6}$ von 270 mm (366 g; 528 €)

34 Berechne schriftlich.

a) $\frac{3}{7}$ von 273 kg (686 cm; 707 €)

b) $\frac{7}{8}$ von 288 l (360 a; 592 t)

c) $\frac{4}{9}$ von 414 km (522 cm; 1305 mm)

d) $\frac{3}{11}$ von 308 € (616 km; 1221 g)

35 Übertrage die Tabelle ins Heft und ergänze sie.

	von	60 t	120 g	480 m²	1320 km
a)	$\frac{2}{3}$	40 t			
b)	$\frac{3}{4}$				
c)	$\frac{7}{10}$				
d)	$\frac{4}{5}$				

Lerntipp!

Bruchteile von Größen mithilfe des Operators ausrechnen:
$\frac{3}{7}$ *von 490 €*

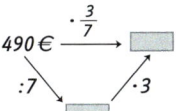

Mischungsverhältnisse

Mischungsverhältnisse geben an, wie viele Anteile von einer Flüssigkeit mit wie vielen Anteilen einer anderen Flüssigkeit gemischt werden.
Für Apfelsaftschorle mischst du Apfelsaft und Mineralwasser im Verhältnis 2:3 (lies: 2 zu 3).
Das **Mischungsverhältnis** 2 zu 3 gibt an, wie viele Teile von jedem Bestandteil genommen werden:
2 Teile Apfelsaft und 3 Teile Wasser ergeben zusammen 5 Teile Schorle, als Brüche geschrieben also $\frac{2}{5}$ Apfelsaft und $\frac{3}{5}$ Wasser.

36 Wie viel Liter Apfelsaft und wie viel Liter Mineralwasser benötigst du für 5 Liter Apfelschorle mit dem Mischungsverhältnis 2:3?

37 Blaue und gelbe Farbe mischen sich zu Grün.
a) Gib zu den Mischungen jeweils Anzahlen der benötigten Dosen an: blau:gelb = 2:3; 1:1; 4:5; 1:2.
b) Berechne für jede Mischung die Bruchteile blauer und gelber Farbe.

38 Für sein Modellauto benötigt Marcel ein Gemisch von Benzin und Öl im Verhältnis 1:25.
a) Wie viel Liter Öl muss er einem Liter Benzin beimischen?
b) Wie viel Milliliter Benzin muss er 200 ml Öl beimischen?

7 Brüche am Zahlenstrahl

Online-Link
Zum Einstieg
742861-0421

→ Jede Schülerin und jeder Schüler schreibt einen Bruch auf ein Kärtchen. Der Zähler des Bruches soll nicht größer sein als der Nenner, und der Nenner soll nicht größer sein als 12.

→ Hängt die Brüche an die Skala des 1-m-Lineals.

→ Für welche Brüche ist das schwierig?

Wie die natürlichen Zahlen 0; 1; 2; 3; … können auch Brüche am Zahlenstrahl dargestellt werden. Dazu unterteilt man die Strecke von 0 bis 1 gleichmäßig z.B. in 12 gleich lange Teilstrecken.

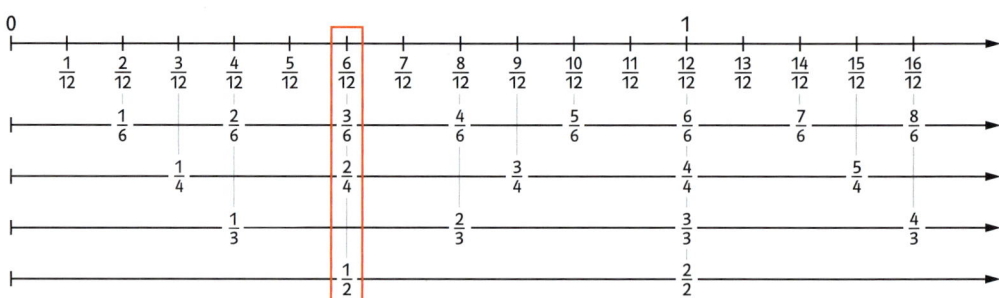

Am Zahlenstrahl erkennt man, dass die Brüche $\frac{6}{12}$; $\frac{3}{6}$; $\frac{2}{4}$ und $\frac{1}{2}$ an demselben Teilstrich liegen; sie gehören zur gleichen **Bruchzahl**.

> Jeder Bruch kann bei geeigneter Teilung am Zahlenstrahl eingetragen werden.
> Alle Brüche an derselben Stelle des Zahlenstrahles bezeichnen dieselbe **Bruchzahl**.

Beispiel

Auf dem Zahlenstrahl (Einheit 8 cm) sind die Brüche $\frac{3}{8}$; $\frac{5}{8}$; $\frac{9}{8}$; $\frac{1}{4}$; $\frac{1}{2}$ eingetragen.

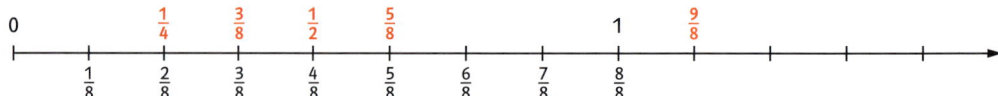

Aufgaben

1 Wie teilst du die Länge zwischen 0 und 1 am Zahlenstrahl günstig ein
a) für Drittelbrüche?
b) für Viertelbrüche?
c) für Viertel- und Fünftelbrüche?

2 Beschrifte den Zahlenstrahl im Heft.
a)
b)

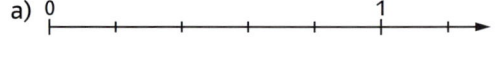

3 Übertrage den Zahlenstrahl in dein Heft und bezeichne die Markierungen mit den entsprechenden Brüchen.

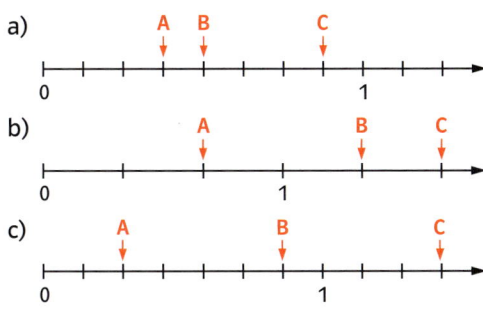

a)
b)
c)

4 Zeichne einen Zahlenstrahl mit der angegebenen Einheit (Abstand zwischen 0 und 1). Markiere die Brüche.

a) Einheit 10 cm:

$\frac{3}{10}$; $\frac{7}{10}$; $\frac{1}{2}$; $\frac{1}{5}$; $\frac{4}{5}$

b) Einheit 6 cm:

$\frac{1}{6}$; $\frac{5}{6}$; $\frac{1}{3}$; $\frac{1}{2}$; $\frac{7}{6}$; $\frac{5}{12}$

c) Einheit 16 cm:

$\frac{3}{8}$; $\frac{1}{4}$; $\frac{5}{8}$; $\frac{1}{2}$; $\frac{3}{4}$; $\frac{7}{16}$

5 Zeichne einen geeigneten Zahlenstrahl. Zu welchen Brüchen gehört derselbe Punkt am Zahlenstrahl?

a) $\frac{3}{12}$; $\frac{8}{12}$; $\frac{9}{12}$; $\frac{1}{4}$; $\frac{2}{3}$; $\frac{4}{6}$

b) $\frac{2}{10}$; $\frac{5}{10}$; $\frac{1}{5}$; $\frac{2}{5}$; $\frac{7}{10}$; $\frac{1}{2}$; $\frac{4}{10}$

c) $\frac{3}{7}$; $\frac{4}{7}$; $\frac{2}{14}$; $\frac{6}{14}$; $\frac{5}{7}$; $\frac{10}{14}$; $\frac{13}{14}$

d) $\frac{2}{12}$; $\frac{1}{4}$; $\frac{4}{24}$; $\frac{3}{12}$; $\frac{12}{24}$; $\frac{15}{24}$; $\frac{4}{8}$

6 Überlege dir vor dem Markieren der Brüche zuerst eine sinnvolle Einteilung.

a) $\frac{1}{3}$; $\frac{1}{4}$; $\frac{2}{3}$; $\frac{1}{2}$; $\frac{3}{4}$; $\frac{4}{3}$

b) $\frac{1}{2}$; $\frac{3}{5}$; $\frac{2}{3}$; $\frac{2}{5}$; $\frac{1}{3}$; $\frac{4}{5}$; $\frac{3}{3}$

c) $\frac{2}{6}$; $\frac{1}{5}$; $\frac{3}{5}$; $\frac{5}{10}$; $\frac{4}{6}$; $\frac{4}{5}$; $\frac{7}{10}$

7 Nenne drei verschiedene Brüche, die dieselbe Bruchzahl bezeichnen wie der angegebene Bruch.

a) $\frac{1}{2}$ b) $\frac{2}{3}$ c) $\frac{3}{4}$

d) $\frac{4}{5}$ e) $\frac{3}{7}$ f) $\frac{4}{3}$

Teile wie du willst

8 Auf ein breites, gut dehnbares Gummiband wie z. B. ein Gymnastikband wird eine Skala aufgezeichnet. Durch Dehnen kannst du die Skala auf viele Gegenstände übertragen.

a) Teile die Schultischlänge, Tafelbreite, Fensterbreite usw. in gleiche Teile.

b) Wie lang sind $\frac{2}{5}$ der Tischlänge, Stuhlbreite, Fensterhöhe, Pulthöhe?

c) Markiere mithilfe des Gummibandes $\frac{3}{7}$; $\frac{4}{5}$; $\frac{5}{8}$; $\frac{2}{3}$ der Längen. Schätze zuerst.

9 Ein Balken wird durch drei Schnitte in gleiche Teilstücke zersägt. Welchem Bruchteil entspricht ein Teilstück?

10 Ein 840 cm langer Baumstamm wird zersägt. Wie lang sind die Teile?

a)
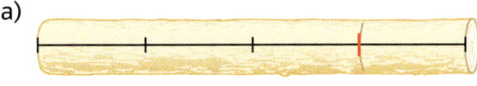

b)
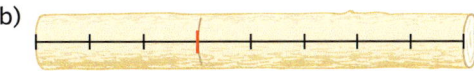

c)
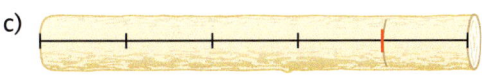

d)

11 Ein Holzstab wird in zwei Teile zersägt. Um welche Bruchteile der ursprünglichen Länge handelt es sich bei den Teilstücken?

a) Ein Teilstück ist 30 cm, das andere 90 cm lang.

b) Ein Teilstück ist 30 cm, das andere 150 cm lang.

c) Ein Teilstück ist 45 cm, das andere 225 cm lang.

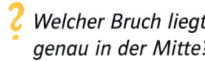 *Welcher Bruch liegt genau in der Mitte?*

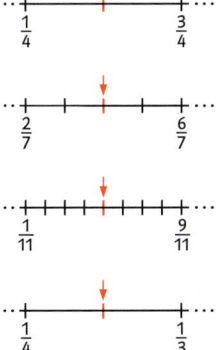

8 Erweitern und Kürzen

→ Falte ein DIN-A4-Blatt zweimal.
→ Färbe drei Viertel der Fläche.
→ Wenn du weiter faltest, erhältst du die abgebildeten Unterteilungen.
→ Benenne die gefärbte Fläche mit verschiedenen Brüchen.
→ Kannst du dir eine noch feinere Unterteilung denken?

Man kann zu jeder Unterteilung eines Ganzen eine immer feinere Aufteilung wählen. Verdoppelt, verdreifacht, vervierfacht man z.B. die Anzahl der Teile, muss man bei gleich bleibendem Bruchteil doppelt, dreimal, viermal so viele Teile nehmen:

Aus dem Bruch $\frac{2}{3}$ wird demnach $\frac{4}{6}$; $\frac{6}{9}$; $\frac{8}{12}$; …

Man erkennt, dass Zähler und Nenner mit demselben Faktor multipliziert werden. Dieser Vorgang wird **Erweitern** genannt.

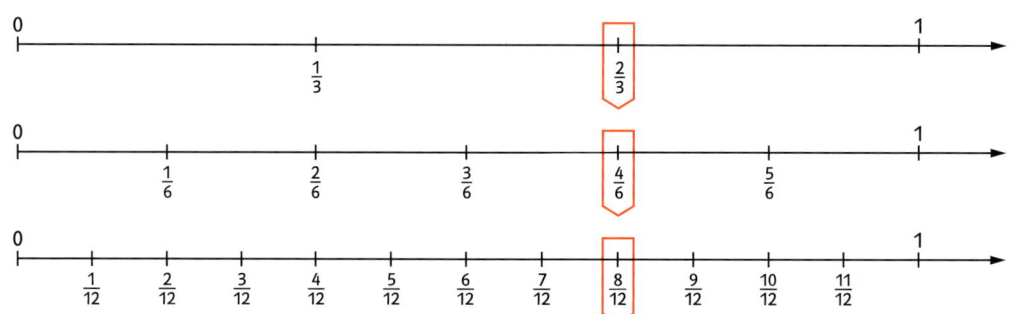

Beim **Erweitern** eines Bruches werden Zähler und Nenner mit derselben Zahl multipliziert: $\frac{3}{5} = \frac{3 \cdot 4}{5 \cdot 4} = \frac{12}{20}$

Bruch und erweiterter Bruch bezeichnen dieselbe Bruchzahl; sie haben denselben Wert.

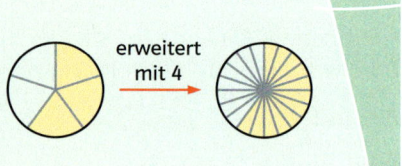

erweitert mit 4

Beispiele

a) Erweitern mit einer vorgegebenen Zahl:

$\frac{2}{3} = \frac{2 \cdot 5}{3 \cdot 5} = \frac{10}{15}$

$\frac{2}{3} = \frac{2 \cdot 7}{3 \cdot 7} = \frac{14}{21}$

b) Erweitern auf einen vorgegebenen Nenner:

$\frac{5}{8} = \frac{\square}{32}$ 32 : 8 = 4 $\frac{5 \cdot 4}{8 \cdot 4} = \frac{20}{32}$

$\frac{\square}{12} = \frac{21}{36}$ 36 : 12 = 3 $\frac{7}{12} = \frac{7 \cdot 3}{12 \cdot 3}$

Bemerkung

Brüche heißen **gleichnamig**, wenn sie denselben Nenner haben.

Zähler und Nenner des Bruches $\frac{4}{12}$ enthalten gemeinsame Teiler. Durch Division des Zählers und des Nenners mit derselben Zahl erhält man weitere Brüche wie $\frac{2}{6}$ oder $\frac{1}{3}$ mit demselben Wert. Diesen Vorgang nennt man **Kürzen**.

Lerntipp!

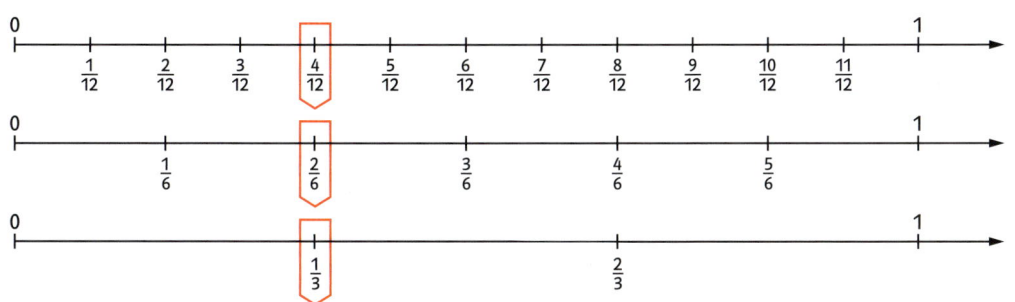

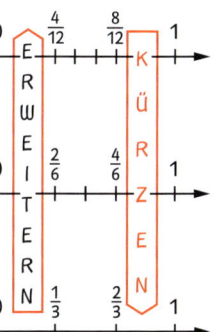

Beim **Kürzen** eines Bruches werden Zähler und Nenner durch dieselbe Zahl dividiert:
$$\frac{15}{20} = \frac{15:5}{20:5} = \frac{3}{4}$$

gekürzt durch 5

Bruch und gekürzter Bruch bezeichnen dieselbe Bruchzahl.

Beispiele

Beim Kürzen sucht man gemeinsame Teiler von Zähler und Nenner.

a) $\frac{15}{35} = \frac{15:5}{35:5} = \frac{3}{7}$ b) $\frac{12}{32} = \frac{12:2}{32:2} = \frac{6}{16} = \frac{6:2}{16:2} = \frac{3}{8}$ In einem Schritt: $\frac{12}{32} = \frac{12:4}{32:4} = \frac{3}{8}$

Aufgaben

1 a) Wie viele Viertel, Sechstel, Achtel sind $\frac{1}{2}$?

b) Wie viele Sechstel, Neuntel sind $\frac{1}{3}$?

c) Wie viele Achtel, Zwölftel sind $\frac{1}{4}$?

d) Wie viele Zehntel, Zwanzigstel sind $\frac{1}{5}$?

2 Die erste gewürfelte Augenzahl gibt den Zähler an, die zweite den Nenner. Der Bruch soll dann mit der dritten Augenzahl erweitert werden.

Beispiel:

$$\frac{3 \cdot 5}{2 \cdot 5} = \frac{15}{10}$$

Denke dir ein Würfelspiel zum Kürzen aus.

3 Erweitere im Kopf.

a) $\frac{1}{5}$ mit 3; 6; 8   b) $\frac{1}{7}$ mit 2; 6; 7

c) $\frac{2}{9}$ mit 4; 5; 8   d) $\frac{7}{5}$ mit 8; 9; 12

e) $\frac{3}{4}$ mit 3; 5; 7   f) $\frac{5}{8}$ mit 4; 5; 8

4 Ergänze die unten stehenden Brüche.

$\frac{1}{2} = \frac{\square}{12}$ $\frac{4}{5} = \frac{\square}{40}$ $\frac{5}{9} = \frac{35}{\square}$

$\frac{3}{7} = \frac{18}{\square}$ $\frac{\square}{108} = \frac{5}{9}$ $\frac{\square}{121} = \frac{8}{11}$

$\frac{9}{\square} = \frac{1}{3}$ $\frac{16}{\square} = \frac{2}{7}$ $\frac{45}{\square} = \frac{5}{8}$

$\frac{91}{130} = \frac{7}{\square}$ $\frac{60}{\square} = \frac{5}{12}$ $\frac{99}{143} = \frac{\square}{13}$

Die richtige Reihenfolge der Zahlen ergibt ein Lösungswort.

Lerntipp!

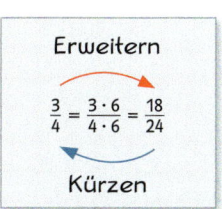

Erweitern
$$\frac{3}{4} = \frac{3 \cdot 6}{4 \cdot 6} = \frac{18}{24}$$
Kürzen

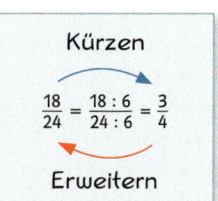

Kürzen
$$\frac{18}{24} = \frac{18:6}{24:6} = \frac{3}{4}$$
Erweitern

27	144	32	60	9	42
T	U	C	I	H	L

6	10	72	88	56	63
S	H	C	T	S	H

5 Erweitere auf den angegebenen Nenner. Beispiel $\frac{1}{2} = \frac{\square}{20}$; $\square = 10$

a) 20: $\frac{1}{2}$; $\frac{1}{4}$; $\frac{2}{5}$; $\frac{4}{10}$; $\frac{13}{10}$; $\frac{19}{10}$

b) 36: $\frac{1}{2}$; $\frac{1}{3}$; $\frac{1}{4}$; $\frac{2}{3}$; $\frac{3}{4}$; $\frac{5}{6}$; $\frac{5}{12}$; $\frac{7}{18}$

c) 100: $\frac{1}{50}$; $\frac{3}{10}$; $\frac{7}{20}$; $\frac{9}{25}$; $\frac{4}{5}$; $\frac{3}{4}$; $\frac{5}{2}$

d) 1000: $\frac{3}{500}$; $\frac{11}{250}$; $\frac{8}{125}$; $\frac{12}{25}$; $\frac{9}{20}$

6 Erweitere auf einen gemeinsamen Nenner. Gib mehrere Möglichkeiten an.

a) $\frac{1}{3}$ und $\frac{1}{4}$ b) $\frac{5}{6}$ und $\frac{4}{9}$ c) $\frac{1}{2}$ und $\frac{4}{7}$

d) $\frac{1}{2}$ und $\frac{1}{3}$ e) $\frac{3}{4}$ und $\frac{1}{8}$ f) $\frac{3}{7}$ und $\frac{3}{8}$

g) $\frac{1}{4}$ und $\frac{1}{6}$ h) $\frac{2}{5}$ und $\frac{3}{10}$ i) $\frac{2}{9}$ und $\frac{5}{11}$

j) $\frac{3}{4}$ und $\frac{5}{18}$ k) $\frac{5}{12}$ und $\frac{7}{8}$ l) $\frac{2}{15}$ und $\frac{7}{18}$

7 Zeichne den Kreisausschnitt mit dem angegebenen Mittelpunktswinkel. Gib ihn als Bruchteil der zugehörigen Kreisfläche an. Suche mehrere Möglichkeiten.

a) 36°   b) 60°   c) 72°
d) 120°   e) 20°   f) 80°
g) 210°   h) 270°   i) 315°

8 Kürze die Brüche.

a) mit 2: $\frac{4}{10}$; $\frac{8}{10}$; $\frac{6}{14}$; $\frac{10}{16}$; $\frac{12}{18}$

b) mit 3: $\frac{3}{9}$; $\frac{6}{15}$; $\frac{9}{12}$; $\frac{3}{24}$; $\frac{15}{21}$

c) mit 5: $\frac{5}{15}$; $\frac{10}{15}$; $\frac{15}{25}$; $\frac{20}{35}$; $\frac{25}{45}$

d) mit 7: $\frac{14}{49}$; $\frac{28}{35}$; $\frac{21}{56}$; $\frac{49}{77}$; $\frac{63}{91}$

9 Ergänze.
Kontrolliere mit dem Lösungswort unten.

a) $\frac{21}{27} = \frac{\square}{9}$ b) $\frac{15}{25} = \frac{\square}{5}$ c) $\frac{16}{64} = \frac{4}{\square}$

$\frac{24}{36} = \frac{\square}{9}$ $\frac{36}{60} = \frac{\square}{5}$ $\frac{24}{72} = \frac{8}{\square}$

$\frac{48}{54} = \frac{\square}{9}$ $\frac{65}{91} = \frac{\square}{7}$ $\frac{49}{126} = \frac{7}{\square}$

3	8	16	5	7	18	24	3	6
O	L	E	W	H	N	E	L	A

Lerntipp!

Dieser Kreisausschnitt hat den Mittelpunktswinkel 60°.

60°

46   Erweitern und Kürzen

Kürzen bis zum Schluss

10 Oft lassen sich Brüche mehrmals kürzen: $\frac{24}{36} = \frac{12}{18} = \frac{6}{9} = \frac{2}{3}$

Die Kürzungszahlen 2 und 3 gehören zu den Teilermengen von Zähler und Nenner. Mithilfe der Teilermengen kannst du gleich den **größten gemeinsamen Teiler** finden.

$T_{24} = \{1; 2; 3; 4; 6; 8; 12; 24\}$
$T_{36} = \{1; 2; 3; 4; 6; 9; 12; 18; 36\}$

Da 12 der größte gemeinsame Teiler ist, kannst du direkt mit 12 kürzen:

$$\frac{24}{36} = \frac{24 : 12}{36 : 12} = \frac{2}{3}$$

Damit ist der Bruch **vollständig gekürzt**.

Suche den größten gemeinsamen Teiler von Zähler und Nenner und kürze.

$\frac{42}{48}$; $\frac{90}{120}$; $\frac{54}{90}$; $\frac{40}{56}$; $\frac{72}{108}$; $\frac{60}{135}$; $\frac{48}{144}$; $\frac{54}{243}$

11 Wo kannst du das Gleichheitszeichen setzen?

a) $\frac{4}{12} \square \frac{8}{24}$ b) $\frac{4}{5} \square \frac{24}{30}$ c) $\frac{3}{8} \square \frac{6}{24}$

d) $\frac{3}{4} \square \frac{12}{18}$ e) $\frac{1}{3} \square \frac{6}{24}$ f) $\frac{4}{7} \square \frac{16}{49}$

g) $\frac{3}{5} \square \frac{9}{25}$ h) $\frac{3}{2} \square \frac{9}{4}$ i) $\frac{6}{13} \square \frac{36}{169}$

12 Kürze vollständig.

a) $\frac{8}{16}$ b) $\frac{25}{75}$ c) $\frac{12}{18}$ d) $\frac{24}{64}$

e) $\frac{36}{90}$ f) $\frac{32}{128}$ g) $\frac{48}{144}$ h) $\frac{56}{140}$

13 Bei der Suche nach dem größten gemeinsamen Teiler hilft dir manchmal auch die Differenz von Zähler und Nenner.

Beispiel: $\frac{75}{90}$; $90 - 75 = 15$; $\frac{75 : 15}{90 : 15} = \frac{5}{6}$

a) $\frac{72}{90}$ b) $\frac{78}{91}$ c) $\frac{108}{144}$ d) $\frac{48}{72}$

e) $\frac{96}{108}$ f) $\frac{85}{102}$ g) $\frac{112}{140}$ h) $\frac{95}{114}$

14 Ordne zu:
$\frac{2}{3}$; $\frac{3}{4}$; $\frac{4}{5}$; $\frac{5}{6}$; $\frac{7}{8}$

0 ———————————————————————→ 1

9 Brüche ordnen

Viele Menschen lieben Tiere. Kinder wünschen sich ein Meerschweinchen, eine Katze, einen Hund oder einen Vogel. Manchmal werden Tiere aber auch ausgesetzt. Für solche heimatlosen Tiere gibt es Tierheime. In einem Tierheim sind zurzeit $\frac{1}{4}$ der Tiere Katzen, $\frac{1}{8}$ Meerschweinchen und $\frac{3}{8}$ Kaninchen. Der Rest sind Hunde.

→ Sind in dem Tierheim mehr Kaninchen oder mehr Meerschweinchen?
Von welcher Tierart leben dort die meisten Tiere?

→ Welche Brüche sind dargestellt? Welcher Bruch ist größer?

Beim Größenvergleich von Brüchen mit unterschiedlichen Nennern wie $\frac{2}{3}$ und $\frac{3}{5}$ muss zuerst eine gemeinsame Unterteilung gefunden werden.
Bei Dritteln und Fünfteln sind dies z. B. Fünfzehntel.

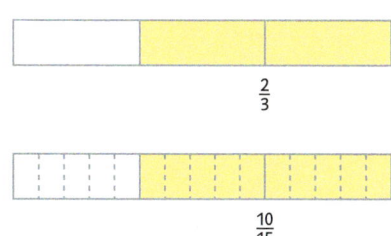

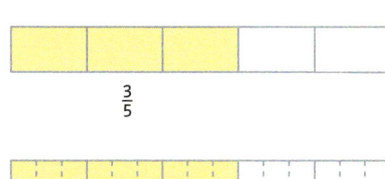

$\frac{2}{3}$ $\frac{3}{5}$

$\frac{2}{3} > \frac{3}{5}$,

$\frac{10}{15}$ $\frac{9}{15}$

da

$\frac{10}{15} > \frac{9}{15}$

> Beim Größenvergleich von Brüchen mit gleichem Nenner gehört zum größeren Zähler die größere Bruchzahl.
> Bei Brüchen mit verschiedenen Nennern ist es günstig, sie zum Vergleichen zuerst auf gleiche Nenner zu bringen, also **gleichnamig** zu machen.

Beispiele

a) Wir ordnen der Größe nach: $\frac{7}{11}$; $\frac{5}{11}$ und $\frac{9}{11}$. Da $5 < 7 < 9$, ist $\frac{5}{11} < \frac{7}{11} < \frac{9}{11}$.

b) Um $\frac{5}{7}$ und $\frac{3}{4}$ vergleichen zu können, machen wir die Brüche durch Erweitern gleichnamig: $\frac{3}{4} = \frac{3 \cdot 7}{4 \cdot 7} = \frac{21}{28}$; $\frac{5}{7} = \frac{5 \cdot 4}{7 \cdot 4} = \frac{20}{28}$. Da $\frac{21}{28} > \frac{20}{28}$, folgt: $\frac{3}{4} > \frac{5}{7}$.

c) Oft bietet sich zum Ordnen ein Vergleichsbruch wie z. B. der Bruch $\frac{1}{2}$ an:

$\frac{3}{7} < \frac{5}{9}$, da $\frac{3}{7} = \frac{6}{14} < \frac{1}{2}$ und $\frac{5}{9} = \frac{10}{18} > \frac{1}{2}$

Bemerkung

Vergleichen wir Brüche mit gleichem Zähler wie $\frac{3}{8}$ und $\frac{3}{5}$, dann hat der Bruch mit dem kleineren Nenner den größeren Wert: $\frac{3}{5} > \frac{3}{8}$.

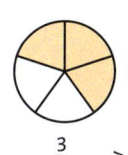 

$\frac{3}{5}$ > $\frac{3}{8}$

Aufgaben

1 Welche Brüche sind größer als 1, welche kleiner als $\frac{1}{2}$?

a) $\frac{13}{12}$; $\frac{3}{2}$; $\frac{4}{9}$; $\frac{15}{11}$; $\frac{6}{11}$; $\frac{14}{13}$

b) $\frac{3}{8}$; $\frac{3}{5}$; $\frac{5}{4}$; $\frac{10}{11}$; $\frac{9}{18}$; $\frac{17}{13}$; $\frac{5}{12}$

2 Welche Brüche liegen
a) zwischen 1 und 2?

$\frac{5}{3}$; $\frac{9}{2}$; $\frac{7}{4}$; $\frac{11}{3}$; $\frac{9}{5}$; $\frac{12}{6}$; $\frac{13}{7}$

b) zwischen $\frac{1}{2}$ und 1?

$\frac{2}{3}$; $\frac{3}{4}$; $\frac{2}{5}$; $\frac{3}{8}$; $\frac{6}{7}$; $\frac{5}{13}$; $\frac{8}{15}$; $\frac{9}{20}$

3 Setze < oder > im Heft passend ein.

a) $\frac{1}{2} \square \frac{1}{3}$ b) $\frac{1}{5} \square \frac{1}{6}$ c) $\frac{3}{4} \square \frac{3}{5}$

d) $\frac{5}{6} \square \frac{7}{9}$ e) $\frac{3}{8} \square \frac{5}{12}$ f) $\frac{1}{6} \square \frac{2}{15}$

g) $\frac{7}{12} \square \frac{11}{15}$ h) $\frac{8}{9} \square \frac{19}{21}$ i) $\frac{13}{24} \square \frac{17}{30}$

4 Vergleiche die Brüche mit <; > oder =.

a) $\frac{2}{5}$ und $\frac{3}{10}$ b) $\frac{2}{3}$ und $\frac{5}{6}$ c) $\frac{3}{4}$ und $\frac{7}{12}$

d) $\frac{4}{5}$ und $\frac{11}{15}$ e) $\frac{4}{7}$ und $\frac{7}{14}$ f) $\frac{6}{5}$ und $\frac{23}{20}$

5 Ordne die Brüche auf dem Rand nach ihrer Größe. Du musst sie nicht gleichnamig machen.
Begründe deine Entscheidungen.

$\frac{1}{3}$ $\frac{5}{8}$ $\frac{7}{12}$ $\frac{11}{9}$ $\frac{35}{13}$

Wo gehört mein Bruch hin?

6 a) Jede Schülerin und jeder Schüler schreibt eine Bruchzahl auf ein Kärtchen, deren Zähler nicht größer als 12 und deren Nenner nicht größer als 10 sein soll.

$\frac{1}{12}$ $\frac{1}{9}$ $\frac{2}{5}$ $\frac{3}{10}$ $\frac{1}{2}$

b) Anschließend darf jeder seine Bruchzahl dort aufhängen, wo sie ihrer Größe nach hingehört.

c) Wer sein Kärtchen aufhängt oder umhängt, muss seine Entscheidung begründen.

7 Beim Ordnen der folgenden Brüche suchen Philipp und Nina lange nach einem gemeinsamen Nenner: $\frac{5}{6}$; $\frac{6}{7}$; $\frac{7}{8}$ und $\frac{8}{9}$.
Marina unterbricht die beiden: „Ich habe eine andere Idee, wie wir die Brüche ordnen können!" Was meinst du?

8 Warum ist die Anordnung falsch? Schreibe die Begründung auf.

a) $\frac{2}{7} > \frac{2}{5} > \frac{2}{3} > \frac{2}{1}$

b) $\frac{5}{9} > \frac{6}{10} > \frac{7}{11} > \frac{8}{12}$

9 Ordne die Brüche nach der Größe.

a) $\frac{3}{4}$; $\frac{5}{8}$; $\frac{9}{12}$; $\frac{17}{24}$ b) $\frac{7}{12}$; $\frac{5}{9}$; $\frac{11}{18}$; $\frac{5}{6}$

c) $\frac{2}{3}$; $\frac{4}{9}$; $\frac{5}{12}$; $\frac{13}{24}$ d) $\frac{5}{8}$; $\frac{11}{12}$; $\frac{5}{9}$; $\frac{9}{16}$

10 René behauptet, dass in der Mitte von $\frac{2}{3}$ und $\frac{4}{5}$ die Zahl $\frac{3}{4}$ liegt.

$\frac{2}{3}$ $\frac{3}{4}$ $\frac{4}{5}$

Stimmt das? Überprüfe an weiteren Beispielen. Begründe deine eigene Lösung.

11 Zwischen zwei Brüchen lassen sich durch Erweitern immer weitere Brüche finden. Gib einen oder mehrere Brüche zwischen den beiden an.

a) $\frac{1}{3}$ und $\frac{1}{2}$ b) $\frac{4}{5}$ und $\frac{5}{6}$

c) $\frac{5}{7}$ und $\frac{3}{4}$ d) $\frac{2}{3}$ und $\frac{3}{4}$

12 a) Sven behauptet, dass die Brüche $\frac{5}{6}$; $\frac{7}{8}$ und $\frac{8}{9}$ gleich groß sein müssen, weil alle Nenner um 1 größer sind als die zugehörigen Zähler.
Was meinst du?
b) Die Brüche $\frac{8}{12}$; $\frac{7}{11}$ und $\frac{6}{10}$ unterscheiden sich alle in Zähler und Nenner um 4. Vergleiche sie.

13 a) Ordne die Brüche nach der Größe.
b) Erweitere die Brüche mit 2 und ordne sie erneut nach der Größe.

$\frac{1}{2}$ $\frac{2}{3}$ $\frac{3}{5}$ $\frac{5}{6}$ $\frac{4}{9}$ $\frac{7}{8}$

10 Prozent

Auf dem Nagelbrett sind drei Figuren
in zwei verschiedenen Farben gespannt.
→ Welcher Farbanteil überwiegt?
→ Überprüfe deine Schätzung durch
Auszählen der Kästchen.
→ Gib die Farbanteile und den Anteil
der Restfläche mit Brüchen an.

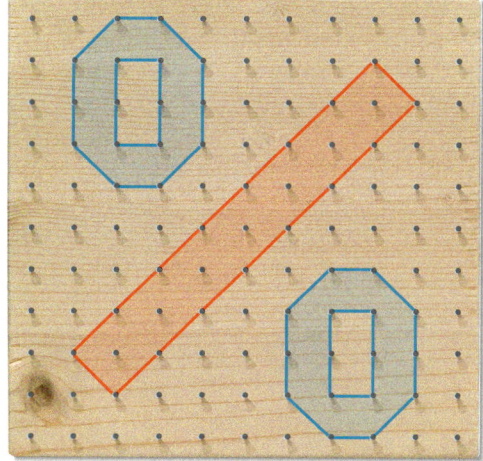

Um im Alltag unterschiedliche Anteile besser vergleichen zu können, verwendet man
Brüche mit dem Nenner 100, z. B. $\frac{3}{100}$; $\frac{15}{100}$; $\frac{70}{100}$ usw.
Hundertstelbrüche werden oft als Prozentangaben geschrieben. So bedeutet $\frac{3}{100}$ so viel
wie 3 von Hundert oder 3 %.

> Prozentangaben und Brüche mit dem Nenner 100 bezeichnen denselben Anteil.
>
> $$1\% = \frac{1}{100}; \quad 2\% = \frac{2}{100}; \quad 3\% = \frac{3}{100}; \quad \text{usw.}$$

Beispiele

a) Umwandeln von Prozentangaben in
Brüche:

$5\% = \frac{5}{100} = \frac{1}{20}$ $\qquad$ $36\% = \frac{36}{100} = \frac{9}{25}$

b) Umwandeln von Brüchen in Prozentangaben:

$\frac{3}{20} = \frac{15}{100} = 15\%$ $\qquad$ $\frac{5}{8} = \frac{25}{40} = \frac{625}{1000} = 62{,}5\%$

c) Von den 400 Schülern der Astrid-Lindgren-Schule kommen 200 mit dem Bus, 120 zu
Fuß und der Rest mit dem Rad.

mit dem Bus: $\qquad$ $\frac{200}{400} = \frac{50}{100} = 50\%$

zu Fuß: $\qquad$ $\frac{120}{400} = \frac{30}{100} = 30\%$

Mit dem Rad kommen demnach: $100\% - (50\% + 30\%) = 100\% - 80\% = 20\%$.

Aufgaben

1 Benutze Prozentangaben.
a) Jeder Vierte liest dieses Buch.
b) Tim schlägt vor, fifty-fifty zu teilen.
c) Jedes zwanzigste Los gewinnt.
d) Neun von zehn Haushalten haben
einen Kühlschrank.

2 Wie viel Prozent sind das?
a) die Hälfte $\qquad$ b) ein Zehntel
c) ein Viertel $\qquad$ d) der achte Teil
e) drei von vier $\qquad$ f) vier von fünf
g) sieben Achtel $\qquad$ h) vier Fünftel
i) acht Zehntel $\qquad$ j) die Hälfte der Hälfte

Merke dir:

$\frac{1}{100}$ = 1 %

$\frac{5}{100}$ = 5 %

$\frac{1}{10}$ = 10 %

$\frac{1}{5}$ = 20 %

$\frac{1}{4}$ = 25 %

$\frac{1}{3}$ = 33$\frac{1}{3}$ %

$\frac{1}{2}$ = 50 %

$\frac{2}{3}$ = 66$\frac{2}{3}$ %

$\frac{3}{4}$ = 75 %

1 = 100 %

3 Schreibe als Bruch und kürze, wenn möglich.

a) 3 %   b) 5 %   c) 10 %
d) 12 %   e) 20 %   f) 25 %
g) 30 %   h) 40 %   i) 50 %
j) 65 %   k) 100 %   l) 200 %

4 Schreibe als Prozentangabe.

a) $\frac{1}{2}$ b) $\frac{3}{4}$ c) $\frac{3}{5}$
d) $\frac{4}{5}$ e) $\frac{7}{10}$ f) $\frac{8}{10}$
g) $\frac{1}{20}$ h) $\frac{9}{20}$ i) $\frac{17}{25}$
j) $\frac{24}{25}$ k) $\frac{7}{50}$ l) $\frac{49}{50}$

5 Setze <, > oder = ein.

a) $\frac{2}{5}$ ☐ 40 %   b) $\frac{3}{4}$ ☐ 70 %

c) 60 % ☐ $\frac{3}{5}$ d) $\frac{9}{10}$ ☐ 90 %

e) $\frac{1}{3}$ ☐ 30 %   f) $\frac{17}{25}$ ☐ 65 %

6 Ordne den Bruchteilen die entsprechenden Prozentangaben zu. Bei richtiger Lösung bleibt ein Bruchteil übrig.

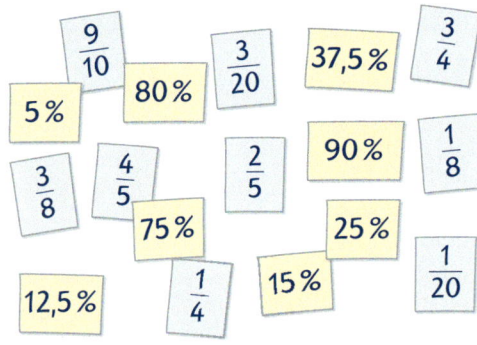

7 Gib an, wie viel Prozent der Fläche gefärbt sind.

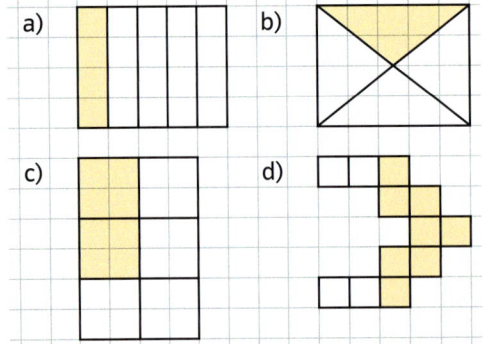

a)   b)

c)   d)

? *Was sagst du dazu?*

Lauter Schumis?
Bei einer Verkehrskontrolle waren 5 % der Fahrer zu schnell. Also fuhr ein Fünftel aller Pkw-Lenker auf dem Autobahnabschnitt der A8 mehr als die erlaubten 120 Kilometer pro Stunde. Der schnellste unter ihnen war mit unglaublichen 183 km/h unterwegs.

8 Übertrage die Figur ins Heft. Färbe die angegebenen Bruchteile der Gesamtfläche.

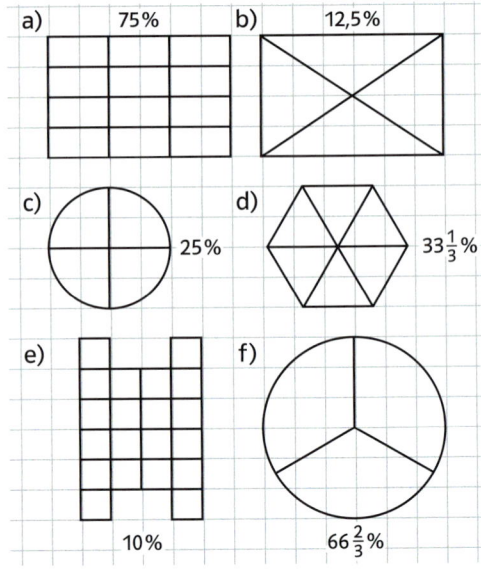

a) 75 %   b) 12,5 %

c) 25 %   d) 33$\frac{1}{3}$ %

e)   f)

10 %   66$\frac{2}{3}$ %

9 Gebt die Anteile auf den Schildchen als Brüche und als Kommazahlen an.

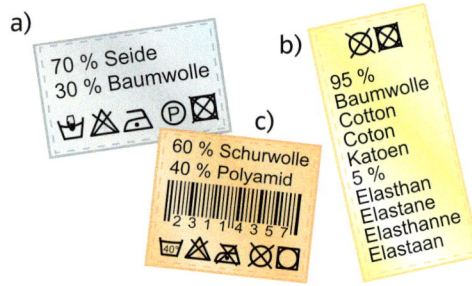

a)
70 % Seide
30 % Baumwolle

b)
95 % Baumwolle
Cotton
Coton
Katoen
5 % Elasthan
Elastane
Elasthanne
Elastaan

c)
60 % Schurwolle
40 % Polyamid

10 Von 25 Schülerinnen und Schülern der 6 b spielen acht Volleyball, 40 % spielen Fußball, $\frac{1}{5}$ spielen Tennis.
a) Welche Sportart ist in der Klasse 6 b die Lieblingssportart?
b) Stelle die Verteilung der in deiner Klasse gewählten Sportarten in einem Diagramm dar.

11 Bei einer Befragung von 100 Jugendlichen nach ihrer bevorzugten Modefarbe ergaben sich folgende Angaben.

schwarz 40   grün 5
blau 25   sonstige 7
rot 23

a) Stelle die Anteile anschaulich dar.
b) Führe selbst eine Befragung durch.

Zusammenfassung

Teiler und Vielfache	Wenn eine Divisionsaufgabe aufgeht, ist die zweite Zahl ein **Teiler** der ersten Zahl. Auch der Quotient ist dann ein Teiler der ersten Zahl.	$48 : 8 = 6$; 8 ist ein Teiler von 48; 6 teilt 48 $48 : 6 = 8$; 6 ist ein Teiler von 48; 8 teilt 48
	Multipliziert man eine Zahl mit 1; 2; 3; … so entstehen ihre **Vielfachen**.	Die Vielfachen von 8 sind $1 \cdot 8$; $2 \cdot 8$; $3 \cdot 8$; $4 \cdot 8$; …
	Die **Teilermenge** enthält die Teiler der Zahl. Die Vielfachen einer Zahl bilden die **Vielfachenmenge**.	$T_{48} = \{1; 2; 3; 4; 6; 8; 12; 16; 24; 48\}$ $V_8 = \{8; 16; 24; 32; …\}$
Teilbarkeitsregeln	Eine Zahl ist nur dann teilbar durch • 2, wenn die Endziffer 0; 2; 4; 6 oder 8 ist, • 5, wenn die Endziffer 0 oder 5 ist, • 4, wenn die aus den letzten zwei Ziffern gebildete Zahl durch 4 teilbar ist, • 3, wenn die Quersumme durch 3 teilbar ist, • 9, wenn die Quersumme durch 9 teilbar ist.	2 teilt 89**6** 2 teilt nicht 89**7** 5 teilt 129**5** 5 teilt nicht 129**6** 4 teilt 7**48** 4 teilt nicht 7**62** 3 teilt 7428, denn 3 teilt die Quersumme $7 + 4 + 2 + 8 = 21$. 9 teilt nicht 7428, denn 9 teilt nicht die Quersumme 21.
Primzahlen	Eine Zahl mit genau zwei Teilern heißt **Primzahl**.	2; 3; 5; 7; 11; 13; 17; 19; 23; 29; 31; 37; …
Brüche am Zahlenstrahl	Jeder Bruch gehört an eine Stelle am Zahlenstrahl. Alle Brüche an derselben Stelle des Zahlenstrahls bezeichnen dieselbe **Bruchzahl**.	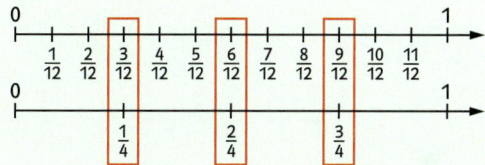
Erweitern und Kürzen	Brüche werden **erweitert**, indem man Zähler und Nenner mit derselben Zahl multipliziert. Brüche werden **gekürzt**, indem man Zähler und Nenner durch dieselbe Zahl dividiert. Beim Erweitern und Kürzen ändert sich der Wert des Bruchs nicht.	Erweitern Kürzen $\frac{3}{4} = \frac{3 \cdot 6}{4 \cdot 6} = \frac{18}{24}$ $\frac{18}{24} = \frac{18 : 6}{24 : 6} = \frac{3}{4}$ Kürzen Erweitern
Brüche ordnen	Von zwei Brüchen mit gleichem Nenner ist der mit dem größeren Zähler der größere. Brüche mit verschiedenen Nennern kann man zuerst gleichnamig machen, also auf gleiche Nenner bringen. Dann vergleicht man die Zähler.	$\frac{4}{7} > \frac{3}{7}$, da $4 > 3$ $\frac{7}{18} < \frac{5}{12}$, da $\frac{7 \cdot 2}{18 \cdot 2} = \frac{14}{36}$ und $\frac{5 \cdot 3}{12 \cdot 3} = \frac{15}{36}$
Prozent	Prozentangaben sind Brüche mit dem Nenner 100.	$\frac{9}{100} = 9\,\%$ $\frac{2}{5} = \frac{40}{100} = 40\,\%$

Üben • Anwenden • Nachdenken

Online-Link
Rechentraining
742861-0521

1 Bestimme die Teilermenge.
a) T_{26} b) T_{49}
c) T_{124} d) T_{58}

2 Bestimme die Teilermengen.
a) $T_\square = \{\square; \square; 9; \square\}$
b) $T_\square = \{\square; \square; 9; \square; \square\}$
c) $T_\square = \{\square; \square; \square; 6; \square; \square\}$
d) $T_\square = \{\square; \square; \square; 7; \dots; \square\}$

3 Bestimme den größten gemeinsamen Teiler der beiden Zahlen.
a) 24 und 42 b) 28 und 35 c) 44 und 132

4 Welche Vielfachenmengen sind das?
a) $V_\square = \{\square; \square; 36; \square; \dots\}$
b) $V_\square = \{\square; \square; \square; 36; \dots\}$
c) $V_\square = \{\square; \square; \square; \square; \square; 36; \dots\}$

5 Welche Zahlen kannst du als Summe aus einem Vielfachen von 3 und einem Vielfachen von 5 schreiben? Probiere.

$$V_3 = \{3; 6; 9; 12; 15; 18; 21; \dots\}$$
$$V_5 = \{5; 10; 15; 20; 25; 30; \dots\}$$

18 = 3 + 15	22 = 10 + 12
30 = 15 + 15	31 = 21 + 10
32 = ? + ?	33 = ? + ?

04	07	10	13	16	…
07	12	17	22	27	…
10	17	24	31	38	…
13	22	31	40	49	…
16	27	38	49	60	…
…	…	…	…	…	…

6 Der indische Mathematikstudent S. P. Sundaram erdachte ein Sieb für die Primzahlsuche. Man schreibt den Anfang des Zahlenmusters auf und denkt es sich unbegrenzt fortgesetzt. Dann bekommt man Primzahlen in drei Schritten:
• Wähle eine Zahl, die im Zahlenmuster fehlt.   20
• Verdopple die Zahl.   2 · 20 = 40
• Addiere 1.   2 · 20 + 1 = **41**
Suche nach diesem Verfahren 10 Primzahlen. Falls sie nicht zu groß sind, dann prüfe, ob es wirklich Primzahlen sind.

7 Wie viele Karten muss ein Spiel mindestens haben, damit die Karten gleichmäßig an 3, an 4, an 5 und auch an 6 Personen verteilt werden können?

Teilerpäckchen und Teilerpakete

8 Der senkrechte Strich „|" ist ein Kurzzeichen für „teilt".

a) Du erkennst sicher eine Regel für die aufeinanderfolgenden Päckchen. Setze die Reihe fort und prüfe nach.

4 | 24	5 | 35	6 | 48	7 | 63
5 | 25	6 | 36	7 | 49	8 | 64

b) Hier ist die Regel schon schwerer zu finden.
Wie geht die Reihe weiter?

2 | 14	3 | 27	4 | 44	5 | 65
3 | 15	4 | 28	5 | 45	6 | 66

c) Noch zwei Reihen von Päckchen. Wie geht es in jeder Reihe weiter?

2 | 20	3 | 39	4 | 64	? | ??
3 | 21	4 | 40	5 | 65	? | ??

2 | ??	3 | 51	4 | 84	5 | ???
3 | ??	4 | 52	5 | 85	6 | ???

d) Setze in jedem einzelnen Paket die Reihe so lange fort, bis die erste Zahl die zweite nicht mehr teilt.

2 | 64	4 | 428	8 | 3976
3 | 66	5 | 430	9 | 3978
4 | 68	6 | 432	10 | 3980
? | ??	? | ???	?? | ????
? | ??	? | ???	?? | ????

2 | 360 364	2 | 7574
3 | 360 366	3 | 7581
4 | 360 368	4 | 7588
? | ?? ?? ??	? | ????
? | ?? ?? ??	? | ????

9 a) Drücke die Teilfiguren als Bruchteile des ganzen Quadrates aus.
b) Finde weitere Bruchteile durch Kombination der Einzelteile.
Beispiel:

A + C

$\frac{1}{16} + \frac{5}{16}$

$= \frac{6}{16} = \frac{3}{8}$

10 Stelle den Bruchteil in einer geeigneten Figur dar.

a) $\frac{5}{9}$ b) $\frac{9}{16}$ c) $\frac{2}{3}$ d) $\frac{7}{8}$

11 Zeichne einen geeigneten Zahlenstrahl und trage Folgendes ein.

a) $\frac{1}{2}$ in die Reihe der Drittelbrüche

b) $\frac{1}{3}$ und $\frac{2}{3}$ in die Reihe der Fünftelbrüche

12 Erweitere auf einen gemeinsamen Nenner.

a) $\frac{3}{4}$ und $\frac{2}{3}$ b) $\frac{3}{4}$ und $\frac{3}{10}$ c) $\frac{3}{4}$ und $\frac{5}{6}$

d) $\frac{1}{9}$ und $\frac{5}{6}$ e) $\frac{2}{15}$ und $\frac{1}{6}$ f) $\frac{5}{12}$ und $\frac{7}{8}$

13 Die Insel Reichenau hat eine Fläche von etwa 40 000 a. Auf 60 % der Fläche werden Gemüse und Wein, auf 5 % der Fläche Blumen angebaut.
a) Bestimme die Anbauflächen von Gemüse, Wein und von Blumen in a.
b) Veranschauliche mit einem Kreisdiagramm.

14 Mit welcher Zahl wurde erweitert?

Beispiel: $\frac{2}{5} = \frac{2 \cdot 3}{5 \cdot 3} = \frac{6}{15}$

Es wurde mit **3** erweitert.

a) $\frac{1}{3} = \frac{4}{12}$ b) $\frac{10}{11} = \frac{30}{33}$

$\frac{6}{7} = \frac{42}{49}$ $\frac{3}{4} = \frac{27}{36}$

$\frac{3}{10} = \frac{15}{50}$ $\frac{7}{12} = \frac{56}{96}$

$\frac{3}{5} = \frac{18}{30}$ $\frac{19}{21} = \frac{38}{42}$

$\frac{5}{8} = \frac{20}{32}$ $\frac{3}{16} = \frac{9}{48}$

15 Übertrage ins Heft und ersetze die Platzhalter.

a) $\frac{1}{3} = \frac{\square}{6}$ b) $\frac{3}{5} = \frac{9}{\square}$ c) $\frac{7}{10} = \frac{\square}{50}$

$\frac{5}{6} = \frac{\square}{18}$ $\frac{1}{6} = \frac{7}{\square}$ $\frac{2}{8} = \frac{\square}{88}$

$\frac{2}{5} = \frac{\square}{30}$ $\frac{4}{7} = \frac{20}{\square}$ $\frac{2}{9} = \frac{18}{\square}$

$\frac{5}{8} = \frac{\square}{32}$ $\frac{5}{8} = \frac{40}{\square}$ $\frac{3}{8} = \frac{30}{\square}$

16 Mit welcher Zahl wurde gekürzt?

Beispiel: $\frac{6}{9} = \frac{6 : 3}{9 : 3} = \frac{2}{3}$

Es wurde also mit **3** gekürzt.

a) $\frac{3}{6} = \frac{1}{2}$ b) $\frac{15}{20} = \frac{3}{4}$

$\frac{6}{8} = \frac{3}{4}$ $\frac{28}{35} = \frac{4}{5}$

$\frac{8}{16} = \frac{1}{2}$ $\frac{40}{56} = \frac{5}{7}$

17 Wie lang sind die Pfähle?

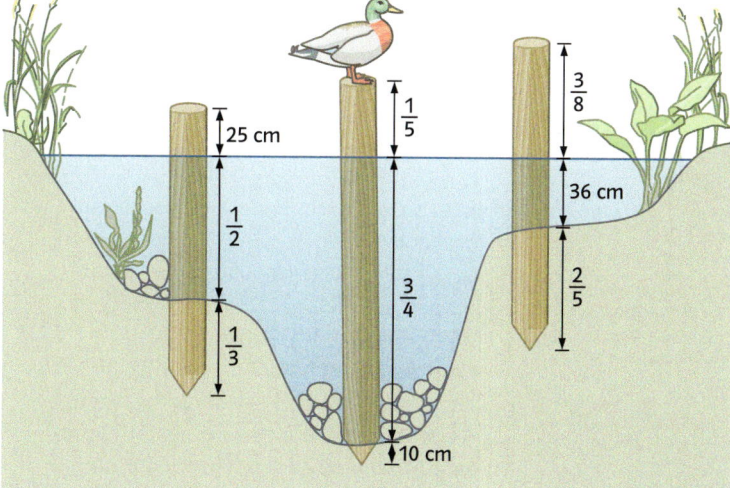

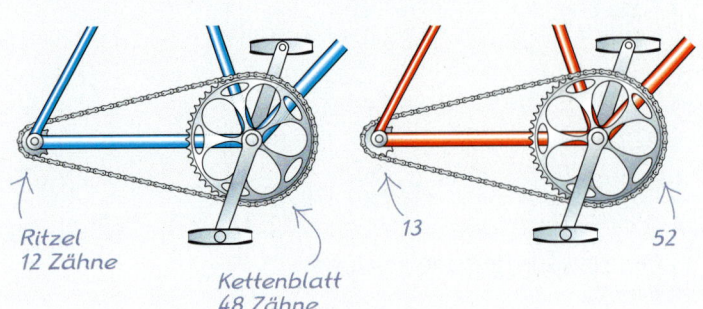

Ritzel
12 Zähne

13

Kettenblatt
48 Zähne

52

18 a) Welchen Gang hatte Susanne beim blauen Rad wohl eingelegt, als sie

- eine steile Steigung hochfuhr?
- oft treten musste und nur langsam voran kam?
- ganz wenig treten musste und mit jedem Tritt weit voran kam?
- auf flacher Strecke viel Kraft zum Treten brauchte?

b) Die Kette überträgt die Drehung des Kettenblatts Zahn für Zahn auf das Ritzel. Oben sind zwei Kettengetriebe abgebildet. Wie oft dreht sich das Ritzel, wenn sich das Kettenblatt genau 1-mal dreht?

c) Ein Kettenblatt hat 36 Zähne, ein Ritzel hat 24 Zähne. Wie oft dreht sich das Ritzel bei 2 Umdrehungen des Kettenblatts, wie oft bei einer Umdrehung?

19 Die Anzahl der Drehungen des Ritzels bei einer Drehung des Kettenblatts heißt **Übersetzung**. Oft ist die Übersetzung keine natürliche Zahl, sondern ein Bruch. Man kann sie aus den Zähnezahlen berechnen:

$$\text{Übersetzung} = \frac{\text{Zähnezahl des Kettenblatts}}{\text{Zähnezahl des Ritzels}}$$

Wie groß ist die Übersetzung?

Kettenblatt 42 Zähne	Ritzel 28 Zähne
Kettenblatt 42 Zähne	Ritzel 30 Zähne
Kettenblatt 28 Zähne	Ritzel 21 Zähne
Kettenblatt 28 Zähne	Ritzel 28 Zähne

20 Übertrage die Aufgaben ins Heft und ersetze die Platzhalter. Die richtigen Zahlen ergeben in der Reihenfolge a) bis c) ein Lösungswort.

Tipp: Manche Ergebnisse auf den Steinen kommen mehrfach vor, andere gar nicht.

a) $\frac{6}{9} = \frac{\square}{3}$ b) $\frac{40}{48} = \frac{5}{\square}$ c) $\frac{14}{49} = \frac{2}{\square}$

$\frac{35}{45} = \frac{\square}{9}$ $\frac{63}{81} = \frac{7}{\square}$ $\frac{12}{16} = \frac{\square}{4}$

$\frac{5}{10} = \frac{\square}{2}$ $\frac{36}{40} = \frac{9}{\square}$ $\frac{80}{130} = \frac{\square}{13}$

$\frac{24}{30} = \frac{\square}{5}$ $\frac{8}{16} = \frac{1}{\square}$ $\frac{60}{78} = \frac{10}{\square}$

3 E 7 T 11 S
2 S 10 R
4 L 12 B
6 P 8 I
1 O 5 A 9 E 13 N

21 Schreibe als Bruch mit dem Nenner 100 und als Prozentangabe.

a) $\frac{4}{5}$ b) $\frac{7}{10}$ c) $\frac{3}{20}$ d) $\frac{17}{50}$

22 Drücke mit einem Bruch aus.

a) 50% b) 1% c) 8%

d) $12\frac{1}{2}$% e) 99% f) 175%

23 Versuche die Brüche vor allem durch den Vergleich von Zähler und Nenner zu ordnen. Erkläre.

$\frac{5}{6}$ $\frac{13}{4}$ $\frac{17}{35}$ $\frac{15}{61}$

$\frac{8}{9}$ $\frac{7}{29}$ $\frac{59}{117}$ $\frac{15}{2}$

24 Begründe, wie du die drei größten und wie du die drei kleinsten Brüche findest.

$\frac{7}{9}; \frac{9}{13}; \frac{6}{7}; \frac{7}{8}; \frac{7}{6}; \frac{8}{7}; \frac{8}{9}$

25 Welche der Brüche liegen zwischen $\frac{1}{4}$ und $\frac{1}{2}$? Begründe.

$\frac{2}{5}; \frac{7}{20}; \frac{11}{24}; \frac{17}{32}; \frac{15}{40}; \frac{27}{100}$

26 Setze <, > oder = ein. Begründe.

a) $\frac{6}{11} \square \frac{7}{13}$ b) $\frac{13}{20} \square \frac{19}{30}$ c) $\frac{11}{18} \square \frac{7}{12}$

Rückspiegel

Online-Link
zum Rückspiegel
742861-0551

Left column

1 Bestimme die Teilermenge.
a) T_{18} b) T_{37} c) T_{48}

2 Welche Zahl ist durch 2, welche ist durch 5, welche durch 4 teilbar?

78	90	120
255	616	9999

3 Welche Zahl ist durch 3, welche durch 9 teilbar?

123	609	729
3009	4321	87654

4 Welche Zahl ist eine Primzahl?

37   57   97   103   121

5 Wandle entweder in einen Bruch oder in eine gemischte Zahl um.
a) $\frac{9}{4}$ b) $\frac{17}{2}$
c) $1\frac{7}{8}$ d) $8\frac{4}{5}$

6 Mit welcher Zahl wurde erweitert?
a) $\frac{2}{5} = \frac{6}{15}$ b) $\frac{3}{4} = \frac{12}{16}$
c) $\frac{5}{7} = \frac{30}{42}$ d) $\frac{2}{7} = \frac{16}{56}$
e) $\frac{5}{8} = \frac{25}{40}$ f) $\frac{7}{9} = \frac{91}{117}$

7 Kürze so weit wie möglich.

$\frac{36}{38}$ $\frac{32}{52}$ $\frac{48}{72}$

8 Gib in Prozent oder als Bruch an.
a) $\frac{1}{2}$ b) $\frac{4}{5}$ c) $\frac{7}{10}$
d) 7%   e) 12%   f) 85%

9 Setze > oder < ein.
a) $\frac{1}{3}\ \square\ \frac{2}{5}$ b) $\frac{1}{3}\ \square\ \frac{1}{4}$

$\frac{1}{2}\ \square\ \frac{3}{5}$ $\frac{2}{3}\ \square\ \frac{3}{5}$

$\frac{2}{5}\ \square\ \frac{7}{15}$ $\frac{5}{6}\ \square\ \frac{3}{4}$

Right column

1 Bestimme die Teilermenge.
a) T_{49} b) T_{53} c) T_{100}

2 Welche Zahl ist durch 4, welche ist durch 2, aber nicht durch 4 teilbar?

82	96	150
430	1005	5596

3 Welche Zahl ist durch 3, aber nicht durch 9 teilbar?

586	984	6003
10002	79842	40302

4 Zwei der Zahlen sind Primzahlen.

408   211   109   187   975

5 Wandle entweder in einen Bruch oder in eine gemischte Zahl um.
a) $1\frac{3}{8}$ b) $\frac{48}{15}$
c) $\frac{34}{3}$ d) $13\frac{2}{9}$

6 Wie heißt der Zähler, wie der Nenner?
a) $\frac{8}{12} = \frac{48}{\square}$ b) $\frac{6}{15} = \frac{\square}{105}$
c) $\frac{7}{\square} = \frac{49}{91}$ d) $\frac{3}{\square} = \frac{33}{121}$
e) $\frac{\square}{23} = \frac{10}{115}$ f) $\frac{14}{\square} = \frac{112}{136}$

7 Kürze so weit wie möglich.

$\frac{32}{44}$ $\frac{38}{95}$ $\frac{140}{175}$

8 Gib in Prozent oder als Bruch an.
a) $\frac{3}{5}$ b) $\frac{9}{10}$ c) $\frac{1}{8}$
d) 15%   e) 46%   f) 110%

9 Welche der Bruchzahlen sind
a) größer als $\frac{1}{2}$?   b) kleiner als $\frac{2}{3}$?

$\frac{13}{20}$ $\frac{12}{25}$ $\frac{54}{108}$ $\frac{43}{21}$ $\frac{45}{97}$ $1\frac{5}{6}$

→ Die Lösungen findest du auf Seite 210.

Standpunkt

Online-Links
zum Standpunkt
742861-0561
zu Kapitel 3
742861-0003

Wo stehe ich?

Ich kann…	gut	weniger gut	etwas	nicht mehr	Lerntipp!
1 Kreise in Kreisausschnitte zerlegen,	☐	☐	☐	☐	→ S. 10; 19
2 für Brüche mit verschiedenen Nennern eine gemeinsame Darstellung finden,	☐	☐	☐	☐	→ S. 44; 45; 51
3 Brüche gleichnamig machen,	☐	☐	☐	☐	→ S. 47; 51; 76
4 komplizierte Rechenausdrücke berechnen,	☐	☐	☐	☐	→ S. 76
5 Rechenvorteile nutzen.	☐	☐	☐	☐	→ S. 69; 74 f; 204

Überprüfe deine Einschätzung

1 a) Eine Pizza wurde in gleiche Teile aufgeteilt. Wie groß sind die Winkel?

A
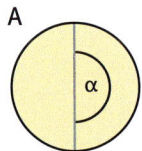

B
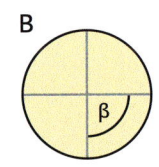

C
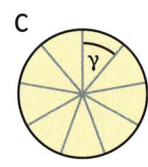

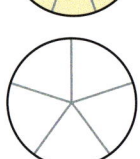

b) Zeichne jeweils ein Modell mit dem Radius 5 cm und teile die Pizza in 3, 6 und 5 gleiche Teile.

Lerntipp!
zu Aufgabe 4:
Klammern zuerst
Punkt vor Strich

Lerntipp!
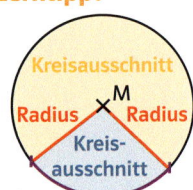

2 Stelle zwei Brüche in einem gemeinsamen Rechteckmodell dar.

Beispiel: $\frac{1}{3}$ und $\frac{1}{8}$

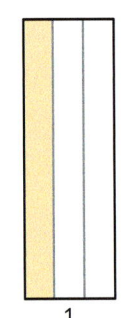

$\frac{1}{3}$

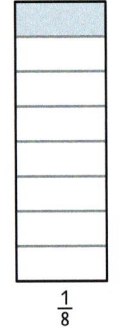

$\frac{1}{8}$

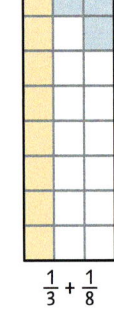

$\frac{1}{3} + \frac{1}{8}$

a) $\frac{2}{3}$ und $\frac{2}{8}$ b) $\frac{1}{2}$ und $\frac{1}{4}$ c) $\frac{1}{5}$ und $\frac{2}{3}$

3 Mache die Brüche gleichnamig. Suche einen möglichst kleinen gemeinsamen Nenner.

a) $\frac{1}{2}$ und $\frac{1}{4}$

$\frac{1}{3}$ und $\frac{1}{6}$

$\frac{1}{5}$ und $\frac{3}{10}$

b) $\frac{4}{6}$ und $\frac{1}{3}$

$\frac{2}{5}$ und $\frac{6}{10}$

$\frac{6}{8}$ und $\frac{2}{4}$

c) $\frac{5}{6}$ und $\frac{1}{3}$

$\frac{7}{9}$ und $\frac{5}{18}$

$\frac{2}{11}$ und $\frac{19}{22}$

d) $\frac{6}{10}$ und $\frac{15}{25}$

$\frac{3}{6}$ und $\frac{5}{12}$

$\frac{7}{49}$ und $\frac{3}{14}$

4 Berechne.

a) $18 - 4 \cdot 3$

$56 : 8 + 9 \cdot 7$

$6 \cdot 12 - 24 : 3$

b) $5 \cdot (23 - 12)$

$(22 - 2) \cdot 13$

$12 : (28 - 24)$

c) Hier fehlen Rechenzeichen.

$24 \ \square \ 8 \ \square \ 27 = 30$

$48 \ \square \ 6 \ \square \ 3 = 50$

$3 \ \square \ 6 \ \square \ 6 \ \square \ 7 = 60$

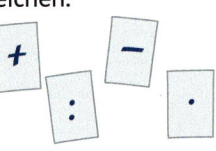

5 Rechne vorteilhaft.

a) $12 \cdot 15 + 12 \cdot 5$ b) $17 + 45 + 83$

c) $397 + 12 - 297$ d) $120 : 3 - 90 : 3$

e) $28 \cdot 73 + 27 \cdot 28$ f) $25 \cdot 3 \cdot 4 \cdot 12$

g) $99 \cdot 17$

→ Die Lösungen findest du auf Seite 211.

Mit Kreisen rechnen

Das Rechnen mit Brüchen kannst du dir gut an Kreisen und an Kreisausschnitten vorstellen.

Kreisausschnitte herstellen

Schneide aus farbigem Papier Kreisausschnitte aus, die du zuvor durch Falten über den Mittelpunkt erhalten hast.
Es sollen **zwei Halbe, vier Viertel, acht Achtel** und **sechzehn Sechzehntel** entstehen.
Beschrifte die entstandenen Kreisausschnitte gleich mit den richtigen Brüchen.

Mit Kreisausschnitten rechnen

Bestimme die Lösungen durch Auslegen:

$$\frac{1}{8} + \frac{1}{8} \qquad \frac{1}{2} - \frac{1}{8} \qquad \frac{1}{8} \cdot 4 \qquad \frac{1}{4} : 2$$

$$\frac{1}{2} + \frac{1}{4} + \frac{1}{8} + \frac{1}{16} \qquad \frac{1}{2} - \frac{1}{4} - \frac{1}{8} - \frac{1}{16}$$

Stellt euch gegenseitig weitere Aufgaben.
Schreibt die Aufgaben mit ihren Lösungen auf.
Wie viele Arten findest du, ein Ganzes zu legen?

Mit Kreisausschnitten spielen

Legt abwechselnd Kreisausschnitte zu einem Kreis aneinander.
Wer als Erster über das Ganze hinauskommt, hat verloren.

Ihr könnt das Spiel noch interessanter machen, indem ihr Fünftel, Zehntel und Zwanzigstel oder Drittel, Sechstel und Zwölftel ausschneidet und mitverwendet.

Das lerne ich:

- wie man Brüche addiert und subtrahiert,
- wie man Brüche multipliziert und dividiert,
- wie man Rechenausdrücke mit Brüchen ausrechnet,
- wie man Rechenvorteile erkennt und ausnutzt.

1 Addieren und Subtrahieren gleichnamiger Brüche

→ Legt Papierstreifen, die in zwölf gleiche Teile eingeteilt sind, mit $\frac{2}{12}$-, $\frac{3}{12}$- und $\frac{7}{12}$-Bruchstreifen vollständig aus.
Vier unterschiedliche Möglichkeiten findet ihr schnell.

→ Sucht noch eine weitere Möglichkeit.

Lerntipp!

Gleichnamige Brüche haben den gleichen Nenner.

Das Addieren und Subtrahieren von Brüchen mit gleichen Nennern kann man am Zahlenstrahl verdeutlichen.

Addition: $\frac{4}{10} + \frac{3}{10} = \frac{7}{10}$

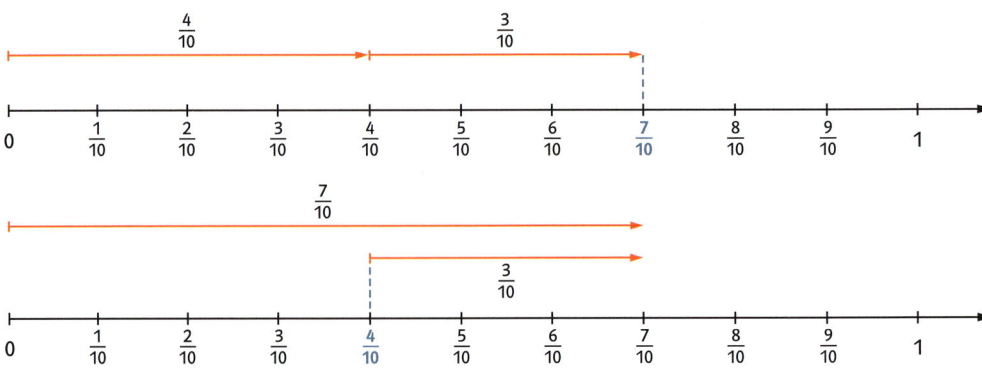

Subtraktion (Probe): $\frac{7}{10} - \frac{3}{10} = \frac{4}{10}$

Beachte: Bei der Subtraktion kommt Pfeilspitze an Pfeilspitze.
Das Ergebnis wird am Pfeilanfang abgelesen.

> **Gleichnamige Brüche** werden **addiert**, indem man ihre Zähler addiert und den Nenner beibehält.
> **Gleichnamige Brüche** werden **subtrahiert**, indem man ihre Zähler subtrahiert und den Nenner beibehält.

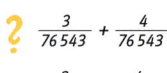 $\frac{3}{76\,543} + \frac{4}{76\,543}$

$\frac{3}{77\,777} + \frac{4}{77\,777}$

Beispiele

a) $\frac{2}{11} + \frac{7}{11} = \frac{9}{11}$

b) $\frac{7}{9} - \frac{2}{9} = \frac{5}{9}$

c) $\frac{3}{5} + \frac{4}{5} = \frac{7}{5} = 1\frac{2}{5}$

d) $\frac{3}{4} - \frac{1}{4} = \frac{2}{4} = \frac{1}{2}$

Aufgaben

1 Lies und löse im Kopf.
a) 2 Achtel + 3 Achtel
b) 9 Zehntel − 6 Zehntel
c) 3 Fünftel + 2 Fünftel
d) 4 Viertel − 3 Viertel
e) 6 Zwölftel + 4 Zwölftel
f) 5 Sechstel − 3 Sechstel

2 Fomuliere mindestens eine Additions- und eine Subtraktionsaufgabe und gib das Ergebnis an.

Beispiel:
$$\frac{4}{9} + \frac{3}{9} = \frac{7}{9}$$
$$\frac{4}{9} - \frac{3}{9} = \frac{1}{9}$$

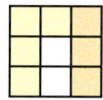

a)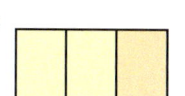

b)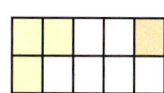

c)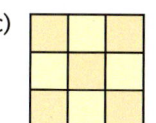

d)

e)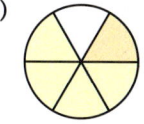

f)

3 Rechne im Kopf.
a) $\frac{2}{5} + \frac{1}{5}$
$\frac{5}{8} - \frac{2}{8}$
$\frac{1}{9} + \frac{7}{9}$

b) $\frac{2}{7} + \frac{3}{7} + \frac{5}{7}$
$\frac{9}{11} - \frac{7}{11} + \frac{2}{11}$
$\frac{11}{13} - \frac{7}{13} - \frac{2}{13}$

4 Rechne und kürze.
a) $\frac{1}{6} + \frac{5}{6}$
$\frac{7}{12} - \frac{1}{12}$
$\frac{1}{8} + \frac{5}{8}$

b) $\frac{3}{15} + \frac{6}{15} + \frac{1}{15}$
$\frac{9}{10} + \frac{3}{10} - \frac{6}{10}$
$\frac{17}{18} - \frac{7}{18} - \frac{1}{18}$

5 Gib das Ergebnis der Rechnung als gemischte Zahl an.
a) $\frac{2}{3} + \frac{2}{3}$
$\frac{9}{4} - \frac{3}{4}$
$\frac{5}{7} + \frac{6}{7}$

b) $\frac{8}{9} + \frac{7}{9} - \frac{2}{9}$
$\frac{40}{13} - \frac{12}{13} - \frac{1}{13}$
$\frac{22}{11} - \frac{2}{11} + \frac{15}{11}$

6 Ergänze.
a) $\frac{\square}{14} + \frac{3}{14} = \frac{9}{14}$
b) $\frac{11}{17} - \frac{5}{\square} = \frac{6}{17}$
c) $\frac{4}{15} + \frac{\square}{15} = \frac{11}{15}$
d) $\frac{22}{27} - \frac{7}{27} = \frac{\square}{27}$
e) $\frac{18}{37} + \frac{17}{37} = \frac{\square}{\square}$
f) $\frac{51}{\square} - \frac{\square}{53} = \frac{26}{53}$

7 Stellt euch gegenseitig Additions- und Subtraktionsaufgaben mit gleichnamigen Brüchen. Ihr dürft auch Lücken in Rechnungen lassen wie in Aufgabe 6.

8 Übertrage ins Heft und ergänze.

Online-Link
zu Aufgabe 8
742861-0591

a)

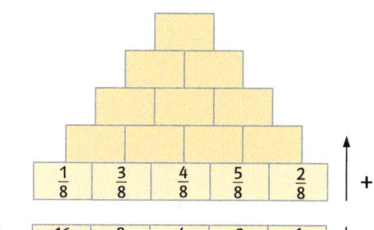

b)

9 Auf welchen Brüchen am Zahlenstrahl landen die ersten sieben Sprünge?

a)
b)
c)

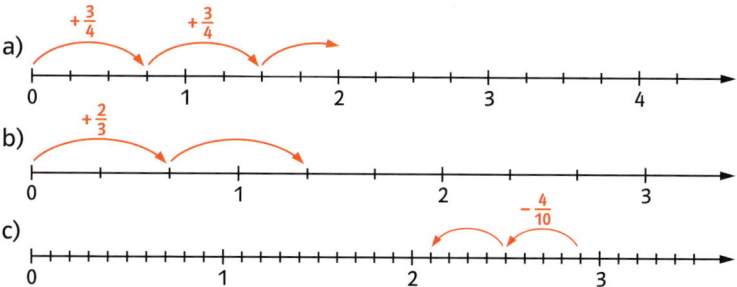

10 Diese Aufgaben kannst du leichter lösen, wenn du das Zifferblatt einer Uhr zu Hilfe nimmst. Gib das Ergebnis als Bruch und zusätzlich in Minuten an.
a) $\frac{2}{4}h + \frac{1}{4}h$
b) $\frac{5}{4}h - \frac{3}{4}h$
c) $\frac{3}{2}h + \frac{1}{2}h$
d) $2\frac{1}{2}h - 1\frac{1}{2}h$
e) $\frac{3}{4}h + 1\frac{3}{4}h$
f) $1\frac{3}{4}h - \frac{1}{4}h$

2 Addieren und Subtrahieren ungleichnamiger Brüche

Falte ein Blatt so, dass du nach dem Auffalten acht gleiche Teile erhältst. Markiere dann $\frac{3}{8}$ und $\frac{1}{4}$ der Fläche.

→ Welchen Bruchteil der Fläche nehmen die zwei markierten Flächen zusammen ein?

→ Um welchen Bruchteil der ganzen Fläche ist $\frac{3}{8}$ größer als $\frac{1}{4}$?

Addition und Subtraktion ungleichnamiger Brüche
Brüche mit unterschiedlichem Nenner müssen vor dem Addieren oder Subtrahieren gleichnamig gemacht werden.

Addition

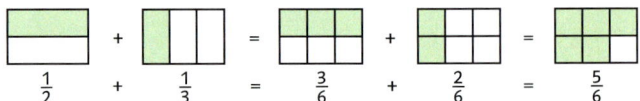

$$\frac{1}{2} + \frac{1}{3} = \frac{3}{6} + \frac{2}{6} = \frac{5}{6}$$

Subtraktion

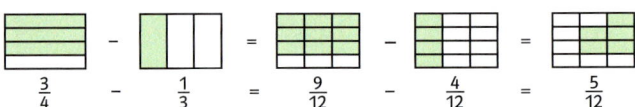

$$\frac{3}{4} - \frac{1}{3} = \frac{9}{12} - \frac{4}{12} = \frac{5}{12}$$

Ungleichnamige Brüche werden **addiert** oder **subtrahiert**, indem man
1. einen gemeinsamen Nenner bestimmt,
2. die Brüche auf diesen gemeinsamen Nenner erweitert und
3. die gleichnamigen Brüche addiert oder subtrahiert.

Beispiele

a) Ein Nenner ist ein Vielfaches des anderen Nenners:

$$\frac{5}{14} + \frac{2}{7} = \frac{5}{14} + \frac{4}{14} = \frac{9}{14}$$

b) Der größere Nenner ist kein Vielfaches des kleineren Nenners:

$$\frac{2}{3} - \frac{2}{5} = \frac{2 \cdot 5}{3 \cdot 5} - \frac{2 \cdot 3}{5 \cdot 3} = \frac{10}{15} - \frac{6}{15} = \frac{4}{15}$$

c) Bei großen Nennern lohnt es sich, nach gemeinsamen Vielfachen zu suchen:

$$\frac{7}{16} + \frac{5}{12} = ?$$

$$\frac{7 \cdot 3}{16 \cdot 3} + \frac{5 \cdot 4}{12 \cdot 4} = \frac{21}{48} + \frac{20}{48} = \frac{41}{48}$$

$V_{16} = \{16; 32; 48; \ldots\}$

$V_{12} = \{12; 24; 36; 48; \ldots\}$

Bemerkung
Der kleinste gemeinsame Nenner wird als Hauptnenner (HN) bezeichnet.

Aufgaben

1 Lies und löse.
a) 1 Halbes + 1 Viertel
b) 1 Drittel − 1 Sechstel
c) 1 Viertel + 3 Achtel
d) 3 Viertel − 1 Halbes

2 Rechne möglichst im Kopf.

a) $\frac{1}{2} + \frac{3}{8}$ b) $\frac{1}{3} - \frac{1}{12}$ c) $\frac{1}{2} + \frac{1}{6}$

$\frac{5}{6} - \frac{1}{3}$ $\frac{1}{5} + \frac{3}{10}$ $\frac{1}{10} + \frac{4}{5}$

$\frac{1}{2} - \frac{1}{10}$ $\frac{4}{5} - \frac{1}{2}$ $\frac{2}{3} - \frac{1}{4}$

3 Stelle die Summen und Differenzen im 24er- oder 12er-Streifen dar und berechne sie mit dieser Hilfe. Beispiel:

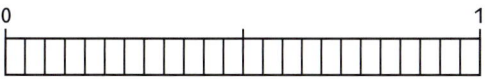

$$\frac{1}{3} + \frac{1}{8} = \frac{8}{24} + \frac{3}{24} = \frac{11}{24}$$

a) $\frac{1}{4} + \frac{5}{12}$; $\frac{1}{6} + \frac{5}{12}$ b) $\frac{3}{4} + \frac{1}{6}$; $\frac{7}{12} + \frac{1}{4}$

c) $\frac{5}{6} - \frac{5}{8}$; $\frac{2}{3} - \frac{3}{8}$ d) $\frac{3}{12} - \frac{1}{8}$; $\frac{3}{4} - \frac{2}{3}$

4 Addiere oder subtrahiere.

a) $\frac{1}{3} + \frac{1}{4}$ b) $\frac{1}{4} - \frac{1}{6}$ c) $\frac{2}{5} + \frac{1}{2}$

$\frac{1}{4} + \frac{1}{5}$ $\frac{1}{6} - \frac{1}{8}$ $\frac{1}{5} + \frac{2}{8}$

d) $\frac{3}{5} - \frac{1}{2}$ e) $\frac{3}{8} + \frac{4}{7}$ f) $\frac{2}{3} - \frac{5}{8}$

$\frac{5}{6} - \frac{1}{2}$ $\frac{7}{12} + \frac{2}{5}$ $\frac{4}{5} - \frac{4}{9}$

5 Wandle das Ergebnis der Rechnungen wenn möglich in eine gemischte Zahl um oder kürze.

Beispiel: $\frac{3}{4} + \frac{1}{2} = \frac{3}{4} + \frac{2}{4} = \frac{5}{4} = 1\frac{1}{4}$

a) $\frac{1}{3} + \frac{1}{6}$ b) $\frac{7}{10} - \frac{4}{9}$

$\frac{8}{15} - \frac{3}{10}$ $\frac{8}{9} - \frac{2}{5}$

$\frac{8}{7} + \frac{1}{14}$ $\frac{6}{7} - \frac{5}{6}$

c) $\frac{3}{4} + \frac{2}{5}$ d) $\frac{17}{16} - \frac{11}{12}$

$\frac{3}{8} - \frac{1}{9}$ $1\frac{1}{18} + \frac{4}{9}$

$\frac{5}{12} - \frac{2}{5}$ $1\frac{2}{5} - \frac{5}{6}$

6 Addiere oder subtrahiere.

a) $\frac{11}{18} - \frac{29}{90}$ b) $\frac{1}{16} + 1\frac{5}{9}$

$\frac{8}{15} + \frac{3}{8}$ $1\frac{17}{36} + 2\frac{1}{4}$

$\frac{21}{12} - \frac{23}{28}$ $1\frac{1}{18} + \frac{15}{27}$

7 Übertrage die Tabellen ins Heft und fülle sie aus.

a)

+	$\frac{1}{2}$	$\frac{2}{3}$	$\frac{3}{4}$
$\frac{1}{3}$			
$\frac{2}{5}$			
$\frac{1}{6}$			
$\frac{5}{8}$			

b)

−	$\frac{1}{4}$	$\frac{3}{8}$	$\frac{1}{9}$
$\frac{1}{2}$			
$\frac{2}{3}$			
$\frac{4}{5}$			
$\frac{7}{8}$			
$\frac{8}{9}$			

8 Subtrahiere den kleinen vom großen Bruch.

a) $\frac{4}{5}$; $\frac{7}{9}$ b) $\frac{2}{3}$; $\frac{7}{8}$ c) $\frac{3}{11}$; $\frac{2}{7}$

d) $\frac{5}{8}$; $\frac{7}{11}$ e) $\frac{4}{15}$; $\frac{9}{25}$ f) $\frac{6}{13}$; $\frac{4}{9}$

9 Stelle deinem Partner Additions- oder Subtraktionsaufgaben auf dem Nagelbrett wie in den Beispielen.
Schreibt eure Aufgaben mit gekürzten Brüchen auf und löst sie.

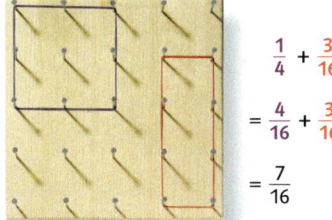

$\frac{1}{4} + \frac{3}{16}$

$= \frac{4}{16} + \frac{3}{16}$

$= \frac{7}{16}$

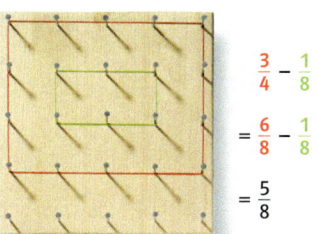

$\frac{3}{4} - \frac{1}{8}$

$= \frac{6}{8} - \frac{1}{8}$

$= \frac{5}{8}$

10 Berechne die Summen oder Differenzen der Brüche und ordne sie der Größe nach.

a) $\frac{2}{3} + \frac{1}{8}$; $\frac{4}{5} - \frac{3}{10}$; $\frac{5}{6} - \frac{3}{8}$; $\frac{1}{4} + \frac{1}{3}$

b) $\frac{1}{15} + \frac{1}{10}$; $\frac{7}{10} - \frac{3}{5}$; $\frac{1}{6} + \frac{1}{15}$; $\frac{1}{3} - \frac{4}{15}$

c) $\frac{5}{6} - \frac{2}{9}$; $\frac{4}{9} + \frac{3}{10}$; $\frac{7}{20} + \frac{11}{30}$; $\frac{13}{18} - \frac{2}{15}$

Online-Link
zu Aufgabe 11
742861-0621

11 Berechne die Bruchmauern. Nach oben wird addiert und nach unten subtrahiert.

a)

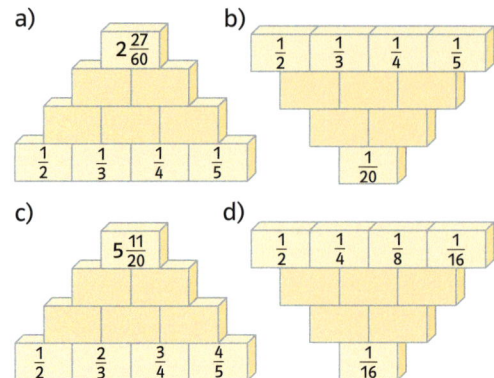

b)

c)

d)

12 Berechne und setze fort.

a) $1 + 4$; $1 + 2$; $1 + 1$; $1 + \frac{1}{2}$; …

b) $1 + \frac{1}{2}$; $1 + \frac{1}{3}$; $1 + \frac{1}{4}$; …

c) $1 + \frac{1}{2}$; $1 + \frac{1}{2} + \frac{1}{3}$; $1 + \frac{1}{2} + \frac{1}{3} + \frac{1}{4}$; …

d) $\frac{2}{3} + \frac{3}{2}$; $\frac{3}{4} + \frac{4}{3}$; $\frac{4}{5} + \frac{5}{4}$; …

e) $\frac{1}{2} + \frac{1}{4}$; $\frac{1}{2} + \frac{1}{4} + \frac{1}{8}$; $\frac{1}{2} + \frac{1}{4} + \frac{1}{8} + \frac{1}{16}$; …

Rechengesetze

In Summen dürfen die Summanden vertauscht werden. Dies ist das **Vertauschungsgesetz** (Kommutativgesetz) der Addition.

$$\frac{1}{3} + \frac{1}{5} = \frac{1}{5} + \frac{1}{3}$$

$$\frac{1}{3} + \frac{1}{5} = \frac{8}{15} \qquad \frac{1}{5} + \frac{1}{3} = \frac{8}{15}$$

In Summen mit drei und mehr Summanden dürfen beliebig Klammern gesetzt oder weggelassen werden. Dies ist das **Verbindungsgesetz** (Assoziativgesetz) der Addition.

$$\frac{2}{3} + \frac{1}{4} + \frac{1}{2}$$

$$\left(\frac{2}{3} + \frac{1}{4}\right) + \frac{1}{2} = \frac{11}{12} + \frac{1}{2} = \frac{17}{12} = 1\frac{5}{12} \qquad \frac{2}{3} + \left(\frac{1}{4} + \frac{1}{2}\right) = \frac{2}{3} + \frac{3}{4} = \frac{17}{12} = 1\frac{5}{12}$$

13 Ergänze die Zauberquadrate. In jeder Zeile, Spalte und Diagonale ist die Summe 1.

a)

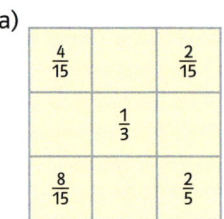

b)

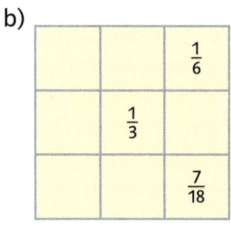

14 Nutze beide Gesetze, um dir einen Rechenvorteil zu verschaffen.

a) $\frac{5}{6} + \frac{1}{3} + \frac{7}{6}$ 　　　b) $\frac{3}{8} + \frac{1}{4} + \frac{3}{8}$

c) $\frac{4}{9} + \frac{3}{14} + \frac{5}{9} + \frac{1}{7}$ 　　d) $\frac{2}{3} + \frac{2}{5} + 2\frac{1}{3}$

15 Findest du den Fehler? Erkläre.

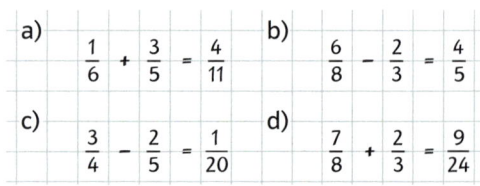

a) $\frac{1}{6} + \frac{3}{5} = \frac{4}{11}$ 　　b) $\frac{6}{8} - \frac{2}{3} = \frac{4}{5}$

c) $\frac{3}{4} - \frac{2}{5} = \frac{1}{20}$ 　　d) $\frac{7}{8} + \frac{2}{3} = \frac{9}{24}$

16 a) Suche den Weg mit der kleinsten Summe durch das Labyrinth. Schreibe deine Rechenwege auf und vergleiche die Ergebnisse mit deinem Partner. Wie könntest du die Summen aller möglichen Wege geschickt vergleichen, ohne zu rechnen?

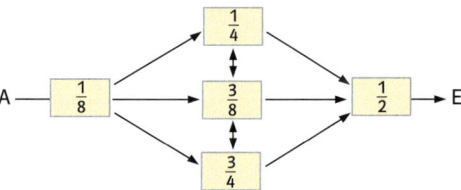

b) Es gibt mehrere Wege von A nach E, die durch das Labyrinth führen. Welcher ist der mit der größten Summe? Schreibt eure Rechenwege auf.

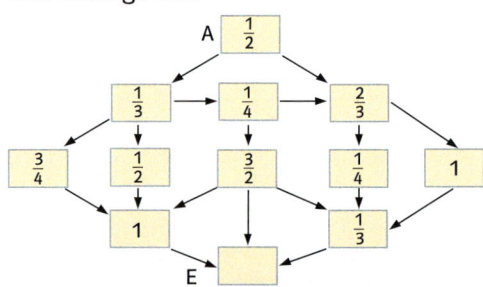

17 Florian kauft beim Metzger ein: 1 kg Gulasch, $\frac{1}{2}$ kg Hackfleisch, $\frac{1}{4}$ kg Schinken und 200 g Wurstaufschnitt.
Die Tasche, mit der er seinen Einkauf nach Hause trägt, wiegt 250 g.

18 Für ein Klassenfest mischen die Schülerinnen und Schüler der Klasse 6 ein Erfrischungsgetränk aus $3\frac{1}{2}$ l Orangensaft, $\frac{3}{4}$ l Limonade und 2 Flaschen Grapefruitsaft zu je $\frac{7}{10}$ l zusammen.
Welche Gesamtmenge erhalten sie?

19 Auf einem Blatt sind neun Quadrate verteilt. Jedes von vier roten Quadraten nimmt $\frac{1}{20}$, jedes von drei blauen $\frac{1}{15}$ und jedes von zwei gelben $\frac{1}{12}$ der Gesamtfläche ein. Welcher Teil der Fläche bleibt weiß?

20 Bei einer Wahl mit 15 935 gültigen Stimmen wurden für die Partei A 37 % und für die Partei B 29 % der Stimmen abgegeben. Partei C bekam die restlichen Stimmen. Wer hat die Wahl gewonnen?

21 Die Lösung führt dich in eine sehenswerte Stadt.

$\frac{5}{12} + \frac{1}{3} = \square$ $\frac{3}{7} + \frac{5}{21} = \square$ $\frac{4}{3} + \frac{1}{6} = \square$

$\frac{13}{5} + \frac{17}{10} = \square$ $\frac{5}{8} + \frac{1}{4} = \square$ $\frac{1}{9} + \frac{1}{3} = \square$

$\frac{11}{15} + \frac{4}{5} = \square$

$\frac{23}{15}$ N	$\frac{7}{8}$ H	$\frac{3}{2}$ N
$\frac{4}{9}$ E	$\frac{3}{4}$ M	$\frac{7}{10}$ H
$\frac{43}{10}$ C	$\frac{2}{3}$ Ü	$\frac{7}{9}$ M

22 Ergänze.

Beispiel: $\frac{1}{6} + \square = \frac{3}{4}$; $\frac{2}{12} + \frac{7}{12} = \frac{9}{12}$

a) $\frac{5}{8} + \square = \frac{37}{40}$ b) $\square + \frac{4}{15} = \frac{5}{6}$

c) $\frac{4}{9} + \square = \frac{31}{36}$ d) $\square + \frac{3}{10} = \frac{21}{25}$

e) $\square + \frac{3}{8} = \frac{5}{7}$ f) $\frac{1}{5} + \square = \frac{5}{8}$

23 Ergänze.

Beispiel: $\frac{2}{3} + \frac{\square}{4} = \frac{11}{12}$ $\frac{8}{12} + \frac{3}{12} = \frac{11}{12}$

                         $\frac{2}{3} + \frac{1}{4} = \frac{11}{12}$

a) $\frac{\square}{9} + \frac{5}{12} = \frac{31}{36}$ b) $\frac{3}{\square} + \frac{5}{12} = \frac{19}{24}$

c) $\frac{3}{8} + \frac{\square}{5} = \frac{31}{40}$ d) $\frac{1}{6} + \frac{2}{\square} = \frac{17}{30}$

e) $\frac{\square}{7} + \frac{2}{3} = \frac{20}{21}$ f) $\frac{1}{\square} + \frac{3}{10} = \frac{7}{15}$

Aufgabe? Skizze?! Lösung!

24 In einer Schatztruhe funkeln viele Edelsteine. Die Hälfte sind Diamanten, ein Drittel Rubine und der Rest, nämlich sechzehn Steine, Saphire.
Wie viele Diamanten und Rubine befinden sich in der Kiste?
Wie viele Steine sind es insgesamt?
Eine Skizze hilft:
Diamanten und Rubine ergeben zusammen einen Bruchteil von $\frac{1}{2} + \frac{1}{3} = \frac{5}{6}$.
Zum Ganzen fehlt also $\frac{1}{6}$, das sind die 16 Saphire.

Diamanten	Rubine	Saphire
$\frac{1}{2}$	$\frac{1}{3}$	16 Stück

            $\underbrace{\qquad\qquad}_{\frac{5}{6}}$ $\underbrace{\quad}_{\frac{1}{6}}$

Jetzt muss man nur noch erweitern:
$\frac{1}{6} = \frac{16}{\square}$, das heißt $\frac{1}{6} = \frac{16}{96}$; also $\square$ = 96.

Das bedeutet, dass insgesamt 96 Edelsteine in der Truhe liegen.
$\frac{1}{2}$ von 96 = 48 sind Diamanten, $\frac{1}{3}$ von 96, also 32, sind Rubine.
Also sind 96 – 48 – 32 = 16 Saphire in der Schatztruhe.

$\frac{2}{3}$ einer Tafel Schokolade sind $\frac{1}{2}$ Tafel und 2 Stückchen.

a) Wie viele Stückchen hat die Tafel?
b) Anita gab auf der Klassenfahrt am ersten Tag die Hälfte, am zweiten ein Viertel und am dritten Tag ein Achtel ihres Taschengeldes aus. Danach blieben ihr noch 5 €.
c) Von einem Vogelschwarm fliegen fünf Vögel in den Baum, zehn auf den Dachfirst und 18 verstecken sich in der Hecke. Ein Zwölftel bleibt sitzen.

3 Vervielfachen von Brüchen

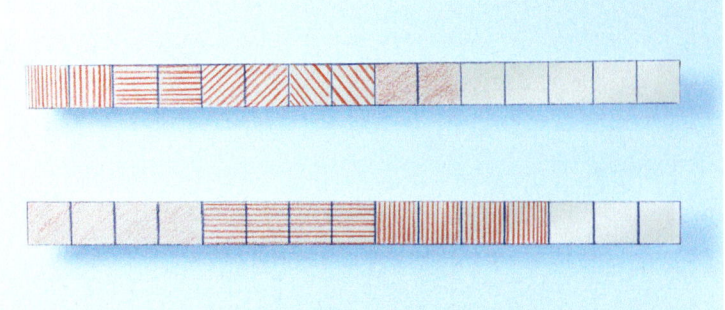

Stelle Papierstreifen mit 15 gleichen Bruchteilen her.

→ Welchen Bruchteil des ganzen Streifens erhältst du, wenn du fünf $\frac{2}{15}$-Bruchteile färbst?

→ Welchen Bruchteil des Ganzen machen drei $\frac{4}{15}$-Bruchteile aus?

→ Stellt euch weitere Färbeaufgaben.

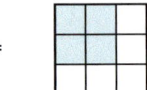

$$2 \cdot \frac{2}{9} = \frac{2}{9} + \frac{2}{9} = \frac{4}{9}$$

$$2 \cdot \frac{2}{9} = \frac{2 \cdot 2}{9} = \frac{4}{9}$$

> Beim **Vervielfachen eines Bruches** mit einer natürlichen Zahl multipliziert man den Zähler mit der natürlichen Zahl und lässt den Nenner unverändert.

Beispiele

a) $2 \cdot \frac{3}{7} = \frac{2 \cdot 3}{7} = \frac{6}{7}$

b) $5 \cdot \frac{5}{8} = \frac{5 \cdot 5}{8} = \frac{25}{8} = 3\frac{1}{8}$

c) Wenn man vor dem Vervielfachen kürzt, wird die Rechnung einfacher.

$$9 \cdot \frac{5}{6} = \frac{9 \cdot 5}{6} = \frac{9 : 3 \cdot 5}{6 : 3} = \frac{3 \cdot 5}{2} = \frac{15}{2} = 7\frac{1}{2}$$

Bemerkung

Das Schreiben von Vielfachen muss sich deutlich von gemischten Zahlen unterscheiden.

$$5 \cdot \frac{1}{5} = \frac{5 \cdot 1}{5} = \frac{5}{5} = 1 \qquad\qquad 5\frac{1}{5} = \frac{25}{5} + \frac{1}{5} = \frac{26}{5}$$

Aufgaben

1 Lies und löse.

a) 2 · zwei Fünftel   b) 4 · zwei Drittel

c) 3 · drei Zehntel   d) 5 · vier Fünftel

e) 6 · drei Viertel

2 Wie groß ist das Vielfache?

Kontrolliere das Ergebnis am Zahlenstrahl.

a) das 2-Fache von $\frac{1}{2}$; $\frac{3}{4}$ und $\frac{5}{4}$

b) das 4-Fache von $\frac{1}{6}$; $\frac{3}{8}$ und $\frac{6}{5}$

c) das 3-Fache von $\frac{1}{3}$; $\frac{4}{5}$ und $\frac{5}{6}$

3 Berechne.

Zeichne das Ergebnis in dein Heft.

a) 3 · ▭

b) 5 ·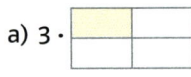

c) $3 \cdot \frac{3}{4}$ d) $4 \cdot \frac{2}{8}$

e) $\frac{3}{4} \cdot 3$ f) $\frac{1}{4} \cdot 4$

g) $\frac{1}{6} \cdot 4$ h) $\frac{3}{8} \cdot 3$

4 Vervielfache.

a) $4 \cdot \frac{1}{9}$ b) $7 \cdot \frac{1}{12}$ c) $3 \cdot \frac{2}{7}$

    $5 \cdot \frac{2}{11}$ $2 \cdot \frac{4}{5}$ $6 \cdot \frac{6}{7}$

d) $4 \cdot \frac{3}{4}$ e) $5 \cdot \frac{3}{10}$ f) $3 \cdot \frac{5}{6}$

    $4 \cdot \frac{3}{2}$ $3 \cdot \frac{13}{9}$ $4 \cdot \frac{23}{12}$

5 Wie heißt das Lösungswort?

2 V	$9\frac{3}{4}$ H	8 A
$2\frac{8}{11}$ F		$4\frac{1}{2}$ I
6 L	$7\frac{1}{3}$ E	$1\frac{2}{3}$ E
$4\frac{3}{8}$ C		

a) $4 \cdot \frac{1}{2}$ b) $5 \cdot \frac{9}{10}$

c) $8 \cdot \frac{5}{24}$ d) $9 \cdot \frac{2}{3}$

e) $6 \cdot \frac{5}{11}$ f) $10 \cdot \frac{4}{5}$

g) $5 \cdot \frac{7}{8}$ h) $15 \cdot \frac{13}{20}$

i) $24 \cdot \frac{11}{36}$ j) $50 \cdot \frac{3}{10}$

6 Ergänze.

a) $5 \cdot \frac{\square}{7} = \frac{10}{7}$ b) $\square \cdot \frac{4}{5} = \frac{12}{5}$

c) $7 \cdot \frac{\square}{20} = 2\frac{9}{20}$ d) $\square \cdot \frac{7}{15} = 3\frac{11}{15}$

e) $4 \cdot \frac{\square}{\square} = \frac{24}{11}$ f) $\square \cdot \frac{13}{15} = \frac{52}{\square}$

g) $8 \cdot \frac{6}{\square} = 6\frac{\square}{7}$ h) $11 \cdot \frac{\square}{12} = 4\frac{7}{\square}$

7 Setze die Zahlen 2; 5 und 12 in die Kästchen so ein, dass
a) eine ganze Zahl entsteht.
b) eine Zahl kleiner als 1 entsteht.
c) eine Zahl größer als 1 entsteht.

$$\square \cdot \frac{\square}{\square} = $$

8 Sortiere die Brüche und ihre Vielfachen auf den Zahlenkärtchen am Rand.

9 Petra trainiert in der Woche dreimal eineinhalb Stunden Tennis, Sven fünfmal eine Dreiviertelstunde Gewichtheben und Marion viermal eineinviertel Stunden Badminton.
Vergleiche.

10 Löse durch Probieren oder Überlegen.
a) Kannst du den Bruch $\frac{7}{8}$ so vervielfachen, dass du als Produkt eine natürliche Zahl erhältst?
b) Wie oft ist der Bruch $\frac{5}{6}$ in 5 enthalten?
c) Welche Vielfachen von $\frac{3}{11}$ liegen zwischen den beiden Zahlen 2 und 3?
d) Wie oft passt $\frac{2}{3}$ in 8?

·	$\frac{2}{3}$	$\frac{5}{8}$	$\frac{7}{12}$
2			
3			
4			
5			
8			

11 a) Ein Kasten Sprudel enthält zwölf Flaschen mit je $\frac{3}{4}$ Liter. Wie viel Liter Sprudel enthält ein Kasten?
b) Schau dir das Foto an. Auf einer Palette haben zwölf Kästen pro Reihe Platz.
Es werden mehrere Kästen aufeinandergestapelt.
Wie viele Flaschen sind auf einer Palette?
Wie viel Liter Sprudel sind das?

12 Berechne die Unterrichtszeit in Stunden und Minuten für
a) einen Unterrichtstag mit sechs Schulstunden.
b) eine Unterrichtswoche mit drei Tagen zu sechs und zwei Tagen zu sieben Unterrichtsstunden.

13 a) Legt aus „$\frac{3}{4}$-Stücken" eines Rasters Rechtecke.

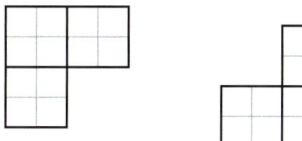

b) Wie viele Stücke braucht ihr für Quadrate verschiedener Größen?

zu Aufgabe 8:

$\frac{3}{10}$ $\frac{6}{20}$ $\frac{5}{3}$ $\frac{8}{20}$ $\frac{4}{15}$ $\frac{5}{15}$ $\frac{1}{3}$ $\frac{12}{45}$ $\frac{2}{5}$ $\frac{3}{5}$ $\frac{8}{5}$ $\frac{4}{5}$

4 Teilen von Brüchen

Faltet zwei Blätter Papier in 16 gleich große Teile. Färbt auf beiden Blättern einen Bruchteil grün.

→ Zerlegt auf einem Blatt den nicht gefärbten Bruchteil in drei gleich große Teile.

→ Was passiert, wenn ihr den nicht gefärbten Bruchteil in zwei gleiche Teile zerlegen wollt?

Ein Bruch lässt sich durch jede natürliche Zahl teilen.
Ist der Zähler ein Vielfaches der Zahl, durch die geteilt werden soll, so wird der Zähler geteilt.

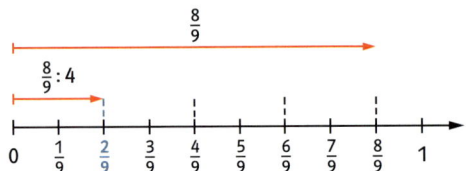 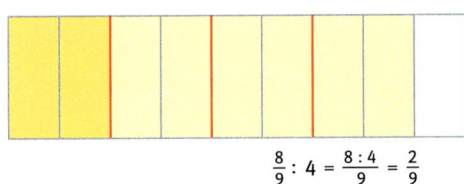

$$\frac{8}{9} : 4 = \frac{8:4}{9} = \frac{2}{9}$$

Ist der Zähler kein Vielfaches der Zahl, durch die geteilt werden soll, so muss man jeden einzelnen Bruchteil teilen.
Dazu muss man erst erweitern.

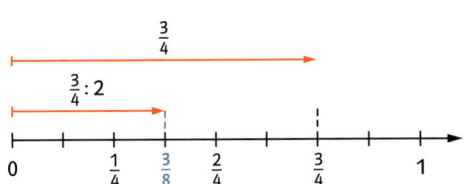 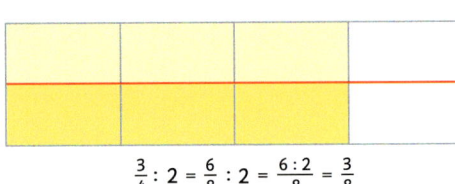

$$\frac{3}{4} : 2 = \frac{6}{8} : 2 = \frac{6:2}{8} = \frac{3}{8}$$

Man sieht, dass nur der Nenner mit der Zahl vervielfacht werden muss.
$$\frac{8}{9} : 3 = \frac{8}{9 \cdot 3} = \frac{8}{27}$$

> Beim **Teilen eines Bruches** durch eine natürliche Zahl multipliziert man den Nenner mit der Zahl und behält den Zähler bei.

Bemerkung
Die Regel gilt auch, wenn der Zähler ein Vielfaches der Zahl ist, durch die geteilt werden soll:
$$\frac{12}{13} : 3 = \frac{12}{13 \cdot 3} = \frac{4}{13 \cdot 1} = \frac{4}{13}$$

Beispiele
a) $\frac{5}{7} : 6 = \frac{5}{7 \cdot 6} = \frac{5}{42}$

b) $\frac{6}{7} : 5 = \frac{6}{7 \cdot 5} = \frac{6}{35}$

Aufgaben

1 Was ergibt
a) vier Fünftel geteilt durch 2?
b) die Hälfte von einem Drittel?
c) sechs Siebtel geteilt durch 3?
d) der dritte Teil von einem Viertel?
e) der vierte Teil von einem Drittel?

2 Rechne im Kopf.

a) $\frac{1}{2} : 3$ b) $\frac{3}{4} : 5$ c) $\frac{5}{8} : 4$

$\frac{4}{3} : 2$ $\frac{8}{5} : 4$ $\frac{15}{7} : 5$

$\frac{2}{5} : 4$ $\frac{3}{10} : 6$ $\frac{4}{7} : 8$

$\frac{6}{7} : 12$ $\frac{3}{4} : 18$ $\frac{6}{11} : 9$

3 Dividiere und stelle die Aufgaben nacheinander auf Zahlenstrahlen mit einem Ganzen bei 36 Teilstrichen dar.
$\frac{2}{3}$ durch 2; 3; 4; 6 und 8

Beispiel:

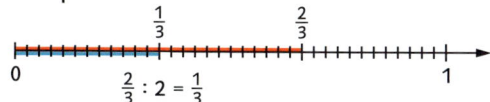

$\frac{2}{3} : 2 = \frac{1}{3}$

4 Teile der Reihe nach. Was stellst du dabei fest?
a) $\frac{4}{5}$ durch 1; 2; 3; …; 7 und 8
b) $\frac{8}{15}$ durch 32; 16; 8; 4; 2 und 1

5 Überprüfe deine Rechnung.

Beispiel: $\frac{2}{5} : 3 = \frac{2}{15}$ $3 \cdot \frac{2}{15} = \frac{6}{15} = \frac{2}{5}$

a) $\frac{4}{9} : 8$ b) $\frac{6}{5} : 15$ c) $\frac{16}{7} : 20$

$\frac{6}{7} : 24$ $\frac{9}{10} : 12$ $\frac{14}{5} : 21$

$\frac{13}{20} : 26$ $\frac{20}{11} : 25$ $\frac{25}{8} : 30$

6 Rechne mit Größen. Gib das Ergebnis auch in der nächstkleineren Einheit an.
a) Wie viel ist die Hälfte von $\frac{3}{4}$ kg?
b) Teile eine halbe Stunde durch 4.
c) Wie viel ist der dritte Teil von $1\frac{1}{2}$ t?
d) Teile einen halben Kilometer durch 10.
e) Wie viel ist der vierte Teil von $\frac{1}{5}$ Liter?
f) Teile einen halben Hektar durch 5.

7 Ergänze.

a) $\frac{2}{3} : \square = \frac{2}{9}$ b) $\frac{8}{9} : \square = \frac{2}{9}$

c) $\frac{\square}{7} : 4 = \frac{5}{28}$ d) $\frac{\square}{13} : 6 = \frac{2}{13}$

e) $\frac{6}{\square} : 5 = \frac{6}{35}$ f) $\frac{10}{\square} : 5 = \frac{2}{15}$

g) $\frac{6}{\square} : 5 = \frac{3}{35}$ h) $\frac{10}{\square} : 5 = \frac{1}{4}$

8 Unterscheide die Ergebnisse beim Teilen und Kürzen.
a) Teile durch 5. Kürze mit 5 und vergleiche.
$\frac{5}{45}$; $\frac{25}{90}$; $\frac{100}{135}$; $\frac{185}{10}$
b) Teile $\frac{24}{32}$ durch 2; 4 und 8.

Kürze $\frac{24}{32}$ mit 2; 4 und 8.

c) Teile $\frac{96}{72}$ durch 2; 3; 4; 6; 8; 12 und 24.

Kürze $\frac{96}{72}$ mit 2; 3; 4; 6; 8; 12 und 24.

9 Setze die Zahlen 3; 5 und 15 so in die

Kästchen $\frac{\square}{\square} : \square =$ ein, dass
a) das größtmögliche Ergebnis entsteht.
b) das kleinstmögliche Ergebnis entsteht.

10 Drei Freunde vereinbaren telefonisch ein Treffen und starten mit ihren Fahrrädern. Heiner schafft seine $3\frac{1}{2}$ km in 15 min, Tom seine $5\frac{1}{4}$ km in 21 min und Sebastian seine $2\frac{3}{4}$ km in 10 min.
a) Wer fährt am schnellsten?
b) Wann wäre Heiner und wann wäre Sebastian angekommen, wenn beide ebenso schnell wie Tom gefahren wären?

11 Für einen $\frac{3}{4}$ km langen Rundweg gibt der Wanderführer 15 Minuten und für den $\frac{1}{5}$ km langen Anstieg 12 Minuten Wanderzeit an.

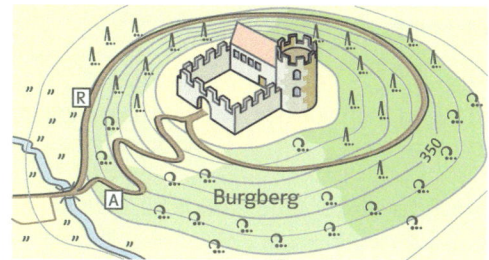

:	2	5	12
$\frac{2}{5}$			
$\frac{5}{9}$			
$\frac{12}{7}$			
$\frac{20}{21}$			
$\frac{60}{31}$			

Lerntipp!
ha = Hektar
a = Ar
1 ha = 100 a

5 Multiplizieren von Brüchen

→ Zeichne vier Quadrate auf deinem Blatt, teile sie in 16 gleiche Teile und färbe $\frac{1}{4}$ in einer hellen Farbe.

→ Schraffiere nun in einer dunkleren Farbe
- das Doppelte von $\frac{1}{4}$,
- das Einfache von $\frac{1}{4}$,
- die Hälfte von $\frac{1}{4}$,
- den vierten Teil von $\frac{1}{4}$.

→ Welchen Bruchteil vom Ganzen hast du jeweils schraffiert?

Bruchteile von Bruchteilen kann man durch Teilen und Vervielfachen bestimmen.

$\frac{2}{3}$ von $\frac{4}{5}$ kann man sich so vorstellen:

$\frac{4}{5}$

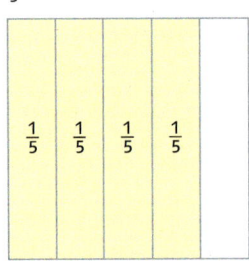

durch 3 teilen

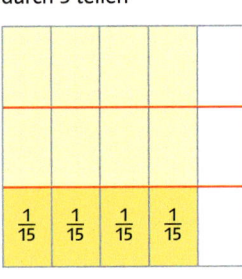

und mal 2 nehmen

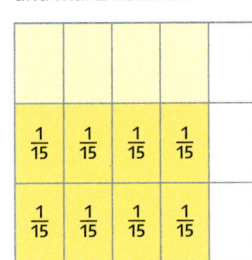

$$\frac{4}{5} : 3 = \frac{4}{15}$$

$$2 \cdot \frac{4}{15} = \frac{8}{15}$$

Man erkennt, dass $\frac{8}{15}$ der Bruch ist, der aus $\frac{2}{3}$ und $\frac{4}{5}$ durch Multiplikation der zwei Zähler und der zwei Nenner entstanden ist.

$$\frac{2}{3} \cdot \frac{4}{5} = \frac{2 \cdot 4}{3 \cdot 5} = \frac{8}{15}$$

Man nennt diesen Rechenvorgang die Multiplikation von Brüchen.

Brüche werden **multipliziert**, indem man Zähler mit Zähler und Nenner mit Nenner multipliziert.

Beispiele

a) $\frac{3}{4} \cdot \frac{5}{7} = \frac{3 \cdot 5}{4 \cdot 7} = \frac{15}{28}$

b) $\frac{3}{5} \cdot \frac{7}{4} = \frac{21}{20} = 1\frac{1}{20}$

c) $\frac{3}{5} \cdot \frac{5}{7} = \frac{3 \cdot 5}{5 \cdot 7} = \frac{15}{35} = \frac{3}{7}$

d) Wenn man vor dem Multiplizieren kürzt, kann man sich die Rechnung vereinfachen.

$$\frac{27}{40} \cdot \frac{16}{21} = \frac{27 \cdot 16}{40 \cdot 21} = \frac{3 \cdot 9 \cdot 8 \cdot 2}{8 \cdot 5 \cdot 3 \cdot 7} = \frac{9 \cdot 2}{5 \cdot 7} = \frac{18}{35}$$

e) Ist der Faktor eine natürliche Zahl, kann man diese als Bruch schreiben.

$$\frac{5}{6} \cdot 4 = \frac{5}{6} \cdot \frac{4}{1} = \frac{5 \cdot 4}{6 \cdot 1} = \frac{5 \cdot 2 \cdot 2}{2 \cdot 3 \cdot 1} = \frac{5 \cdot 2}{3 \cdot 1} = \frac{10}{3} = 3\frac{1}{3}$$

Aufgaben

1 Schreibe als Aufgabe und berechne im Kopf. Eine Zeichnung hilft dir dabei.

a) die Hälfte von $\frac{7}{8}$ b) ein Drittel von $\frac{4}{5}$

c) zwei Drittel von $\frac{4}{5}$ d) ein Achtel von $\frac{3}{8}$

e) ein Viertel von $\frac{5}{6}$ f) ein Zehntel von $\frac{3}{7}$

2 Berechne.

a) $\frac{3}{4}$ von $\frac{1}{6}$ b) $\frac{1}{2}$ von $\frac{5}{7}$

c) $\frac{1}{10}$ von $\frac{1}{2}$ d) $\frac{1}{4}$ von $\frac{1}{4}$

3 Rechne mit einem Rechteck.

Beispiel: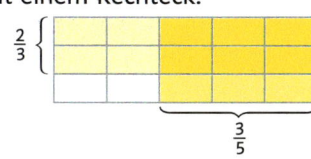

$\frac{2}{3} \cdot \frac{3}{5} = \frac{6}{15} = \frac{2}{5}$

a) $\frac{2}{3} \cdot \frac{1}{4}$ b) $\frac{3}{4} \cdot \frac{2}{3}$ c) $\frac{1}{4} \cdot \frac{1}{10}$

4 Multipliziere.

a) $\frac{1}{2} \cdot \frac{1}{3}$ b) $\frac{2}{5} \cdot \frac{3}{4}$ c) $\frac{4}{5} \cdot \frac{6}{7}$ d) $\left(\frac{1}{2}\right)^2$

$\frac{1}{5} \cdot \frac{1}{6}$ $\frac{3}{5} \cdot \frac{4}{7}$ $\frac{7}{9} \cdot \frac{7}{10}$ $\left(\frac{2}{3}\right)^2$

$\frac{1}{6} \cdot \frac{1}{7}$ $\frac{3}{7} \cdot \frac{3}{8}$ $\frac{2}{7} \cdot \frac{5}{11}$ $\left(\frac{3}{4}\right)^2$

5 Berechne. Kürze wenn möglich.

a) $\frac{1}{2} \cdot \frac{4}{5}$ b) $\frac{6}{7} \cdot \frac{5}{8}$ c) $\frac{3}{4} \cdot \frac{4}{5}$

$\frac{5}{6} \cdot \frac{3}{5}$ $\frac{8}{3} \cdot \frac{3}{4}$ $\frac{5}{6} \cdot \frac{3}{8}$

$\frac{7}{9} \cdot \frac{3}{10}$ $\frac{2}{7} \cdot \frac{5}{12}$ $\frac{2}{9} \cdot \frac{1}{4}$

d) $\frac{15}{16} \cdot \frac{12}{25}$ e) $\frac{9}{16} \cdot \frac{8}{15}$ f) $\frac{3}{14} \cdot \frac{7}{9}$

$\frac{7}{25} \cdot \frac{10}{21}$ $\frac{18}{35} \cdot \frac{7}{12}$ $\frac{10}{17} \cdot \frac{3}{5}$

$\frac{49}{48} \cdot \frac{16}{35}$ $\frac{15}{17} \cdot \frac{34}{5}$ $\frac{27}{55} \cdot \frac{10}{9}$

6 Würfle mit deinem Partner. Bildet aus den vier Augenzahlen zwei Brüche und multipliziert sie.

Beispiel: $\cdot$ = **?** $\frac{3}{4} \cdot \frac{5}{6} = \frac{5}{8}$

a) Wer kommt mit dem Ergebnis einem Ganzen am nächsten?
b) Wer schafft das größere Ergebnis?
c) Wer erreicht das kleinere Ergebnis?

7 Benutze beide Gesetze, um dir bei den Aufgaben Rechenvorteile zu verschaffen.

a) $\frac{4}{5} \cdot \frac{2}{3} \cdot \frac{5}{9}$ b) $\frac{4}{5} \cdot \frac{3}{5} \cdot \frac{3}{4}$

c) $\frac{5}{4} \cdot \frac{3}{8} \cdot \frac{2}{7} \cdot \frac{16}{5}$ d) $\frac{7}{2} \cdot \frac{5}{6} \cdot \frac{8}{7} \cdot \frac{4}{5}$

e) $\frac{5}{7} \cdot \frac{1}{7} \cdot \frac{14}{25} \cdot \frac{49}{3}$ f) $\frac{11}{13} \cdot \frac{15}{17} \cdot \frac{13}{19} \cdot \frac{17}{15} \cdot \frac{19}{21}$

8 Rechne mit Größen.

a) zwei Drittel von $\frac{1}{2}$ Meter
b) ein Drittel von $\frac{3}{4}$ Kilogramm
c) drei Viertel von $\frac{1}{3}$ Liter
d) fünf Sechstel von $\frac{2}{5}$ Gramm
e) vier Fünftel von $\frac{3}{4}$ Kilometern
f) ein Viertel von $\frac{4}{5}$ Dezimeter
g) zwei Drittel von $\frac{3}{4}$ Stunde

9 Hier wird multipliziert. Der Produktwert steht jeweils in dem Kästchen darüber.

Online-Link
zu Aufgabe 9
742861-0691

a)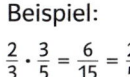

b)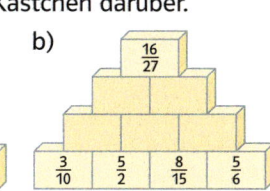

c)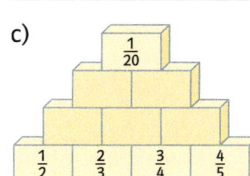

d)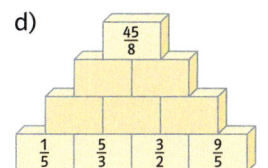

·	$\frac{4}{5}$	$\frac{3}{7}$	$\frac{4}{3}$
$\frac{3}{4}$			
$\frac{7}{8}$			
$\frac{7}{4}$			
$\frac{5}{2}$			
$\frac{10}{9}$			

10 Findest du den Fehler? Erkläre.

a) $\frac{3}{5} \cdot \frac{2}{5} = \frac{6}{10}$

b) $\frac{4}{7} \cdot \frac{2}{7} = \frac{8}{7}$

c) $\frac{3}{4} \cdot 2 = \frac{6}{8}$

d) $\frac{5}{6} \cdot \frac{2}{3} = \frac{7}{9}$

11 Ersetze. Probiere, ob es mehrere Möglichkeiten gibt.

a) $\frac{4}{7} \cdot \frac{5}{9} = \frac{\square}{63}$

b) $\frac{8}{15} = \frac{4}{5} \cdot \frac{\square}{\square}$

c) $\frac{3}{14} = \frac{\square}{\square} \cdot \frac{3}{7}$

d) $\frac{2}{5} \cdot \frac{8}{\square} = \frac{8}{25}$

e) $\frac{8}{5} \cdot \frac{\square}{12} = \frac{16}{15}$

f) $\frac{\square}{10} \cdot \frac{3}{4} = \frac{21}{\square}$

g) $\frac{5}{\square} \cdot \frac{\square}{9} = \frac{5}{18}$

h) $\frac{\square}{15} \cdot \frac{12}{\square} = \frac{84}{120}$

12 Wähle aus diesen drei Zahlen zwei Zahlen so aus, dass das Ergebnis möglichst groß ist.

$\frac{1}{6} \cdot \frac{\square}{\square} =$

13 Was stellst du fest? Formuliere es.

a) $\frac{5}{11} \cdot \frac{11}{5} = \square$; $\frac{7}{2} \cdot \frac{2}{7} = \square$; $\frac{35}{62} \cdot \frac{62}{35} = \square$

b) $\frac{4}{5} \cdot \square = 1$; $\frac{7}{8} \cdot \square = 1$; $6 \cdot \square = 1$

14 In einer Stadt wird ein Jugendrat gewählt. Alle Kinder zwischen 12 und 18 Jahren dürfen wählen. Aber nur $\frac{2}{5}$ der Jugendlichen geben ihre Stimme ab. Gewählt wurden:

> Sabine: $\frac{1}{4}$ der abgegebenen Stimmen
> Mirkan: $\frac{1}{6}$ der abgegebenen Stimmen
> Janine: $\frac{3}{10}$ der abgegebenen Stimmen

Wie hoch ist der Stimmenanteil, den die Gewählten von den wahlberechtigten Jugendlichen erhalten haben?

15 Wähle den zweiten Faktor zu $\frac{7}{8}$ so, dass
a) das Produkt kleiner als ein Ganzes ist.
b) das Produkt ein Ganzes ist.
c) das Produkt größer als ein Ganzes ist.

16 Wähle zwei Brüche so aus, dass sich
a) der größte Produktwert ergibt.
b) der kleinste Produktwert ergibt.
c) der Produktwert $1\frac{5}{16}$ entsteht.

17 Übertrage ins Heft und fülle die Felder aus.

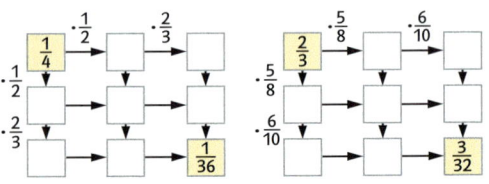

18 Laura erhält drei Viertel eines Lottogewinns und muss ihr Versprechen gegenüber ihrem Freund Luca halten: „Wenn ich gewinne, bekommst du die Hälfte."
a) Mit welchem Anteil am Gesamtgewinn kann Luca rechnen?
b) Wie viel Euro bekommt Luca, wenn der Gesamtgewinn 10 000 € beträgt?

19 Ein 42 km langer Radweg wird angelegt. Davon sind $\frac{4}{7}$ bereits geteert, $\frac{2}{3}$ der geteerten Strecke sind schon befahrbar. Wie viel Kilometer sind das?

20 Der afrikanische Kontinent ist zu $\frac{3}{5}$ mit Wüsten oder Halbwüsten bedeckt. Die Sahara nimmt $\frac{5}{12}$ davon ein. Welcher Anteil am Kontinent ist das?

21 Die Erdoberfläche ($510\,000\,000\,\text{km}^2$) ist zu etwa $\frac{7}{10}$ mit Meeren bedeckt. Davon fallen $\frac{3}{10}$ auf den Atlantischen Ozean, $\frac{1}{5}$ auf den Indischen Ozean und der Rest auf den Pazifischen Ozean.
a) Wie groß ist der Atlantische Ozean in km^2?
b) Wie groß ist der Pazifische Ozean?
c) Welchen Anteil der Erdoberfläche nehmen die drei Ozeane jeweils ein?
d) Wie viel Quadratkilometer beträgt die Fläche der Ozeane?

Online-Link
zu Aufgabe 17
742861-0701

Lerntipp!

statt $\frac{\square}{\square}$ kann man auch einen großen Platzhalter $\square$ schreiben.

6 Dividieren von Brüchen

Faltet zwei Blätter in 16 gleiche Anteile.
Schneidet jeweils $\frac{1}{16}$ ab.
Löst durch Schneiden oder Zeichnen:
→ Wie oft passen $\frac{3}{16}$ in $\frac{15}{16}$?
→ Wie oft passen $\frac{3}{8}$ in $\frac{15}{16}$?

Will man Kuchen, Saft, Geld oder andere Dinge gleichmäßig aufteilen, so muss man eine Divisionsaufgabe lösen.
Dabei werden die Anteile umso größer, je weniger Teile man bilden will. Umgekehrt wird jeder einzelne Anteil kleiner, je mehr Anteile insgesamt zu bilden sind. Das Verteilen von 12 Litern Saft auf verschiedene Gefäße ist in einer Tabelle dargestellt.

Gefäßinhalt in l	2	1	$\frac{1}{2}$	$\frac{1}{4}$	$\frac{3}{4}$
Anzahl der Gefäße	6	12	24	48	16

Die Division durch $\frac{1}{2}$ entspricht also der Multiplikation mit $\frac{2}{1}$ bzw. 2, die Division durch $\frac{1}{4}$ der Multiplikation mit $\frac{4}{1}$ bzw. 4.
Die Brüche $\frac{1}{2}$ und $\frac{2}{1}$ bzw. $\frac{1}{4}$ und $\frac{4}{1}$ nennt man **Kehrbrüche**, da ihre Zähler und Nenner umgekehrt, also vertauscht wurden.
Die Division durch einen Bruch entspricht der Multiplikation mit dem Kehrbruch.

Wie oft passen $\frac{3}{10}$ in $\frac{3}{4}$?

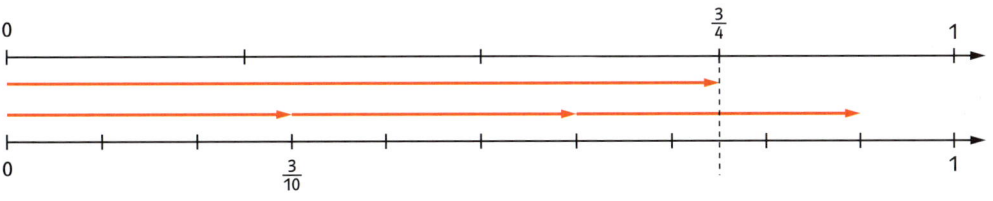

$$\frac{3}{4} : \frac{3}{10} = \frac{3 \cdot 10}{4 \cdot 3} = \frac{5}{2} = 2\frac{1}{2}$$

> Man **dividiert** eine Zahl durch einen **Bruch**, indem man mit dem **Kehrbruch multipliziert**.

Beispiele

a) $7 : \frac{4}{5} = 7 \cdot \frac{5}{4} = \frac{7 \cdot 5}{4} = \frac{35}{4} = 8\frac{3}{4}$

b) $\frac{4}{7} : \frac{3}{5} = \frac{4}{7} \cdot \frac{5}{3} = \frac{4 \cdot 5}{7 \cdot 3} = \frac{20}{21}$

c) $3\frac{3}{4} : \frac{3}{4} = \frac{15}{4} : \frac{3}{4} = \frac{15}{4} \cdot \frac{4}{3} = \frac{15 \cdot 4}{4 \cdot 3} = \frac{15}{3} = 5$

d) $6\frac{1}{4} : 1\frac{1}{2} = \frac{25}{4} : \frac{3}{2} = \frac{25}{4} \cdot \frac{2}{3} = \frac{25 \cdot 2}{4 \cdot 3} = \frac{50}{12} = 4\frac{1}{6}$

Lerntipp!

Der Kehrbruch ergibt sich durch Vertauschen des Zählers und des Nenners.

Aufgaben

1 Lies und löse.

a) Teile $\frac{3}{4}$ durch $\frac{1}{2}$.　　b) Teile $\frac{1}{2}$ durch $\frac{1}{4}$.

c) Wie oft passt $\frac{1}{4}$ in $1\frac{1}{2}$?

d) Wie oft passen $\frac{2}{5}$ in $\frac{3}{2}$?

2 Zeichne zwei Zahlenstrahlen untereinander. Wähle eine 24er-Einteilung für ein Ganzes.

Beispiel:

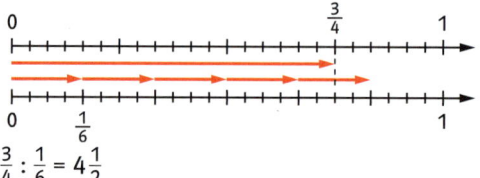

$\frac{3}{4} : \frac{1}{6} = 4\frac{1}{2}$

a) $\frac{2}{3} : \frac{1}{6}$　　b) $\frac{5}{6} : \frac{1}{8}$　　c) $\frac{7}{8} : \frac{1}{2}$

3 Dividiere die Brüche.

a) $\frac{2}{3} : \frac{1}{2}$　　b) $\frac{4}{5} : \frac{3}{2}$　　c) $\frac{5}{8} : \frac{2}{3}$

$\frac{1}{7} : \frac{2}{3}$　　$\frac{3}{4} : \frac{4}{3}$　　$\frac{1}{10} : \frac{1}{20}$

$\frac{5}{4} : \frac{7}{3}$　　$\frac{3}{4} : \frac{2}{3}$　　$\frac{3}{5} : \frac{2}{7}$

$\frac{4}{5} : \frac{3}{4}$　　$\frac{5}{6} : \frac{1}{5}$　　$\frac{8}{5} : \frac{9}{7}$

4 Kürze, bevor du rechnest.

a) $\frac{3}{4} : \frac{9}{8}$　　b) $\frac{3}{5} : \frac{18}{15}$　　c) $\frac{17}{18} : \frac{68}{63}$

$\frac{17}{4} : \frac{17}{2}$　　$\frac{13}{6} : \frac{26}{6}$　　$\frac{35}{42} : \frac{45}{46}$

$\frac{5}{3} : \frac{7}{3}$　　$\frac{29}{3} : \frac{29}{9}$　　$\frac{64}{81} : \frac{24}{27}$

$\frac{9}{2} : \frac{27}{4}$　　$\frac{4}{13} : \frac{15}{39}$　　$\frac{63}{50} : \frac{98}{75}$

5 Gib das Ergebnis als gemischte Zahl an.

a) $\frac{7}{2} : \frac{7}{3}$　　b) $\frac{48}{7} : \frac{16}{3}$　　c) $\frac{76}{9} : \frac{19}{4}$

$\frac{17}{5} : \frac{8}{5}$　　$\frac{35}{4} : \frac{25}{8}$　　$\frac{35}{3} : \frac{50}{9}$

$\frac{5}{4} : \frac{15}{28}$　　$\frac{19}{22} : \frac{38}{55}$　　$\frac{28}{3} : \frac{56}{16}$

$\frac{70}{36} : \frac{35}{27}$　　$\frac{22}{21} : \frac{11}{28}$　　$\frac{39}{5} : \frac{13}{11}$

6 Ordne die Schilder, die dasselbe Ergebnis haben, einander zu. Wie heißt das gesuchte Lösungswort?

$\frac{3}{4} \cdot \frac{5}{9}$ **C**

$\frac{2}{3} \cdot \frac{4}{5}$ **H**

$1 : \frac{15}{8}$ **5**

$\frac{1}{4} : \frac{3}{5}$ **4**

$\frac{12}{13} \cdot \frac{5}{2}$ **1**

$\frac{4}{7} : \frac{2}{7}$ **U**

$\frac{3}{4} : \frac{1}{2}$ **2**　　$\frac{5}{12} \cdot \frac{18}{5}$ **R**　　$4 : \frac{26}{15}$ **B**　　$\frac{5}{3} \cdot \frac{6}{5}$ **3**

7 Berechne die Aufgaben spaltenweise.

$8 : 8 =$	$8 : 8 =$	$8 : \frac{1}{2} =$	$\frac{1}{2} : 8 =$
$8 : 4 =$	$4 : 8 =$	$4 : \frac{1}{2} =$	$\frac{1}{2} : 4 =$
$8 : 2 =$	$2 : 8 =$	$2 : \frac{1}{2} =$	$\frac{1}{2} : 2 =$
$8 : 1 =$	$1 : 8 =$	$1 : \frac{1}{2} =$	$\frac{1}{2} : 1 =$
$8 : \frac{1}{2} =$	$\frac{1}{2} : 8 =$	$\frac{1}{2} : \frac{1}{2} =$	$\frac{1}{2} : \frac{1}{2} =$
$8 : \frac{1}{4} =$	$\frac{1}{4} : 8 =$	$\frac{1}{4} : \frac{1}{2} =$	$\frac{1}{2} : \frac{1}{4} =$
$8 : \frac{1}{8} =$	$\frac{1}{8} : 8 =$	$\frac{1}{8} : \frac{1}{2} =$	$\frac{1}{2} : \frac{1}{8} =$

8 In einer Bäckerei können in $2\frac{1}{2}$ Stunden 240 Brezeln hergestellt werden. Wie viele Brezeln werden in einer Stunde fertig?

9 Bilde aus zwei Brüchen eine Divisionsaufgabe, deren Ergebnis

a) kleiner als 1 ist.　　b) 1 ist.

c) größer als 1 ist.　　d) 2 ist.

10 a) Durch welche Zahl muss man $\frac{1}{16}$ dividieren, um $\frac{1}{2}$ zu erhalten?

b) Welche Zahl muss man durch $\frac{5}{2}$ dividieren, um $\frac{7}{4}$ zu erhalten?

c) Durch welche Zahl muss man $\frac{19}{8}$ dividieren, um $\frac{3}{8}$ zu erhalten?

11 Ordne die Ergebnisse nach ihrer Größe.

a) $8 : \frac{8}{9}$; $16 : \frac{8}{9}$; $2 : \frac{8}{9}$; $4 : \frac{8}{9}$

b) $24 : \frac{16}{17}$; $24 : \frac{4}{17}$; $24 : \frac{8}{17}$; $24 : \frac{2}{17}$

c) $36 : \frac{12}{5}$; $36 : \frac{12}{7}$; $36 : \frac{12}{11}$; $36 : \frac{12}{13}$9

12 Die Koch-AG kocht Marmelade. Für 1 kg Johannisbeeren benötigt man $\frac{1}{2}$ kg Gelierzucker. Insgesamt sollen $2\frac{1}{2}$ kg Johannisbeeren verarbeitet werden. Die Marmelade soll dann in 200-g-Gläser abgefüllt werden.

13 Ersetze die Leerstellen.

a) $\frac{2}{3} : \square = \frac{4}{3}$ b) $\frac{1}{3} : \square = \frac{7}{6}$

   $\frac{3}{5} : \square = \frac{9}{10}$ $\frac{5}{4} : \square = \frac{7}{8}$

c) $\square : \frac{1}{6} = 12$ d) $\square : \frac{2}{5} = \frac{11}{5}$

   $\square : 5 = \frac{1}{2}$ $\square : \frac{5}{4} = \frac{3}{4}$

e) $\frac{6}{5} : \square = \frac{3}{10}$ f) $\frac{3}{4} : \square = \frac{5}{2}$

   $\square : \frac{8}{5} = \frac{3}{2}$ $\square : \frac{5}{22} = \frac{11}{3}$

14 Wie alt ist der Lokführer jedes Zuges? Rechne vom letzten Wagen bis zur Lok.

a)

$\frac{2}{3} : \frac{1}{6} : \frac{4}{9} : \frac{3}{11}$

b)

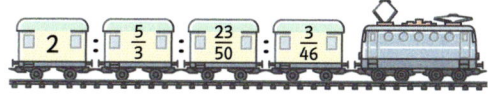

$2 : \frac{5}{3} : \frac{23}{50} : \frac{3}{46}$

c)

$\frac{7}{3} : \frac{5}{3} : \frac{4}{65} : \frac{7}{8}$

d)

$3 : \frac{3}{34} : \frac{17}{9} : \frac{3}{7}$

15 Findest du den Fehler? Erkläre.

a) $\frac{3}{4} : \frac{2}{5} = \frac{6}{20} = \frac{3}{10}$

b) $\frac{6}{7} : \frac{3}{7} = \frac{2}{7}$

c) $\frac{4}{5} : 2 = \frac{8}{5} = 1\frac{3}{5}$

d) $\frac{4}{3} : 3 = \frac{12}{9}$

16 Übertrage die unten stehenden Felder in dein Heft und fülle die leeren Felder der Rechtecksrechnung aus.

$$\frac{5}{4} : \frac{1}{2} = \square$$
$$: \quad : \quad :$$
$$\square : \frac{1}{5} = \square$$
$$= \quad = \quad =$$
$$\frac{15}{4} : \square = \square$$

17 Würfle mit deiner Partnerin oder deinem Partner, bilde zwei Brüche und dividiere.

Beispiel:

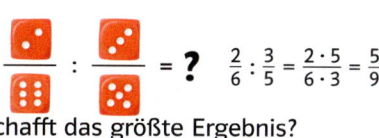

$= ?$ $\frac{2}{6} : \frac{3}{5} = \frac{2 \cdot 5}{6 \cdot 3} = \frac{5}{9}$

a) Wer schafft das größte Ergebnis?
b) Wer schafft das kleinste Ergebnis?

:	$\frac{3}{4}$	$\frac{4}{3}$	$\frac{2}{5}$
$\frac{2}{3}$			
$\frac{3}{2}$			
$\frac{4}{7}$			
$\frac{3}{8}$			
$\frac{11}{10}$			

18 a) Die Kinder sollen Obst pressen und 20 l Saft in $\frac{7}{10}$-l-Flaschen abfüllen.
b) Auf dem Geburtstag soll mit Kindersekt angestoßen werden.
Wie viele Sektgläser können mit zwei Flaschen gefüllt werden?
c) Wenn man für eine Kinderbowle zwei $\frac{3}{4}$-l-Flaschen in das Bowlegefäß gießt, ist es zu $\frac{1}{3}$ gefüllt.
Wie viel Liter passen in das Bowlegefäß?
Wie viele Flaschen kann man noch hineingießen?

Knobeln

19 Ordne die Aufgaben den Ergebnissen zu. Die richtige Zuordnung ergibt von (1) bis (8) gelesen ein Lösungswort.

$7\frac{2}{4} \cdot \frac{3}{4}$ (**U**)   (1) Größtes Ergebnis

$\frac{5}{8} : \frac{5}{100}$ (**C**)   (2) 5 < Ergebnis < 10

$2\frac{1}{4} : \frac{3}{4}$ (**S**)   (3) Ergebnis = 3

$14 : 3\frac{1}{2}$ (**E**)   (4) Kleinstes Ergebnis

$3\frac{1}{5} \cdot 5\frac{1}{2}$ (**N**)   (5) 3 < Ergebnis < 5

$\frac{1}{2} \cdot \frac{3}{4}$ (**S**)   (6) 10 < Ergebnis < 17

$3 : \frac{1}{4}$ (**E**)   (7) Ergebnis = $\frac{1}{2}$

$\frac{1}{4} : \frac{1}{2}$ (**K**)   (8) Ganzzahliges Ergebnis > 10

7 Punkt vor Strich. Klammern

Familie Schnell verbringt ihren Winterurlaub in der Schweiz. Die Kinder haben festgestellt, dass man für $2 \in$ ziemlich genau $3\,CHF$ (Schweizer Franken) bekommt und überschlagen ihre Ausgaben immer mit $1\,CHF = \frac{2}{3} \in$. Sie rechnen am Abend ihre Tagesausgaben um:
* einen Imbiss von $27\frac{1}{2}\,CHF$;
* einmal Sonnencreme für $2\frac{1}{2}\,CHF$ und
* eine Liftkarte für $30\,CHF$.

Ina rechnet $27\frac{1}{2} \cdot \frac{2}{3} + 2\frac{1}{2} \cdot \frac{2}{3} + 30 \cdot \frac{2}{3} = \ldots$;

Hanna rechnet $(27\frac{1}{2} + 2\frac{1}{2} + 30) \cdot \frac{2}{3} = \ldots$

und Julia rechnet $27\frac{1}{2} + 2\frac{1}{2} + 30 \cdot \frac{2}{3} = \ldots$

→ Rechne nach und vergleiche.
Was meinst du dazu?

Lerntipp!

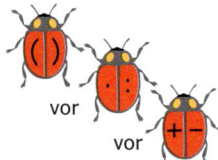

vor
vor

Für Rechenausdrücke mit natürlichen Zahlen gilt „Punktrechnung vor Strichrechnung". Auch beim Rechnen mit Brüchen kommen Multiplikation und Division vor Addition und Subtraktion. Der Inhalt von Klammern wird zuerst berechnet.

Reihenfolge beim Berechnen von Rechenausdrücken mit Brüchen:
* **Punkt**rechnung kommt **vor Strich**rechnung.
* Was in **Klammern** steht, wird zuerst berechnet.

Beispiele

a) Punktrechnung vor Strichrechnung

$$\frac{3}{5} + \frac{2}{3} \cdot \frac{1}{4}$$
$$= \frac{3}{5} + \frac{1}{6} = \frac{23}{30}$$

b) Klammer zuerst

$$\left(\frac{4}{9} + \frac{1}{6}\right) : \frac{2}{3}$$
$$= \frac{11}{18} : \frac{2}{3} = 1\frac{11}{12}$$

c) $\quad \frac{2}{3} + \left(\frac{4}{5} \cdot \frac{3}{4} - \frac{3}{10}\right) : \frac{6}{5}$ Punkt vor Strich in der Klammer

$\quad = \frac{2}{3} + \left(\frac{3}{5} - \frac{3}{10}\right) : \frac{6}{5}$ Klammer zuerst

$\quad = \frac{2}{3} + \frac{3}{10} : \frac{6}{5}$ Punkt vor Strich

$\quad = \frac{2}{3} + \frac{1}{4} = \frac{11}{12}$

d) Bei mehreren Klammern gilt wie bei natürlichen Zahlen:
Innere Klammer kommt vor äußerer Klammer.

$\quad \left(\frac{5}{6} + \frac{3}{8} : \left(\frac{1}{2} - \frac{1}{4}\right)\right) \cdot \frac{4}{7}$ innere Klammer

$= \left(\frac{5}{6} + \frac{3}{8} : \frac{1}{4}\right) \cdot \frac{4}{7}$ Punkt vor Strich

$= \left(\frac{5}{6} + \frac{3}{2}\right) \cdot \frac{4}{7}$ äußere Klammer

$= \frac{14}{6} \cdot \frac{4}{7} = \frac{4}{3} = 1\frac{1}{3}$

Aufgaben

1 Rechne im Kopf.

a) $\frac{3}{4} + \frac{3}{2} \cdot \frac{1}{2}$

b) $\left(\frac{4}{7} - \frac{2}{7}\right) : \frac{1}{7}$

c) $\frac{1}{3} \cdot \left(\frac{2}{5} + \frac{3}{5}\right)$

d) $\frac{1}{2} + \frac{6}{5} : \frac{3}{5}$

e) $\frac{2}{3} \cdot \frac{3}{4} - \frac{1}{4}$

f) $\frac{3}{5} : \frac{1}{3} - \frac{4}{5}$

g) $\left(\frac{7}{8} - \frac{1}{8}\right) \cdot \frac{2}{3}$

h) $\frac{6}{5} : \left(\frac{3}{10} + \frac{1}{10}\right)$

2 Berechne.

a) $\frac{4}{5} : \frac{2}{5} - \frac{1}{5}$

b) $\frac{5}{8} \cdot \frac{4}{5} - \frac{1}{3}$

c) $\frac{1}{2} + \frac{3}{4} : \frac{2}{5}$

d) $\frac{6}{5} \cdot \left(\frac{2}{3} - \frac{5}{9}\right)$

e) $\left(\frac{2}{5} + \frac{1}{3}\right) : \frac{3}{5}$

f) $\frac{3}{4} : \left(\frac{4}{5} - \frac{3}{5}\right)$

g) $\left(\frac{3}{5} + \frac{3}{4}\right) \cdot \frac{5}{9}$

h) $\frac{1}{3} \cdot \frac{3}{7} + \frac{3}{5}$

3 Schreibe den Rechenbaum als Rechenausdruck und berechne.

a)

b)

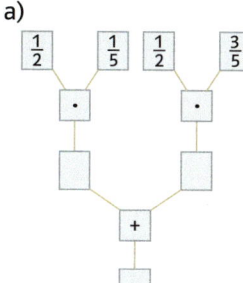

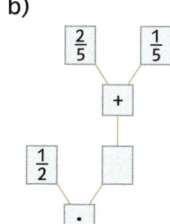

4 Zeichne den passenden Rechenbaum und berechne.

a) $\left(\frac{2}{9} + \frac{1}{3}\right) \cdot \frac{3}{4}$

b) $\frac{5}{2} - \frac{6}{5} \cdot \frac{1}{2}$

c) $\left(\frac{3}{4} + \frac{1}{2}\right) \cdot \left(\frac{4}{5} - \frac{1}{5}\right)$

d) $\frac{3}{4} \cdot \left(\frac{7}{6} - \frac{1}{2}\right)$

e) $\frac{3}{5} : \left(\frac{1}{2} - \frac{1}{3}\right)$

f) $\left(\frac{4}{5} + \frac{2}{15}\right) : \left(\frac{1}{5} + \frac{1}{2}\right)$

g) $\frac{3}{4} \cdot \frac{5}{6} + \frac{3}{4} : \frac{5}{6}$

h) $\left(\frac{2}{3} - \frac{2}{5}\right) \cdot \frac{1}{2}$

5 Beachte die Reihenfolge beim Rechnen.

a) $\frac{3}{5} \cdot \frac{5}{6} - \frac{4}{15} \cdot \left(\frac{3}{4} + \frac{1}{2}\right)$

b) $\left(\frac{8}{9} \cdot \frac{3}{4} + \frac{1}{6}\right) : \frac{5}{8} + \frac{2}{3}$

c) $\left(\frac{1}{4} \cdot \frac{2}{3} + \frac{5}{3}\right) - \frac{8}{5} \cdot \frac{5}{12}$

d) $\left(\frac{1}{4} : \frac{1}{8} + \frac{3}{4} \cdot \frac{2}{3}\right) - \frac{1}{4}$

e) $\left(\frac{4}{9} + \frac{5}{6}\right) \cdot \left(\frac{6}{7} - \frac{3}{14}\right) + \frac{5}{28}$

f) $\left(\frac{1}{6} + \frac{2}{5}\right) \cdot \frac{15}{17} - \frac{1}{4} : \frac{1}{2}$

g) $\left(\frac{8}{9} : \frac{8}{9} - \frac{1}{3}\right) \cdot \frac{6}{5} - \frac{1}{2}$

h) $\frac{4}{5} + \frac{2}{7} \cdot \left(\frac{3}{5} + \frac{1}{10}\right) \cdot \frac{5}{6}$

i) $\frac{2}{3} + \left(\left(\frac{4}{7} \cdot \frac{14}{15} + \frac{2}{5}\right) - \frac{1}{3}\right)$

j) $\left(\left(\frac{7}{6} \cdot \frac{3}{7} + \frac{1}{5}\right) + \frac{3}{10}\right) : \frac{5}{8}$

k) $\frac{8}{11} - \left(\frac{1}{2} : \frac{2}{3} - \frac{2}{3} \cdot \frac{1}{2}\right) \cdot \frac{6}{5}$

l) $\frac{7}{10} + \left(\frac{3}{10} \cdot \frac{5}{2} - \frac{7}{5} : \frac{7}{2}\right) - 1$

6 Berechne den Rechenausdruck.

a) Subtrahiere von 3 das Produkt aus den Zahlen $\frac{5}{9}$ und $\frac{3}{5}$.

b) Addiere zu $\frac{9}{10}$ den Quotienten aus den Zahlen $\frac{5}{12}$ und $\frac{5}{24}$.

c) Vermehre das Produkt aus den Zahlen $\frac{2}{3}$ und 2 um $\frac{3}{4}$.

d) Vermindere den Quotienten aus den Zahlen $\frac{2}{7}$ und $\frac{5}{14}$ um $\frac{3}{10}$.

e) Dividiere die Summe von $\frac{1}{3}$ und $\frac{1}{8}$ durch die Differenz von $\frac{5}{3}$ und $\frac{3}{4}$.

f) Addiere das Produkt der Zahlen $\frac{21}{8}$ und $\frac{4}{3}$ zum Quotienten der Zahlen $\frac{25}{26}$ und $\frac{5}{13}$.

g) Multipliziere die Summe der Zahlen $\frac{5}{12}$ und $\frac{3}{5}$ mit der Differenz der Zahlen 2 und $\frac{4}{5}$.

7
$$\square + \triangle \cdot \bigcirc \qquad \square + \triangle : \bigcirc$$
$$\square \cdot \triangle + \bigcirc \qquad \square : \triangle + \bigcirc$$

a) Berechne mit $\square = \frac{1}{2}$; $\triangle = \frac{1}{3}$ und $\bigcirc = \frac{1}{4}$.

b) Berechne mit $\square = \frac{1}{4}$; $\triangle = \frac{1}{5}$ und $\bigcirc = \frac{1}{6}$.

c) Verändere die vier Summen durch Setzen von Klammern in zwei Produkte und zwei Quotienten und rechne nochmals mit den Werten von a).

Summe
$$\frac{1}{8} + \frac{1}{8}$$

Produkt
$$\frac{5}{9} \cdot \frac{3}{5}$$

Quotient
$$\frac{5}{3} : \frac{3}{4}$$

Differenz
$$\frac{5}{12} - \frac{5}{24}$$

Ausmultiplizieren und Ausklammern

Wenn man eine Summe mit einer Zahl multipliziert, wird zuerst jeder Summand mit der Zahl multipliziert. Anschließend werden die Produktwerte addiert.

$$\frac{3}{4} \cdot \left(\frac{1}{3} + \frac{2}{5}\right) = \frac{3}{4} \cdot \frac{1}{3} + \frac{3}{4} \cdot \frac{2}{5} = \frac{1}{4} + \frac{3}{10} = \frac{5}{20} + \frac{6}{20} = \frac{11}{20}$$

Wenn in jedem Summand einer Summe der gleiche Faktor vorkommt, kann man diesen Faktor ausklammern. Dies ist das **Verteilungsgesetz** (Distributivgesetz).

$$\frac{3}{4} \cdot \frac{1}{3} + \frac{3}{4} \cdot \frac{2}{5} = \frac{3}{4} \cdot \left(\frac{1}{3} + \frac{2}{5}\right) = \frac{3}{4} \cdot \left(\frac{5}{15} + \frac{6}{15}\right) = \frac{3}{4} \cdot \frac{11}{15} = \frac{11}{20}$$

8 Das Verteilungsgesetz ermöglicht dir Rechenvorteile.

a) $\frac{4}{7} \cdot \frac{3}{8} + \frac{4}{7} \cdot \frac{1}{2}$

b) $\left(\frac{8}{5} + \frac{8}{15}\right) \cdot \frac{5}{4}$

c) $\frac{3}{5} \cdot \left(\frac{10}{9} + \frac{5}{12}\right)$

d) $\frac{3}{4} \cdot \left(\frac{20}{9} + \frac{16}{15}\right)$

e) $\left(\frac{2}{9} + \frac{2}{11}\right) \cdot \frac{99}{100}$

f) $\left(\frac{5}{8} + \frac{5}{7}\right) \cdot \frac{14}{15}$

g) $\frac{2}{3} \cdot \left(\frac{12}{5} + \frac{15}{11}\right)$

h) $\frac{7}{4} \cdot \frac{9}{5} + \frac{1}{4} \cdot \frac{9}{5}$

Zusammenfassung

Addieren von Brüchen

Zwei Brüche werden **addiert**, indem man beide Brüche auf einen gemeinsamen Nenner erweitert und dann die beiden Zähler addiert.

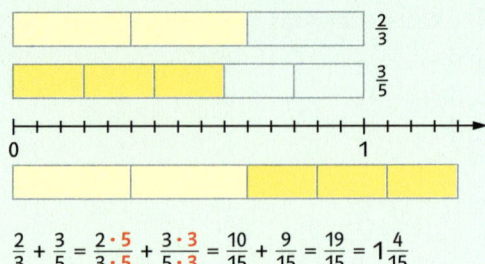

$$\frac{2}{3} + \frac{3}{5} = \frac{2 \cdot 5}{3 \cdot 5} + \frac{3 \cdot 3}{5 \cdot 3} = \frac{10}{15} + \frac{9}{15} = \frac{19}{15} = 1\frac{4}{15}$$

Subtrahieren von Brüchen

Zwei Brüche werden **subtrahiert**, indem man beide Brüche auf einen gemeinsamen Nenner erweitert und dann die beiden Zähler subtrahiert.

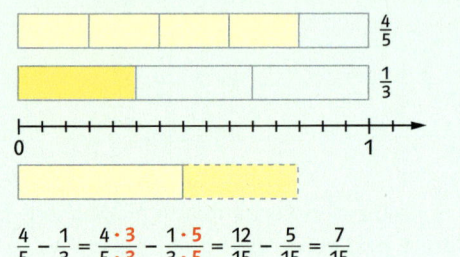

$$\frac{4}{5} - \frac{1}{3} = \frac{4 \cdot 3}{5 \cdot 3} - \frac{1 \cdot 5}{3 \cdot 5} = \frac{12}{15} - \frac{5}{15} = \frac{7}{15}$$

Multiplizieren von Brüchen

Zwei Brüche werden **multipliziert**, indem man Zähler mit Zähler und Nenner mit Nenner multipliziert.

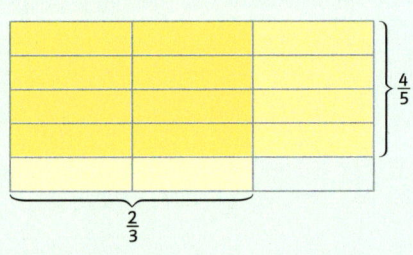

$$\frac{2}{3} \cdot \frac{4}{5} = \frac{2 \cdot 4}{3 \cdot 5} = \frac{8}{15}$$

Dividieren von Brüchen

Zwei Brüche werden **dividiert**, indem man den ersten Bruch mit dem **Kehrbruch** des zweiten Bruches multipliziert.

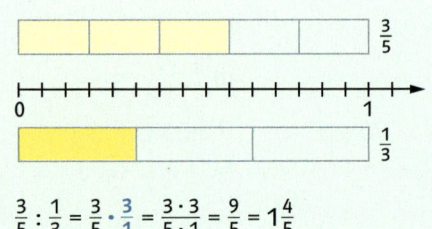

$$\frac{3}{5} : \frac{1}{3} = \frac{3}{5} \cdot \frac{3}{1} = \frac{3 \cdot 3}{5 \cdot 1} = \frac{9}{5} = 1\frac{4}{5}$$

Reihenfolge beim Rechnen

Punktrechnung kommt vor Strichrechnung. Zuerst berechnet man, was in Klammern steht.

$$\frac{4}{7} \cdot \left(\frac{1}{6} + \frac{2}{3} \cdot \frac{1}{4} \right)$$
$$= \frac{4}{7} \cdot \left(\frac{1}{6} + \frac{1}{6} \right)$$
$$= \frac{4}{7} \cdot \quad \frac{1}{3}$$
$$= \frac{4}{21}$$

Üben • Anwenden • Nachdenken

1 Addiere oder subtrahiere und kürze das Ergebnis wenn möglich.

a) $\frac{1}{6} + \frac{1}{4}$

b) $\frac{1}{4} + \frac{2}{5}$

c) $\frac{2}{5} + \frac{1}{10}$

d) $\frac{2}{3} + \frac{4}{10}$

e) $\frac{1}{4} - \frac{1}{6}$

f) $\frac{1}{2} - \frac{1}{6}$

g) $\frac{5}{6} - \frac{1}{2}$

h) $\frac{2}{3} - \frac{5}{8}$

2 Berechne. Kürze wenn möglich oder schreibe als gemischte Zahl.

a) $\frac{3}{5} \cdot \frac{1}{2}$

$\frac{4}{7} \cdot \frac{2}{3}$

$6 \cdot \frac{7}{9}$

b) $\frac{3}{4} \cdot \frac{2}{7}$

$\frac{3}{10} \cdot \frac{4}{7}$

$3 \frac{3}{4} \cdot \frac{2}{5}$

c) $\frac{2}{3} \cdot \frac{5}{7}$

$\frac{4}{7} \cdot \frac{5}{16}$

$2 \frac{2}{3} \cdot \frac{3}{4}$

3 Berechne.

a) $\frac{7}{4} - \frac{11}{12}$

$\frac{2}{5} \cdot \frac{4}{3}$

$\frac{1}{4} : \frac{7}{16}$

b) $\frac{3}{5} \cdot \frac{4}{3}$

$\frac{3}{4} : \frac{7}{6}$

$\frac{5}{6} + \frac{1}{2}$

c) $\frac{9}{10} : \frac{3}{5}$

$\frac{1}{11} - \frac{1}{33}$

$\frac{3}{8} + \frac{5}{12}$

d) $\frac{8}{15} - \frac{1}{4}$

$\frac{3}{8} + \frac{2}{5}$

$\frac{5}{9} \cdot \frac{8}{11}$

4 Rechne und gib das Ergebnis in gemischter Schreibweise an.

a) $\frac{9}{4} + \frac{5}{3}$

$\frac{5}{4} - \frac{5}{8}$

$\frac{5}{4} : \frac{7}{6}$

b) $\frac{15}{4} - \frac{21}{8}$

$\frac{9}{2} \cdot \frac{4}{3}$

$\frac{27}{8} + \frac{25}{4}$

c) $\frac{13}{8} \cdot \frac{3}{5}$

$\frac{20}{9} + \frac{7}{2}$

$\frac{8}{3} : \frac{11}{4}$

d) $\frac{44}{11} : \frac{11}{30}$

$\frac{24}{11} - \frac{1}{22}$

$\frac{64}{11} \cdot \frac{7}{8}$

5 Berechne und ergänze.

a) $\frac{\square}{5} \cdot \frac{2}{3} = \frac{2}{15}$

b) $\frac{5}{8} \cdot \frac{1}{\square} = \frac{5}{16}$

c) $\frac{2}{\square} : \frac{3}{\square} = \frac{6}{12}$

d) $\frac{4}{5} : \frac{\square}{\square} = \frac{12}{15}$

6 Ersetze die Platzhalter so, dass das Ergebnis immer 1 ergibt.

a) $\frac{1}{16} + \frac{\square}{\square}$

b) $\frac{39}{37} - \frac{\square}{\square}$

c) $\frac{3}{2} - \frac{\square}{4}$

d) $\frac{2}{5} \cdot \frac{\square}{\square}$

7 Berechne. Was fällt dir auf?

$\frac{1}{2} - \frac{1}{3}; \ \frac{1}{3} - \frac{1}{4}; \ \frac{1}{4} - \frac{1}{5}; \ \frac{1}{5} - \frac{1}{6}; \ \dots$

8 Fülle die Leerstelle aus.

a) $\square + \frac{2}{5} = \frac{4}{5}$

b) $\square - \frac{8}{19} = \frac{5}{19}$

c) $\square \cdot \frac{1}{2} = \frac{5}{8}$

d) $\square : \frac{6}{5} = \frac{55}{42}$

e) $\frac{19}{27} - \square = \frac{8}{27}$

f) $\frac{25}{32} + \square = \frac{31}{32}$

g) $\frac{3}{7} : \square = \frac{6}{35}$

h) $\frac{3}{4} \cdot \square = 2$

9 Setze den passenden Bruch ein.

a) $\frac{1}{2} \cdot \square = \frac{1}{3}$

b) $\frac{2}{3} + \square = \frac{17}{12}$

c) $\frac{7}{9} - \square = \frac{11}{18}$

d) $\frac{4}{5} : \square = \frac{14}{25}$

e) $\square - \frac{2}{9} = \frac{13}{36}$

f) $\square : \frac{3}{2} = \frac{16}{25}$

g) $\square + \frac{3}{14} = \frac{47}{56}$

h) $\square \cdot \frac{32}{7} = 4$

10 Hier wurden die Rechenzeichen vergessen.

a) $\frac{11}{4} \ \square \ \frac{7}{8} = \frac{15}{8}$

b) $\frac{3}{5} \ \square \ \frac{3}{8} = \frac{9}{40}$

c) $\frac{3}{7} \ \square \ \frac{5}{14} = \frac{11}{14}$

d) $\frac{33}{28} \ \square \ \frac{11}{7} = \frac{3}{4}$

e) $\frac{7}{10} \ \square \ \frac{7}{3} = \frac{91}{30}$

f) $\frac{8}{3} \ \square \ \frac{3}{2} = \frac{7}{6}$

g) $\frac{56}{39} \ \square \ \frac{14}{13} = \frac{4}{3}$

h) $\frac{5}{4} \ \square \ \frac{3}{8} = \frac{15}{32}$

11 Setze >; < oder = ein.

a) $\frac{1}{2} + \frac{1}{3} \ \square \ \frac{1}{3} + \frac{1}{4}$

b) $\frac{4}{5} - \frac{1}{3} \ \square \ \frac{2}{3} - \frac{1}{12}$

c) $\frac{11}{12} + \frac{1}{4} \ \square \ \frac{25}{18} - \frac{2}{9}$

d) $\frac{1}{7} - \frac{1}{9} \ \square \ \frac{2}{9} - \frac{1}{7}$

e) $\frac{1}{6} \cdot \frac{3}{7} \ \square \ \frac{4}{5} \cdot \frac{1}{8}$

f) $\frac{12}{5} : \frac{3}{10} \ \square \ \frac{3}{5} : \frac{27}{20}$

12 Setze die drei gelben Karten in die vier Rechenausdrücke so ein, dass möglichst große Ergebnisse entstehen.
Bilde weitere Rechenausdrücke und setze ebenso ein.

$\boxed{\frac{1}{2}} \quad \boxed{\frac{1}{3}} \quad \boxed{\frac{1}{4}}$

$\square \cdot \square + \square$

$(\square + \square) \cdot \square$

$\square - \square \cdot \square$

$\square + \square : \square$

13 Benutze die Rechenregeln zu deinem Vorteil.

a) $\frac{2}{3} + \frac{9}{11} + \frac{1}{3}$

b) $\frac{2}{3} - \frac{1}{7} + \frac{2}{9}$

c) $\frac{3}{5} \cdot \frac{7}{11} \cdot \frac{11}{21}$

d) $\frac{27}{31} \cdot \frac{2}{3} \cdot \frac{31}{9}$

e) $\frac{26}{15} \cdot \frac{25}{28} : \frac{39}{42}$

f) $\frac{4}{5} + \frac{8}{9} : \frac{20}{27}$

g) $\frac{5}{2} : \frac{7}{4} + \frac{4}{7}$

h) $\left(\frac{27}{16} + \frac{3}{8}\right) : \frac{3}{2}$

Online-Link
Rechentraining
742861-0771

Lerntipp!
Die Regeln findest du auf Seite 76.

14 Berechne.

a) $\frac{4}{15} + \frac{2}{7} - \frac{2}{15} + \frac{5}{7} + \frac{2}{3}$

b) $\frac{2}{3} + 1\frac{1}{2} + \frac{5}{6} - \frac{1}{2} + \frac{7}{12}$

c) $\frac{1}{2} \cdot \frac{3}{4} + \frac{4}{7} : \frac{1}{2} + \frac{5}{8}$

d) $\frac{1}{3} + 2 \cdot \left(\frac{5}{6} - \frac{2}{3}\right) - \frac{5}{12}$

15 Rechne im Kreis links- und rechtsherum.

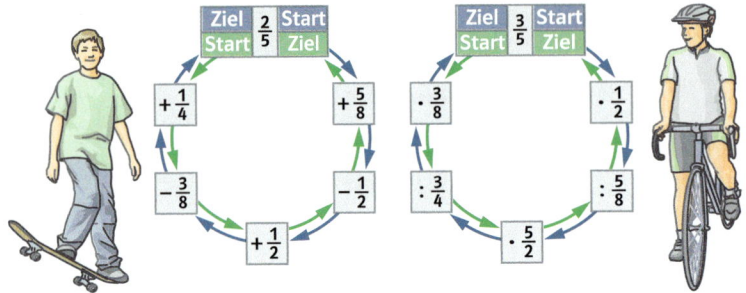

16 Jede Zeile, jede Spalte und jede Diagonale im Quadrat soll die gleiche Summe haben.

a)

$\frac{1}{12}$		$\frac{2}{3}$	
$\frac{7}{6}$		$\frac{11}{12}$	$\frac{1}{6}$
	$\frac{1}{2}$	$\frac{5}{6}$	
$\frac{1}{3}$		$\frac{5}{12}$	$\frac{4}{3}$

b)

$\frac{9}{5}$			$\frac{2}{3}$
		$\frac{8}{5}$	$\frac{6}{5}$
$\frac{4}{5}$	$\frac{3}{2}$	$\frac{11}{10}$	2
			$\frac{3}{2}$

17 Lege die Rechendomino-Steine so aneinander, dass jedes Ergebnis der Ausgangsbruch einer neuen Aufgabe ist.

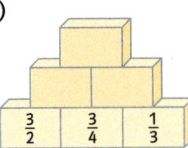
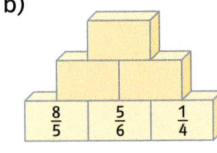

$\frac{1}{2} + \frac{3}{4}$ $\frac{7}{8}$ ☺ $\frac{15}{8} \cdot \frac{1}{5}$ $1\frac{1}{4} + \frac{2}{3}$ $\frac{3}{8} + \frac{1}{2}$ $\frac{23}{12} + \frac{2}{24}$ $2 - \frac{1}{8}$

! *Hier sind alle Schlusssteine:*
$\frac{11}{60}$; $\frac{5}{18}$; $\frac{9}{32}$; $\frac{1}{3}$
$\frac{72}{125}$; $\frac{8}{9}$; $3\frac{1}{3}$; $3\frac{31}{60}$

18 Löse die Bruchmauern für alle vier Rechenarten.

a)

$\frac{3}{2}$	$\frac{3}{4}$	$\frac{1}{3}$

b)

$\frac{8}{5}$	$\frac{5}{6}$	$\frac{1}{4}$

Experimentieren mit Brüchen

19 Subtrahiere und setze die Aufgaben fort.

a) $\frac{1}{2} - \frac{1}{3}$ b) $\frac{3}{4} - \frac{3}{5}$ c) $\frac{10}{11} - \frac{9}{10}$

$\frac{1}{3} - \frac{1}{4}$ $\frac{3}{6} - \frac{3}{7}$ $\frac{9}{10} - \frac{8}{9}$

$\frac{1}{4} - \frac{1}{5}$ $\frac{3}{7} - \frac{3}{8}$ $\frac{8}{9} - \frac{7}{8}$

$\frac{1}{5} - \frac{1}{6}$ $\frac{3}{8} - \frac{3}{9}$ $\frac{7}{8} - \frac{6}{7}$

...   .

20 Berechne und setze fort.

$1 + \frac{1}{2}$; $1 + \frac{1}{2} + \frac{1}{4}$; $1 + \frac{1}{2} + \frac{1}{4} + \frac{1}{8}$; ...

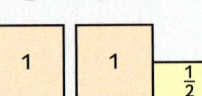
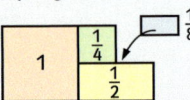

21 Berechne. Erkennst du eine Regel?

$3 - 1$

$3 - \left(1 + \frac{2}{3}\right)$

$3 - \left(1 + \frac{2}{3} + \frac{4}{9}\right)$

$3 - \left(1 + \frac{2}{3} + \frac{4}{9} + \frac{8}{27}\right)$

...

22 Wie geht es weiter? Vergleiche.

$\frac{3}{2} - 1$

$\frac{3}{2} - 1 - \frac{1}{3}$

$\frac{3}{2} - 1 - \frac{1}{3} - \frac{1}{9}$

$\frac{3}{2} - 1 - \frac{1}{3} - \frac{1}{9} - \frac{1}{27}$

...

23 Schreibe die nächste Zeile, ohne zu rechnen. Prüfe dann nach.
Berechne den Unterschied zwischen den Ergebnissen und $\frac{1}{2}$. Was fällt dir auf?

$1 - \frac{1}{2} = \frac{1}{2}$

$1 - \frac{1}{2} + \frac{1}{4} = \frac{3}{4}$

$1 - \frac{1}{2} + \frac{1}{4} - \frac{1}{8} = \frac{5}{8}$

$1 - \frac{1}{2} + \frac{1}{4} - \frac{1}{8} + \frac{1}{16} = \frac{11}{16}$

$1 - \frac{1}{2} + \frac{1}{4} - \frac{1}{8} + \frac{1}{16} - \frac{1}{32} = \frac{21}{32}$

...

24 Schreibe zu dem Rechenbaum die Aufgabe und löse sie.

a)
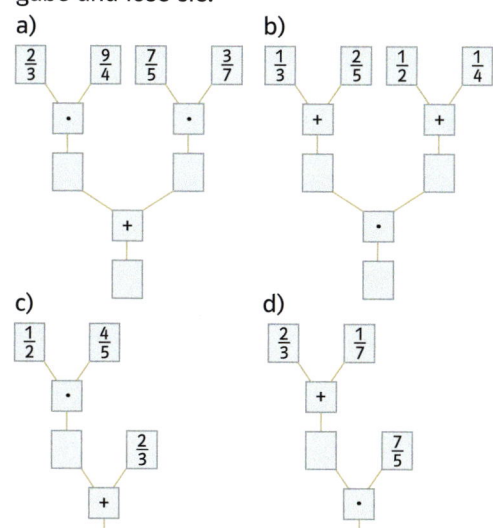

$\frac{2}{3}$ $\frac{9}{4}$ $\frac{7}{5}$ $\frac{3}{7}$

b)

$\frac{1}{3}$ $\frac{2}{5}$ $\frac{1}{2}$ $\frac{1}{4}$

c)

$\frac{1}{2}$ $\frac{4}{5}$ $\frac{2}{3}$

d)

$\frac{2}{3}$ $\frac{1}{7}$ $\frac{7}{5}$

25 Zeichne erst den Rechenbaum und rechne dann.

a) $\frac{2}{9} + \frac{1}{3} \cdot \frac{3}{4}$ b) $\frac{2}{7} \cdot \left(\frac{5}{2} - \frac{3}{4}\right)$

c) $\left(\frac{8}{5} - \frac{2}{3}\right) : \frac{7}{15}$ d) $\frac{2}{5} : \frac{1}{3} + \frac{2}{3} \cdot \frac{4}{5}$

26 Berechne den Umfang der Fläche.

a)
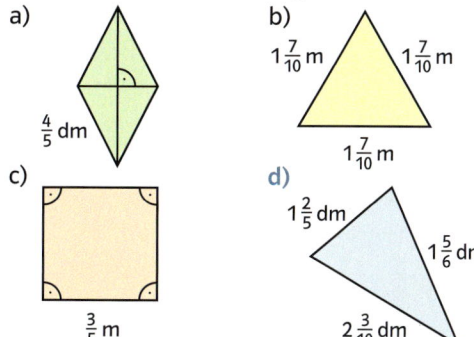

$\frac{4}{5}$ dm

b) $1\frac{7}{10}$ m $1\frac{7}{10}$ m $1\frac{7}{10}$ m

c)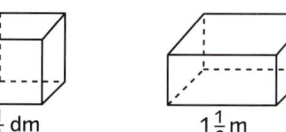

$\frac{3}{5}$ m

d) $1\frac{2}{5}$ dm $1\frac{5}{6}$ dm $2\frac{3}{10}$ dm

27 Berechne die Summe aller Kantenlängen des Körpers.

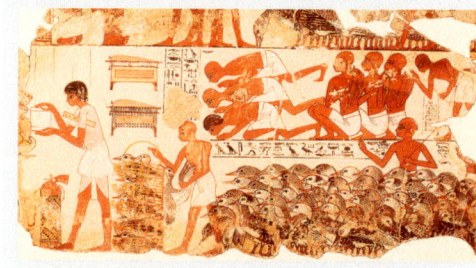

$1\frac{1}{4}$ dm $1\frac{1}{2}$ m $1\frac{1}{4}$ m $\frac{7}{10}$ m

28 Subtrahiere die Summe aus $\frac{3}{4}$ und $\frac{5}{6}$

a) von der Summe der Zahlen $\frac{7}{4}$ und $\frac{5}{9}$.

b) von der Differenz der Zahlen $\frac{17}{3}$ und $\frac{7}{4}$.

c) vom Produkt der Zahlen $\frac{2}{3}$ und $\frac{11}{4}$.

d) vom Quotienten der Zahlen $\frac{3}{5}$ und $\frac{24}{75}$.

Ägyptische Bruchrechnung

In dem mehr als 3500 Jahre alten ägyptischen Rechenbuch des Ahmes wird bereits mit Brüchen gerechnet. Allerdings kommen nur Brüche mit dem Zähler 1 vor, so genannte Stammbrüche. Andere Brüche werden als Summen von verschiedenen Stammbrüchen geschrieben.

Beispiele: $\frac{2}{7} = \frac{1}{4} + \frac{1}{28}$ $\frac{2}{9} = \frac{1}{5} + \frac{1}{45}$

$\frac{2}{11} = \frac{1}{6} + \frac{1}{66}$ $\frac{7}{8} = \frac{1}{2} + \frac{1}{4} + \frac{1}{8}$

29 Schreibe den folgenden Bruch als Summe aus verschiedenen Stammbrüchen.

a) $\frac{3}{4}$ b) $\frac{5}{6}$ c) $\frac{3}{8}$ d) $\frac{7}{12}$

e) $\frac{2}{9}$ f) $\frac{11}{12}$ g) $\frac{17}{18}$ h) $\frac{19}{20}$

30 Es gibt ein Rechenverfahren, mit dem man jeden Bruch in eine Summe aus verschiedenen Stammbrüchen umwandeln kann. Du kannst es am Beispiel $\frac{29}{60}$ lernen.

Subtrahiere von $\frac{29}{60}$ den größtmöglichen Stammbruch: $\frac{29}{60} - \frac{1}{3} = \frac{9}{60} = \frac{3}{20}$

Verfahre ebenso mit dem Restbruch: $\frac{3}{20} - \frac{1}{10} = \frac{1}{20}$
Der Restbruch ist ein Stammbruch.
Damit ist eine Zerlegung gefunden: $\frac{29}{60} = \frac{1}{3} + \frac{1}{10} + \frac{1}{20}$
Manchmal braucht man noch mehr Schritte.

Zerlege nach diesem Verfahren.

a) $\frac{25}{28}$ b) $\frac{17}{40}$ c) $\frac{59}{60}$ d) $\frac{39}{40}$

31 Kann man mit zwei Gefäßen, die $\frac{3}{4}$ Liter und $\frac{2}{3}$ Liter fassen, eine Flüssigkeitsmenge von 5 Litern abmessen? Kann man so auch $\frac{1}{3}$ Liter abmessen?

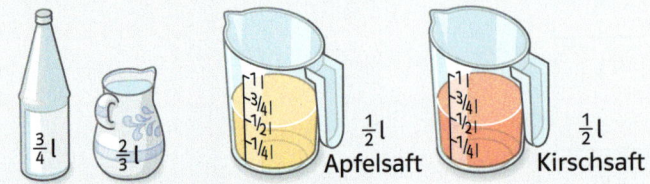

$\frac{3}{4}$l $\frac{2}{3}$l $\frac{1}{2}$l Apfelsaft $\frac{1}{2}$l Kirschsaft

Die Hälfte des Kirschsafts wird in den Krug mit Apfelsaft umgefüllt. Dann wird gut gemischt. Anschließend wird ein Drittel in den Krug mit Kirschsaft zurückgegossen.
a) Wie viel Liter Saftgemisch ist jetzt in jedem Krug?
b) Wie groß ist der Anteil des Kirschsafts im linken Krug?
c) Wie groß ist der Anteil des Apfelsafts im rechten Krug?

32 Von 1120 Schülerinnen und Schülern einer Schule kommen $\frac{2}{7}$ mit dem Bus, $\frac{3}{8}$ mit der Bahn und $\frac{1}{4}$ mit dem Fahrrad. Der Rest kommt zu Fuß. Wie viele Schülerinnen und Schüler sind das jeweils?

33 Bei der Gemeinderatswahl haben 2400 Bürger ihre Stimme abgegeben. Für Partei A haben 47%, für Partei B 34% und die übrigen für Partei C gestimmt.
a) Welchen Bruchteil hat Partei C und wie viele Stimmen hat jede Partei bekommen?
b) Zeichne ein Diagramm zur Wahl.

34 Die Heimatzeitung berichtet:
„In Bruchdorf ist $\frac{1}{8}$ der Fläche mit Wohnhäusern, $\frac{1}{24}$ mit öffentlichen Gebäuden und $\frac{1}{5}$ mit Scheunen und Ställen bebaut. Gärten und Wiesen nehmen den Anteil $\frac{7}{12}$ ein. Der Rest, das ist der Anteil $\frac{1}{10}$, wird von Straßen, Wegen und Plätzen beansprucht."
Wo steckt der Fehler?

35 Aus einem Tank mit 3600 Litern werden nacheinander $\frac{1}{4}$; $\frac{1}{5}$; $\frac{1}{8}$ und $\frac{1}{10}$ des ursprünglichen Inhalts entnommen.
a) Welcher Bruchteil bleibt übrig?
b) Wie viel Liter wurden schrittweise und insgesamt abgepumpt?

36 Eine Weinflasche enthält $\frac{7}{10}$ Liter und eine Sektflasche $\frac{3}{4}$ Liter.
a) Welche Flasche enthält mehr?
b) Wie groß ist der Unterschied?
c) Wie viele Gläser zu $\frac{1}{10}$ Liter kann man jeweils füllen?

37 Das Eintopf-Rezept ist für vier Personen gedacht.

$\frac{1}{2}$ kg Rindfleisch $\frac{1}{2}$ l Brühe
$\frac{1}{4}$ kg Kartoffeln $\frac{1}{8}$ l saure Sahne
$\frac{3}{4}$ kg Gemüse
50 g Fett
25 g Mehl

Welche Mengen sind für 6 Personen nötig?

38 Die Neubaustrecke der Bundesbahn zwischen Mannheim und Stuttgart ist etwa 100 km lang. Sie besteht zu einem großen Teil aus Tunnels, Geländeeinschnitten und Dämmen.

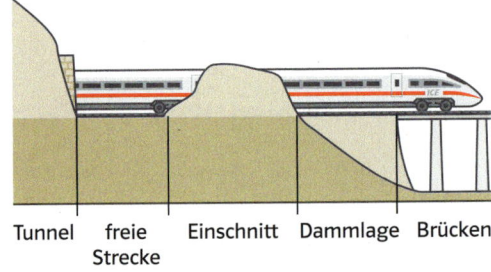

Tunnel freie Strecke Einschnitt Dammlage Brücken

Vervollständige die Tabelle.

	Tunnels	freie Strecken	Gelände-einschnitte	Dämme	Brücken
Länge in km	☐	☐	☐	24	☐
Anteil	$\frac{13}{50}$	☐	$\frac{2}{5}$	☐	$\frac{3}{50}$

Online-Link
zum Rückspiegel
742861-0811

1 Berechne.

a) $\frac{1}{2} + \frac{1}{3}$ b) $\frac{3}{4} - \frac{2}{3}$ c) $\frac{4}{5} \cdot \frac{2}{7}$

$\frac{2}{3} - \frac{1}{2}$ $\frac{1}{4} : \frac{2}{5}$ $\frac{4}{7} - \frac{1}{5}$

$\frac{3}{4} \cdot \frac{2}{5}$ $\frac{1}{3} + \frac{1}{4}$ $\frac{2}{7} : \frac{3}{4}$

$\frac{1}{6} : \frac{1}{5}$ $\frac{2}{3} \cdot \frac{4}{5}$ $\frac{1}{4} + \frac{1}{5}$

2 Berechne. Nutze dabei Rechenvorteile.

a) $\frac{3}{2} \cdot \frac{1}{4} \cdot \frac{2}{3}$ b) $\frac{3}{7} + 1\frac{1}{2} + \frac{4}{7}$

$\frac{4}{9} + \frac{1}{8} + \frac{5}{9}$ $\left(\frac{5}{6} + \frac{5}{3}\right) : 5$

$\frac{1}{2} \cdot \frac{3}{5} + \frac{1}{2} \cdot \frac{3}{5}$ $\frac{1}{8} + \frac{2}{3} + \frac{7}{8} + \frac{2}{3}$

$\frac{1}{3} \cdot \left(\frac{9}{12} + \frac{6}{4}\right)$ $\frac{5}{8} : \frac{1}{2} - \frac{2}{8} : \frac{1}{2}$

3 Berechne und kürze.

a) $1\frac{2}{3} + \frac{7}{12}$ b) $\frac{25}{36} \cdot \frac{63}{45}$

$\frac{7}{15} - \frac{7}{30}$ $1\frac{6}{7} + \frac{4}{21}$

$\frac{36}{25} \cdot \frac{5}{9}$ $1\frac{3}{4} - \frac{7}{12}$

$\frac{3}{4} : \frac{5}{3}$ $\frac{16}{9} : \frac{8}{9}$

4 Fülle die Leerstellen.

a) $\frac{7}{20} + \square = \frac{42}{60}$ b) $\square - \frac{1}{5} = \frac{11}{20}$

$\frac{7}{5} \cdot \square = \frac{14}{15}$ $\square + \frac{1}{4} = \frac{11}{20}$

$\square : \frac{14}{9} = \frac{2}{3}$ $\square \cdot \frac{22}{3} = \frac{11}{9}$

$\frac{1}{2} - \square = \frac{1}{5}$ $\frac{15}{18} : \square = \frac{1}{2}$

5 Manuela übt fünfmal in der Woche eine halbe Stunde Englisch. Ruben übt zweimal in der Woche $1\frac{1}{2}$ Stunden.
a) Wer übt mehr?
b) Sven übt täglich 20 Minuten Englisch. Vergleiche.
c) Karin will in der Woche $2\frac{1}{2}$ Stunden lernen und die Zeit auf drei gleich lange Abschnitte verteilen. Wie lange übt sie pro Zeitabschnitt?

---

1 Berechne.

a) $\frac{3}{4} \cdot \frac{5}{7}$ b) $\frac{3}{8} : \frac{4}{5}$ c) $\frac{4}{5} + \frac{1}{7}$

$\frac{2}{3} + \frac{1}{4}$ $12 \cdot \frac{17}{6}$ $\frac{3}{5} : \frac{5}{7}$

$\frac{7}{10} - \frac{2}{7}$ $\frac{1}{5} + \frac{1}{6}$ $\frac{5}{21} - \frac{3}{28}$

$\frac{3}{5} : \frac{2}{3}$ $\frac{4}{9} - \frac{4}{11}$ $\frac{7}{8} \cdot \frac{5}{6}$

2 Berechne. Nutze dabei Rechenvorteile.

a) $\frac{4}{3} \cdot \frac{5}{8} \cdot \frac{9}{5}$ b) $\frac{5}{9} + 1\frac{1}{2} + \frac{4}{9}$

$\frac{16}{7} : \frac{2}{7} - \frac{2}{7} : \frac{2}{5}$ $\left(\frac{3}{8} + \frac{3}{16}\right) : 3$

$\frac{3}{7} \cdot \frac{13}{25} + \frac{4}{7} \cdot \frac{13}{25}$ $\frac{4}{13} + \frac{2}{11} + \frac{9}{13} + \frac{4}{11}$

$\left(\frac{5}{11} + \frac{4}{11}\right) : \frac{3}{4}$ $\frac{3}{4} \cdot \left(\frac{4}{9} + \frac{2}{15} + \frac{1}{5}\right)$

3 Berechne und kürze.

a) $\frac{7}{4} : \frac{21}{8}$ b) $\frac{33}{23} \cdot \frac{46}{77}$

$4\frac{5}{12} - 3\frac{5}{6}$ $1\frac{7}{20} + 2\frac{2}{5}$

$\frac{4}{5} \cdot \frac{7}{2}$ $2 : \frac{17}{9}$

$4\frac{2}{3} + 2\frac{1}{2}$ $3\frac{3}{4} - 2\frac{5}{8}$

4 Fülle die Leerstellen.

a) $\frac{2}{5} + \square = 3\frac{11}{15}$ b) $\frac{7}{15} \cdot \square = \frac{28}{55}$

$\square : \frac{44}{21} = \frac{12}{55}$ $\square - \frac{1}{2} = 1\frac{5}{6}$

$4\frac{1}{2} - \square = 2\frac{3}{4}$ $\frac{9}{16} : \square = \frac{9}{28}$

$\square \cdot \frac{24}{5} = \frac{20}{3}$ $\square + 1\frac{3}{4} = 2\frac{13}{20}$

5 Rechne mit Bruchteilen von Flüssigkeits- und Mengenangaben.
a) Eine $\frac{3}{4}$-Liter-Flasche ist zu $\frac{1}{3}$ gefüllt. Wie viel Saft ist in der Flasche?
b) Wie viele $\frac{3}{4}$-Liter-Flaschen werden benötigt, um $5\frac{1}{4}$ l Saft abzufüllen?
c) Für einen Früchtetrunk werden $1\frac{1}{2}$ l Milch, $\frac{3}{8}$ l pürierte Früchte und $\frac{1}{8}$ l Sirup gut verrührt. Wie viel Liter sind das?
d) 10 l Benzin wiegen $7\frac{1}{2}$ kg. Wie viel wiegt 1 l Benzin?

→ Die Lösungen findest du auf Seite 211.

Standpunkt

Online-Links
zum Standpunkt
742861-0821
zu Kapitel 4
742861-0004

Wo stehe ich?

Ich kann…

	gut	weniger gut	etwas	nicht mehr	Lerntipp!
1 Geldbeträge unterschiedlich schreiben,	☐	☐	☐	☐	→ S. 85; 205
2 Gewichte umwandeln,	☐	☐	☐	☐	→ S. 205
3 Kommazahlen aus der Stellenwerttafel ablesen,	☐	☐	☐	☐	→ S. 84; 93
4 Längen unterschiedlich schreiben,	☐	☐	☐	☐	→ S. 85; 205
5 Kommazahlen von einer Skala ablesen,	☐	☐	☐	☐	→ S. 86
6 Zahlen vergleichen,	☐	☐	☐	☐	→ S. 86; 93; 203
7 Zahlen ordnen,	☐	☐	☐	☐	→ S. 86; 93; 203
8 Zahlen runden,	☐	☐	☐	☐	→ S. 88; 93; 203
9 Brüche in der Kommaschreibweise angeben.	☐	☐	☐	☐	→ S. 89; 93

Überprüfe deine Einschätzung

1 Schreibe die Geldbeträge auf drei verschiedene Arten wie im Beispiel.
5,60 € = 5 € 60 ct = 560 ct
a) 12 € 19 ct   b) 35,01 €   c) 4570 ct

Lerntipp!
1 kg = 1000 g
1 t = 1000 kg

2 Wandle in die angegebene Gewichtseinheit um.
a) 3,500 kg = ☐ g   b) 3,5 kg = ☐ g
c) 0,087 kg = ☐ g   d) 4,05 t = ☐ kg
e) 6,034 t = ☐ kg   f) 0,9 t = ☐ kg

3 Schreibe die Zahlen in der Stellenwerttafel als Kommazahlen.

T	H	Z	E	z	h	t
	5	6	7	8	9	
			6	0	5	
			0	7	0	9
		4	5	0	7	5

4 Schreibe die Zahlen ausführlich.

m	dm	cm	mm	
3,	1	4		3,14 m = 3 m 1 dm 4 cm
7,	8	5		
	6,	4	7	
		9,	8	

5 Welche Temperaturen in °C sind auf dem Fieberthermometer markiert?

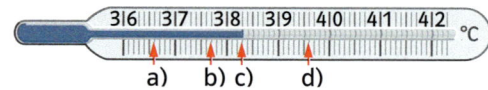

a)   b) c)   d)

6 Vergleiche und setze <,> oder = ein.
a) 4556 ☐ 4565   b) 3,50 m ☐ 3,05 m
c) 21,56 € ☐ 12,65 €

7 Ordne der Größe nach. Beginne mit dem kleinsten Wert.
a) 0,56 €; 2,59 €; 5,06 €; 2,65 €
b) 0,57 €; 2,53 €; 0,59 €; 2,17 €; 1,51 €

8 Runde auf volle Euro.
a) 2,98 €   b) 7,15 €   c) 6,99 €
d) 9,56 €   e) 4,12 €   f) 0,78 €

9 Gib die Brüche in der Kommaschreibweise an: $\frac{1}{2}$ l; $\frac{1}{4}$ l; $\frac{1}{8}$ l; $\frac{3}{4}$ l.

→ Die Lösungen findest du auf Seite 212.

Genauer gehts nicht

Ob beim Umgang mit Geld, beim Messen der Körpergröße, bei der Angabe von Temperaturen oder beim Ablesen des Gaszählers – überall werden heutzutage Kommazahlen verwendet. In der Mathematik nennt man die Kommazahlen auch Dezimalbrüche.

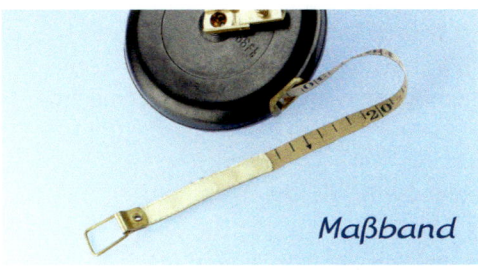

Maßband

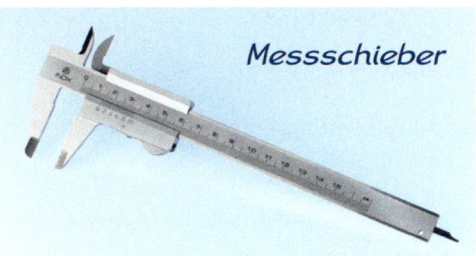

Messschieber

Immer genauer

Zur Längenmessung verwendet man je nach der Größenordnung der zu messenden Länge:

- Maßband
  (für Längen zwischen 1 cm und 10 m);
  Genauigkeit 1 cm = 0,01 m
- Lineal bzw. Geodreieck
  (für Längen zwischen 0,5 cm und 20 cm);
  Genauigkeit 0,5 mm = 0,0005 m
- Messschieber
  (für Längen zwischen 1 mm und 10 cm);
  Genauigkeit 0,1 mm = 0,0001 m

Grenzen im Sport

Bei den Olympischen Spielen 1972 in München entschieden im Schwimmen erstmals Tausendstelsekunden über einen Sieg.

Im 400-m-Lagen-Finale war Gunnar Larsson zwei Tausendstel schneller als Tim McKee. Das entspricht einem Vorsprung von etwa 2 mm.

Doch jede Messung ist nur so präzise wie die Rahmenbedingungen. Bedenkt man die erlaubte Abweichung eines Wettkampfbeckens von 2 bis 3 cm, so verliert die Messung von Tausendstelsekunden an Bedeutung. Erstmals wurden die Grenzen präziser Sportzeitmessung deutlich.

Heute misst man beim Schwimmen nur noch Hundertstelsekunden. Beide erreichten eine Zeit von 4:31,98 über 400-m-Lagen.

Das lerne ich:

- die Dezimalschreibweise anzuwenden,
- wie man Dezimalbrüche vergleicht und ordnet,
- wie man Dezimalbrüche rundet,
- Brüche in Dezimalbrüche umzuwandeln.

1 Dezimalschreibweise

Im Sport findest du „Kommazahlen". 1968 verbesserte Jim Hines den 100-m-Weltrekord von Armin Hary von 10,0 s auf 9,9 s. 2002 stellte Tim Montgomery mit 9,78 s eine neue Weltbestleistung auf. Die alte stand auf 9,79 s.

→ Was fällt dir auf?

→ Wie wurde vermutlich 1968 die Zeit gemessen, wie wird es heute gemacht?

Lerntipp!

$0,1 = \frac{1}{10}$

$0,01 = \frac{1}{100}$

$0,001 = \frac{1}{1000}$

Die **Dezimalschreibweise** ist eine einfache Schreibweise für Brüche mit einer 10, 100, 1000, … im Nenner.

0,4 m oder $\frac{4}{10}$ m sind 4 dm; die erste Stelle nach dem Komma gibt Zehntel (dezi) an.

0,08 € oder $\frac{8}{100}$ € sind 8 ct; die zweite Stelle sind Hunderstel (centi).

0,009 g oder $\frac{9}{1000}$ g sind 9 mg; die dritte Stelle sind Tausendstel (milli).

An der Stellenwerttafel kannst du die Bedeutung der Stellen nach dem Komma erkennen.

Ganze				Bruchteile		
Hunderter H	Zehner Z	Einer E	,	Zehntel z	Hundertstel h	Tausendstel t
4	3	6	,	7	8	5
400 +	30 +	6 +		$\frac{7}{10}$ +	$\frac{8}{100}$ +	$\frac{5}{1000}$

400 + 30 + 6 + 0,7 + 0,08 + 0,005 = 436,785

Sprechweise: vierhundertsechsunddreißig Komma sieben acht fünf

Von links nach rechts erhält man den Wert der nächsten Stelle durch Division mit 10.

Lerntipp!

Kommazahlen nennt man auch Dezimalbrüche

Bei der **Dezimalschreibweise** stehen nach dem Komma Zehntel, Hundertstel, Tausendstel, …

Die Ziffern hinter dem Komma heißen **Nachkommaziffern** oder **Dezimalen**.

Beispiele

a) $0,7 = \frac{7}{10}$

b) $0,76 = \frac{7}{10} + \frac{6}{100} = \frac{70}{100} + \frac{6}{100} = \frac{76}{100}$

c) $2,3 = 2 + \frac{3}{10} = 2\frac{3}{10}$

d) $13,27 = 13 + \frac{2}{10} + \frac{7}{100} = 13 + \frac{27}{100} = 13\frac{27}{100}$

e) $0,07 = \frac{0}{10} + \frac{7}{100} = \frac{7}{100}$

f) $3,091 = 3 + \frac{0}{10} + \frac{9}{100} + \frac{1}{1000} = 3\frac{91}{1000}$

g) $0,3 = \frac{3}{10} = \frac{30}{100} = 0,30 = \frac{300}{1000} = 0,300$

Das Anhängen oder Weglassen von Nullen nach der letzten Nachkommaziffer ändert den Wert des Dezimalbruchs nicht.

Aufgaben

1 Fülle im Heft aus.

T	H	Z	E	z	h	t	Dezimalbruch
	5	7	1	5			571,5
1	2	3	0	4	5		
	4	3	0	1	5		
			2	0	9		
			1	7			
							7,09
							118,413
							7092,5
							0,663
							0,001

2 Schreibe als Dezimalbruch.

a) $\frac{5}{10}$; $\frac{8}{100}$; $\frac{4}{1000}$; $\frac{14}{100}$; $\frac{275}{1000}$; $\frac{13}{10\,000}$; $\frac{4376}{100\,000}$

b) $\frac{18}{100}$; $\frac{44}{4000}$; $\frac{17}{10\,000}$

c) $1 + \frac{3}{10}$; $4 + \frac{7}{100}$; $15 + \frac{3}{10} + \frac{2}{100} + \frac{7}{1000}$

3 Schreibe als Bruch und Dezimalbruch.

a) 7 Zehntel   b) 5 Hundertstel
c) 6 Tausendstel   d) 25 Hundertstel
e) 39 Zehntel   f) 33 Tausendstel

4 Schreibe als Bruch.

a) 0,9   b) 0,12   c) 1,2
0,08   0,212   3,45
0,007   0,012   67,8
0,0006   0,0102   901,109

5 Schreibe als Bruch. Kürze, wenn möglich.

a) 0,6; 0,04; 0,002; 0,7; 0,5; 0,25; 0,75

Beispiel: $1,5 = 1\frac{5}{10} = 1\frac{1}{2}$

b) 2,4; 3,2; 4,1; 2,75; 5,50; 4,8; $4\frac{3}{4}$
c) 25,5; 3,75; 0,8; 450,7; 12,85; 2,7

6 Wandle in einen Bruch um und vergleiche die Ergebnisse. Wo kann man Nullen weglassen, ohne dass sich am Wert des Dezimalbruchs etwas ändert?

a) 0,40   b) 0,3   c) 1,01
0,404   0,303   1,100
0,040   0,300   1,10
0,04   0,330   1,011

7 Bei Größenangaben haben die Dezimalen unterschiedliche Bedeutung.
Beispiel: $3,54\,\text{m} = 3\,\text{m}\,5\,\text{dm}\,4\,\text{cm}$
Was gibt die zweite Nachkommaziffer an?

a) 5,43 m   b) 6,875 dm³   c) 1,25 dm
7,755 km   1,25 l   11,03 s
5,75 m²   6,250 kg   35,253 t
99,08 cm²   50,33 g   15,750 cm³

8 Trage in die Stellenwerttafel ein.

a) $15 + \frac{9}{10} + \frac{3}{100}$ b) $40 + 1 + \frac{3}{10} + \frac{4}{100}$

c) $95 + \frac{4}{100} + \frac{9}{1000}$ d) $60 + 8 + \frac{7}{1000}$

9 Zeichne eine Stellenwerttafel in dein Heft und trage die folgenden Dezimalbrüche ein. Lies die Zahlen laut vor.

a) 16,35   b) 50,062   c) 0,001
9,18   0,897   0,123
403,716   4,50   12,34
78,004   89,73   1,234
0,79   500,62   123,4

10 Wie viel Geld bekommt man zurück, wenn man immer mit 50 € bezahlt?

24,80 € + ☐ = 50 €

11 Stelle den Geldbetrag mit möglichst wenig Scheinen und Münzen dar.

a) 3,75 €   b) 0,77 €   c) 11,11 €
5,09 €   10,09 €   111,01 €
17,68 €   90,60 €   905,95 €

12 Ordne der Größe nach und wandle in Cent um. Beginne mit dem größten Geldwert. 17,08 € = 1708 ct

a) 6 €   b) 20,04 €   c) 14 € 6 ct
d) 99,00 €   e) 0,01 €   f) 45,38 €
g) 0,65 €   h) 100,01 €   i) 8 € 5 ct
j) 0,2 €   k) 1 € 40 ct

13 Ordne und wandle in Euro um. Beginne mit dem kleinsten Geldwert.

a) 600 ct   b) 2654 ct   c) 23 032 ct
d) 30 ct   e) 1010 ct   f) 1 ct
g) 407 ct   h) 5005 ct   i) 857 ct

24,80 €
7,89 €
40,04 €
39,99 €
25,15 €
0,70 €

2 Vergleichen und Ordnen von Dezimalbrüchen

Beim Schulfest bietet die Klasse 6a ein Fahrrad-Geschicklichkeits-Training an. Folgende Zeiten wurden gemessen:

Lisa	33,51s	Marco	34,05s
Aishe	33,15s	Pia	34,50s
Roman	32,98s	Timo	33,45s
Philipp	35,02s	Sarah	32,89s
Enes	33,27s	Julia	33,54s

→ Wie heißen die drei Bestplatzierten?
→ Wer wurde Letzter?

Zum Vergleichen von Dezimalbrüchen wie 0,423 und 0,427 betrachtet man deren Lage auf dem Zahlenstrahl. Die kleinere der beiden Zahlen steht links von der größeren.
Da die beiden Zahlen in der ersten und zweiten Nachkommaziffer übereinstimmen, muss die Unterteilung des Zahlenstrahls so verfeinert werden, dass die letzte Dezimale abgelesen werden kann.

Online-Link
zum Zahlenstrahl
742861-0861

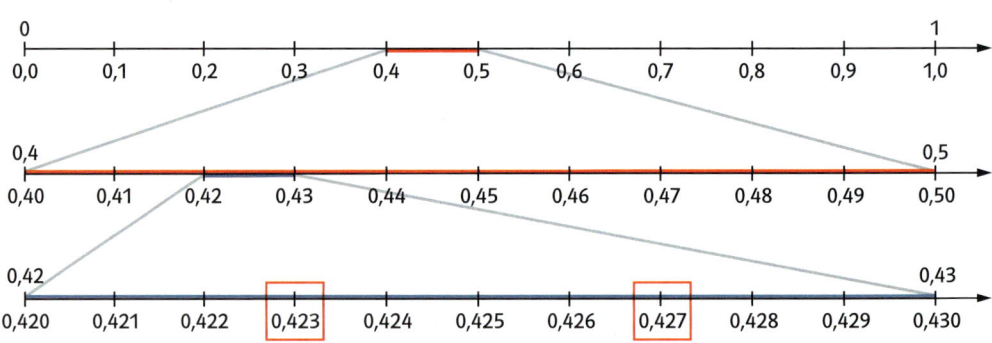

Um **Dezimalbrüche** zu **vergleichen**, muss man die Stellenwerte von links nach rechts untersuchen. Entscheidend ist die erste Stelle, an der verschiedene Ziffern stehen.

0,32**5**71
0,32**6**48   also: 0,325 71 < 0,326 48

Beispiele

a) 4,6**3**4
   4,6**4**3   also: 4,634 < 4,643

b) 0,0**1**
   0,0**0**9   also: 0,009 < 0,01

c) Wenn man die Dezimalbrüche 2,64; 2,46 und 4,62 ordnet, erhält man
2,46 < 2,64 < 4,62.

Bemerkung

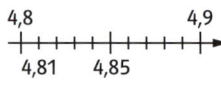

Unterteilt man den Zahlenstrahl immer feiner, erkennt man, dass zwischen zwei Dezimalbrüchen stets weitere Dezimalbrüche liegen. Zwischen 4,8 und 4,9 liegen neun weitere Dezimalbrüche mit zwei Nachkommastellen (4,81; 4,82; … ; 4,89). Zwischen 4,81 und 4,82 liegen dann wiederum neun Dezimalbrüche mit drei Nachkommastellen (4,811; 4,812; … ; 4,819) und so weiter.

Aufgaben

1 Setze das Zeichen < oder > ein.
a) 3,96 ☐ 4,1   b) 17,94 ☐ 17,0943
   21,5 ☐ 21,4   0,878 ☐ 0,88
   5,98 ☐ 5,899   12,0 ☐ 11,9
   0,02 ☐ 0,0003   1,301 ☐ 1,31

2 Ordne die Dezimalbrüche.
a) 7,84; 4,87; 8,74; 4,78; 8,47; 7,48
b) 459,8; 45,98; 49,58; 458,9; 495,8
c) 8,0981; 8,0109; 8,0819; 8,0918
d) 0,09; 0,0901; 0,0899; 0,0980; 0,091

3 Wie heißen die markierten Zahlen?
a)
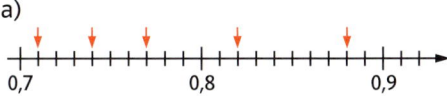
b)
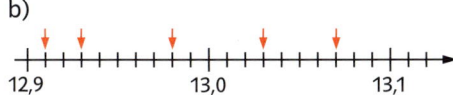
c)
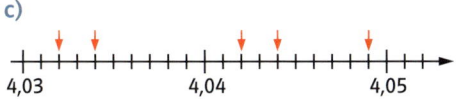
d)
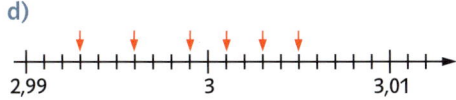

4 Zeichne einen geeigneten Ausschnitt des Zahlenstrahls und trage die Werte ein.
a) 1,01; 1,10; 1,05   b) 4,14; 4,25; 4,19
c) 0,762; 0,76; 0,769   d) 2,09; 2,1; 2,11
e) 4,1; 4,11; 4,18; 4,20; 4,111

5 Ordne.
a) 81,57 m; 8,175 m; 81,75 m; 8,71 m
b) 2,22 kg; 2,2 kg; 2,202 kg 2,02 kg
c) 333,3 g; 0,3 kg; 0,00003 t; 0,33 kg
d) 1,23 a; 12,3 m²; 1234,5 dm²
e) 99,9 dm³; 9,99 l; 9999,9 dm³

6 Welche Zahl liegt in der Mitte? Schildere zusätzlich deine Überlegungen.
a) 1,6 und 1,8   b) 2,4 und 2,5
c) 3,48 und 3,56   d) 5,68 und 5,71
e) 0,43 und 0,444   f) 0,002 und 0,1

7 Vier Ziffern und ein Komma.

a) Lege aus diesen fünf Kärtchen alle möglichen Zahlen, die kleiner als 0,5 sind.
b) Welche Zahlen liegen zwischen 0,5 und 1?
c) Bilde mindestens zehn Zahlen, die größer sind als 1 und ordne sie nach der Größe.

8 Welche Ziffer kannst du einsetzen?

Beispiel: 4,☐ < 4,3   0 + 1 + 2 = 3   (3)
Die Prüfsumme (3) hilft dir bei der Kontrolle.

a) 9,78☐ < 9,789   (36)
b) 14,3☐5 > 14,325   (42)
c) 0,73☐9 < 0,7345   (6)
d) 126,☐5 < 126,5   (10)

9 Hier musst du gut überlegen.
a) Gib vier Dezimalbrüche an, die zwischen 1,42 und 1,47 liegen.
b) Gib sechs Dezimalbrüche an, die zwischen 5,39 und 5,43 liegen.
c) Wie viele Dezimalbrüche findet man überhaupt zwischen 5,39 und 5,43? Begründe deine Antwort.

10 Welche Ziffer kannst du für die Zeichen ☐ und ☐ setzen?
Nenne verschiedene Möglichkeiten.
a) 10,5☐ < 10,6 < 10,☐5
b) 0,3☐6 < 0,356 < 0,35☐
c) 8,☐7 < 8,66 < 8,6☐
d) 5,☐12 < 5,213 < 5,21☐
e) 5,4☐2 < 5,432 < 5,☐32

11 Alle Äpfel haben den gleichen Kilopreis.

a) Ordne in einer Tabelle den Beuteln die richtigen Preise zu.
b) Wie viel kostet 1 Kilogramm Äpfel?

Bei Messwerten, die mit Dezimalbrüchen angegeben sind, liegen normalerweise gerundete Werte vor. Die Genauigkeit der Werte hängt von den verwendeten Messinstrumenten ab. Beispielsweise bedeutet die Anzeige 49,7 kg auf der Personenwaage, dass das Gewicht auf 100 g genau angegeben wird.

Für das **Runden von Dezimalbrüchen** gelten dieselben Regeln wie für natürliche Zahlen.

Die Ziffer an der Rundungsstelle bleibt unverändert, wenn eine der Ziffern 0; 1; 2; 3 oder 4 folgt.

Die Ziffer an der Rundungsstelle wird um 1 erhöht, wenn eine der Ziffern 5; 6; 7; 8 oder 9 folgt.

Auf Hundertstel (h) gerundet:
3,654 ≈ 3,65

Auf Zehntel (z) gerundet:
3,654 ≈ 3,7

└──────── Rundungsstelle ────────┘

12 Runde wie angegeben.
a) auf Zehntel (z)
23,46; 212,391; 9,094; 0,893; 0,078
b) auf Hundertstel (h)
76,362; 12,075; 4,9857; 1,0450
c) auf die Einer
79,4; 0,96; 34,59; 990,84; 789,98

13 Runde auf die angegebene Einheit.

Beispiel: 45,8 cm (cm) ergibt 46 cm

a) 27,4 kg (kg); 77,6 g (g); 9,5 m (m)
b) 7,68 m (m); 2,35 s (s); 34,45 m^2 (m^2)
c) 9436 m (km); 327 600 kg (t); 789 dm^3 (m^3)

14 Runde auf die nächstgrößere Einheit.
a) 278 cm; 1240 m; 748 mm; 77 840 g
b) 312,3 mm; 19,38 a; 899,48 cm^3
c) 4545,45 kg; 658,5 ha; 83 838 mm^3

15 Runde die Einwohnerzahlen der Großstadtregionen auf Millionen mit einer Nachkommaziffer und ordne sie.

Beispiel: 7 773 000 = 7,8 Millionen

Kalkutta	14 732 000
São Paulo	19 398 000
Schanghai	14 887 000
Mexico-Stadt	22 422 000
Mumbai	19 851 000
New York	22 470 000
Los Angeles	17 788 000

Erstelle ein geeignetes Diagramm.

16 Runde sinnvoll.
a) Jeder Teilnehmer müsste einen Anteil von 6,1875 € bezahlen.
b) Die Wanderung ist 17,4626 km lang.
c) Vaters Auto verbraucht durchschnittlich 8,162 Liter pro 100 km.
d) Die Essensvorräte der Expedition reichen noch für 7,85 Tage.

17 Gib den Bereich an, in dem der gerundete Wert liegt.

Beispiel: 4,6 liegt im Bereich von 4,55 bis 4,64.

a) 5,3; 16,5; 4,9; 2,5
b) 25,8; 1,0; 13,5; 0,45
c) 0,6; 2,34; 3,06; 0,005

18 Stell dir vor, bei den Bundesjugendspielen 2010 würden die Ergebnisse des Weitsprungs bei den Mädchen auf Dezimeter gerundet.
Welche Mädchen hätten den gleichen Wert?

Sandra	3,32 m
Lisa	3,04 m
Luisa	3,35 m
Anne	2,99 m
Aishe	3,29 m
Helena	3,85 m
Sina	3,44 m
Yasmin	3,81 m
Hanna	3,39 m

3 Umwandeln von Brüchen in Dezimalbrüche

Peter notiert sein Ergebnis beim Weitsprung: $3\frac{3}{4}$ Meter.
Außerdem hat er beim Ballwurf $42\frac{1}{2}$ Meter weit geworfen.
Für Sabine stehen folgende Werte in der Ergebnisliste: Weitsprung 3,78 m; Ballwurf 42,34 m.

→ Was sagst du zu diesen Angaben?

Die meisten Brüche kann man in Dezimalbrüche **umwandeln**. Besonders einfach ist dies, wenn im Nenner 10; 100; 1000; … steht: $\frac{63}{1000} = 0{,}063$.

> Brüche mit dem Nenner 10; 100; 1000; … kann man unmittelbar als Dezimalbruch darstellen.
>
> **Beispiele:** a) $\frac{7}{10} = 0{,}7$ b) $\frac{219}{100} = 2{,}19$

Lerntipp!
Es ist sehr hilfreich, wenn man wichtige Umwandlungen auswendig weiß.

$$\frac{1}{2} = 0{,}5$$
$$\frac{1}{4} = 0{,}25$$
$$\frac{3}{4} = 0{,}75$$
$$\frac{1}{8} = 0{,}125$$
$$\frac{1}{5} = 0{,}2$$
$$\frac{1}{20} = 0{,}05$$

Bei anderen Nennern versucht man durch Kürzen oder Erweitern Zehnerpotenzen im Nenner zu erhalten: $\frac{3}{5} = \frac{6}{10} = 0{,}6$ oder $\frac{142}{200} = \frac{71}{100} = 0{,}71$.

> Manche Brüche kann man so erweitern oder kürzen, dass sie den Nenner 10; 100; 1000; … erhalten.
>
> **Beispiele:** c) $\frac{80}{2000} = \frac{4}{100} = 0{,}04$ d) $\frac{9}{25} = \frac{36}{100} = 0{,}36$
>
> e) $\frac{42}{30} = \frac{14}{10} = 1{,}4$ f) $\frac{27}{15} = \frac{9}{5} = \frac{18}{10} = 1{,}8$

Wenn man das Erweitern oder Kürzen nicht sofort erkennt, kann man den Bruchstrich als Rechenanweisung für die Division lesen: $\frac{19}{8} = 19:8 = 2$ Rest 3.

> Solche Brüche kann man auch in Dezimalbrüche **umwandeln**, indem man den Zähler durch den Nenner dividiert.
>
> Der Rest kann wieder dividiert werden. Wenn beim Dividieren das Komma überschritten wird, muss man im Ergebnis das Komma setzen.

Beispiel:

g) $\frac{17}{4} = 17:4 = 4{,}25$

$$17{,}000:4 = 4{,}25$$
$$\underline{-\;16}$$
$$10$$
$$\underline{-\;{}_18}$$
$$20$$
$$\underline{-\;20}$$
$$0$$

3 Einer sind 30 Zehntel → 30 z : 8 = 3 z Rest 6 z

6 Zehntel sind 60 Hundertstel → 60 h : 8 = 7 h Rest 4 h

4 Hundertstel sind 40 Tausendstel → 40 t : 8 = 5 t

ZE zht E E zht

$$19{,}000:8 = 2{,}375$$
$$\underline{-\;16}$$
$$30$$
$$\underline{-\;24}$$
$$60$$
$$\underline{-\;56}$$
$$40$$
$$\underline{-\;40}$$
$$0$$

Aufgaben

1 Schreibe als Dezimalbruch.

a) $\frac{5}{10}$; $\frac{3}{100}$; $\frac{7}{1000}$; $\frac{37}{100}$; $\frac{29}{1000}$

b) $2\frac{6}{100}$; $54\frac{345}{1000}$; $5\frac{37}{10\,000}$

2 Wandle um, nachdem du erweitert oder gekürzt hast.

a) $\frac{4}{5}$; $\frac{6}{20}$; $\frac{8}{40}$; $\frac{9}{50}$; $\frac{11}{20}$; $\frac{3}{200}$

b) $\frac{36}{60}$; $\frac{21}{20}$; $\frac{75}{300}$; $\frac{4}{125}$; $\frac{4}{200}$; $\frac{33}{330}$

3 Kürze, wandle in Dezimalbrüche um.

a) $\frac{4}{8}$; $\frac{9}{12}$; $\frac{16}{80}$; $\frac{21}{70}$ b) $\frac{45}{18}$; $\frac{48}{32}$; $\frac{35}{28}$; $\frac{57}{15}$

c) $\frac{55}{88}$; $\frac{3}{75}$; $\frac{9}{1500}$; $\frac{6}{240}$ d) $\frac{21}{28}$; $\frac{42}{30}$; $\frac{39}{75}$; $\frac{9}{375}$

4 Kürze, wandle Dezimalbrüche um.

a) $\frac{9}{30}$; $\frac{7}{20}$; $\frac{14}{50}$; $\frac{99}{300}$ b) $\frac{6}{40}$; $\frac{15}{50}$; $\frac{8}{25}$; $\frac{9}{12}$

c) $1\frac{1}{2}$; $2\frac{3}{4}$; $3\frac{4}{5}$ d) $9\frac{9}{18}$; $7\frac{14}{35}$; $5\frac{3}{12}$

Lerntipp!

Beim Umwandeln ist es hilfreich, zunächst alle Nenner bis 50, die durch Erweitern oder Kürzen auf die vorteilhaften Nenner 10; 100; 1000; … umgewandelt werden können, zu suchen.

5 Erkläre, wie du umwandelst.

a) $\frac{3}{8}$; $\frac{7}{8}$; $\frac{10}{8}$; $\frac{12}{8}$; $\frac{17}{8}$; $\frac{22}{8}$

b) $\frac{3}{25}$; $\frac{30}{25}$; $\frac{300}{25}$; $\frac{33}{25}$; $\frac{303}{25}$; $\frac{333}{25}$

c) $\frac{1}{125}$; $\frac{10}{125}$; $\frac{100}{125}$; $\frac{1000}{125}$; $\frac{2}{125}$; $\frac{20}{125}$

6 Vergleiche und setze <, > oder = ein.

a) $\frac{1}{2}\;\square\;0{,}4$; $\frac{1}{4}\;\square\;4$; $\frac{1}{8}\;\square\;0{,}8$; $\frac{1}{3}\;\square\;0{,}6$

b) $\frac{3}{4}\;\square\;0{,}3$; $2{,}3\;\square\;\frac{2}{3}$; $0{,}25\;\square\;\frac{3}{8}$; $\frac{5}{100}\;\square\;5\%$

7 Vervollständige den Bruch.

a) $\frac{\square}{5}=0{,}8$ b) $\frac{12}{\square}=0{,}24$

c) $\frac{3}{\square}=0{,}15$ d) $\frac{\square}{25}=5{,}16$

8 Welche Regelmäßigkeit findest du beim Umwandeln der Brüche in Dezimalbrüche?

a) $\frac{1}{4}$; $\frac{2}{4}$; $\frac{3}{4}$; …   b) $\frac{1}{20}$; $\frac{2}{20}$; $\frac{3}{20}$; $\frac{4}{20}$; $\frac{5}{20}$; …

c) $\frac{1}{25}$; $\frac{2}{25}$; $\frac{3}{25}$; $\frac{4}{25}$; …

9 a) Schreibe die Angaben des Rezepts in Dezimalschreibweise.

Erdbeerquark

$1\frac{1}{2}$ kg Erdbeeren waschen, vierteln und zu $\frac{1}{4}$ kg Quark geben. Dann $\frac{1}{8}$ l Sahne schlagen und gleichmäßig untermischen.

Guten Appetit!

b) Schreibe in Dezimalschreibweise und in Milliliter: $\frac{1}{4}$ l; $\frac{1}{8}$ l; $\frac{3}{4}$ l; $1\frac{1}{2}$ l; $\frac{5}{8}$ l

c) Schreibe in Dezimalschreibweise und in Gramm: $\frac{1}{10}$ kg; $\frac{1}{2}$ kg; $\frac{3}{4}$ kg; $\frac{3}{8}$ kg; $1\frac{1}{4}$ kg

---

Prozent

10 In der Zeitung findest du oft Diagramme mit Prozentangaben.

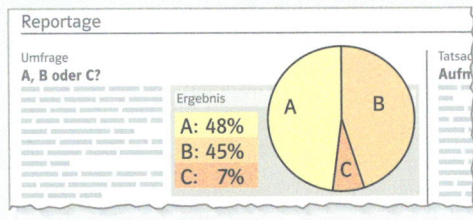

Reportage

Umfrage
A, B oder C?

Ergebnis

A: 48%
B: 45%
C: 7%

Tatsac
Aufn

In der Klasse 6a spielen $\frac{3}{4}$ aller Schülerinnen und Schüler ein Musikinstrument; das sind 75%.

Du hast gelernt, dass man Hundertstelbrüche auch als Prozentangaben schreiben kann. Dies geht ebenso leicht mit Dezimalbrüchen.

Beispiel: $0{,}48=\frac{48}{100}=48\%$

Die Prozentschreibweise kann man an den ersten beiden Nachkommaziffern ablesen.

a) Drücke die Zahlen in Prozent aus: 0,45; 0,10; 0,04.

b) Was ist mehr:
$\frac{1}{4}$ oder 24%; $\frac{34}{50}$ oder 70%?

4 Periodische Dezimalbrüche*

Tina, Mirelle und Juan haben bei einer Tombola gemeinsam Lose gekauft.
Einen möglichen Gewinn wollen sie gleichmäßig untereinander aufteilen.
Mirelle zieht den Hauptgewinn, einen Gutschein eines Erlebnisparks in Höhe von 100 Euro.
Ursprünglich wollte sich Tim ebenfalls an der Spielgemeinschaft beteiligen.
→ Warum wäre dann alles einfacher gewesen?

Wandelt man die Brüche $\frac{3}{8}$ oder $\frac{17}{40}$ in Dezimalbrüche um, stellt man fest, dass die Division von Zähler durch Nenner nach einer bestimmten Anzahl von Schritten endet.

$\frac{3}{8} = 3:8 = 0{,}375$ $\qquad$ $\frac{17}{40} = 17:40 = 0{,}425$

Diese Dezimalbrüche brechen ab. Sie entstehen dann, wenn der in ein Produkt zerlegte Nenner des vollständig gekürzten Bruches nur die Faktoren 2 oder 5 beziehungsweise beide enthält. Diese Zahlen teilen nämlich die Nenner 10; 100; 1000 …
Für die beiden verwendeten Nenner gilt: $8 = 2 \cdot 2 \cdot 2$; $40 = 2 \cdot 2 \cdot 2 \cdot 5$.

Bei allen anderen vollständig gekürzten Brüchen bricht die Division nicht ab. Die Umwandlungen der beiden Brüche $\frac{1}{3}$ und $\frac{5}{11}$ verdeutlichen dies.

$1:3 = 0{,}33\ldots$

$\begin{array}{r} -\ 0 \\ \hline 10 \\ -\ 9 \\ \hline 10 \\ -\ 9 \\ \hline 10 \\ \ldots \end{array}$ $\quad$ Der Rest **1** wiederholt sich, also wiederholt sich auch die Dezimale 3.

$5:11 = 0{,}4545\ldots$

$\begin{array}{r} -\ 0 \\ \hline 50 \\ -\ 44 \\ \hline 60 \\ -\ 55 \\ \hline 50 \\ \ldots \end{array}$ $\quad$ Die Reste **5** und **6** wiederholen sich, also wiederholen sich auch die entsprechenden Dezimalen 4 und 5.

> Wenn sich bei der Division von Zähler durch Nenner eines Bruches die Reste wiederholen, entsteht ein **periodischer Dezimalbruch**. Die sich wiederholende Ziffer oder Zifferngruppe heißt Periode, sie wird mit einem Strich gekennzeichnet.
>
> $\frac{7}{9} = 0{,}777\ldots = 0{,}\overline{7}$ $\quad$ Sprechweise: null Komma Periode sieben

Beispiele

a) $\frac{8}{7} = 8:7 = 1{,}142\,857\,142\,857\ldots = 1{,}\overline{142\,857}$
$\qquad\qquad\qquad\qquad$ („eins Komma Periode eins vier zwei acht fünf sieben")

b) Es gibt Dezimalbrüche, deren Periode nicht sofort nach dem Komma beginnt.
$\quad \frac{2}{15} = 2:15 = 0{,}1333\ldots = 0{,}1\overline{3}$ $\quad$ („null Komma eins Periode drei")

c) $\frac{101}{300} = 101:300 = 0{,}336\,66\ldots = 0{,}336\overline{6}$ $\quad$ („null Komma drei drei Periode sechs")

Aufgaben

1 Wandle in Dezimalbrüche um.

a) $\frac{2}{3}$; $\frac{4}{9}$; $\frac{3}{11}$; $\frac{4}{33}$; $\frac{4}{7}$; $\frac{5}{13}$; $\frac{7}{11}$

b) $\frac{1}{15}$; $\frac{5}{6}$; $\frac{7}{36}$; $\frac{1}{24}$; $\frac{5}{12}$; $\frac{7}{30}$; $\frac{11}{18}$

c) $\frac{13}{6}$; $\frac{22}{15}$; $\frac{23}{22}$; $\frac{37}{30}$; $\frac{11}{9}$; $\frac{15}{11}$; $\frac{50}{33}$

2 Welche Partner gehören zusammen?

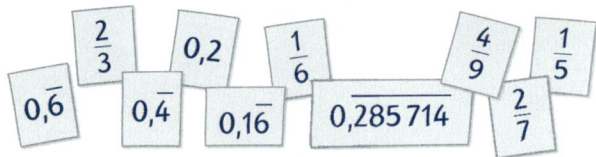

$\frac{2}{3}$ 0,2 $\frac{1}{6}$ $\frac{4}{9}$ $\frac{1}{5}$

$0,\overline{6}$ $0,\overline{4}$ $0,1\overline{6}$ $0,\overline{285714}$ $\frac{2}{7}$

3 Runde wie angegeben
a) auf Zehntel.
$0,1\overline{6}$; $1,2\overline{3}$; $3,4\overline{78}$; $2,0\overline{6}$; $8,3\overline{745}$
b) auf Hundertstel.
$0,1\overline{6}$; $1,2\overline{3}$; $3,4\overline{78}$; $2,0\overline{6}$; $8,3\overline{745}$

4 Wandle in einen Dezimalbruch um und runde auf Zehntel. Trage die Werte anschließend an einem Ausschnitt des Zahlenstrahls ein.

a) $\frac{2}{3}$; $\frac{4}{7}$; $\frac{5}{9}$; $\frac{5}{6}$; $\frac{6}{7}$ b) $\frac{2}{3}$; $\frac{3}{11}$; $\frac{11}{12}$; $\frac{7}{9}$; $\frac{4}{15}$

5 Wandle die Brüche in Dezimalbrüche um. Durch Nachdenken kannst du dir Arbeit sparen.

a) $\frac{1}{9}$; $\frac{2}{9}$; $\frac{3}{9}$; $\frac{4}{9}$; $\frac{5}{9}$ …

b) $\frac{1}{11}$; $\frac{2}{11}$; $\frac{3}{11}$; $\frac{4}{11}$; $\frac{5}{11}$ …

c) $\frac{1}{15}$; $\frac{2}{15}$; $\frac{3}{15}$; $\frac{4}{15}$; $\frac{5}{15}$ …

d) $\frac{1}{18}$; $\frac{2}{18}$; $\frac{3}{18}$; $\frac{4}{18}$; $\frac{5}{18}$ …

6 Ordne.

$\frac{15}{27}$ $\frac{11}{20}$ $0,56$
$0,65$ $0,5\overline{6}$ $\frac{6}{11}$ $0,\overline{56}$ $\frac{7}{12}$

7 Welcher Bruch hat als Dezimalbruch die längste Periode? $\frac{1}{13}$; $\frac{1}{17}$; $\frac{1}{19}$; $\frac{1}{23}$

8 Wandle sämtliche Brüche mit dem Nenner 13 in Dezimalbrüche um.
$\frac{1}{13}$; $\frac{2}{13}$; $\frac{3}{13}$; …; $\frac{12}{13}$ Was fällt dir auf?
Durch Überlegen kannst du Zeit sparen.

9 Der Bruch $\frac{4}{7}$ hat die folgende sechs-stellige Periode $0,\overline{571428}$.
Addiert man die beiden „Hälften" der Periode 571 + 428, erhält man 999.
a) Addiere ebenso die „Periodenhälften" von $\frac{4}{13}$; $\frac{9}{17}$ und $\frac{12}{19}$. Was fällt dir auf?
b) Warum gelingt die Addition der „Periodenhälften" bei $\frac{16}{31}$ nicht?

10 Liv behauptet: „Immer wenn bei einem Bruch eine Primzahl im Nenner steht, ist der zugehörige Dezimalbruch periodisch."
Nadja hat ein Gegenbeispiel.

11 Zur genauen Berechnung ist es oft sinnvoll, periodische Dezimalbrüche in Brüche zurückzuverwandeln.

$\frac{1}{3} = 0,\overline{3}$; $\frac{1}{9} = 0,\overline{1}$; $\frac{1}{6} = 0,1\overline{6}$

Wandle mithilfe dieser Angaben die Dezimalbrüche in Brüche um.
$0,\overline{7}$; $0,\overline{2}$; $0,\overline{5}$; $0,\overline{4}$; $1,\overline{3}$; $2,\overline{2}$; $5,1\overline{6}$; $0,\overline{9}$

Erstaunliche Perioden

12 Die folgenden Brüche haben lange, aber erstaunliche Perioden.

$\frac{1}{81} = 0,\overline{012345679}$

$\frac{1}{891} = 0,0\overline{01122334455667789}$

$\frac{1}{8991} = 0,00\overline{0111222333444555666777889}$

$\frac{1}{61} = 0,\overline{016393442622950819672131147540983606557377049180327868852459}$

$\frac{1}{97} = 0,\overline{010309278350515463917525773195876288659793814432989690721649484536082474226804123711340206185567}$

a) Welche Periode findest du wohl bei $\frac{1}{89991}$?

b) Wie sehen hier die Perioden aus?
$\frac{11}{90}$; $\frac{101}{900}$; $\frac{1001}{9000}$; … .

Zusammenfassung

Dezimal-schreibweise

Brüche mit den Nennern 10; 100; 1000; … lassen sich direkt in der **Dezimalschreib-weise** (Kommaschreibweise) darstellen.

$$\frac{7}{10} = 0{,}7 \qquad \frac{43}{100} = 0{,}43 \qquad \frac{837}{1000} = 0{,}837$$

Die Ziffern hinter dem Komma heißen **Dezimalen** oder Nachkommaziffern. Die Stellenwerttafel erklärt, was die Dezimalen bedeuten.

$$2\frac{7}{100} = 2{,}07$$
(Sprechweise: zwei Komma null sieben)

Hunderter	Zehner	Einer	Zehntel	Hundertstel	
H	Z	E	z	h	
3	0	5 ,	7	2	305,72
1	4	7 ,	0	5	147,05

Vergleichen und Ordnen

Zum **Vergleichen** und **Ordnen** von Dezimalbrüchen untersucht man die Ziffern von links nach rechts. Entscheidend ist die Stelle, an der sich die Zahlen erstmals unterscheiden.

1,56734
1,56762
An der vierten Nachkommastelle unter-scheiden sich die Zahlen erstmals. Somit gilt: 1,56734 < 1,56762.

Runden

Für das Runden von Dezimalbrüchen gelten dieselben Regeln wie für natürliche Zahlen.
Folgt auf die **Rundungsstelle** eine 0; 1; 2; 3 oder 4, wird abgerundet.
Folgen 5; 6; 7; 8 oder 9, wird aufgerundet.

Die Zahl 3,4506 ergibt gerundet
auf Tausendstel: 3,45**1**
auf Hundertstel: 3,4**5**
auf Zehntel: 3,**5**
auf Einer: **3**

Umwandeln von Brüchen in Dezimalbrüche

Brüche, die durch **Erweitern** oder **Kürzen** den Nenner 10; 100; 1000; … erhalten, können einfach als Dezimalbrüche dar-gestellt werden.

$$\frac{3}{5} = \frac{6}{10} = 0{,}6 \qquad\qquad \frac{7}{25} = \frac{28}{100} = 0{,}28$$
$$\frac{147}{300} = \frac{49}{100} = 0{,}49$$

Dividiert man den Zähler durch den Nen-ner, entsteht ebenfalls ein Dezimalbruch. Sobald man die Einerstelle überschreitet, setzt man im Ergebnis ein Komma.

$$\frac{1}{4} = 1:4$$
```
1:4 = 0,25
−  0
   10
 −  8
   20
 −  20
    0
```

$$\frac{14}{8} = 14:8 = 1{,}75$$
```
14 : 8 = 1,75
−  8
   60
 − 56
   40
 − 40
    0
```

Periodische Dezimalbrüche*

Wiederholen sich bei der Division von Zähler durch Nenner eines Bruches die Reste, dann entsteht ein **periodischer Dezimalbruch**.

$$\frac{2}{9} = 2:9 = 0{,}\overline{2}$$
$$\frac{7}{13} = 7:13 = 0{,}\overline{538461}$$
$$\frac{5}{12} = 5:12 = 0{,}41\overline{6}$$

Üben • Anwenden • Nachdenken

1 Übertrage und ergänze die Tabelle.

H	Z	E	z	h	t	zt	Dezimalbruch
	7	8	0	2	4	1	
6	0	4	0	5	0	9	
	2	2	0	3	6		
		4	5	0	9	1	
			6	8	0	9	
							78,045
							111,0668
							3,0303
							0,291
							0,0101

2 Wandle in Dezimalbrüche um. Erkläre dein Vorgehen.

Beispiel: $\frac{25}{100} = 0{,}25$

a) $\frac{3}{10}$; $\frac{17}{100}$; $\frac{4}{5}$; $\frac{1}{2}$; $\frac{3}{4}$; $\frac{7}{20}$; $\frac{12}{30}$

b) $\frac{12}{15}$; $\frac{1}{8}$; $\frac{3}{25}$; $\frac{81}{30}$; $\frac{11}{125}$

c) $\frac{66}{48}$; $\frac{3}{24}$; $\frac{27}{18}$; $\frac{6}{75}$; $\frac{3}{16}$

d) $\frac{9}{12}$; $\frac{7}{28}$; $\frac{11}{88}$; $\frac{14}{40}$; $\frac{32}{12}$; $\frac{68}{8}$

3 Verwandle in Dezimalbrüche.

$\frac{3}{4}$; $\frac{3}{5}$; $\frac{3}{6}$; $\frac{3}{7}$; $\frac{3}{8}$; $\frac{3}{9}$; $\frac{3}{10}$

4 Welche Zahlen müssen an den roten Teilstrichen stehen?

a) 2,3 ... 2,4

b) 0,45 0,47

c) 1 ... 1,12

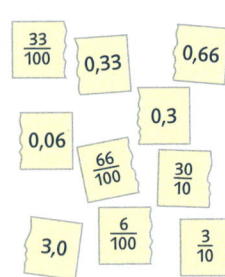

$\frac{33}{100}$ 0,33 0,66 0,06 0,3 $\frac{66}{100}$ $\frac{30}{10}$ 3,0 $\frac{6}{100}$ $\frac{3}{10}$

5 Gib die Zahlen an, die auf den Zahlenstrahlausschnitten markiert sind.

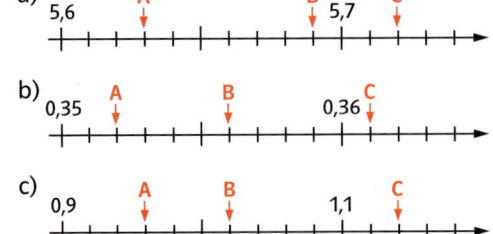

a) 5,6 A B 5,7 C

b) 0,35 A B C 0,36

c) 0,9 A B 1,1 C

6 Vergleiche die Zahlen und setze eines der Zeichen <, = oder > ein.

a) 0,35 ☐ 0,86
  0,02 ☐ 0,20
  0,2 ☐ 0,20
  2,86 ☐ 2,68
  0,4 ☐ 0,406

b) 0,035 ☐ 0,035
  0,213 ☐ 0,123
  0,99 ☐ 0,999
  0,88 ☐ 0,808
  4,1 ☐ 4,1000

7 Ordne nach der Größe.

a) 1,2; 1,02; 1,21; 1,201; 1,212; 1,012

b) 1001,01; 1010,10; 1000,10; 1010,01

c) 0,2314; 0,2134; 0,2341; 0,2413; 0,2143

d) 0,444; 0,4; 0,404; 0,04; 0,044; 0,040

e) 0,03; 0,030; 0,303; 0,033; 0,003; 0,333

8 Ordne nach der Größe. Beginne mit der kleinsten Zahl.

a) 0,6; $\frac{1}{2}$; 0,55; $\frac{2}{5}$; $\frac{3}{4}$; 0,7

b) 0,95; $\frac{9}{10}$; $\frac{99}{100}$; 0,98; $\frac{999}{1000}$

c) 1,11; $1\frac{1}{10}$; $1\frac{11}{100}$; 1,01; 1; 1,001

d) $2\frac{1}{2}$; 2,4; $2\frac{7}{8}$; $2\frac{3}{4}$; 2,45; $2\frac{2}{5}$

9 Wandle in Dezimalbrüche um und ordne nach der Größe.

a) $\frac{2}{3}$; $\frac{3}{5}$; $\frac{7}{10}$; $\frac{34}{50}$

b) $\frac{10}{3}$; $\frac{19}{6}$; $\frac{33}{10}$; $\frac{54}{17}$

c) $1\frac{2}{5}$; $\frac{15}{11}$; $1\frac{3}{7}$; $\frac{18}{13}$

10 Ersetze die Kästchen mit Zahlen oder Ziffern. Gibt es mehrere Möglichkeiten?

a) $0{,}6 > \frac{\square}{10}$

b) $4{,}\square 2 < \frac{42}{10}$

c) $0{,}0\square > \frac{5}{100}$

d) $\frac{6}{5} < 1{,}\square 1$

e) $0{,}\overline{3} > \frac{1}{\square}$

f) $0{,}0\square 5 > \frac{1}{20}$

11 Schreibe die Größen in der Dezimalschreibweise.

a) in **m**: 5 m 55 cm; 12 m 6 cm; 1 m 1 mm

b) in **m²**: 6 m² 6 dm²; 9 a 15 m²; 9 dm² 15 cm²

c) in **m³**: 50 m³ 25 dm³; 150 dm³ 35 cm³

d) in **l**: 35 hl 35 l 35 dm³ 35 ml

12 Die Abbildung zeigt die Entfernungen zwischen dem Bahnhof und den anderen öffentlichen Einrichtungen der Stadt maßstäblich verkleinert.

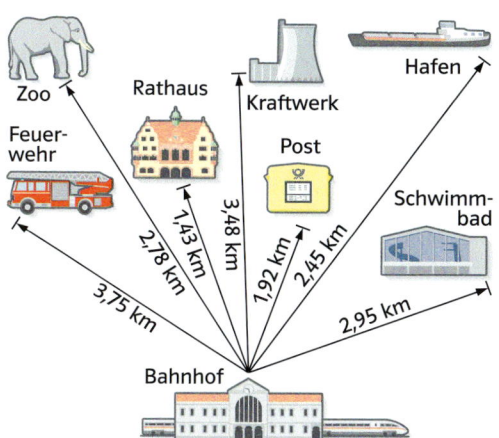

Die Längenangaben sind falsch zugeordnet. Stelle diese in einem geeigneten Diagramm dar und beschrifte richtig.

13 Markiere auf einem geeigneten Ausschnitt des Zahlenstrahls die Zahl, die in der Mitte der beiden Zahlen liegt.

a) 4,5 und 5,3   b) 3,9 und 4,9
c) 12,2 und 12,9   d) 18,4 und 19,1
e) 0,36 und 0,39   f) 0,15 und 0,2
g) 1,005 und 1,015   h) 3,002 und 3,005

14 Schreibe in einer Einheit mit Komma.

Beispiel: 4 cm 5 mm = 4,5 cm

a) 25 cm 8 mm   b) 1 t 25 kg
   9 m 54 cm   10 350 kg
   4 m 6 dm 3 cm   1750 g
   0 cm 7 mm   12 kg 1 g
   7030 m   3 l 250 ml
   8 km 9 m   500 ml

15 Vergleiche die Flächeninhalte.
a) 34 dm², 0,33 m², 3405 cm²
b) 46,8 a, 469 m², 0,47 ha
c) 0,3 km², 30,3 ha, 303,3 a

16 Welches Volumen ist am größten?
a) 1,0 m³; 100,1 dm³ oder 10 000,1 cm³
b) 200 ml; 0,202 l oder 201 dm³
c) 300,3 l; 0,303 m³ oder 3,03 hl

17 Setze für die Kästchen entsprechende Längenmaße so ein, dass die Umwandlungen richtig sind.
Erkläre, wie du vorgehst.
a) 5 ☐ 78 ☐ = 5,78 ☐
b) 5 ☐ 78 ☐ = 5,078 ☐
c) 57 ☐ 8 ☐ = 57,8 ☐
d) 57 ☐ 8 ☐ = 57,08 ☐
e) 578 ☐ = 0,578 ☐

18 Verschieden und doch gleich – was gehört zusammen?

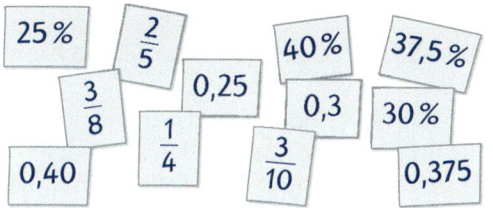

19 Setze die Zahlenfolge fort.
a) 9; 9,2; 9,4; 9,6; …; 11
b) 10; 9,5; 9; 8,5; …; 5
c) 0; 0,25; 0,5; 0,75; 1; …; 3
d) 0; 2,5; 5; 7,5; …; 25

20 Nicht immer ist die Anwendung der Rundungsregeln sinnvoll.
a) Drei Freunde wollen 100 € gerecht aufteilen. Welches Problem taucht auf, wenn sie auf Cent genau runden? Welches Problem haben sie beim Teilen von 200 €?
b) 400 kg Kartoffeln sollen in Säcken mit jeweils 24 kg abgefüllt werden. Warum darfst du beim Berechnen der Anzahl der Säcke nicht mit der normalen Rundungsregel rechnen?
c) Eine 5 Kilometer lange Strecke wird in drei gleich lange Teilstrecken unterteilt. Runde auf Meter genau und addiere danach die drei Teile.

Online-Links
zu Aufgabe 18
742861-0951
Rechentraining
742861-0941

Für die Schulmeisterschaft werden die drei besten Dreikampfergebnisse in die Klassenwertung aufgenommen.
Besorgt euch bei eurer Sportlehrerin oder eurem Sportlehrer die Punktetabellen für eure Altersstufe. Damit könnt ihr alle Ergebnisse auswerten.
Beim Ballweitwurf und beim Weitsprung wird nur das beste Ergebnis gewertet.

Online-Link
zu Aufgabe 21
742861-0961

21 Bei den Bundesjugendspielen haben die Schülerinnen und Schüler der Klasse 6 einen Dreikampf mit 50-m-Lauf, Weitsprung und Ballweitwurf gemacht. Ihr sollt nun die Ergebnisse nach unterschiedlichen Gesichtspunkten auswerten. Die Ergebnisse der Mädchen sind in der Tabelle in alphabetischer Reihenfolge notiert worden.

Ihr könnt auch eure eigenen Ergebnisse aufschreiben und diese auswerten.

b) Stellt die Ergebnisse der fünf Besten in jeder Disziplin in einem Diagramm dar. Warum ist es erstaunlich, wenn dann 50-m-Lauf und Weitsprung miteinander verglichen werden?
c) Wie könnte man die Darstellung gestalten, um die Ergebnisse aller drei Disziplinen miteinander zu vergleichen?
d) Stellt die drei Besten im Dreikampf mit Wurf, Sprung und Lauf in einem Diagramm dar.
e) Für das Erreichen einer Siegerurkunde (SU) oder einer Ehrenurkunde (EU) sind Mindestpunktzahlen vorgeschrieben.
f) Wie viel cm hätte Hatice (12) weiter springen müssen, um eine Ehrenurkunde zu bekommen? Wie viel Meter hätte Nadine (13) weiter werfen müssen, um eine Siegerurkunde zu bekommen? Welche Zeit hätte Vivien (12) laufen müssen, um im Dreikampf besser als Stefanie (12) zu sein?

Name (Alter)	50-m-Lauf	Weitsprung			Ballweitwurf		
Barbara (12)	9,3	2,85	–	2,93	23,5	24,0	22,0
Christa (11)	7,9	–	2,97	3,05	26,0	27,0	27,5
Daniela (12)	8,2	2,54	2,65	2,65	18,5	19,0	–
Gabi (13)	8,6	2,22	2,77	2,55	22,0	21,5	25,0
Hatice (12)	7,6	–	2,98	3,01	–	12,5	17,5
Kerstin (11)	7,9	2,87	–	2,97	24,0	24,0	24,0
Nadine (13)	8,9	2,45	–	2,69	18,0	18,5	19,0
Stefanie (12)	8,2	2,73	2,71	2,34	15,0	17,7	19,5
Sinje (11)	7,8	2,36	2,65	–	19,0	15,5	–
Vivien (12)	8,8	2,69	2,45	2,05	21,0	22,5	12,5

Für die Leichtathletikschulmannschaft „Jugend trainiert für Olympia" soll jede Klasse ihre drei besten Schülerinnen bzw. Schüler pro Disziplin benennen.

Bei allen Auswertungen kann ein Tabellenkalkulationsprogramm wertvolle Hilfe leisten.

a) Ordnet die Ergebnisse in der Tabelle so, dass ihr schnell auswählen könnt.

Rückspiegel

Online-Link
zum Rückspiegel
742861-0971

1 Wandle um in Dezimalbrüche.

a) $\frac{8}{10}$; $\frac{7}{100}$; $\frac{19}{100}$ b) $\frac{2}{5}$; $\frac{3}{4}$; $\frac{7}{25}$; $8\frac{3}{50}$

1 Stelle als Dezimalbrüche dar.

a) $\frac{75}{10}$; $\frac{17}{1000}$; $\frac{4}{25}$ b) $\frac{19}{5}$; $\frac{5}{8}$; $\frac{3}{5}$

2 Schreibe als gekürzte Brüche.
a) 0,8;   0,12;   0,75
b) 1,4;   2,75;   8,50

2 Schreibe als gekürzte Brüche.
a) 0,75;   0,04;   0,025
b) 0,18;   4,32;   0,202

3 Schreibe die Größen in der Dezimalschreibweise.
a) in cm: 7 m 45 cm
b) in m: 5 m 6 dm 7 cm
c) in m²: 78 m² 5 dm²

3 Schreibe die Größen in der Dezimalschreibweise.
a) in m: 17 m 3 dm 4 cm
b) in dm²: 12 dm² 2 cm²
c) in m³: 300 m³ 30 dm³ 3 cm³

4 Setze >; < oder = ein.
a) 423,4 ☐ 432,4
b) 19,400 ☐ 19,4
c) 12,345 ☐ 123,45
d) 456,5 cm ☐ 456,5 m
e) 0,71 ☐ 70 %
f) $\frac{4}{5}$ ☐ 0,8

4 Setze >; < oder = ein.
a) 4,5678 ☐ 4,5768
b) 12,5 m² ☐ 0,12 a
c) 0,75 l ☐ 750 dm³
d) 0,4 ☐ 4 %
e) 5,89 kg ☐ 5 kg 89 g
f) 3 km 45 m ☐ 3,405 km

5 Ordne nach der Größe.
a) 2,345;   2,435;   2,543;   2,354
b) 1,101;   1,010;   1,100;   1,001
c) 0,9879;   0,9987;   0,8997;   0,8987

5 Ordne nach der Größe.
a) 0,909;   0,0909;   0,9909;   0,0990
b) 0,1101;   0,1010;   0,1001;   0,1011
c) 0,5 dm³;   0,55 l;   5,55 cm³

6 Runde die Dezimalbrüche
a) auf Zehntel:
1,34;   2,45;   0,789;   14,445.
b) Runde auf Hundertstel:
25,834;   1,2345;   0,0567;   0,0987.

6 Runde die Dezimalbrüche
a) auf Hundertstel:
0,3645;   3,645;   0,03645.
b) auf Tausendstel:
9,8765;   98,87654;   9,0085.

7 Wandle in Dezimalbrüche um.
a) $\frac{1}{2}$; $\frac{3}{4}$; $\frac{7}{8}$; $\frac{1}{4}$ b) $\frac{5}{2}$; $\frac{15}{12}$; $\frac{33}{24}$; $9\frac{3}{5}$

7 Wandle in Dezimalbrüche um.
a) $\frac{9}{2}$; $\frac{21}{4}$; $\frac{37}{20}$; $\frac{15}{5}$ b) $\frac{48}{25}$; $\frac{120}{50}$; $4\frac{3}{4}$; $9\frac{7}{8}$

8 Bilde aus den Kärtchen

a) eine möglichst große Zahl.
b) eine möglichst kleine Zahl.
c) eine Zahl möglichst nahe an 5.

8 Bilde aus den Kärtchen

a) eine möglichst große Zahl.
b) eine möglichst kleine Zahl.
c) eine Zahl möglichst nahe an 250.

→ Die Lösungen findest du auf Seite 212.

Standpunkt

Online-Links
zum Standpunkt
742861-0981
zu Kapitel 5
742861-0005

Wo stehe ich?

Ich kann…

	gut	weniger gut	etwas	nicht mehr	Lerntipp!
1 Zahlen schriftlich addieren und subtrahieren,	☐	☐	☐	☐	→ S. 100; 119; 202
2 Zahlen im Kopf multiplizieren und dividieren,	☐	☐	☐	☐	→ S. 26; 27; 104; 203
3 Zahlen schriftlich multiplizieren,	☐	☐	☐	☐	→ S. 203
4 Zahlen schriftlich dividieren,	☐	☐	☐	☐	→ S. 203
5 Überschlagsrechnungen durchführen,	☐	☐	☐	☐	→ S. 201
6 Rechenregeln anwenden,	☐	☐	☐	☐	→ S. 76; 201; 204
7 vorteilhaft rechnen,	☐	☐	☐	☐	→ S. 116; 204
8 Textaufgaben lösen,	☐	☐	☐	☐	→ S. 111; 115
9 Diagramme lesen.	☐	☐	☐	☐	→ S. 201

Überprüfe deine Einschätzung

1 Berechne schriftlich.
a) 687 + 89 + 2096
b) 56 + 1357 + 8 + 402
c) 7694 − 349
d) 5687 − 2356 − 459

2 Rechne im Kopf.
a) 40 · 70
b) 375 · 1000
c) 6,50 € · 10
d) $\frac{7}{10} \cdot \frac{4}{10}$
e) 560 : 80
f) 35 000 : 700
g) 970 : 100
h) $\frac{9}{100}$: 3

3 Berechne schriftlich.
a) 56 · 45
b) 456 · 69
c) 7045 · 203

4 Berechne schriftlich.
a) 966 : 7
b) 1128 : 9
c) 9432 : 12

5 Überprüfe durch Überschlagen, welche Rechnung zu welchem Ergebnis gehört.
a) 19,98 € + 4,70 € + 23,16 € + 17,08 €
b) 100,50 € − 20,80 € − 19,20 €
c) 8,20 € · 80
d) 4340 € : 62

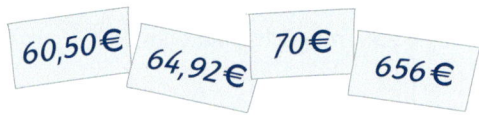

60,50 €   64,92 €   70 €   656 €

6 Berechne im Kopf. Beachte die Regeln.
a) $4 + 16 \cdot \frac{1}{2}$
b) $\left(\frac{7}{8} - \frac{3}{8}\right) : 5$
c) $\frac{2}{3} \cdot \frac{1}{2} + \frac{2}{3}$
d) $\left(\frac{3}{4} + \frac{1}{2}\right) \cdot \left(\frac{4}{5} - \frac{1}{5}\right)$

7 Vertausche die Zahlen so, dass du vorteilhaft rechnen kannst.
a) 3 · 8 · 125 · 50
b) $\frac{4}{15} + \frac{2}{7} - \frac{2}{15} + \frac{5}{7}$
c) $5 \cdot \frac{3}{8} + 5 \cdot \frac{1}{8}$
d) $\frac{7}{8} + \frac{9}{11} + \frac{1}{8}$

8 Subtrahiere von 7 das Produkt aus den Zahlen $\frac{5}{9}$ und $\frac{3}{5}$.

9 Wie schwer können die Vögel werden? Trage die Gewichte in eine Tabelle ein.

Gewicht in kg — Vögel: Wander-albatros, Kaiser-pinguin, Nandu, Kormo-ran, Anden-kondor

→ Die Lösungen findest du auf Seite 213.

Ab ins Schullandheim

Die Klasse 6 a der Thomas-Mann-Schule fährt zum Schullandheimaufenthalt an den Bodensee.

Ein Party-Abend, eine Fahrt in die nahegelegene Schweiz und ein Sportwettbewerb gehören neben anderen Aktivitäten zum Programm. Dabei rechnen die Schülerinnen und Schüler mit Geldbeträgen, Wechselkursen und Längen.

Party-Abend

Für einen Party-Abend werden Knabbergebäck, Obst und Getränke eingekauft.

Reichen die von der Klassenlehrerin vorgestreckten 40 €?

Überlege, ob eine Überschlagsrechnung ausreicht.

4 kg Äpfel
5 Packungen Salzstangen
8 Packungen Chips
1 Kiste Limonade
1 Kiste Cola

1 Kiste Cola	8,49 €
1 kg Äpfel	1,99 €
1 Packung Salzstangen	0,99 €
1 Kiste Limonade	4,99 €
1 Packung Chips	1,49 €

Ausflug in die Schweiz

Die Klasse unternimmt einen Ausflug zum Berg Säntis in der Schweiz.
Michaela tauscht 20 Euro und erhält 30 Schweizer Franken.

Für die Fahrt mit der Seilbahn zahlt sie 16 Schweizer Franken, für Schokolade 4 Schweizer Franken.

Sie überlegt, was dies in Euro umgerechnet ergibt.

Das lerne ich:

- wie man Dezimalbrüche addiert, subtrahiert, multipliziert und dividiert,
- wie man Ergebnisse sinnvoll abschätzt und überprüft,
- wie man Maßeinheiten umwandelt,
- wie man Rechengesetze zum vorteilhaften Rechnen nutzt,
- welche Regeln zum Berechnen von Rechenausdrücken zu beachten sind.

1 Addieren und Subtrahieren

Bei einem Turnwettkampf ergaben sich an den Geräten folgende Wertungen:

Name	Boden	Balken	Sprung	Stufen-barren
Britta	8,4	7,4	8,0	7,2
Pia	7,9	8,4	8,0	7,5
Simone	8,2	7,8	8,3	8,1

→ Wer liegt nach Boden und Balken in Führung? Gewinnt dieses Mädchen auch den gesamten Wettkampf?
→ Wie viele Punkte Vorsprung hat die Siegerin auf die Zweitplatzierte, wie viele auf die Drittplatzierte?

Wie beim schriftlichen Addieren und Subtrahieren von natürlichen Zahlen muss man auch bei den Dezimalbrüchen darauf achten, dass die Zahlen stellengerecht untereinandergeschrieben werden. Die Stellentafel verdeutlicht dies.

Ideal Baumarkt
Am Güterbahnhof 3

Schrauben	14,87 €
Kleister	3,45 €
Stift	0,86 €
3 Dachlatten	7,74 €
Holzplatte	9,95 €
Leim	6,30 €
SUMME	€
BARGELD	50,00 €
ZURÜCK	€

12,862 + 4,575

	Z	E	z	h	t
	1	2	8	6	2
+		4	5	7	5
			1	1	
= 17,437	1	7	4	3	7

73,287 − 19,68

	Z	E	z	h	t
	7	3	2	8	7
−	1	9	6	8	0
		1	1		
= 53,607	5	3	6	0	7

Beim **Addieren** und **Subtrahieren** von Dezimalbrüchen müssen die Zahlen so untereinandergeschrieben werden, dass Komma unter Komma steht.
Beginne von rechts mit dem stellengerechten Addieren oder Subtrahieren.

```
14,75 + 5,4       14,75 − 5,4
   14,75             14,75
 +  5,4           −   5,4
   11               1
   20,15             9,35
```

Lerntipp!
Oft ist es hilfreich, die fehlenden Endnullen zu ergänzen.

Beispiele

```
a)   3,94        b)   0,0320       c)   13,678
   + 14,37          + 4,3800          −  6,030
   +  8,05          + 0,0009          −  5,271
     11 1              1                 1
     26,36            4,4129            2,377
```

Mit einer **Überschlagsrechnung** kann man das Ergebnis im Kopf kontrollieren.

```
           123,86 + 37,41 = 161,27     1,736 − 0,497 = 1,239
Überschlag: 120    + 40   = 160        1,7   − 0,5   = 1,2
```

Aufgaben

1 Addiere oder subtrahiere im Kopf.
a) 3,8 + 4,1   b) 12,4 + 13,5
c) 7,6 − 4,2   d) 37,8 − 9,5
e) 0,62 + 0,21   f) 0,45 + 1,54
g) 0,87 − 0,53   h) 5,75 − 0,98

2 Berechne.

a)   3,685
  + 4,214

b) 22,439
  + 47,572

c) 0,8624
  + 5,7896

d) 8,769
  − 5,438

e) 5,406
  − 3,728

f) 0,9078
  − 0,5991

3 Achte beim Addieren und Subtrahieren auf die fehlenden Nullen.

a) 1,3476
  + 3,67

b) 0,062
  + 4,7195

c) 0,431
  + 27,6

d) 50,683
  − 9,49

e) 0,67
  − 0,6088

f) 3
  − 0,9821

4 Welche Zahl musst du für die Platzhalter einsetzen?
a) 7,2 + ☐ = 9,6   b) ☐ + 0,4 = 0,9
c) 4,01 + ☐ = 4,1   d) 5,8 − ☐ = 4,9
e) ☐ − 3,2 = 1,25   f) ☐ − 0,01 = 0,02

5 Setze die Ziffern 4; 5; 6 und 7 so ein,
a) dass das Ergebnis möglichst groß ist.
b) dass das Ergebnis möglichst klein ist.
c) dass das Ergebnis genau 55,7 ist.

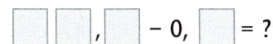

☐ ☐ , ☐ − 0, ☐ = ?

6 Hier fehlen Kommas.
a) 0,4 + 0,8 = 12
b) 99,6 + 104 = 110,0
c) 44 + 404 = 48,04
d) 15,43 − 4,32 − 2,31 = 880
e) 1,1 + 11,1 + 1111 + 0,1 = 123,4
f) 100 − 549 − 43,44 = 1,66
g) 989 − 898 − 0,987 = 898213

7 Berechne. Auf dem Rand findest du das Lösungswort, den Namen eines Vogels.

a)   12,964
  + 16,842
  +   9,741

b)   0,384
  + 82,47
  + 1,042

c) 19,878
  − 4,243
  − 1,314

d)   5,912
  + 17,84
  + 9,6

e) 179,32
  − 88,86
  − 4,39

f) 18,926
  − 0,434
  − 9,21

g) 438,2
  +   0,753
  + 19,9
  +   6,31

h) 18,9257
  − 0,525
  − 5,9007
  − 9

A | 14,321
B | 7,07
C | 68,70
E | 2,987
F | 39,547
G | 465,163
H | 41,123
I | 86,07
L | 83,896
M | 33,352
N | 9,282
O | 3,5
P | 5,024
R | 53,207
S | 93,069
W | 1,5

8 Dieses Spiel könnt ihr zu zweit spielen. Würfelt dreimal mit je zwei Würfeln. Setzt die Augenzahlen so für die Platzhalter ein, dass ein Wert entsteht, der möglichst nahe bei 1 liegt. Wer von euch beiden näher an der Zahl 1 liegt, erhält einen Punkt.

Beispiel: 5 , 2 + 1 , 4 − 5 , 6 = 1

9 Schreibe untereinander und berechne.
a) 12,34 + 1,234 + 0,1234
b) 11,1 + 1,11 + 0,111 + 111
c) 10,04 − 4,23 − 3,76 − 2,02
d) 15,05 − 3 − 0,428 − 6,619

10 Berechne möglichst vorteilhaft.
a) 2,8 + 2,9 + 3 + 3,1 + 3,2
b) 14,9 + 30,5 + 69,5 + 35,1 + 17,7
c) 0,85 + 2,36 + 6,5 + 1,14 + 0,15
d) 0,02 + 1,981 + 4,01 + 0,009 + 0,88

11 Welche Aufgabe gehört zu welchem Ergebnis? Überschlage bevor du rechnest.

2,4 + 0,5 + 1,9	7,5
13,43 − 6,72 + 3,89	4,8
20,05 − 0,57 − 11,98	10,6
4,7 − 3,2 + 3,1	8,5
17,07 + 8,16 − 16,73	12,5
5,91 − 0,83 + 7,42	4,6

Milch 0,79 €
Obst 4,74 €
Torte 12,99 €
Lampe 23,99 €
Chips 0,89 €
Waschmittel 8,59 €

Reicht das Geld? Überschlage.

Online-Link
zu Aufgabe 12
742861-1021

12 Fülle die Zahlenmauern.

a)

b)

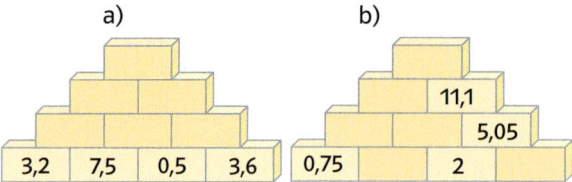

13 Setze in die Kästchen folgende Ziffern ein: 2; 3; 6; 7; 9; 0.
Jede Ziffer darf nur einmal vorkommen.

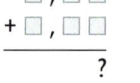

a) Der Wert der Summe soll möglichst groß sein.
b) Der Wert der Summe soll möglichst klein sein.
c) Der Wert der Summe soll 9,45 betragen.
d) Der Wert der Differenz soll möglichst klein sein.
e) Der Wert der Differenz soll möglichst groß sein.
f) Der Wert der Differenz soll 6,12 sein.

14 Fülle die Zauberquadrate. Wie heißt die magische Zahl?

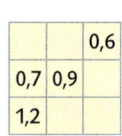

		0,6
0,7	0,9	
1,2		

2,4			
5,4	4,2		7,2
3,0	6,6	6,0	4,8
		1,2	

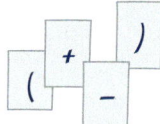

15 Setze die Klammern so, dass die Rechnung stimmt.
a) 8,7 + 5,6 + 4,3 − 1,2 = 17,4
b) 8,7 − 5,6 − 4,3 − 1,2 = 0
c) 8,7 − 5,6 − 4,3 − 1,2 = 6,2

16 Hier wurde falsch gerechnet. Suche den Fehler und erkläre ihn.

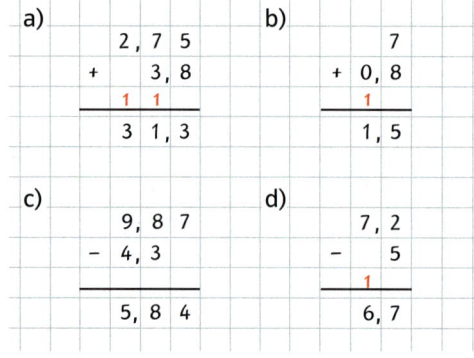

17 Ergänze.

a)

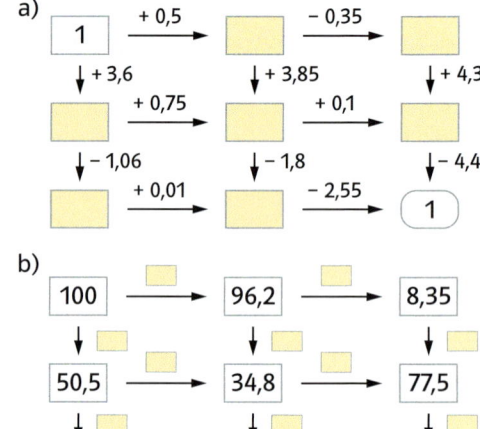

b)

100	→	96,2	→	8,35
↓		↓		↓
50,5	→	34,8	→	77,5
↓		↓		↓
14,3	→	1,05	→	0,1

18 Achte auf die verschiedenen Rechenzeichen. Mache zunächst einen Überschlag. Die Summe aller Ergebnisse ist 250.
a) 22,222 + 2,222 − 0,222
b) 3,303 − 0,333 + 3,003 − 0,03
c) 44,4 − 4,04 − 4,444 + 4,404 − 0,404
d) 999 − 909,9 + 0,909 − 9,99 + 99,9

19 Ersetze die Leerstellen durch die passenden Ziffern.

a)
```
   2,45
 + ☐,3☐
 ──────
   6,☐2
```
b)
```
  12,☐5
 − 1☐,9☐
 ──────
   1,09
```
c)
```
  ☐,327
 − 5,8☐9
 ──────
  0,☐7☐
```

20 Achte auf die Klammern.
a) 21,63 − (12,75 + 8,36)
b) 61,51 − (30,82 − 15,44)
c) (8,58 − 0,61) − (7,49 + 0,33)
d) 32,05 − (27,56 + 2,81) − 0,38
e) 7,77 + (31,15 − (98,06 − 72,43))
f) 3,333 − (18,054 − (60,703 − 45,982))

21 Stelle zuerst einen Rechenausdruck auf, rechne dann.
a) Wie groß ist die Summe der Zahlen 12,8 und 14,9 vermindert um 19,5?
b) Subtrahiere die Summe von 9,8 und 0,8 von 40,6.
c) Addiere die Differenz von 6,38 und 3,86 zur Summe von 9,62 und 1,35.
d) Wie groß ist der Unterschied zwischen 12,98 und der Differenz aus 6,3 und 4,7?

Bahn	Name	Land	Zeit in s	Reaktionszeit
1	Chambers, Dwain	GBR	10,00	0,123
2	Burns, Marc	TRI	10,00	0,165
3	Bailey, Daniel	ANT	9,93	0,129
4	Bolt, Usain	JAM	9,58	0,146
5	Gay, Tyson	USA	9,71	0,144
6	Powell, Asafa	JAM	9,84	0,134
7	Patton, Darvis	USA	10,34	0,149
8	Thompson, Richard	TRI	9,93	0,119

Usain Bolt (JAM) lief bei seinem Weltrekord 0,13 s schneller als Tyson Gay. Der Weltrekord der Damen steht bei 10,49 s (Stand 2009).

22 Beim 100-m-Zieleinlauf der Leichtathletik-Weltmeisterschaften 2009 in Berlin gab es nebenstehende Ergebnisse.
a) Ermittle die drei Erstplatzierten.
b) Wie groß ist der Zeitabstand vom ersten zum letzten Läufer?
c) Was meinst du zu der Aussage:
„Wer am schnellsten reagiert, muss nicht unbedingt gewinnen"?
Wie groß waren die Unterschiede bei den Reaktionszeiten?
d) Vergleiche die Summe der Zeiten der vier Erstplatzierten mit der Weltrekordzeit der 4 × 100-m-Staffel von 37,40 s (USA; 1992). Erkläre.

23 Die Tabelle unten rechts zeigt die Ergebnisse des olympischen Rodelwettbewerbs der Damen 2010 in Vancouver.
a) An wen gingen die Medaillen?
Notiere die Reihenfolge nach jedem Lauf.
b) Um wie viele Sekunden war die Siegerin schneller als die Silbermedaillengewinnerin?
c) In welchem Lauf war der Zeitabstand zwischen den sechs Rodlerinnen am größten, in welchem am kleinsten?
d) Stelle die Differenzen der Endzeiten jeder Athletin zur Siegerzeit in einem Diagramm dar.

Name	Land	1. Lauf	2. Lauf	3. Lauf	4. Lauf
Wischnewski, Anke	GER	41,785	41,685	41,894	41,889
Hüfner, Tatjana	GER	41,760	41,481	41,666	41,617
Radionova, Alexandra	RUS	41,828	41,731	41,984	41,913
Reithmayer, Nina	AUT	41,728	41,563	41,884	41,839
Geisenberger, Natalie	GER	41,743	41,657	41,800	41,901
Ivanova, Tatiana	RUS	41,816	41,601	41,914	41,850

2 Multiplizieren und Dividieren mit Zehnerpotenzen

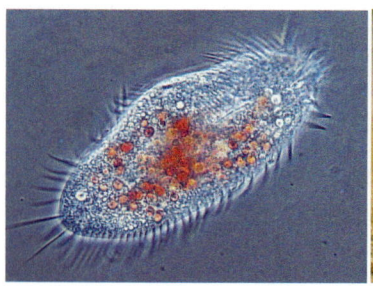 

Der Elefant ist in Wirklichkeit 2,80 m hoch.
→ Wurde er 10-mal, 100-mal oder 1000-mal verkleinert?
Wenn du durch ein Mikroskop sehr kleine Lebewesen betrachtest, siehst du sie stark vergrößert. Auf dem Mikroskop steht beispielsweise „× 10 000".
→ Erkläre, weshalb das Pantoffeltierchen und der Elefant gleich groß aussehen.

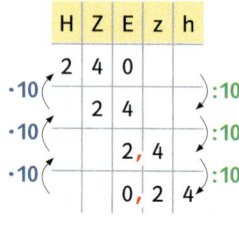

Beim Multiplizieren und Dividieren von Dezimalbrüchen mit Zehnerpotenzen (10; 100; 1000; usw.) wird nur das Komma verschoben, die Ziffernfolge bleibt im Ergebnis unverändert.

$$0{,}26 \cdot 10 = \frac{26}{100} \cdot 10 = \frac{260}{100} = \frac{26}{10} = 2{,}6 \qquad 32{,}8 : 10 = \frac{328}{10} \cdot \frac{1}{10} = \frac{328}{100} = 3{,}28$$

Wenn die Anzahl der Ziffern nicht reicht, werden **Nullen** angehängt oder vorangestellt.

$$7{,}8 \cdot 100 = 780 \qquad\qquad 7{,}8 : 100 = 0{,}078$$

> Beim **Multiplizieren** von Dezimalbrüchen mit 10; 100; 1000; … muss man das **Komma** um 1; 2; 3; … Stellen **nach rechts** verschieben. Beim **Dividieren** von Dezimalbrüchen durch 10; 100; 1000; … muss man das **Komma** um 1; 2; 3; … Stellen **nach links** verschieben.

Beispiele

a) 0,2967 · 10   = 2,967
   0,2967 · 100   = 29,67
   0,2967 · 1000 = 296,7

b) 327,2 : 10   = 32,72
   327,2 : 100   = 3,272
   327,2 : 1000 = 0,3272

c) 5,82   · 1000 = 5820
   58,2   · 1000 = 58 200
   582,0 · 1000 = 582 000

d) 126   : 100 = 1,26
   12,6 : 100 = 0,126
   1,26 : 100 = 0,0126

Aufgaben

1 a) Multipliziere 1,234 (0,045) nacheinander mit 10; 100; 1000; 10 000.
Trage die Ergebnisse in eine Stellenwerttafel ein. Was stellst du fest?
b) Dividiere 123,4 (1,234) nacheinander durch 10; 100; 1000; 10 000.
Verfahre wie in Teilaufgabe a).

2 Was fällt dir auf?
a) ☐ ◄─: 10─ 24,85 ─· 10─► ☐
b) ☐ ◄─: 100─ 417,2 ─· 100─► ☐
c) ☐ ◄─: 1000─ 0,529 ─· 1000─► ☐

3 Multipliziere im Kopf.
a) 3,9 · 10   b) 4,37 · 10   c) 0,74 · 100
   12,8 · 10   1,888 · 100   0,63 · 1000
   4,92 · 100   34,05 · 10   0,5 · 100
d) 1,85 · 100   e) 0,425 · 100   f) 0,012 · 1000
   18,5 · 100   4,25 · 10   1,21 · 1000
   0,185 · 100   0,0425 · 10   12,12 · 100

4 Dividiere im Kopf.
a) 13,6 : 10   b) 4,2 : 10   c) 0,4 : 1000
   136,6 : 100   42,12 : 100   4,04 : 100
   1,366 : 100   4,21 : 1000   0,04 : 10
d) Erkläre, was mit dem Komma passiert.

5 Rechne. Findest du das Endergebnis auch ohne die Zwischenergebnisse aufzuschreiben?

a) $0{,}31 \cdot 100 \cdot 10 \cdot 10$
b) $((1736{,}2 : 10) : 100) : 100$
c) $((22{,}83 : 100) \cdot 1000) : 10$
d) $((0{,}0439 \cdot 1000) : 100) \cdot 1000$

6 Welche Rechnung wurde durchgeführt?

a) $6{,}83 \;\overset{\square}{\longrightarrow}\; 0{,}683$
b) $1{,}41 \;\overset{\square}{\longrightarrow}\; 1410$
c) $0{,}362 \;\overset{\square}{\longrightarrow}\; 36{,}2$
d) $0{,}07 \;\overset{\square}{\longrightarrow}\; 7$
e) $111{,}1 \;\overset{\square}{\longrightarrow}\; 0{,}1111$
f) $0{,}039 \;\overset{\square}{\longrightarrow}\; 39$

7 Berechne und gib das Ergebnis in einer geeigneten Maßeinheit an.

Beispiel: $33{,}5\,m^2 \cdot 100 = 3350\,m^2 = 33{,}5\,a$

a) $0{,}76\,m^2 \cdot 1000$
b) $12{,}8\,mg \cdot 100\,000$
c) $5{,}36\,cm^3 \cdot 10\,000$
d) $368{,}4\,l \cdot 10\,000$
e) $0{,}056\,m^3 : 10\,000$
f) $1{,}234\,ha : 1000$

8 Was ist größer? Trage die Zahlen in die Stellenwerttafel ein.

Beispiel: 5,2 Millionen oder 5 200 000

Millionen			Tausender					
HM	ZM	M	HT	ZT	T	H	Z	E
		5	2	0	0	0	0	0

a) 2 340 000 oder 0,002 Milliarden
b) 0,032 Billionen oder 230 000 000 000
c) 3,45 Millionen oder 0,003 45 Milliarden

9 Ein Wassertropfen hat ungefähr einen Rauminhalt von $0{,}2\,cm^3$.
Welches Gefäß könnte man mit 1 Milliarde Wassertropfen füllen? Reicht es für eine Badewanne oder sogar für einen Swimmingpool?

Für einige **Zehnerpotenzen** gibt es besondere Namen.

Kilo 1000

Mega 1 000 000

Giga 1 000 000 000

Tera 1 000 000 000 000

dezi (d) $\frac{1}{10}$ Zehntel

zenti (c) $\frac{1}{100}$ Hundertstel

milli (m) $\frac{1}{1000}$ Tausendstel

mikro (μ) $\frac{1}{1\,000\,000}$ Millionstel

nano (n) $\frac{1}{1\,000\,000\,000}$ Milliardstel

piko (p) $\frac{1}{1\,000\,000\,000\,000}$ Billionstel

10 Übersetze die Wörter.

Beispiel: 1 Dezimeter $= \frac{1}{10}\,m = 0{,}1\,m$

a) 1 Zentimeter
b) 1 Milligramm
c) 1 Mikrometer
d) 1 Nanometer
e) 1 Gigabyte
f) Terabyte

11 Der Samen eines Mammutbaumes wiegt 4,7 mg.
Das Gewicht eines ausgewachsenen Baumes kann mehr als
die Hälfte des 1 000 000 000 000-Fachen betragen.

12 In einem Werbeprospekt werden verschiedene MP3-Player angeboten. Die Größe für die Speicherkapazität ist Byte B.
Modell A: 512 Megabyte
Modell B: 1 Gigabyte
Modell C: 20 Gigabyte
Schreibe die Angaben über die Speicherkapazität ausführlich.

Lerntipp!
zu Aufgabe 8:
1 Tausend = 1000
1 Million = 1 000 000
1 Milliarde
= 1 000 000 000
1 Billion
= 1 000 000 000 000

Lerntipp!
zu Aufgabe 9:
0,001 cm³ = 1 mm³
Volumen einer Badewanne ca. 150 l

Mit Längen, Flächen und Volumen hast du schon in der 5. Klasse gerechnet.

1 Übertrage ins Heft und wandle um.
a) 7 km = ☐ m   b) 8,4 dm = ☐ cm
   4 m = ☐ dm   3,5 cm = ☐ mm
   6 cm = ☐ mm   9,2 m = ☐ cm

2 Wandle um.
a) 1000 m = ☐ km   b) 1 m = ☐ km
   70 dm = ☐ m   1 dm = ☐ m
   90 cm = ☐ dm   1 mm = ☐ cm

An der Stellenwerttafel erkennst du den Zusammenhang zwischen Umwandlungszahlen und Zehnerzahlen bzw. Dezimalbrüchen.
Beim Umwandeln in kleinere bzw. größere Maßeinheiten musst du mit Zehnerpotenzen multiplizieren bzw. dividieren. Dabei hilft dir eine Treppe.

Längenmaße

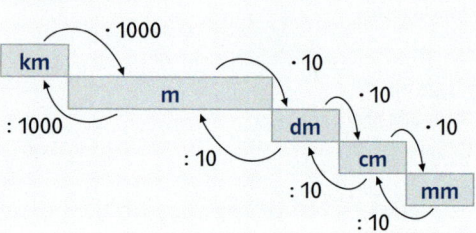

Beispiel: Die Umwandlungszahl bei Längenmaßen ist immer **10**. Ausnahme bei km – m.

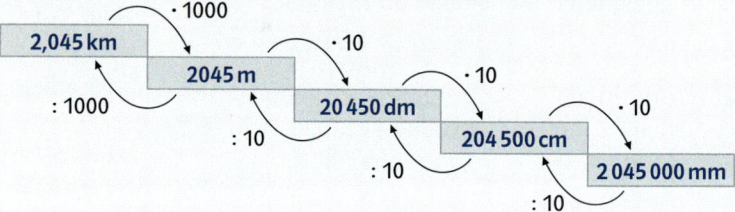

km	m		dm	cm	mm
E	H	Z	E	E	E	E
2	0	4	5	0	0	0
			7	6	8	

2,045 km = 2045 m = 20 450 dm = 204 500 cm = 2 045 000 mm

7,68 m = 76,8 dm = 768 cm = 7680 mm

3 Wandle um.
a) 7,234 km = ☐ m   b) 9,35 m = ☐ cm
c) 6,5 cm = ☐ mm   d) 84,5 dm = ☐ m
e) 534,5 m = ☐ km

4 Vergleiche.
a) 7,450 km ☐ 7450 m   b) 4,95 m ☐ 49,9 m
c) 3,48 dm ☐ 348 cm   d) 980 mm ☐ 95 m
e) 75,5 cm ☐ 85 dm

Flächenmaße

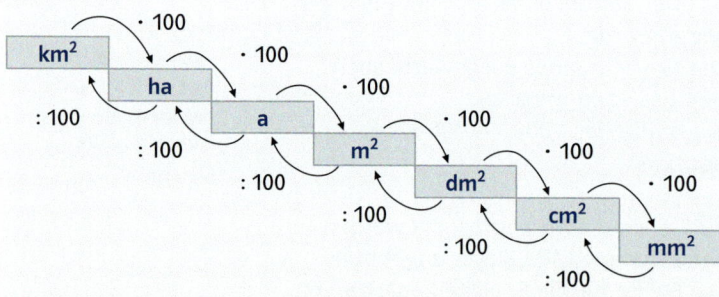

Die Umwandlungszahl bei Flächenmaßen in die nächstkleinere oder in die nächstgrößere Einheit ist immer **100**.

km²		ha		a		m²		dm²		cm²		mm²	
Z	E	Z	E	Z	E	Z	E	Z	E	Z	E	Z	E
							3	4	5	0	0	0	0
0	0	0	0	0	0	0	0	5	1	3	4	0	0

3,45 m² = 345 dm² = 34 500 cm² = 3 450 000 mm²

51,34 dm² = 0,5134 m² = 0,005134 a

5 Zeichne eine Stellenwerttafel in dein Heft und gib die Größen in allen möglichen Flächenmaßen an.

a) $5\,m^2$ b) $12\,cm^2$
c) $47\,mm^2$ d) $8\,dm^2$
e) $4,65\,m^2$ f) $91,48\,dm^2$

6 Wandle in die nächstkleinere und in die nächtgrößere Einheit um.
a) $51,34\,dm^2$ b) $56,20\,km^2$ c) $3,45\,m^2$
d) $6,5\,ha$ e) $45,31\,a$ f) $4,5\,m^2$
g) $0,06\,ha$ h) $12\,435\,mm^2$ i) $14\,ha$
j) $45\,m^2$ k) $24,5\,a$ l) $55\,km^2$

7 Vergleiche. Setze <, > oder = ein.
a) $6,450\,km^2$ ☐ $6450\,ha$
b) $4,95\,m^2$ ☐ $49,5\,dm^2$
c) $5,48\,dm^2$ ☐ $548\,cm^2$
d) $780\,mm^2$ ☐ $78\,cm^2$
e) $95,5\,cm^2$ ☐ $0,85\,dm^2$

Raummaße

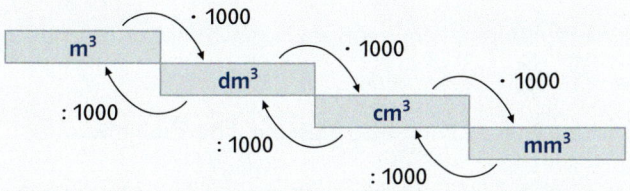

Die Umwandlungszahl bei Raummaßen in die nächstkleinere oder in die nächstgrößere Einheit ist immer **1000**.

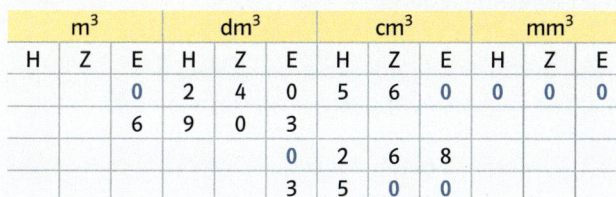

\multicolumn{3}{c}{m^3}			\multicolumn{3}{c}{dm^3}			\multicolumn{3}{c}{cm^3}			\multicolumn{3}{c}{mm^3}		
H	Z	E	H	Z	E	H	Z	E	H	Z	E
		0	2	4	0	5	6	0	0	0	0
		6	9	0	3						
				0	2	6	8				
				3	5	0	0				

$240,56\,dm^3 = 240\,560\,cm^3 = 240\,560\,000\,mm^3 = 0,240\,560\,m^3$
$6,903\,m^3 = 6903\,dm^3$
$268\,cm^3 = 0,268\,dm^3$
$3,5\,dm^3 = 3500\,cm^3$

8 Wandle um.
a) $5,445\,m^3 = ☐\,dm^3$
b) $75,224\,dm^3 = ☐\,cm^3$
c) $81,4\,cm^3 = ☐\,mm^3$ d) $4,401\,dm^3 = ☐\,m^3$
e) $901,4\,mm^3 = ☐\,cm^3$ f) $56780\,cm^3 = ☐\,m^3$
g) $71,4\,mm^3 = ☐\,cm^3$ h) $901,4\,dm^3 = ☐\,m^3$
i) $1,34\,m^3 = ☐\,cm^3$ j) $81,4\,mm^3 = ☐\,cm^3$
k) $9,34\,m^3 = ☐\,mm^3$ l) $671,4\,cm^3 = ☐\,m^3$

9 Länge, Fläche, Volumen: Wähle die richtige Maßeinheit.
a) $0,56\,m^2 = 5600$ ☐ b) $1,71\,m^2 = 17100$ ☐
$0,24\,m^2 = 2400$ ☐ $0,82\,m^2 = 820\,000$ ☐
$8,700\,km = 87000$ ☐ $45,3\,m = 4530$ ☐
$0,45\,dm = 45$ ☐ $3,67\,m = 3670$ ☐
$5,673\,m^3 = 5673$ ☐ $4,5\,dm^3 = 4\,500\,000$ ☐
$0,003\,km = 3$ ☐ $70\,000\,ha = 700$ ☐

10 a) Eine Waldameise ist etwa $7,5\,mm$ lang. Wie lang wäre eine Ameisenstraße aus 1 Million Tieren, wenn sie genau hintereinander her liefen?
b) Das Blatt einer Linde hat etwa einen Flächeninhalt von $0,15\,dm^2$.
Wie groß wäre die Fläche, wenn man alle $100\,000$ Blätter eines ganzen Baums nebeneinanderlegen würde?

11 Zeichne eine Treppe zu den Gewichtseinheiten.

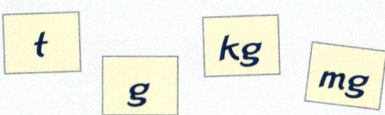

Lerntipp!
Größe

$\overset{\text{Maßzahl}}{3}\ \overset{\text{Maßeinheit}}{km}$

Die Maßeinheit bestimmt, wo das Komma steht.
$7,50\,m = 7\,m\,50\,cm$

3 Multiplizieren

Lena fliegt in den Sommerferien zu ihrer Tante in die USA. Von ihren Eltern erhält sie für die Reise einen Betrag von 500 €. Für einen Euro bekommt Lena 1,15 US-$.
→ Wie viel US-Dollar nimmt Lena mit?
Nach ihrer Rückkehr hat Lena noch 100 Dollar übrig. Beim Rücktausch erhält Lena für einen Dollar genau 0,87 €.
→ Wie viel Euro sind das?
→ Rechne auch mit dem aktuellen Kurs.

Um Dezimalbrüche miteinander zu multiplizieren, kann man sie in gewöhnliche Brüche umwandeln. $\quad 0,4 \cdot 1,8 = \frac{4}{10} \cdot \frac{18}{10} = \frac{72}{100} = 0,72$

Das Produkt der beiden Dezimalbrüche 0,4 und 1,8 hat also dieselbe Ziffernfolge wie der Wert des Produkts $4 \cdot 18 = 72$.
Die Anzahl der Nachkommastellen im Ergebnis ist genauso groß wie die Anzahl der Nachkommastellen der einzelnen Faktoren insgesamt.

1 Stelle 2 Stellen
$$\underline{4,8 \cdot 3,42}$$
$$\begin{array}{r} 144 \\ 192 \\ 96 \\ \underline{11} \\ 16,416 \end{array}$$
3 Stellen

Dezimalbrüche werden zunächst ohne Berücksichtigung des Kommas multipliziert. Dann setzt man das Komma. Das Ergebnis hat gleich viele Nachkommastellen wie die beiden Faktoren zusammen.

2,3	·	4,05	=	9,315
1 Dezimale		**2** Dezimalen		**3** Dezimalen

Beispiele

a) $\underline{4,5 \cdot 13}$
$$\begin{array}{r} 45 \\ 135 \\ \underline{} \\ 58,5 \end{array}$$

3 Stellen 2 Stellen
b) $\underline{0,436 \cdot 0,35}$
$$\begin{array}{r} 1308 \\ 2180 \\ \underline{1} \\ 0,15260 \end{array}$$
5 Stellen

Oft müssen im Ergebnis eine oder mehrere **Nullen** ergänzt werden.

3 Stellen 1 Stelle
c) $\underline{0,038 \cdot 1,4}$
$$\begin{array}{r} 38 \\ 152 \\ \underline{1} \\ 0,0532 \end{array}$$
4 Stellen

Lerntipp!

Vor der genauen Berechnung ist es sinnvoll, eine Überschlagsrechnung zu machen.
Beispiel: 21,2 · 0,3 wird überschlagen mit 21 · 0,3 = 6.
Das genaue Ergebnis ist 6,36.

Aufgaben

1 Berechne.

a) 25 · 8
  2,5 · 8
  0,25 · 8
  0,025 · 8

b) 2,5 · 8
  2,5 · 0,8
  2,5 · 0,08
  2,5 · 0,008

c) Rechne ebenso.
15 · 32; 90 · 12; 11 · 20

2 Rechne im Kopf.

Beispiel: 0,5 · 2;   5 · 2 = 10;   0,5 · 2 = 1,0

a) 0,8 · 7
c) 0,4 · 5
e) 1,7 · 0,3
g) 0,6 · 15

b) 1,2 · 6
d) 1,5 · 9
f) 25 · 0,4
h) 0,07 · 8

3 Rechne geschickt.

a) 1,25 · 8
   12,5 · 0,8
   125 · 0,08

b) 900 · 0,3
   90 · 3,0
   0,9 · 30

c) 1,1 · 1,1
   0,11 · 1,1
   0,11 · 0,11

4 Berechne.

a) 3,4 · 2,5
c) 1,8 · 12,3
e) 24,8 · 0,75
g) 8,28 · 1,05

b) 7,2 · 3,4
d) 6,4 · 9,6
f) 5,48 · 12,5
h) 0,84 · 0,26

5 Die Lösung grenzt ans Mittelmeer.

a) 10,8 · 4,5
c) 0,75 · 12,5
e) 5,6 · 2,25
g) 7,5 · 6,64

b) 3,25 · 4,2
d) 10,5 · 0,84
f) 2,95 · 8,4
h) 50,2 · 0,48

E | 49,8   A | 8,82   O | 9,375
U | 1,828   K | 48,6   T | 12,6
I | 24,78   N | 24,096   R | 13,65

6 Prüfe mit einer Überschlagsrechnung.

a) 27,86 · 7
c) 7,843 · 192
e) 83,8 · 0,042
g) 0,04 · 72,61

b) 0,0285 · 12
d) 173,8 · 0,086
f) 0,682 · 842,5
h) 120,07 · 80,508

7 Rechne wie im Beispiel.

0,006 · 1200 = 0,06 · 120
             = 0,6 · 12
             = 6   · 1,2 = 7,2

a) 0,04 · 240
c) 800 · 0,009
e) 0,000 009 · 15 000 000

b) 0,005 · 1800
d) 3000 · 0,0007

8 Es ist 426 · 538 = 229 188. Damit lassen sich diese Produkte leicht berechnen.

a) 426 · 0,538
c) 42,6 · 5,38
e) 4,26 · 53,8
g) 0,426 · 538

b) 0,0426 · 0,538
d) 0,426 · 0,0538
f) 426,0 · 53,8
h) 4260 · 0,005 38

9 Setze beim zweiten Faktor das Komma.

1. Faktor	2. Faktor	Ergebnis
8,3 ·	25	20,75
70,4 ·	56	39,424
0,23 ·	79	0,018 17
0,076 ·	62	4,712
12,25 ·	35	4,2875

10 Welche Fehler wurden gemacht?

a) 70 · 0,4 = 2,8
c) 0,06 · 11,1 = 6,666
e) 4 · 2,3 = 8,12

b) 0,1 · 0,1 = 0,1
d) 4 · 0,08 = 4,08
f) 3,2 · 2,4 = 6,8

11 Welche Aufgabe gehört zu welchem Ergebnis? Überschlage zuerst.

825 · 0,24 | 496
43,8 · 11,5 | 100,8
77,5 · 6,4 | 232,5
0,54 · 184 | 503,7
37,5 · 6,2 | 198
120 · 0,84 | 99,36

12 Setze die Ziffern 1; 3; 5 und 0 so in die Kästchen ein, dass

a) ein möglichst großer Wert entsteht.
b) ein möglichst kleiner Wert entsteht.
c) das Ergebnis 1,55 lautet.
d) das Produkt den Wert 4,5 hat.

$\square,\square \cdot \square,\square = ?$

13 Multipliziere nebeneinanderliegende Steine der Zahlenmauern. Der Deckstein hilft als Ergebniskontrolle.

Online-Link
zu Aufgabe 13
742861-1091

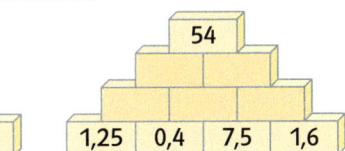

14 Rechne im Kopf.

a) 50 · 0,2 · 0,43
c) 0,4 · 25 · 0,2
e) 12,5 · 0,2 · 100 · 0,05 · 0,08

b) 0,02 · 40 · 500
d) 0,2 · 7,5 · 0,5 · 10

15 a) Die Klasse 6a fährt am Wandertag mit 25 Schülerinnen und Schülern und zwei Begleitpersonen in den Freizeitpark.

Freizeitpark Eintrittspreise

Kinder 4–11 Jahre	30,50 €
Geburtstagskinder	frei
Erwachsene	33,50 €
Schulklassen:	
ab 10 Personen	24,50 €/Person
ab 20 Personen	19,50 €/Person

Wie viel Euro bezahlt die Klassenlehrerin für alle 27 Personen an der Kasse?
b) Wie viel Euro bezahlt Familie Müller für zwei Erwachsene und drei Kinder?

16 Berechne den Rechtecksflächeninhalt.

a)

b)

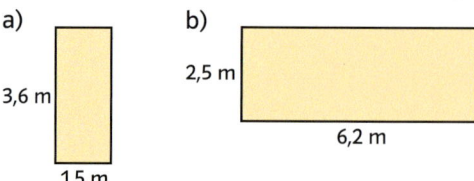

17 Der Quadratmeterpreis beider Bauplätze ist gleich hoch. Vergleiche.

Lerntipp!

zu Aufgabe 21:

$1\,l \triangleq dm^3$

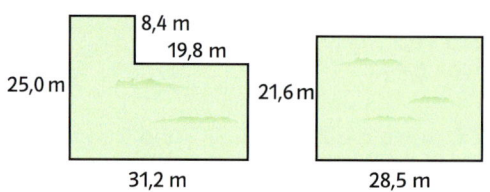

18 Sämtliche Räume der Wohnung haben eine rechteckige Form.

Raum	Küche	Bad	Flur	Kind 1	Kind 2	Eltern	Wohnen
Länge	5,25 m	4,00 m	11,25 m	6,25 m	5,00 m	4,00 m	7,00 m
Breite	4,00 m	2,50 m	1,80 m	3,20 m	3,20 m	4,00 m	4,00 m

Pro Quadratmeter wird ein Mietpreis von 6,50 € verlangt.

19 Jana möchte ihr Zimmer neu streichen. Der rechteckige Raum hat die Maße: Länge 4,85 m; Breite 4,20 m; Höhe 2,45 m. Für einen Quadratmeter rechnet man 0,25 Liter Farbe. Ein Eimer mit 10 Liter Inhalt kostet 29,95 €.
Hinweis: Rechne ohne Fenster und Türen zu berücksichtigen.

20 Welcher der beiden Quader hat das größere Volumen?

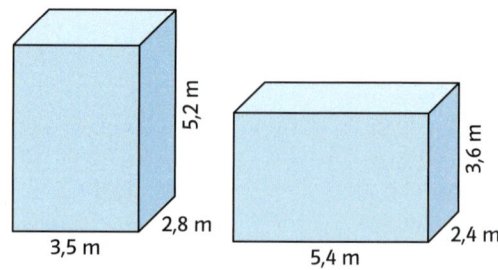

21 Luft wird mit steigender Temperatur immer leichter.

Temperatur	15 °C	20 °C	30 °C
Masse von 1 Liter Luft	1,23 g	1,2 g	1,16 g

a) Wie schwer ist die Luft in eurem ganzen Klassenzimmer bei diesen Temperaturen?
b) Wie schwer ist jeweils die Luft in eurer Sporthalle? Die Außenmaße der Halle könnt ihr schätzen.

22 Ein Kubikmeter Beton kostet 90 €.
a) Wie teuer ist die Treppe?
b) Wie teuer wird die Treppe, wenn man sie eine Stufe höher baut?
c) Was kostet eine Treppe aus 6 Stufen mit gleicher Stufenhöhe und -tiefe?

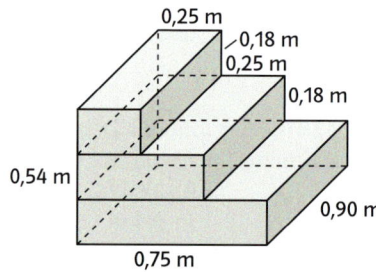

23 Das Schwimmbecken eines Hotels ist 12,50 m lang und 6,50 m breit.
a) Es wird bis zu einer Höhe von 1,60 m mit Wasser gefüllt. Der Preis pro m³ Wasser beträgt 1,80 €.
b) Durch ein versehentlich geöffnetes Ventil senkt sich der Wasserspiegel über Nacht um 40 cm. Was kostet das?
c) Das Becken (Boden und Wände) soll neu gefliest werden.

24 In vielen englischsprachigen Ländern werden anstatt der bei uns üblichen Maßbezeichnungen Meter, Kilogramm oder Liter andere Einheiten verwendet. Man misst dort mit inches, feet, yards, gallons oder ounces, die uns in vielfältiger Form begegnen.
Die Tabelle zeigt die Umrechnungen der am häufigsten vewendeten Größen.

Maßeinheit GB / USA	Umrechnung D
inch (in)	2,54 cm
foot (ft)	30,48 cm
yard (yd)	0,914 m
mile (mi)	1,609 km
gallon (ga)	4,544 l
ounce (oz)	28,35 g
pound (lb)	453,59 g
barrel (ba)	158,987 l

a) Wie viel ft sind 12 in?
b) Wie viel yd sind 3 ft?
c) Wie viel lb sind 16 oz?
d) Prüfe nach: 1 Meile = 1760 yards.

25 Jeans werden häufig in Inch-Größen angeboten, wie z. B. die Größe:

27/31

Die 1. Zahl gibt den Taillenumfang an.   Die 2. Zahl ist die innere Beinlänge.
(1 Inch = 2,54 cm bzw. 1 cm = 0,39 Inch)

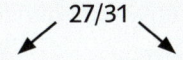
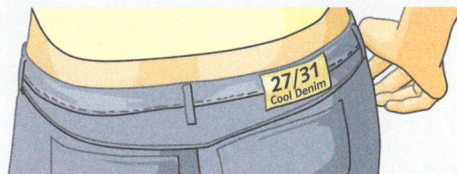

Inas Taillenumfang misst 66 cm und ihre innere Beinlänge 76 cm.
a) Welche Größe hat Ina?
b) Herr Schmid hat die Hosengröße 34/32. Berechne Herrn Schmids Taillenumfang und dessen Beinlänge.

26 Die Route 66 ist eine Fernstraße der USA, die vom Michigan-See zum Pazifik reicht. Sie hat eine Gesamtlänge von 2448 Meilen. Im Atlas findest du auch die Panamericana. Sie verbindet Alaska mit Feuerland an der Südspitze Argentiniens. Dort steht eine Entfernungsangabe mit 17 848 km. Vergleiche.

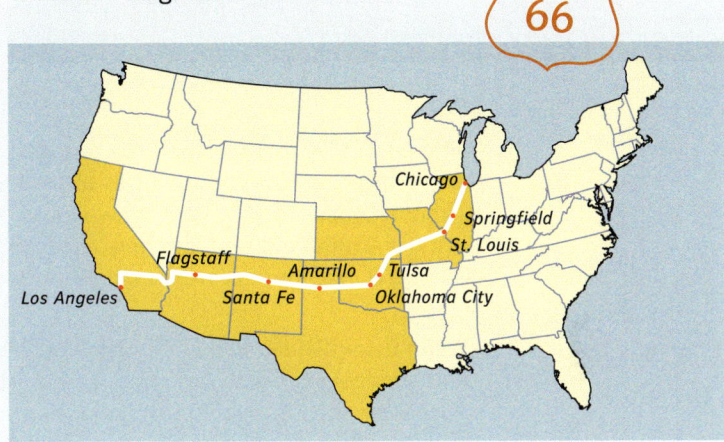

27 Der Airbus und die Boeing 747 zählen zu den am meisten eingesetzten Passagierflugzeugen der Welt. Vergleiche die Angaben.

Airbus 340-600	
Länge	75,30 m
Höhe	17,80 m
Spannweite	63,60 m
max. Abfluggewicht	365 000 kg
Reisegeschwindigkeit	890 km/h
Flughöhe	12 500 m
Tankkapazität	195 500 l
Passagiere	378–440
Reichweite	14 000 km

Boeing 747-400	
Länge	231 ft 10 in
Höhe	63 ft 8 in
Spannweite	211 ft 5 in
max. Abfluggewicht	910 000 lb
Reisegeschwindigkeit	567 mph
Flughöhe	35 000 ft
Tankkapazität	63 500 ga
Passagiere	416–524
Reichweite	8830 mi

4 Dividieren

In der Schülercafeteria verkauft die Klasse 6b Fruchtsäfte. Im Apfelsaftkasten für 9,60 € sind zwölf 1-l-Flaschen. Eine Orangensaftkiste mit sechs 0,75-l-Flaschen kostet 4,20 €.

→ Was muss ein Glas mit 0,2 Liter Inhalt im Verkauf kosten, wenn pro Glas ein Gewinn von etwa 50 Cent erzielt werden soll?

Will man 21,50 € in 5 gleiche Teile zerlegen, muss man die 21,50 € durch 5 teilen. 21 € : 5 ergibt 4 €; es bleibt 1 € Rest. Um weiter teilen zu können, muss man in Cent umwandeln: 150 ct : 5 ergibt 30 ct. Nach der 4 muss man im Ergebnis ein Komma setzen: Man erhält also 4,30 €. Das Komma trennt die Einer und die Zehntel.

```
21,50 : 5 = 4,30
- 20
  1 5
- 1 5
   00
```

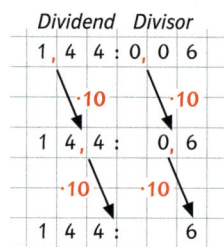

Wenn beim Dividieren eines Dezimalbruchs **durch eine natürliche Zahl** das Komma überschritten wird, muss man auch im Ergebnis das Komma setzen. Ansonsten rechnet man wie bei den natürlichen Zahlen.

Dividiert man zwei Dezimalbrüche, wird das Komma im Dividend und im Divisor so lange verschoben, bis der **Divisor eine natürliche Zahl ist.**

$$1{,}44 : 6 = 0{,}24$$
$$1{,}44 : 0{,}6 = 14{,}4 : 6 = 2{,}4$$
$$1{,}44 : 0{,}06 = 144 : 6 = 24$$
$$1{,}44 : 0{,}006 = 1440 : 6 = 240$$

45,67 : 1,25

456,7 : 12,5

4567 : 125

Weil Dividend und Divisor dadurch beide bei jedem Schritt mit 10 multipliziert werden, ändert sich am Wert des Quotienten nichts.

Wenn man einen Dezimalbruch durch einen Dezimalbruch dividieren will, muss man zuerst bei Dividend und Divisor das Komma um so viele Stellen nach rechts verschieben, bis der Divisor eine natürliche Zahl ist. Dann rechnet man nach dem bekannten Verfahren.

Lerntipp!

Beim Dividieren das Komma immer in die gleiche Richtung verschieben.

Beispiele

a) 27,9 : 6
```
27,90 : 6 = 4,65
- 24
   3 9
 - 3 6
     30
   - 30
      0
```

Um alle Nachkommaziffern zu berechnen, muss man manchmal noch Endnullen ergänzen.

b) 5,865 : 1,7
```
58,65 : 17 = 3,45
- 51
   7 6
 - 6 8
     85
   - 85
      0
```

c) 15 : 1,25

$\quad$ 1500 : 125 = 12

$\quad$ − 125

$\quad\quad$ 250

$\quad$ − 250

$\quad\quad\quad$ 0

Hat der Divisor mehr Nachkommaziffern als der Dividend, so muss man Nullen anhängen.

Probe:

	1	2	·	1,	2	5
					1	2
					2	4
					6	0
				1		
		1	5,	0	0	

d) Bei der Division von Dezimalbrüchen durch Dezimalbrüche ist es sinnvoll und hilfreich, eine **Überschlagsrechnung** durchzuführen. Hierbei hilft das Verschieben der Kommas von Dividend und Divisor nach rechts. Man muss die Zahlen für die Überschlagsrechnung so wählen, dass man leicht im Kopf rechnen kann.

1064,25 : 0,0215

Überschlag: $\quad\quad$ 1000 : 0,02

$\quad\quad\quad$ = 100 000 : 2

$\quad\quad\quad$ = 50 000

Exakte Rechnung: $\quad$ 1064,25 : 0,0215

$\quad\quad\quad\quad$ = 106 425 : 215

$\quad\quad\quad\quad$ = 49 500

? *Kann das sein? Beim Dividieren durch einen Dezimalbruch, der kleiner als 1 ist, wird das Ergebnis größer!*

Aufgaben

1 Berechne.

a) 480 : 20

$\quad$ 48 : 2

$\quad$ 4,8 : 0,2

$\quad$ 0,48 : 0,02

b) 5,6 : 0,08

$\quad$ 56 : 0,8

$\quad$ 560 : 8

$\quad$ 5600 : 80

c) Was fällt dir auf?

d) Schreibe eigene Aufgaben mit 35 und 7.

2 Rechne im Kopf.

a) 15,8 : 10

$\quad$ 218,5 : 10

$\quad$ 4530,9 : 100

c) 9,9 : 11

$\quad$ 8,4 : 12

$\quad$ 9,1 : 13

e) 10 : 0,2

$\quad$ 15 : 0,3

$\quad$ 24 : 0,6

g) 0,8 : 0,2

$\quad$ 0,9 : 0,3

$\quad$ 0,5 : 0,25

b) 2,1 : 7

$\quad$ 3,6 : 6

$\quad$ 4,8 : 4

d) 8,6 : 20

$\quad$ 9,9 : 30

$\quad$ 80,8 : 40

f) 20,4 : 0,4

$\quad$ 25,5 : 0,5

$\quad$ 35,7 : 0,7

h) 7,5 : 0,05

$\quad$ 1,50 : 0,03

$\quad$ 4,2 : 0,07

3 Diese Aufgaben kannst du auch im Kopf rechnen.

a) 7,2 : 0,36

$\quad$ 4,8 : 0,16

$\quad$ 6,25 : 0,25

c) 0,064 : 0,008

$\quad$ 42,7 : 0,7

$\quad$ 12,1 : 0,011

b) 0,7 : 0,02

$\quad$ 0,32 : 0,001

$\quad$ 0,75 : 0,025

d) 40 : 0,08

$\quad$ 3,03 : 0,101

$\quad$ 5000 : 0,025

4 Durch 5 bzw. durch 50 kannst du geschickt teilen: Verdopple die zu teilende Zahl und teile dann durch 10 bzw. 100.

Beispiel: 2,5 : 50 = 5 : 100 = 0,05

Rechne im Kopf.

a) 7,5 : 5

$\quad$ 12,5 : 5

$\quad$ 25,1 : 5

$\quad$ 16,4 : 5

b) 7,5 : 50

$\quad$ 15,4 : 50

$\quad$ 150,2 : 50

$\quad$ 65,5 : 50

5 Zeige durch Berechnung auf zwei Arten, dass

:0,5 $\quad$ dasselbe ergibt wie · 2

:0,25 $\quad$ dasselbe ergibt wie · 4

:0,2 $\quad$ dasselbe ergibt wie · 5

:0,1 $\quad$ dasselbe ergibt wie · 10.

a) 6,5 : 0,5

$\quad$ 9,03 : 0,5

c) 13,4 : 0,2

$\quad$ 4,3 : 0,2

e) 54,1 : 0,05

$\quad$ 0,56 : 0,01

b) 3,1 : 0,25

$\quad$ 0,21 : 0,25

d) 0,64 : 0,1

$\quad$ 6,9 : 0,1

f) 4,23 : 0,02

$\quad$ 3,4 : 0,025

Lerntipp!

$0,5 = \frac{5}{10} = \frac{1}{2}$

6 In die Kästchen kann man natürliche Zahlen einsetzen. Finde sie durch Schätzen und überprüfe dann deine Vermutung durch eine Rechnung.

a) 8,28 : ☐ = 1,38

$\quad$ 19,32 : ☐ = 2,76

$\quad$ 12,84 : ☐ = 3,21

$\quad$ 42,64 : ☐ = 5,33

b) 2,97 : ☐ = 0,27

$\quad$ 8,46 : ☐ = 0,94

$\quad$ 2,34 : ☐ = 0,18

$\quad$ 25,74 : ☐ = 2,34

:	0,2	0,4	0,8
4,8			
7,6			
10,8			
15,5			
36,3			
49,5			
99,9			

Zu Aufgabe 12:

7 Ersetze das Kästchen durch die richtige Zahl.
a) □ : 7 = 2,36
49,92 : 8 = □
□ : 9 = 2,48

b) □ : 11 = 0,25
13,23 : 12 = □
□ : 13 = 0,36

8 Wo stecken Fehler? Erkläre sie.
a) 8,48 : 4 = 2,12
8,48 : 8 = 1,6

b) 0,48 : 0,12 = 4
0,48 : 0,6 = 8

9 Was wurde falsch gemacht?
a) 0,21 : 7 = 0,3
c) 0,144 : 0,12 = 12
e) 0,48 : 0,06 = 0,8

b) 6,06 : 6 = 1,1
d) 3 : 0,6 = 0,2
f) 12,4 : 0,2 = 6,2

10 Berechne schriftlich.
a) 40,3 : 8
127,5 : 4
337,8 : 6
c) 1016,6 : 13
1698,6 : 19
34,56 : 21
e) 0,282 : 12
0,7952 : 14
0,387 : 15

b) 54,3 : 12
100,5 : 15
4,32 : 16
d) 0,1524 : 6
0,8757 : 7
0,8984 : 8
f) 40,5 : 110
325,6 : 120
11,04 : 90

11 a) Wo setzt du beim Dividenden das Komma, damit das Ergebnis stimmt?

Dividend	:	Divisor	Ergebnis
124	:	4	3,1
395	:	5	7,9
984	:	8	12,3
5472	:	12	4,56
11835	:	15	0,789

Zu Aufgabe 17:

b) Setze mithilfe einer geschickten Überschlagsrechnung das Komma im Ergebnis an die richtige Stelle.

Dividend	:	Divisor	Ergebnis
10,7616	:	4,56	236
579,916	:	12,83	452
57,904	:	0,47	1232
0,02052	:	0,038	54
5033,7	:	0,765	658

12 Setze die Ziffern so in die Kästchen ein, dass
a) ein möglichst großes Ergebnis entsteht.
b) ein möglichst kleines Ergebnis entsteht.
c) das Ergebnis 32,8 ist.
d) das Ergebnis 12,9 ist.
e) das Ergebnis kleiner als 5 ist.

□ □ , □ : 0, □ = ?

13 Das Ergebnis von 156 : 6 ist 26. Damit kannst du die folgenden Aufgaben leicht berechnen.
a) 15,6 : 6
1,56 : 6
0,156 : 6
0,0156 : 6

b) 156 : 60
15,6 : 60
1,56 : 60
0,156 : 60

14 Rechne geschickt.
a) 1792 : 7
1,792 : 0,7
1,792 : 0,07
179,2 : 0,7

b) 1512 : 36
15,12 : 3,6
1,512 : 0,036
151,2 : 0,36

15 Berechne schriftlich.
a) 3,24 : 1,2
5,46 : 1,5
6,89 : 1,3
c) 9,216 : 3,6
23,856 : 4,2
29,148 : 8,4
e) 1,695 : 0,03
1,7574 : 3,03
16,968 : 30,3

b) 13,84 : 0,4
18,96 : 0,8
31,71 : 0,7
d) 4,5 : 0,18
9,1 : 0,14
48,3 : 0,23
f) 2,625 : 0,21
0,5775 : 0,22
0,60375 : 0,23

16 Hier wurden die Ergebnisse der verschiedenen Aufgaben vertauscht. Du musst die Aufgaben nicht ganz rechnen, um die Ergebnisse richtig zuordnen zu können. Ein Überschlag kann sehr hilfreich sein.

39,42 : 0,09	8,69
5,334 : 2,1	9,39
10,428 : 1,2	438
14,085 : 1,5	2,54

17 Frank, Tina und Rafael machen gemeinsam Hausaufgaben. Frank fragt Tina: „Möchtest du lieber das Doppelte oder den 0,2-ten Teil von 10 Euro?"

Viele Sportarten wie zum Beispiel Fußball oder Tennis haben ihren Ursprung in England oder Amerika. Deshalb finden wir so seltsame Abmessungen wie die Breite des Tores mit 7,32 m oder die Länge des Tennisplatzes mit 23,77 m.
In der Übersicht findest du die Umrechnung der wichtigsten englischen Längenmaße in Meter:

1 mile (Meile)	= 1609,3 m
1 yard	= 0,9144 m
1 foot (Fuß)	= 0,3048 m
1 inch	= 0,0254 m

18 Fußball

Das Tor ist 7,32 m breit und 2,44 m hoch. Sind das nicht merkwürdige Maße? Sie stammen aus England.
a) Wandle die Meterangaben in Yard um. Teile auch die Breite durch die Höhe. Auch die Maße der Spielfeldmarkierungen werden klarer, wenn du sie in die englischen Maße umwandelst. Eigentlich müsste der 11-Meter-Punkt bei 10,98 m sein.
b) Teile einmal die Meterangabe von Yard durch die von Foot und Foot durch Inch.

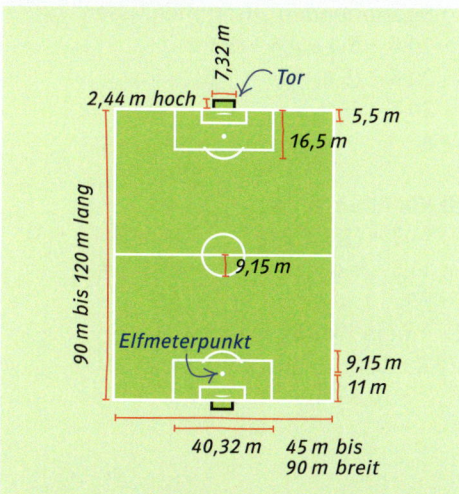

19 Tischtennis

Hier wurde mit Brüchen gerechnet. Die Gesamthöhe (Platte mit Netz) beträgt genau 1 Yard. Das Netz ist 15,25 cm hoch. Das ist ein Sechstel der Gesamthöhe. Die Platte ist 2,74 m lang, auch das ist ein ganzzahliges Maß in Yard. Die Breite der Platte ist doppelt so groß wie die Höhe des Tisches. Rechne die Maßangaben um.

20 Tennis

Auch die Abmessungen eines Tennisspielfeldes sind ursprünglich von den Engländern mit deren Maßen festgelegt worden.
Das Netz, das die beiden Felder teilt, ist in einer Höhe von 1,06 m außen befestigt und ist in der Mitte 0,915 m hoch.
Gib alle Maße in Yard an.

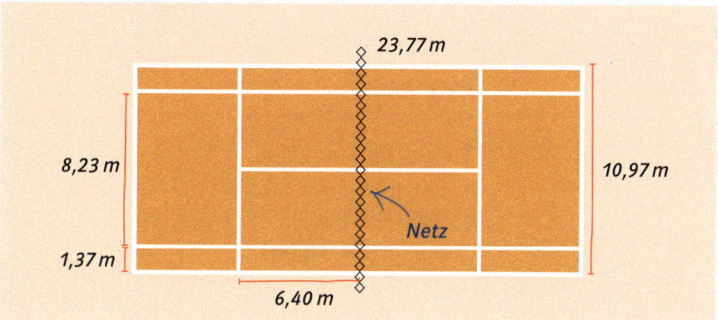

5 Verbindung der Rechenarten

2,99 €
14,99 €
7,99 €
4,99 €
_____
?

Frau Nagel kauft Topfblumen. Als sie die Preise schnell addieren will, ärgert sie sich über die umständliche Rechnerei.

→ Ihre Tochter Anne hat die Lösung sofort.

Lerntipp!

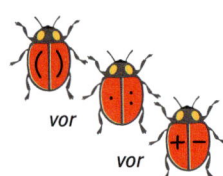

vor
vor

Lerntipp!

Hat ein Rechenausdruck nur die Rechenzeichen + und − und keine Klammern, so berechnet man seinen Wert von links nach rechts.

Wenn in einem Rechenausdruck verschiedene Rechenarten und Klammern vorkommen, gelten die von den natürlichen Zahlen und Brüchen bekannten Regeln.

> **Punkt**rechnung kommt **vor Strich**rechnung.
> Was in **Klammern** steht, wird zuerst berechnet.

Beispiele

a) „Von links nach rechts rechnen"

$$52,4 - 12,4 + 9,8 - 0,8$$
$$= (52,4 - 12,4) + 9,8 - 0,8$$
$$= (40 + 9,8) - 0,8$$
$$= 49,8 - 0,8$$
$$= 49$$

b) Subtrahenden zusammenfassen

$$20,8 - 5,6 - 4,4 - 6,8$$
$$= 20,8 - (5,6 + 4,4 + 6,8)$$
$$= 20,8 - 16,8$$
$$= 4$$

c) „Punkt vor Strich"

$$5,2 + 3,4 \cdot 8,1 \qquad 25,9 - 4,2 : 0,7$$
$$= 5,2 + 27,54 \qquad = 25,9 - 6,0$$
$$= 32,74 \qquad = 19,9$$

d) Klammer zuerst

$$14,3 - (3,8 + 2,6) \qquad 48,1 : (3,1 + 4,3)$$
$$= 14,3 - 6,4 \qquad = 48,1 : 7,4$$
$$= 7,9 \qquad = 6,5$$

e) Punkt vor Strich und Klammern zuerst

$$9,2 + 3,1 \cdot (14,2 - 3 \cdot 3,2)$$
$$= 9,2 + 3,1 \cdot (14,2 - 9,6)$$
$$= 9,2 + 3,1 \cdot 4,6$$
$$= 9,2 + 14,26$$
$$= 23,46$$

f) innere Klammer zuerst

$$(0,8 \cdot (5,4 - 1,4)) : (2,2 - 1,4)$$
$$= (0,8 \cdot 4) \quad : (2,2 - 1,4)$$
$$= 3,2 \qquad : 0,8$$
$$= 4$$

Aufgaben

1 Rechne im Kopf.
a) $5,0 + 0,5 - 1,5 - 2,5$
b) $9,8 - 4,8 + 3,5 - 1,5 + 2,5$
c) $20,4 - 3,6 - 5,4 - 1,4$
d) $30 - 12,1 - 7,9 - 8$
e) $2,5 + 5 \cdot 0,5$
f) $12,5 - 5 \cdot 1,5$

2 Berechne.
a) $4,5 + 3,6 - 2,5 + 1,3 - 4,1$
b) $17,84 - 3,07 + 1,87 - 0,89$
c) $14,5 - 3,2 - 4,15 - 1,35 - 2,68$
d) $100,4 - 34,6 - 23,25 - 12,69$
e) $3,25 + 1,2 \cdot 0,5 + 3,75$
f) $7,21 + 1,5 \cdot 0,7 - 3,5$

3 Achte besonders auf die Klammern.
a) 23,45 + (34,55 − 12,34)
b) 414,14 − (23,53 + 65,65)
c) (12,34 − 5,67) + (43,21 − 12,34)
d) (56,45 − 23,5) − (12,75 − 4,7)
e) 1,23 + (9,87 − 6,54 + 3,21)

4 Wenn du alle Ergebnisse addierst, erhältst du genau 150.
a) (36,7 − 12,8) · 3,5
b) 1,25 · (3,58 + 1,58)
c) (11,6 + 4,6) : 6
d) 30,1 : (6,7 + 1,9)
e) (9,1 − 4,6) · (7,2 + 2,4)
f) (25,8 − 17,4) : (17,4 − 16,6)

5 Hier fehlt immer ein Komma.
a) 48 + 3,3 · 1,6 = 10,08
b) 27 − 43 · 5,1 = 5,07
c) 2,3 · 14 + 0,52 · 18 = 12,58
d) 0,9 · 17 − 1,5 · 36 = 9,9

6 Hier fehlen Klammern.
Ergänze so, dass das Ergebnis stimmt.
a) 3,2 + 4,7 · 2,5 = 19,75
b) 4,2 · 10,6 − 6,8 = 15,96
c) 0,5 + 3,6 · 4,2 + 0,8 = 20,5
d) 2,5 · 4,2 − 2,4 − 1,8 = 2,7

7 Hier wimmelt es von Klammern.
a) (9,8 · (7,6 − 5,4) − 3,2) · 1,0
b) 9,8 · (7,6 − (5,4 − 3,2) − 1,0)
c) (9,8 − 7,6) · (5,4 − 3,2) + 1,0
d) 9,8 + 7,6 · (5,4 − (3,2 − 1,0))

8 Rechne mit dem Verteilungsgesetz.
Beispiel: 4,2 · 7 + 5,8 · 7 = (4,2 + 5,8) · 7
= 10 · 7 = 70
a) 5 · 3,6 + 5 · 6,4
b) 7 · 10,9 − 7 · 4,9
c) 0,5 · 8 + 0,4 · 8 + 0,1 · 8
d) 2,5 · 3,5 + 2,5 · 3,7 + 2,5 · 2,8

9 Yvonne kauft zwölf Farbstifte, das Stück für 1,25 €, und 15 Hefte für je 0,85 €. Sie bezahlt mit einem 50-Euro-Schein. Auf dem Heimweg kauft sie noch acht Brötchen zu je 0,45 € und ein Brot für 2,30 €. Sie möchte sich noch Zeitschriften für 4,80 € kaufen.

10 Schreibe zuerst den Rechenausdruck und berechne dann seinen Wert.
a) Addiere 4,6 zur Differenz von 17,4 und 3,9.
b) Subtrahiere von 29,8 die Summe von 9,3 und 0,35.
c) Multipliziere die Differenz von 14,9 und 8,45 mit 12,4.
d) Subtrahiere das 2,5-fache der Summe von 12,8 und 7,2 vom Quotienten der Zahlen 15,2 und 0,1.
e) Berechne das Produkt aus der Summe von 8,5 und 4,4 und der Differenz dieser beiden Zahlen.

11 In dieser Rechnung sollst du die vier Rechenzeichen [+] , [−] , [·] und [:] einsetzen.
a) Wie musst du die Zeichen einsetzen, damit du als Endergebnis wieder 0,5 erhältst? Findest du mehrere Möglichkeiten? Was fällt dir auf?
b) Wie musst du die Zeichen setzen, um ein von 0,5 verschiedenes Ergebnis zu bekommen?
c) Stelle die verschiedenen Möglichkeiten mit jeweils einem Rechenausdruck dar. Denke dabei auch an Klammern.

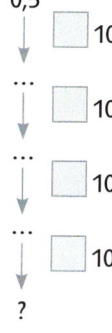

0,5
↓
[ ] 10
···
↓
[ ] 10
···
↓
[ ] 10
···
↓
[ ] 10
?

12 Paul hat 15 Euro im Geldbeutel. Ein Becher Fruchtjogurt kostet 0,79 €, ein Becher Naturjogurt 0,59 €.
a) Er will von jeder Sorte gleich viel einkaufen.
b) Er will doppelt so viel Fruchtjogurt wie Naturjogurt kaufen.

13 Die Klasse 6a hat 26 Schülerinnen und Schüler. Die Kosten für den Schulausflug setzen sich aus 480,00 € für den Bus und 76,40 € für Eintritt und Führung auf dem Schloss zusammen.
In der Klassenkasse sind 136,50 €. Wie viel muss jedes Kind bezahlen?

14 Familie Hoffmann und Familie Mosler gehen gemeinsam in den Zoo. Zusammen sind es vier Erwachsene und fünf Kinder. Für Erwachsene kostet der Eintritt 12,50 €, für Kinder 6,50 €.

Seit 2010 gibt es eine geänderte Bewertung beim Skispringen. Folgende Bewertung bezieht sich auf die Methode vor 2010.

15 Die Bewertung beim Skispringen setzt sich aus zwei Noten zusammen.

Haltungsnote

Die Haltungsnoten werden von fünf Punktrichtern vergeben und reichen von 0 bis 20 (in 0,5-Punkte-Schritten). Die höchste und die niedrigste Wertung werden gestrichen und die übrigen drei addiert. Somit beträgt die maximale Haltungsnote für einen Sprung 60 Punkte.
Beispiel:

PR heißt Punktrichter

PR 1	PR 2	PR 3	PR 4	PR 5
16,5	17,0	18,5	16,0	18,0

Die Summe der drei Wertungen ist 51,5.

Weitennote

Jede Schanze hat einen so genannten K-Punkt (Kalkulationspunkt). Für einen Sprung genau auf den K-Punkt gibt es 60 Weitenpunkte. Springt man kürzer oder weiter, werden Punkte addiert oder subtrahiert.
Beispiel:
Die Olympiaschanze in Garmisch-Partenkirchen hat einen K-Punkt von 115 m. Der Punktwert pro Meter beträgt 1,8. Ein Sprung auf 122 m wird so bewertet:
122 m − 115 m = 7 m
7 · 1,8 Punkte = 12,6 Punkte
60 Punkte + 12,6 Punkte = 72,6 Punkte

Der Springer erhält damit 51,5 Punkte für Haltung und 72,6 Punkte für Weite, also 124,1 Punkte.

Name	Land	PR 1	PR 2	PR 3	PR 4	PR 5	Weite
Janne Ahonen	FIN	18,5	18,5	18,5	18,5	18,0	123,5 m
Sven Hannawald	GER	18,0	18,5	18,0	18,0	18,0	123,5 m
Georg Späth	GER	18,5	19,5	19,0	18,5	19,0	129,0 m
Martin Höllwarth	AUT	18,5	18,5	19,0	18,5	18,5	126,5 m
Michael Uhrmann	GER	18,5	18,5	18,5	18,5	18,0	128,5 m
Sigurd Pettersen	NOR	19,0	19,5	19,5	19,0	18,5	133,0 m
Thomas Morgenstern	AUT	19,0	19,0	19,0	19,0	19,0	132,5 m

16 Bei der Vierschanzentournee 2004 auf der Oberstdorfer Schattenberg-Schanze (K-Punkt 120 m) erzielten die Athleten nach dem ersten Durchgang nebenstehendes Ergebnis (Meterwert: 1,8 Punkte pro Meter).
a) Welche Reihenfolge ergab sich damit nach dem ersten Durchgang?
Sigurd Pettersen stellte im zweiten Durchgang mit 143,5 m einen neuen Schanzenrekord auf.
b) Berechne die Weitennote.
Von den Punktrichtern erhielt er die Noten 17,0 / 18,0 / 17,0 / 17,5 / 17,5.
c) Welche Gesamtpunktzahl erzielte er somit?
Sven Hannawald sprang 124,5 m.
Er bekam dafür die Noten 18,0 / 19,0 / 18,0 / 18,0 / 18,5.
d) Wie groß war am Ende sein Rückstand auf den Tagessieger Pettersen?
Martin Höllwarth erzielte im zweiten Durchgang eine Weite von 133,0 m und erreichte insgesamt 269,1 Punkte.
e) Berechne seine Haltungsnote.

Zusammenfassung

Addieren und Subtrahieren	Beim Addieren und Subtrahieren von Dezimalbrüchen stehen die Zahlen so untereinander, dass **Komma unter Komma** steht. Die Rechnung beginnt rechts.	$\begin{array}{r} 234{,}56 \\ +\ 86{,}253 \\ \hline 320{,}813 \end{array}$ $\begin{array}{r} 11765{,}28 \\ -\ 245{,}734 \\ \hline 11519{,}546 \end{array}$

Multiplizieren und Dividieren mit Zehnerpotenzen

Beim **Multiplizieren** von Dezimalbrüchen mit Zehnerpotenzen wird das **Komma** um so viele Stellen **nach rechts** verschoben, wie die Zehnerpotenz Nullen hat.

$0{,}3456 \cdot 1000 = 345{,}6$

Beim **Dividieren** von Dezimalbrüchen mit Zehnerpotenzen wird das **Komma** um so viele Stellen nach **links** verschoben, wie die Zehnerpotenz Nullen hat.

$987{,}65 : 100 = 9{,}8765$

Multiplizieren

Dezimalbrüche werden zunächst ohne Berücksichtigung des Kommas multipliziert. Dann setzt man das Komma. Das Ergebnis hat gleich viele Nachkommastellen wie die beiden Faktoren zusammen.

$\underset{\text{1 Dezimale}}{5{,}3} \quad \cdot \quad \underset{\text{2 Dezimalen}}{8{,}45} \quad = \quad \underset{\text{3 Dezimalen}}{44{,}785}$

Dividieren

Wenn beim **Dividieren** eines Dezimalbruchs durch eine natürliche Zahl das Komma überschritten wird, muss man auch im Ergebnis das Komma setzen.

$\begin{array}{l} 57{,}4 : 7 = 8{,}2 \\ -56 \\ \hline 1\,4 \\ -1\,4 \\ \hline 0 \end{array}$

Beim **Dividieren von zwei Dezimalbrüchen** muss man bei Dividend und Divisor das **Komma** so weit **nach rechts verschieben**, bis der Divisor eine natürliche Zahl ist.

$1{,}179 : 0{,}45$

$\begin{array}{l} 117{,}9 \ : 45 = 2{,}62 \\ -90 \\ \hline 27\,9 \\ -27\,0 \\ \hline 90 \\ -90 \\ \hline 0 \end{array}$

Berechnen von Rechenausdrücken

Rechenausdrücke mit Dezimalbrüchen werden nach denselben Regeln berechnet wie Rechenausdrücke mit natürlichen Zahlen.

Punktrechnung kommt **vor Strich**rechnung.

$22{,}5 - 3{,}5 \cdot 1{,}9$
$= 22{,}5 - 6{,}65$
$= 15{,}85$

Was in **Klammern** steht, wird **zuerst** berechnet.

$12{,}8 - (4{,}5 + 2{,}7)$
$= 12{,}8 - 7{,}2$
$= 5{,}6$

Innere Klammer vor **äußerer Klammer**

$9{,}2 - 1{,}5 \cdot (10{,}2 - (9{,}5 - 0{,}7) \cdot 0{,}5)$
$= 9{,}2 - 1{,}5 \cdot (10{,}2 - 8{,}8 \cdot 0{,}5)$
$= 9{,}2 - 1{,}5 \cdot (10{,}2 - 4{,}4)$
$= 9{,}2 - 1{,}5 \cdot 5{,}8$
$= 9{,}2 - 8{,}7$
$= 0{,}5$

Üben • Anwenden • Nachdenken

1 Rechne im Kopf.

a) 4,7 · 10
   9,81 · 100
   5,04 · 10
   14,03 · 1000
   94,8 : 10
   1112,4 : 100
   78,09 : 1000

b) 0,4 · 0,6
   8 · 0,07
   7,2 · 0,2
   0,01 · 2307
   5,6 : 0,8
   0,49 : 0,07
   1,44 : 1,2

c) 37,5 : 5
   12,5 : 50
   4,5 : 0,9 + 3,5
   2,25 − (1,5 · 1,5)
   (2,5 · 0,4) + 7,8
   (0,12 : 0,6) · 2
   567,4 · 0,01

d) 12,60 € + 7,40 €
   0,5 · 10 · 5,6
   0,5 · 20 · 0,56
   3 · 1,50 € + 7 · 1,50 €
   35 t : 700 kg
   9 · 0,9 km + 190 m
   1000 m : 0,1 m

2 Rechne schriftlich.

a) 5,784 + 2,731 + 0,208
b) 7,77 − 2,82 − 0,947 − 0,36
c) 6,8 · 9,6   d) 9,24 : 0,6
e) 4,85 · 0,7   f) 688,94 : 49,21

3 Welche Zahl musst du einsetzen?

a) 4,5 + □ = 6,7   b) □ − 8,2 = 4,7
c) □ + 0,4 = 2,04   d) 0,66 = □ − 0,6
e) 2,4 · □ = 7,2   f) □ · 3,7 = 111
g) 12,6 : □ = 25,2   h) □ : 0,2 = 1,5

4 Auf der Wanderkarte sind verschiedene Wandertouren eingezeichnet.
a) Welcher der Rundwege ①; ② und ③ ist der längste?
b) Um wie viele Kilometer unterscheiden sich die Wanderungen von A nach B über C und von A nach B über D?
c) Stelle eine Wanderung zusammen, die möglichst genau 30 km lang ist.

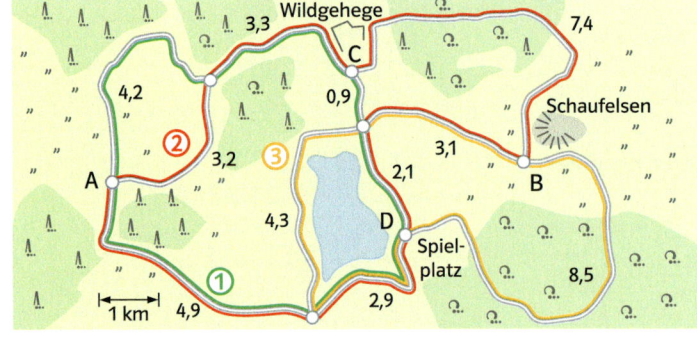

5 Runde das Ergebnis auf Hundertstel.

a) 4,321 + 0,9   b) 4,321 − 0,09
c) 4,321 · 9   d) 432,1 : 9
e) 43,21 · 0,9   f) 0,4321 : 0,09

6 Setze ein Komma an die richtige Stelle.

a) 4,26 · 30,6 = 130 356
b) 824 · 9,25 = 762,2
c) 0,011745 : 0,015 = 783
d) 2233 : 3,08 = 0,725

7 Berechne.

a) $\frac{1}{2}$ + 0,9 + 4,25   b) $2\frac{1}{4}$ − 1,7 − $\frac{2}{5}$
c) $\frac{3}{4}$ + 0,25 − $\frac{1}{3}$ d) $\frac{3}{8}$ + $\frac{3}{5}$ − 0,875

8 Ergänze die Zahlenmauer.

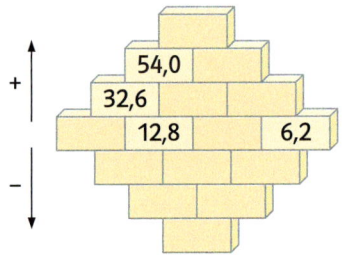

9 Fülle die Lücken.

a) 4□,3□
  + □8,□5
  ───────
   77,77

b) 27,□6
  − □□,0□
  ───────
   8,88

c) 3□,63
  + 1,□5
  + □□8,0□
  ───────
  555,55

d) □8,82□
  − 6,8□1
  − □,□93
  ───────
  11,111

10 Beachte „Punkt vor Strich".

a) 0,65 + 3,2 · 8,5 − 5,85
b) 9,05 − 16,32 : 2,4 + 2,75
c) 4,5 : 2,25 − 0,3 + 8,4 · 0,75
d) 4,5 · 0,5 + 5,8 : 0,5 + 2,3 · 0,5
e) 2,4 · 8,6 − 0,192 : 0,2 + 3,4 · 4,8
f) 11,4 : 0,6 − 0,7 · 0,09 − 4,1 · 0,07 − 0,65

Auf die Lösung freuen sich alle.

A	28	E	5	E	36
F	22	I	15	L	7
N	18	R	8	S	9

11 Setze jeweils die richtigen Rechenzeichen ein.
a) 6,2 ☐ 3,4 ☐ 2,5 = 23,58
b) 0,35 ☐ 9,4 ☐ 2,8 = 0,49
c) 12,4 ☐ 0,8 ☐ 3,4 = 18,9
d) 29,4 ☐ 6,8 ☐ 0,25 = 2,2

12 Ein Produkt hat folgenden Wert:

25,5 · 12,3 = 313,65

Bestimme geschickt den Platzhalter.
a) 2,55 · ☐ = 313,65
b) ☐ · 1,23 = 31,365
c) ☐ · 1,23 = 313,65

13 Ein Produkt hat folgenden Wert:

9,83 · 40,6 = 399,098

Nütze dies und fülle damit die Lücken.
a) 98,3 · 0,406 = ☐
b) ☐ · 40,6 = 3990,98
c) 399,098 : 4,06 = ☐
d) 0,399 098 : ☐ = 406

14 Beachte die Klammern.
a) 7,2 − (3,2 + 1,9)
b) 0,7 · (4,1 + 3,5)
c) (14,3 − 7,4) · 9,8
d) (6,9 + 3,5) : 4
e) (7,9 − 3,85) : 0,5
f) 25,5 : (6,9 − 1,8)

15 Nutze Rechenvorteile.
a) $\left(3,6 + \frac{4}{5}\right) \cdot 2,1$
b) $\left(0,45 + \frac{3}{20}\right) : \frac{1}{5}$
c) $0,9 \cdot \left(\frac{10}{9} + 3,2\right)$
d) $(3,07 − 1,57) : \frac{3}{7}$

16 Klammern über Klammern –
wer behält den Überblick?
a) (10,5 − 5,5) · (12,6 − 11,4)
b) (30,25 − 10,25) · (20,25 + 4,75)
c) (7,3 − 2,9) · (5,5 + 14,6)
d) (12,3 − 5,6) · (9,2 − 0,4 + 1,7)
e) (12,8 + 2,6 + 1,4) : 5 − 0,36
f) 0,99 − (0,8 − 0,45) : 7
g) 3 · (6,2 − 4,3) − (0,8 + 3,4) : 1,4
h) (2,8 + 0,4 · 2) : (3,2 : 0,8 − 0,8 · 0,5)

17 Schreibe zuerst den Rechenausdruck
auf. Rechne dann.
a) Addiere 49 zum Produkt von 4,9 und 9,4.
b) Subtrahiere das Produkt aus 0,75 und
5,2 von 16,8.
c) Addiere zum Fünffachen von 5,3 das
Dreifache von 3,5.
d) Addiere zur Differenz von 11,1 und 0,11
das Doppelte von 4,7.
e) Multipliziere die Summe von 3,8 und 4,3
mit 6,5.

18 Welche Zahl muss man für das Kästchen einsetzen?
Du brauchst etwas Ausdauer.
Tipp: Die Summe aller Einsetzungen ist 20.
a) 3,2 + ☐ · 0,5 = 3,3
b) 4,8 · 0,5 − ☐ = 0,9
c) 12,5 − 0,3 : 1,2 + 0,75 = ☐ − 0,8
d) 2,4 · 3,5 − ☐ = 0,72 · (1,5 : 0,2)
e) 0,14 : (2,85 − (2,25 : ☐ + 0,65)) = 0,2

19 Stimmt das?
a) Paul behauptet: „Der Wert des Produkts
aus zwei Dezimalbrüchen kann kleiner sein
als jeder der beiden Faktoren."
b) Pia sagt: „Der Wert eines Quotienten
aus zwei Dezimalbrüchen kann größer sein
als der Dividend."
c) Sven fragt: „Mit welcher Zahl muss man
die Zahl 0,8 multiplizieren, damit der Wert
des Produkts die Zahl 1 ist?"

Online-Link
zu Aufgabe 20
742861-1211

20 Nach Protesten einiger Teilnehmer
beim Weitsprungwettbewerb wurde eine
neue Bewertungsmethode beschlossen:
Für jeden Teilnehmer wird die Sprungweite
durch die Körperlänge dividiert. Aus dem
Ergebnis ergibt sich die neue Reihenfolge.

Alte Reihenfolge	Weite	Körperlänge
1. Harald Hirsch	11,03 m	2,45 m
2. Klara Känguru	8,98 m	1,32 m
3. Leo Löwe	4,98 m	1,92 m
4. Helga Heuschrecke	1,95 m	0,06 m
5. Willi Waldmaus	0,76 m	0,09 m
6. Fritz Floh	0,58 m	0,003 m

Berechne die neue Reihenfolge.

21 Ob als Küchenwaage, Funkwetterstation oder Messanlage für Solarstrom – Messgeräte sind aus dem Haushalt nicht mehr wegzudenken.

Die am häufigsten im Haushalt verwendeten Messgeräte sind jedoch nach wie vor Strom- und Gaszähler sowie die Wasseruhr, mit denen die Verbrauchskosten ermittelt werden. Kennst du weitere Messgeräte?

22 Der Stromverbrauch eines Haushalts wird in Kilowattstunden (kWh) gemessen. Aus den Zählerständen zu Monatsanfang lässt sich der Stromverbrauch im gerade vergangenen Monat ablesen.

1.3.   1.4.   1.5.

a) Wie viel Kilowattstunden (kWh) wurden im April mehr verbraucht als im März?
b) Wie lautet der Zählerstand am 1.6., wenn im Mai 437,7 kWh verbraucht wurden?
c) Berechne die Verbrauchskosten für die Monate März bis Mai, wenn für eine Kilowattstunde 12 Cent bezahlt werden muss.
d) Gib einen ungefähren Wert für den Zählerstand am 31.12. an.

23 Familie Müller hat die Zählerstände der Wasseruhr notiert.
Die linke Wasseruhr zeigt einen Verbrauch von 348,4257 m³ an.

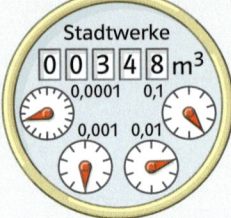 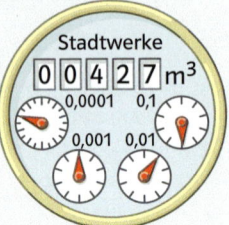

Stand am 1. Januar   ?

a) Wie groß ist die Differenz der beiden Zählerstände?
Gib die Zählerstände auch in Liter an.
b) Familie Müller rechnet pro Tag mit einem Verbrauch von 150 Liter.
In welchem Monat wurde dann der rechte Zählerstand notiert?
Familie Walter und Familie Peters hatten in einem Jahr folgenden Wasserverbrauch.

Monat	Familie Walter	Familie Peters
Januar	15,8 m³	8,4 m³
Februar	16,2 m³	8,8 m³
März	15,9 m³	9,2 m³
April	16,3 m³	7,9 m³
Mai	16,7 m³	8,5 m³
Juni	24,6 m³	8,4 m³
Juli	23,7 m³	10,9 m³
August	33,2 m³	2,8 m³
September	16,8 m³	7,9 m³
Oktober	16,5 m³	8,3 m³
November	15,9 m³	8,1 m³
Dezember	16,0 m³	7,8 m³

c) Welche Gründe kann es für den höheren Verbrauch von Familie Walter geben?
d) Erkläre den Wasserverbrauch der beiden Familien im August.

Rückspiegel

1 Berechne.
a) 7,5 + 4,2 + 12,3 + 0,6
b) 90,5 − 47,4 + 5,4
c) 9,506 − 0,521 − 0,073

2 Nutze Rechenvorteile.
a) 3,5 + 11,2 + 6,5 + 8,8
b) 2,45 + 8,07 − 0,95 + 1,93

3 Berechne.
a) 7,8 · 12,6
b) 34,1 : 6,2
c) 0,85 · 4,8 + 2,72
d) 0,85 + 12,15 : 0,9 − 1,35

4 Achte auf die Klammern.
a) 18,8 − (2,8 + 1,8 · 7,5)
b) 7,7 − (12 : 2,5 + 5,7) : 1,4
c) (0,42 + 1,38) : 4,5 − 0,3

5 Korrigiere das Ergebnis.
a) 2,5 · 0,04 = 100
b) 0,5 · 5 = 250
c) 1,2 · 0,9 = 10,8
d) 0,72 : 0,8 = 9
e) 1,44 : 1,2 = 12

6 Setze die Ziffern 9; 5 und 2 so in die Kästchen ein, dass
a) ein möglichst großer Wert entsteht.
b) das Produkt den Wert 22,5 hat.

7 Addiere zum Produkt der Zahlen 3,2 und 10,5 den Wert 6,4.

8 Die Klasse 6 c kauft für das Klassenfest ein: sieben Flaschen Orangensaft zu je 0,89 €, acht Tüten Chips zu 0,99 € sowie Girlanden und Luftballons für insgesamt 4,98 €.
Der Klassensprecher zahlt an der Kasse des Supermarktes mit einem 20-Euro-Schein.

1 Berechne.
a) 0,57 + 4,09 + 9,87 + 0,08
b) 38,37 + 0,5 − 26,01 − 7
c) 70,4 − 0,704 − 47,04 − 0,004 − 4

2 Nutze Rechenvorteile.
a) 1,52 + 3,70 + 6,04 + 2,28 + 0,46
b) $\left(0,38 - \frac{7}{25}\right) : \frac{1}{5}$

3 Berechne.
a) 0,382 · 0,47
b) 1,4991 : 0,19
c) 2,42 − 8,64 : 3,6 − 0,25 · 0,04

4 Achte auf die Klammern.
a) 9,35 − (0,35 + 5,12 : 0,8) · 0,2
b) 0,36 : (0,9 + 1,5 · 2,4)
c) $3 \cdot \left(\frac{12}{5} : 0,75 - \left(\frac{3}{4} + 0,55\right)\right)$

5 Setze das Komma an die richtige Stelle.
a) 8,5 · 15,2 = 12920
b) 1,3 · 1,3 = 169
c) 2,3 · 0,6 = 138
d) 14,75 : 0,5 = 295
e) 9,46 : 20 = 473

6 Setze die Ziffern 9; 8; 4 und 0 so in die Kästchen ein, dass
a) ein möglichst kleiner Wert entsteht.
b) das Ergebnis möglichst nahe bei 1 liegt.

□,□ : □,□ = ?

7 Subtrahiere von der Summe der Zahlen 1,7 und 1,6 den Quotienten der Zahlen 7,68 und 2,4.

8 Ein rechteckiger Bauplatz mit der Länge 25,6 m und der Breite 16,8 m soll gegen einen flächengleichen, ebenfalls rechteckigen Bauplatz mit der Länge 22,4 m getauscht werden.
Berechne die Breite des neuen Bauplatzes.

Online-Link *zum Rückspiegel* 742861-1231

→ Die Lösungen findest du auf Seite 213.

Standpunkt

Online-Links
zum Standpunkt
742861-1241
zu Kapitel 6
742861-0006

Wo stehe ich?

Ich kann…

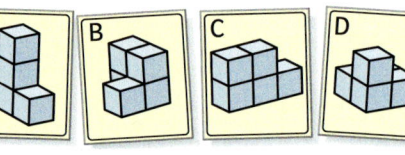

	gut	weniger gut	etwas	nicht mehr	Lerntipp!
1 Formen in Mustern erkennen und benennen,	▫	▫	▫	▫	→ S. 135; 200; 206
2 Körper erkennen und benennen,	▫	▫	▫	▫	→ S. 135; 206
3 zu einem gefalteten Würfelnetz das passende Würfelnetz angeben,	▫	▫	▫	▫	→ S. 126; 206
4 Quadernetze zeichnen,	▫	▫	▫	▫	→ S. 206
5 Würfelgebäude durch Umsetzen von einem Würfel erzeugen,	▫	▫	▫	▫	→ S. 206
6 Körper an ihrer Beschreibung erkennen und benennen,	▫	▫	▫	▫	→ S. 135; 206
7 das Schrägbild eines Quaders zeichnen,	▫	▫	▫	▫	→ S. 206
8 einen Körper beschreiben.	▫	▫	▫	▫	→ S. 135; 206

Überprüfe deine Einschätzung

1 Aus welchen Formen ist dieses Muster zusammengesetzt?

2 Nenne zwei Körper, die sich in diesem Muster verstecken.

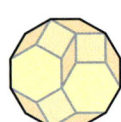

Zu Aufgabe 6:

3 Aus welchem Würfelnetz wird der Würfel gefaltet?

a)

b)

c)

4 Übertrage das Netz in dein Heft und vervollständige das Quadernetz.

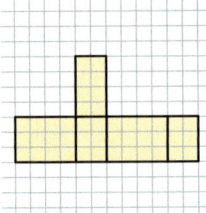

5 Du darfst von Karte zu Karte nur einen Klotz versetzen. Sortiere die Kärtchen.

6 Welcher Körper ist beschrieben?
- Zueinander parallele Seiten sind gleich lang.
- Die benachbarten Kanten stehen senkrecht aufeinander.
- Die Begrenzungsflächen sind Rechtecke.

7 Zeichne das Schrägbild eines Quaders mit a = 6 cm, b = 4 cm und c = 5 cm.

8 a) Beschreibe den Körper.
b) Aus welcher Art von Netzen kann man den Körper aufbauen?

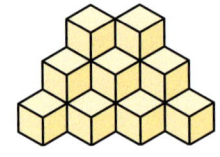

➜ Die Lösungen findest du auf Seite 214.

Schöner als ein Quader!

Zeichne und schneide aus.

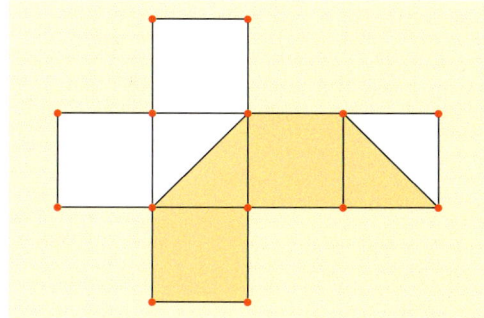 

Ein halbes Würfelnetz gibt einen halben Würfel.

Zwei halbe Würfel kannst du wieder zum ganzen Würfel zusammenklappen.

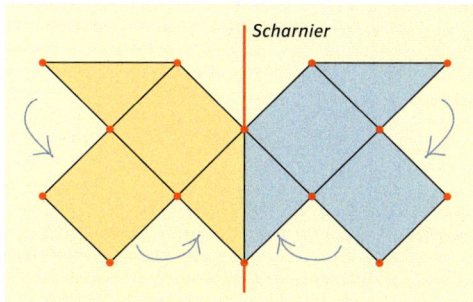 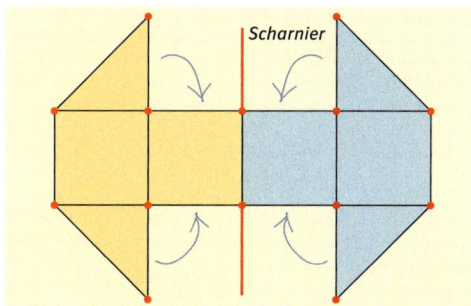

Dem Kreisausschnitt fehlt zum Kreis nur ein schmales Stück.
Du kannst ihn immer weiter drehen.

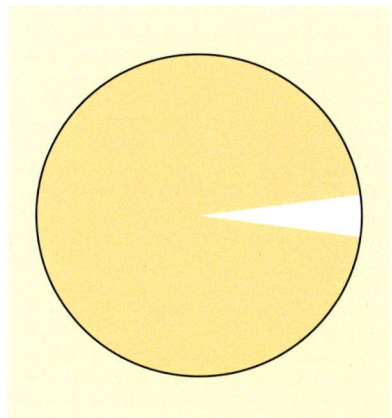 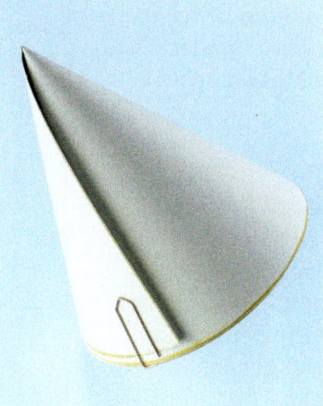

Das lerne ich:

- die Eigenschaften von Prismen und Pyramiden kennen,
- Netze von Prismen und Pyramiden herzustellen und zu zeichnen,
- Körper aus Netzen herzustellen,
- Körper durch Schrägbilder darzustellen,
- die Eigenschaften von Zylinder und Kegel kennen.

1 Prisma

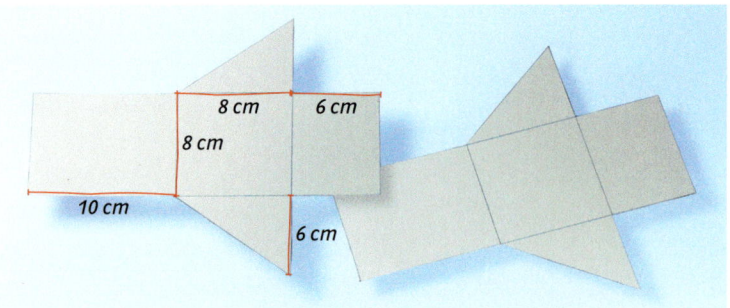

→ Stelle mit den gezeichneten Schnitt-mustern zwei Körper her.

→ Sie lassen sich auf verschiedene Arten zusammenfügen, nicht nur zu einem Quader.

→ Mit vier solchen Körpern gibt es noch viel mehr Möglichkeiten. Arbeitet gemeinsam.

Zerlegt man einen Quader senkrecht zu seiner Grundfläche durch einen oder mehrere Schnitte, so entstehen Prismen. Die Einzahl heißt **Prisma**.

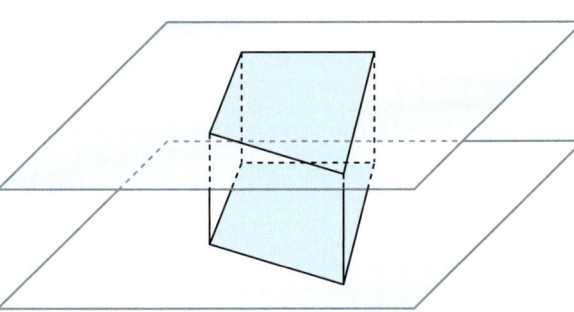

Ein **Prisma** ist begrenzt durch die Grund-fläche, die Deckfläche und den Mantel. Der Mantel besteht aus Rechtecken. Die Grundfläche und die Deckfläche sind von gleicher Form und Größe. Sie bestimmen den Namen des Prismas: Dreiecksprisma, Sechseckprima usw.

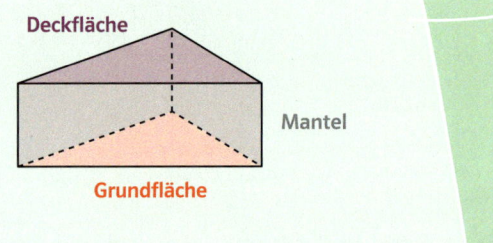

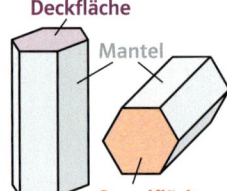

Bemerkungen

Ein Prisma bleibt ein Prisma, auch wenn es auf der Mantelfläche liegt. Quader und Würfel kann man als Rechtecksprismen ansehen.

Beispiel

Das Bild zeigt das Netz eines Dreiecks-prismas. Die Seiten, die sich beim Zusammenfalten vereinigen, sind gleich lang. Man zeichnet zuerst die drei Mantel-rechtecke. Dann werden die Seiten mit dem Zirkel übertragen und geben die Grundfläche und die Deckfläche.

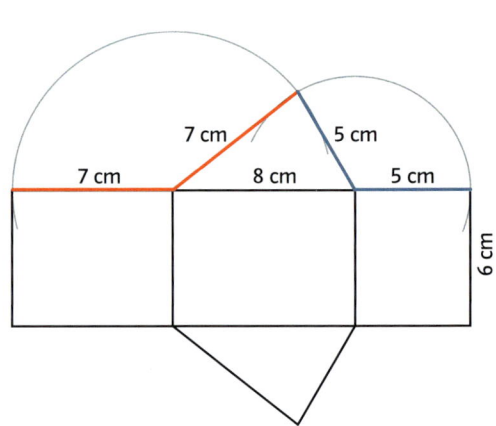

Aufgaben

1 Beschreibe die Prismen, die auf dem Rand rechts abgebildet sind. Suche auch andere Prismen.

2 Welcher Würfel wird in Prismen zerschnitten?

a)
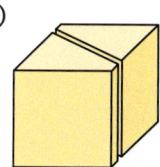

b)
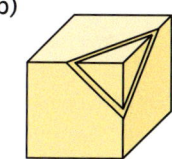

c)
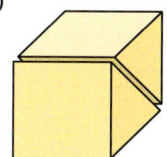

d)
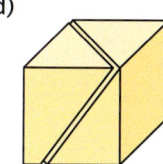

3 Zeichne die Netze und falte Prismen.

a)

b)

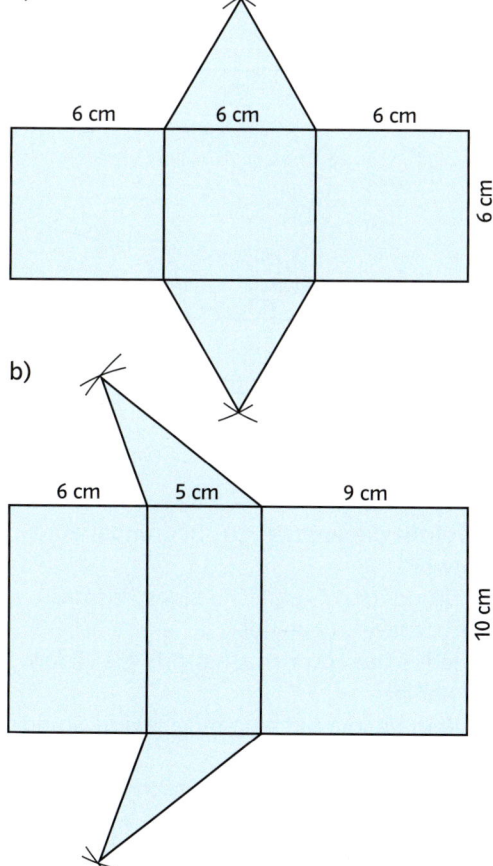

6 cm 6 cm 6 cm

6 cm

6 cm 5 cm 9 cm

10 cm

4 Zeichne die Teile in der richtigen Anzahl auf Karopapier.
Schneide sie aus und klebe sie mit Klebestreifen zu einem Prisma zusammen.

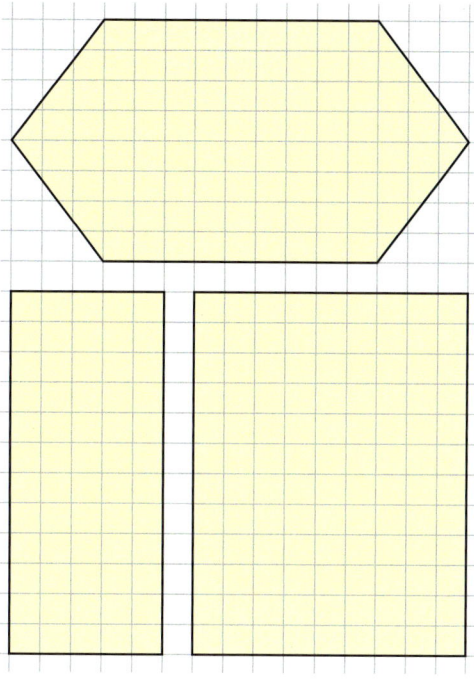

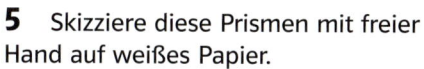

5 Skizziere diese Prismen mit freier Hand auf weißes Papier.

a)

b)

c)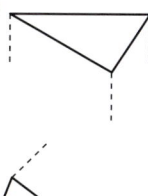

d)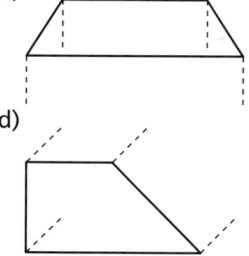

6 Zähle die Ecken, Kanten und Flächen dieser Körper. Wie heißen die Prismen?

a)

b)

c)

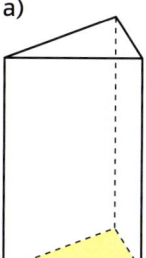
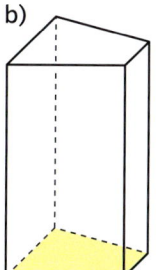
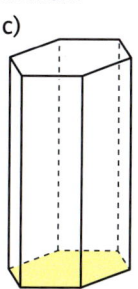

Online-Links
zu Aufgabe 3
742861-1271
zu Aufgabe 4
742861-1272

Lerntipp!

*Die Form der Grundfläche gibt dem Prisma den Namen.
Zum Beispiel Dreiecksprisma.*

7 Zeichne ein Netz des Prismas.

a)

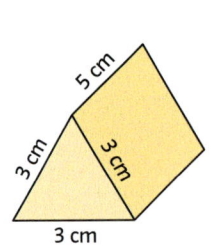

b)

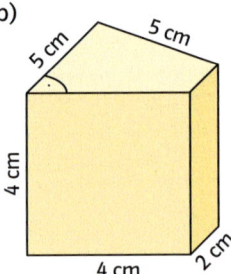

8 Zeichne ein Netz des Prismas mit der abgebildeten Grundfläche. Nimm 7 cm für die Höhe.

a)

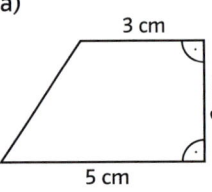

b)

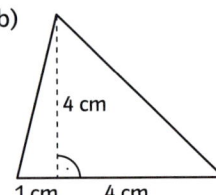

c)

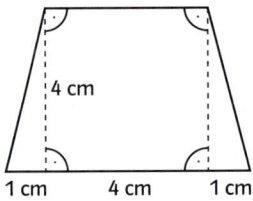

9 Wie viele Schnitte wurden an dem Quader mindestens durchgeführt, um das Prisma auszusägen?

vorher

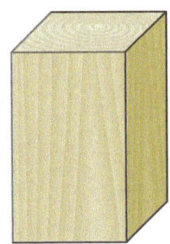

nachher

a)

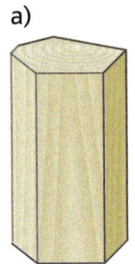

b)

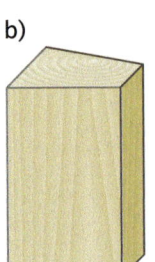

c)

Online-Link
zu Aufgabe 11
742861-1281

10 Prisma oder kein Prisma? Begründe.

a)   b)   c)

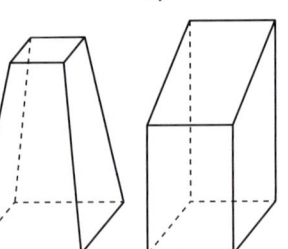
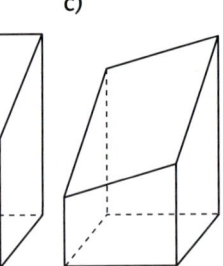

11 Welche Seiten des Netzes vereinigen sich beim Zusammenfalten zu einer Kante? Welche Eckpunkte des Netzes vereinigen sich zu einem Eckpunkt des Prismas?

Beispiel: $\overline{NO}$ liegt auf $\overline{NM}$; Eckpunkt O = M
$\overline{QP}$ liegt auf $\overline{LK}$; Eckpunkt L = P

a)

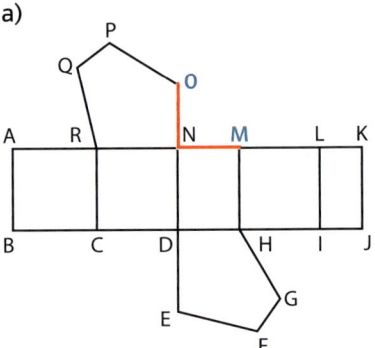

b)

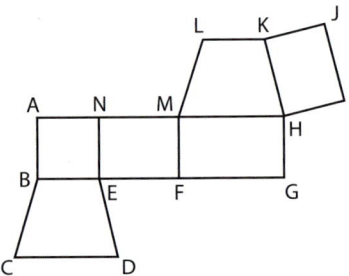

12 Trifft die Aussage zu? Begründet eure Antwort.
a) Grund- und Deckfläche eines Prismas sind parallel zueinander.
b) Jedes Dreieckprisma hat drei gleich lange Kanten.
c) Kein Prisma hat eine rechteckige Grundfläche.
d) Das Sechseckprisma hat sechs rechteckige Seitenflächen.
e) Der Quader ist ein besonderes Prisma.

2 Pyramide

→ Zeichne das Netz und falte den Körper.
Es gibt viele Möglichkeiten, solche Körpernetze in zwei Kreise einzuzeichnen.
→ Stelle auf diese Weise flache Körper,
spitze Körper, Körper mit mehr und mit
weniger Flächen her.

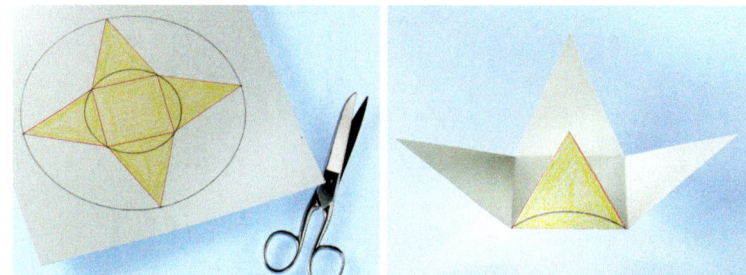

Ein über seiner Grundfläche spitz zulaufender Körper heißt **Pyramide**.

Eine **Pyramide** ist begrenzt durch die
Grundfläche und den Mantel.
Die Dreiecke, aus denen der Mantel
besteht, treffen sich in der Spitze.
Die Grundfläche kann 3; 4 oder mehr
Eckpunkte haben. Sie bestimmt den
Namen der Pyramide: Dreieckspyramide,
Quadratpyramide usw.

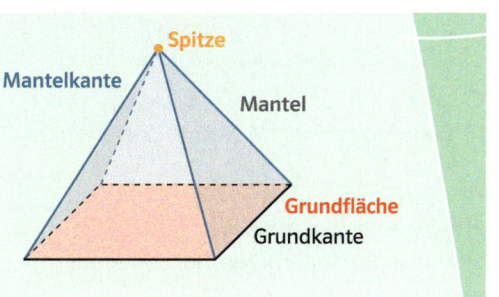

Beispiele

a) Das Netz einer Quadratpyramide ist im
Quadratgitter leicht zu zeichnen. Die Seiten
der Manteldreiecke, die in einer Kante zu-
sammenkommen, sind gleich lang.

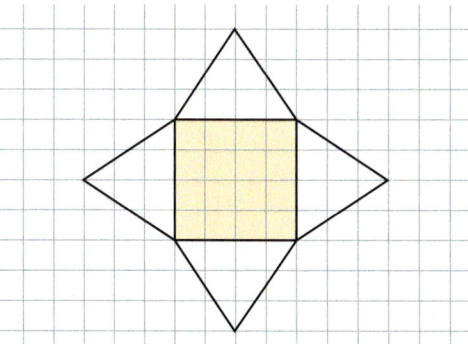

b) Im Netz einer Rechteckspyramide lässt
sich die Länge der Mantelkanten nicht immer durch Auszählen von Kästchen bestimmen. Man überträgt sie mit dem Zirkel.

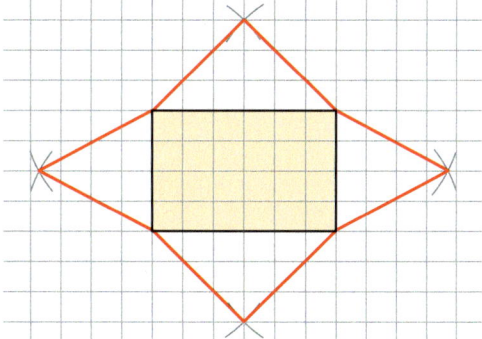

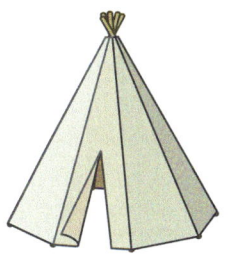

„Achteckspyramide"

Aufgaben

1 Stelle über einem 6-cm-Quadrat eine
Pyramide her. Überlege, ob die Pyramide
hoch oder niedrig werden soll. Wähle dann
die Länge der Mantelkanten.

2 Nenne Pyramiden, die du in deiner
Umgebung siehst.
Manchmal findest du auch Pyramiden als
Teile von zusammengesetzten Körpern.

3 a) Stelle diese Rechteckspyramide her.

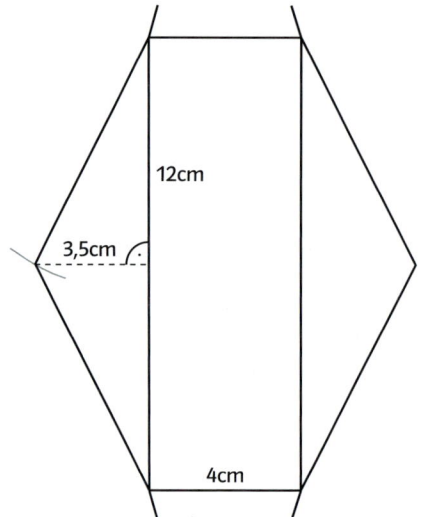

b) Baue deine eigene Rechteckspyramide.

4 Quadratpyramiden einmal anders – wie fügen sich die Flächen zusammen? Versuche die Pyramiden herzustellen.
a)   b)

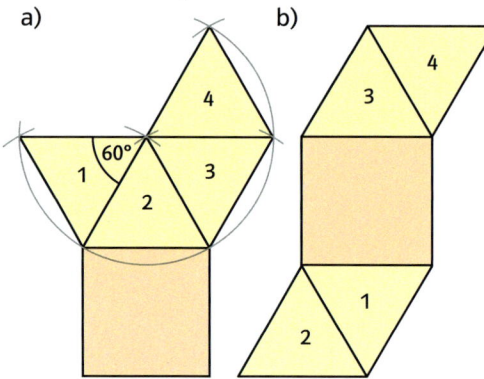

5 Das sind keine Pyramidennetze. Wo steckt der Fehler?
a)   b)

c)   d)

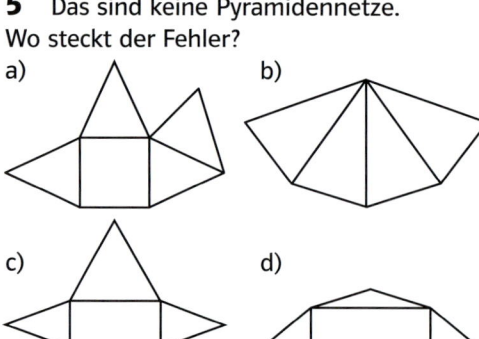

Online-Links
zu Aufgabe 4
742861-1301
zu Aufgabe 8
742861-1302

? Kannst du aus sechs Hölzchen vier Dreiecke mit lauter gleich langen Seiten bilden?

6 Wie viele Eckpunkte, Kanten und Flächen hat eine Pyramide über diesen Grundflächen?
a) Dreieck   b) Viereck
c) Fünfeck   d) Sechseck
e) Zehneck   f) Hunderteck

7 a) Aus Draht könnt ihr Kantenmodelle von Pyramiden herstellen.
b) Suna soll aus Draht die folgenden Kantenmodelle herstellen. Wie viel Draht benötigt sie jeweils mindestens?

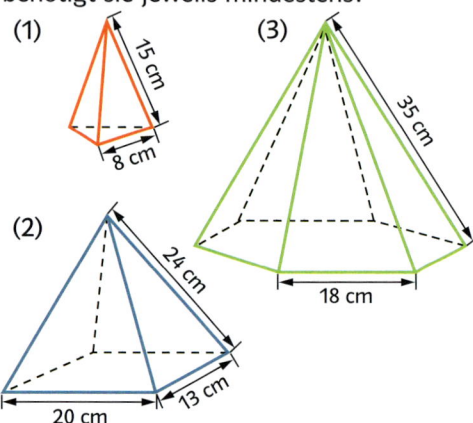

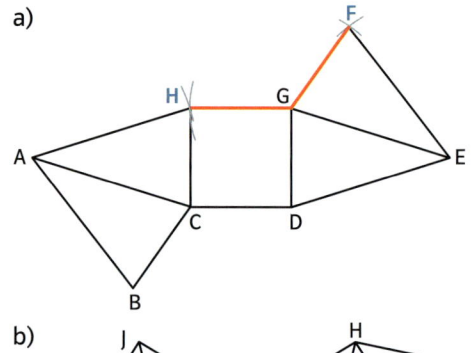

8 Welche Eckpunkte des Netzes treffen sich beim Zusammenfalten im selben Eckpunkt der Pyramide? Welche Seiten treffen sich in derselben Kante?

Beispiel: **H = F**; $\overline{HG}$ liegt auf $\overline{GF}$

a)

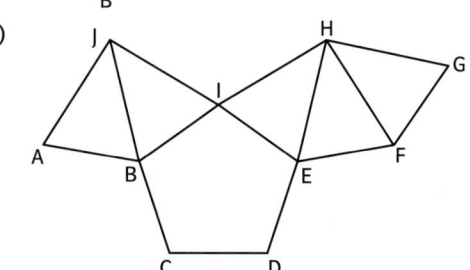

b)

3 Schrägbilder von Pyramiden und Prismen*

→ Zeichne mit freier Hand einige Quader
und Würfel mit eingeschlossener Pyramide.
→ Zeichne auch so, dass
• die Pyramide auf der Spitze steht,
• die Spitze zu dir hin zeigt,
• die Pyramide aufrecht steht und trotzdem alle Manteldreiecke sichtbar sind.

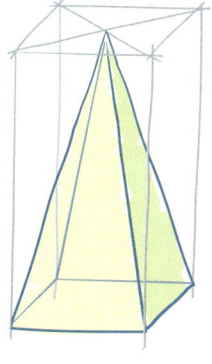
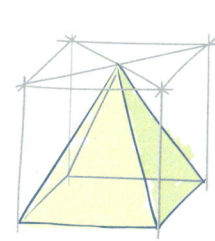
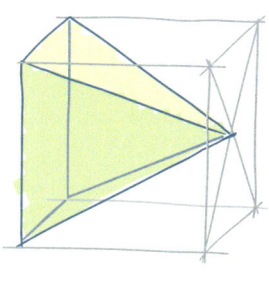

Das Schrägbild der Pyramide und des Prismas werden nach denselben Regeln wie das
Schrägbild des Quaders gezeichnet. Es ist oft vorteilhaft, wenn man sich Pyramide und
Prisma als Teilkörper eines Quaders vorstellt und diesen mitzeichnet.

Kanten, die in der Zeichenebene oder parallel zu ihr liegen, bleiben im
Schrägbild unverändert. Senkrecht zur Zeichenebene laufende Kanten werden
unter einem 45°-Winkel und auf die Hälfte verkürzt gezeichnet.
Man darf solche Kanten auch alle etwas verlängern oder alle etwas verkürzen,
damit sie in Gitterpunkten enden. Verdeckte Kanten werden gestrichelt.

Beispiele

a) Eine Quadratpyramide steht auf ihrer
Grundfläche. Das Quadrat wird zum Parallelogramm verzerrt. Die Spitze liegt in
Wirklichkeit senkrecht über dem Mittelpunkt des Quadrats. Im Bild liegt sie senkrecht über dem Mittelpunkt des Parallelo-
gramms. Die Höhe bleibt unverändert.
b) Ein Dreiecksprisma liegt auf einem
seiner Mantelrechtecke. Die Grundfläche
liegt in der Zeichenebene.
Die drei Mantelkanten laufen schräg nach
hinten und werden verkürzt. Aus der wah-
ren Länge 4 cm wird die Bildlänge 2 cm.
Diese darf auf drei Kästchendiagonalen
verkürzt werden.
c) Ein 3 cm hohes Dreiecksprisma steht auf
seiner dreieckigen Grundfläche. Diese ist
ein halbes Rechteck. Das Schrägbild des
Dreiecks ist eine Hälfte des Schrägbilds
des Rechtecks.
Die Höhe bleibt unverändert.

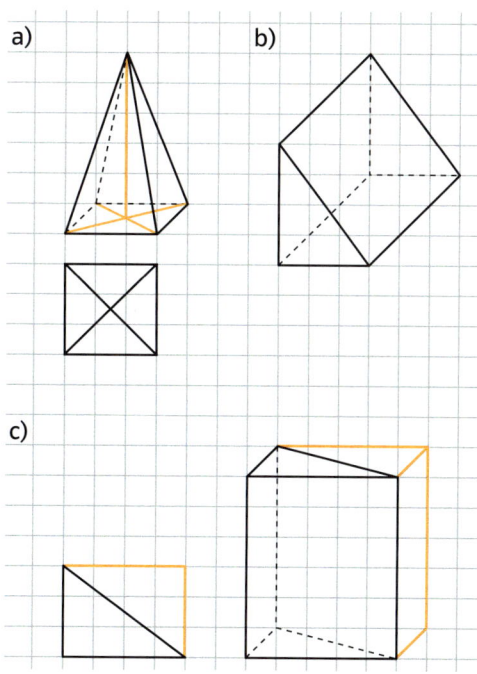

Aufgaben

Lerntipp!

zu Aufgabe 7:
Maßstab 1:200 be-
deutet: 1 cm auf der
Karte entspricht 200 cm
in der Wirklichkeit.

1 Zeichne die Quadratpyramide.

	a)	b)	c)	d)
Grundkante	8 cm	8 cm	6 cm	6 cm
Höhe	6 cm	3 cm	6 cm	2 cm

2 Zeichne das Dreiecksprisma. Es soll auf einem Mantelrechteck liegen.

	a)	b)	c)
Grundfläche	7 cm / 5 cm	6 cm / 8 cm	9 cm / 9 cm
Mantelkanten	10 cm	8 cm	9 cm

3 Zeichne die Rechteckspyramide.

	a)	b)	c)
Grundkanten	8 cm	8 cm	7 cm
	6 cm	10 cm	4 cm
Höhe	7 cm	3 cm	7 cm

4 Zeichne das Prisma mit der abgebildeten Grundfläche. Die Mantelkanten sollen 8 cm lang sein.

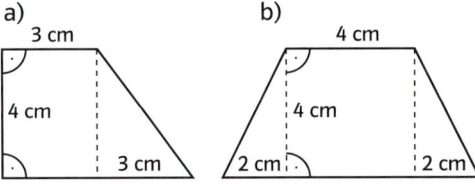

a)
3 cm
4 cm
3 cm

b)
4 cm
4 cm
2 cm   2 cm

5 Zeichne eine Quadratpyramide, die auf ihrer Spitze steht.
Achte besonders darauf, welche Kanten verdeckt sind.

	a)	b)	c)
Grundkante	8 cm	6 cm	7 cm
Höhe	8 cm	5 cm	2 cm

6 Zeichne einen Würfel mit einer auf die Deckfläche aufgesetzten Pyramide. Die Maße kannst du selbst wählen.

7 Die hier abgebildete Glaspyramide dient dem bedeutenden Museum *Louvre* in Paris als Eingangsbereich.
Sie hat etwa die folgenden Maße.
Grundfläche: 34,5 m mal 34,5 m; Höhe: 21 m
Zeichne das Schrägbild der Pyramide im Maßstab
a) 1:200,   b) 1:500.

8 Aus dem Würfel wurde eine Pyramide herausgeschnitten. Zeichne ihn in dein Heft.

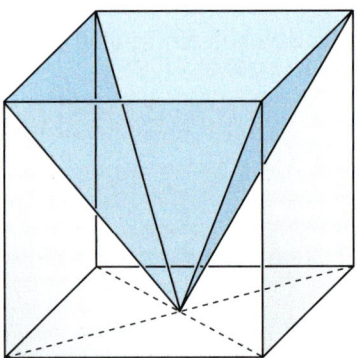

9 Schräg im Würfel liegt eine Doppelpyramide. Zeichne die Figur. Hier sollst du hinten liegende Kanten nicht stricheln. Stelle dir ein Modell aus Draht vor.

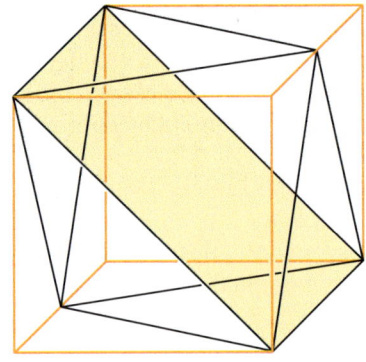

4 Zylinder. Kegel. Kugel

Der Zylinder entsteht aus einem Rechteck
und zwei Kreisen.
→ Aus welchen Teilen entsteht ein Kegel?

Versuche doch einmal, eine Kugel aus
Streifen herzustellen.
→ Geht das auch mit sehr breiten Streifen?

Der Zylinder hat eine gekrümmte Fläche und zwei ebene Flächen. Der Kegel hat eine
gekrümmte und eine ebene Fläche. Die Kugel hat nur eine Fläche. Diese ist gekrümmt.

> Der **Zylinder** besteht aus einem Grundkreis, einem Deckkreis und einem
> aufgerollten Rechteck als **Mantel**.
> Der **Kegel** besteht aus einem Grundkreis und einem aufgerollten Kreisausschnitt
> als **Mantel**.
> Die **Kugel** lässt sich nicht aus ebenen Flächenstücken zusammensetzen.

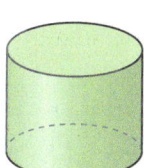

Beispiel

Ein Rechteck lässt sich auf zwei Arten zu
einem Rohr zusammenwickeln. Mit zwei
Kreisen wird das Rohr zum Zylinder ver-
schlossen. Den Durchmesser der Kreise
kann man am Rohr abmessen.

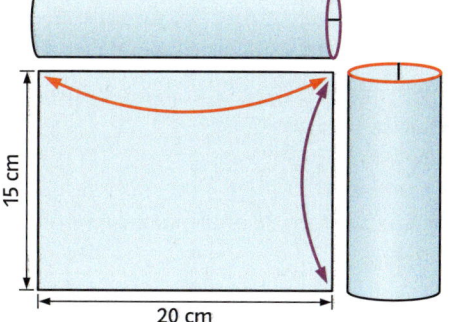

15 cm

20 cm

Aufgaben

1 Wo siehst du Zylinder, Kegel, Kugeln
oder wenigstens Teile dieser Körper?
Denke an Gegenstände aus dem Haushalt,
dem Supermarkt und der Technik.

2 Zylinder, Kegel und Kugel unterscheiden sich durch die Art zu rollen und durch
die Art, wie sie auf einer ebenen Unterlage
aufliegen. Erkläre das genauer.

3 Wickle eine Kugel in ein Blatt Papier.
Was beobachtest du?
Kann man ein Stück Orangenschale flach
auf den Tisch legen?

4 Beschaffe Tischtennisbälle und expe-
rimentiere, wie man sie platzsparend in
einen Karton packen kann. Wirf sie zum
Vergleich auch ungeordnet in den Karton.

Online-Link
zu Aufgabe 5
742861-1341

5 Welcher der vier Kegel wird am höchsten, welcher am niedrigsten?
Das kannst du herausfinden, ohne die Kegel herzustellen.

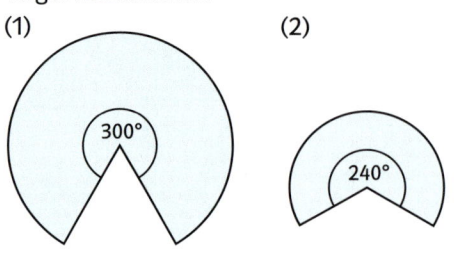

8 Um welchen Körper handelt es sich hier?
„Er hat nur zwei Kanten. Zwei seiner drei Flächen sind Kreise. Ecken besitzt er nicht."

9 Hier wurden Kugeln, Kegel, Quader und Zylinder genau in der Hälfte durchgeschnitten. Die Schnittfläche ist jeweils rot gekennzeichnet. Benenne den Körper, der durchgeschnitten wurde.

Beispiel:

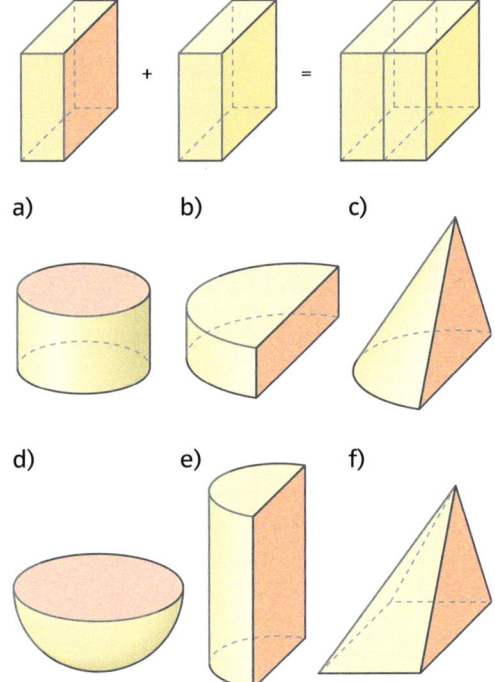

a) b) c)

d) e) f)

Lerntipp!

Baue die Drehfläche nach und überprüfe deine Behauptung.

6 Beschreibe die Körper:

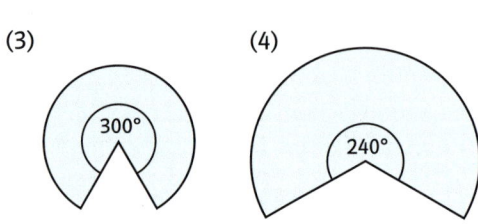

7 Bei welchem der abgebildeten Körper handelt es sich um
a) eine Pyramide,
b) einen Kegel?
c) Welche weiteren Körper kannst du benennen?

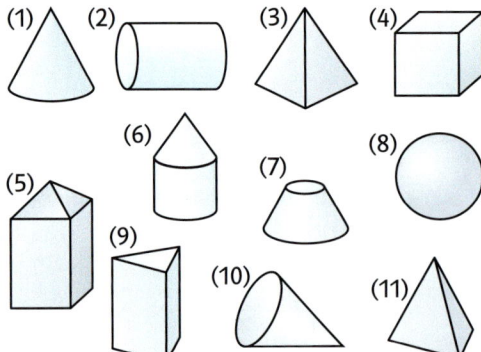

d) Überlegt, wie ihr die Körper sortieren könnt.
Stellt euren Vorschlag den anderen vor.

10 a) Übertrage die Tabelle ins Heft und fülle sie aus.
b) Wie verändern sich die Zahlen in den Spalten?
Findest du eine Regel?

Grundfläche der Pyramide	Anzahl der Ecken	Anzahl der Kanten	Anzahl der Flächen
Dreieck			
Viereck			
Fünfeck			
Sechseck			
Siebeneck			
Tausendeck			

❓ *Warum gibt es Plakatsäulen, aber keine Plakatkugeln?*

Zusammenfassung

Prisma

Ein **Prisma** entsteht, wenn ein Quader senkrecht zu seiner Grundfläche zerschnitten wird.
Ein Prisma ist begrenzt durch die **Grundfläche**, die **Deckfläche** und den aus Rechtecken zusammengesetzten **Mantel**.
Die Grundfläche und die Deckfläche sind von gleicher Form und Größe.

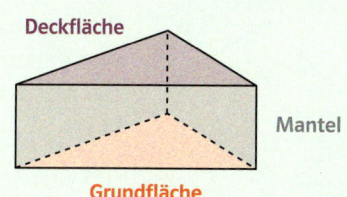

Deckfläche
Mantel
Grundfläche

Pyramide

Ein über seiner Grundfläche spitz zulaufender Körper heißt **Pyramide**. Eine Pyramide ist begrenzt durch die **Grundfläche** und den aus Dreiecken zusammengesetzten **Mantel**. Die Grundfläche kann 3; 4; 5 oder mehr Eckpunkte haben. Die Manteldreiecke treffen sich in der **Spitze**.

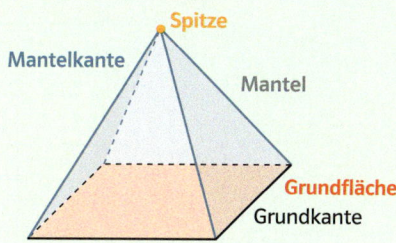

Spitze
Mantelkante
Mantel
Grundfläche
Grundkante

Schrägbilder*

Im **Schrägbild** bleiben Kanten unverändert, die in der Zeichenebene oder parallel zu ihr liegen. Senkrecht zur Zeichenebene laufende Kanten werden unter einem 45°-Winkel und auf die Hälfte verkürzt gezeichnet.

Grundfläche　　　　　**Schrägbild**

Grundfläche in der Zeichenebene, unverändert

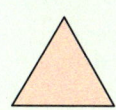

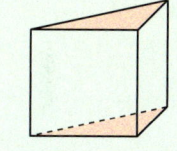

Mantelkanten senkrecht zur Zeichenebene, schräg und verkürzt

Grundfläche senkrecht zur Zeichenebene

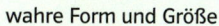

wahre Form und Größe

Mantelkanten parallel zur Zeichenebene, unverändert

Zylinder

Der **Zylinder** besteht aus einem **Grundkreis**, einem **Deckkreis** und einem aufgerollten Rechteck als **Mantel**.

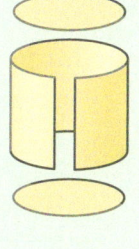

Kegel

Der **Kegel** besteht aus einem **Grundkreis** und einem aufgerollten Kreisausschnitt als **Mantel**.

Kugel

Die **Kugel** lässt sich nicht aus ebenen Flächenstücken zusammensetzen.

Üben • Anwenden • Nachdenken

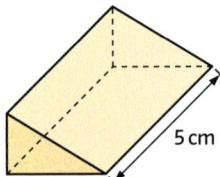

1 Übertrage die Grundfläche in dein Heft und ergänze zu einem liegenden Prisma. Die Mantelkanten sollen 5 cm lang sein.

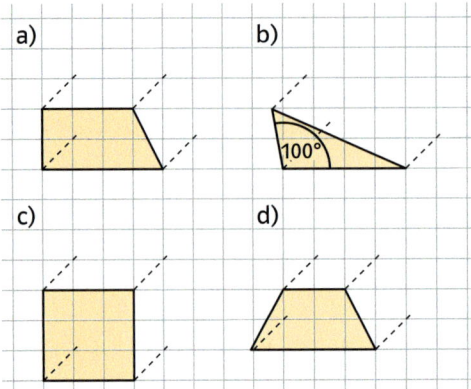

2 Zeichne die Quadrat- oder Rechteckspyramide.

	a)	b)	c)
Seiten des Rechtecks	8 cm	8 cm	6 cm
	8 cm	6 cm	4 cm
Höhe	6 cm	6 cm	8 cm

Online-Link
zu Aufgaben 3, 4 und 5
742861-1361

3 Für das dritte Rechteck des Prismennetzes sind fünf Lagen angegeben. Welche sind möglich, welche sind unmöglich? Begründe deine Antwort.

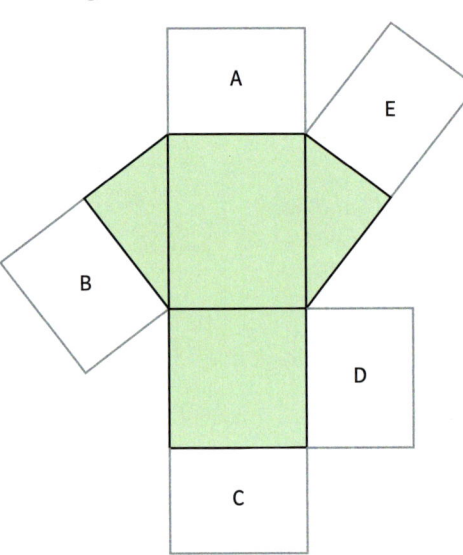

4 Welche Figuren lassen sich zum Prisma falten, welche nicht? Begründe.

a)

b)

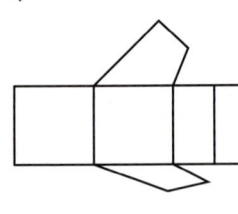

c)

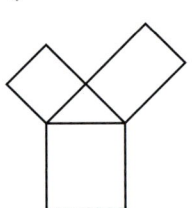

d)

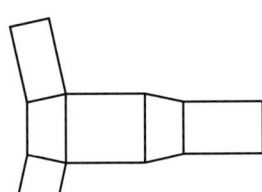

5 Welche Figuren sind Pyramidennetze, welche nicht? Begründe.

a)

b)

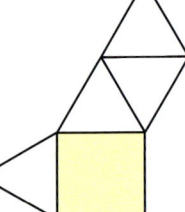

c)

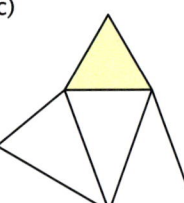

d)

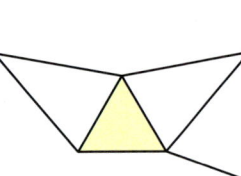

e)

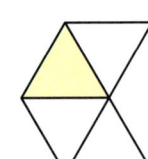

f)

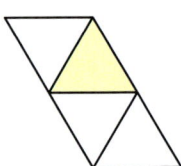

6 a) An welchem Rechteck muss die Tür ausgeschnitten werden?

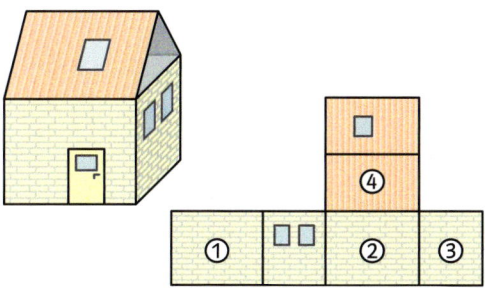

b) An welche Dachfläche gehört die Dachgaube?

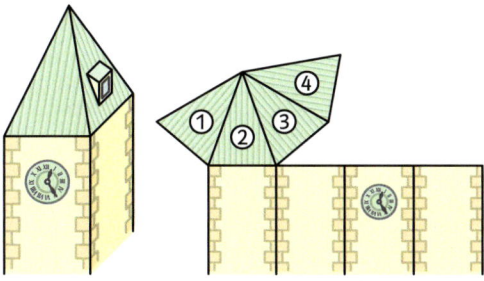

c) Über welchem Fenster hängt die Fahne heraus? Aus welchem Fenster des Turms kommt die Fledermaus?
Schau sie genau an.

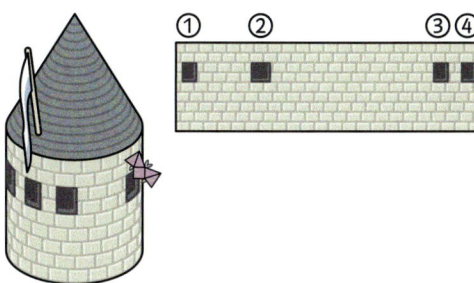

d) Welche Zeltbahnen sind zurückgeschlagen?

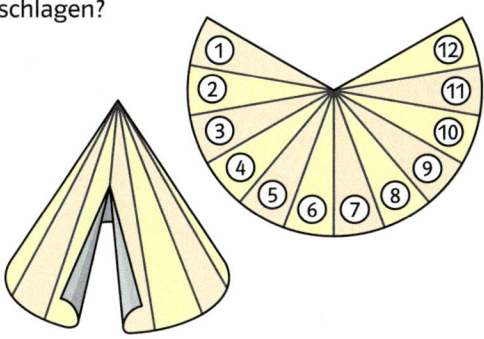

7 Wo kannst du das vierte Dreieck anhängen, damit ein Pyramidennetz entsteht? Es gibt mehrere Möglichkeiten. Zeichne die Netze mit freier Hand.

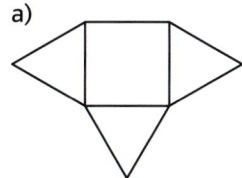

8 Wie viele Eckpunkte, wie viele Kanten und wie viele Flächen hat ein Prisma, dessen Grundfläche die folgende Form hat?
a) Dreieck   b) Viereck
c) Sechseck   d) Zwanzigeck
e) 100-Eck   f) 1000-Eck

9 Von einem Sechseckprisma wird ein Dreieckprisma abgeschnitten.

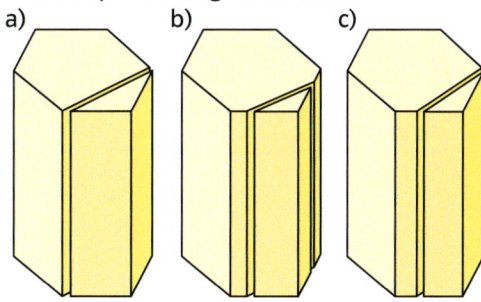

Zähle die Eckpunkte, Kanten und Flächen des ganzen Prismas, des abgeschnittenen Prismas und des Restprismas.

10 In wie viele Teile zerfällt die Kugel beim Zerschneiden jeweils? Zähle und beschreibe die Schnittflächen.

a)
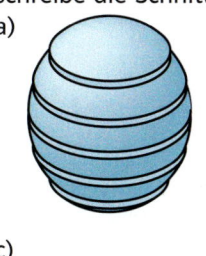
b)
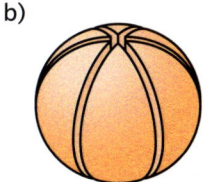

c)
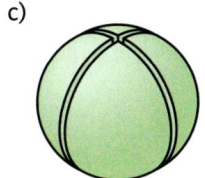
d)

Online-Link
zu Aufgabe 6
742861-1371

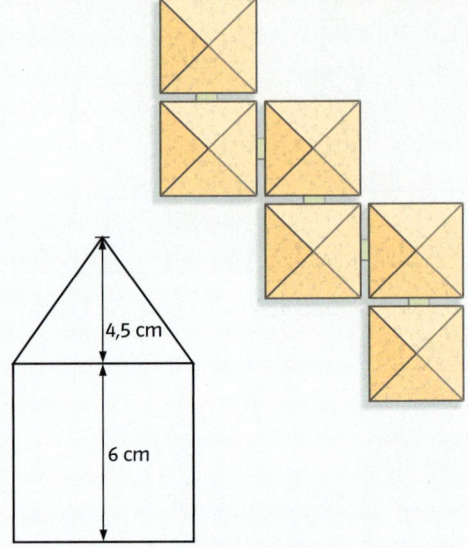

Die ägyptischen Pyramiden sind 4500 Jahre alt. Die größte ist etwa 137 m hoch. Die Seite ihres Grundquadrats ist 233 m lang.

11 a) Wenn du das Netz ergänzt, kannst du eine Pyramide herstellen, die etwa dieselbe Form hat wie das riesige Vorbild.

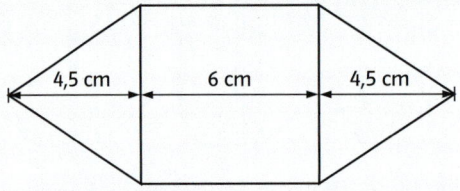

b) Baut gemeinsam eine wirklich große ägyptische Pyramide.

12 Stellt vier Pyramiden mit dem abgebildeten Netz her. Sie lassen sich zu einer einzigen Pyramide zusammensetzen, das ist gar nicht so einfach.

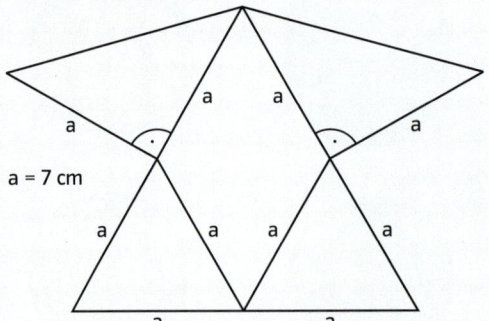

13 a) Ergänzt das Netz und baut sechs Pyramiden mit diesem Netz.

b) Klebt die Grundflächen mit Klebeband zu einem Würfelnetz zusammen.
Lasst kleine Zwischenräume zwischen den Quadraten.
c) Baut einen Würfel mit 6 cm Kantenlänge und verpackt ihn im Pyramidensechsling.
d) Beschreibt den entstandenen Körper.
e) Ihr könnt den Pyramidensechsling auch anders herum zusammenwickeln.

14 Stellt drei Pyramiden mit diesem Netz her. Sie werden ziemlich schief. Trotzdem lassen sie sich zu einem ganz einfachen Körper zusammenlegen.

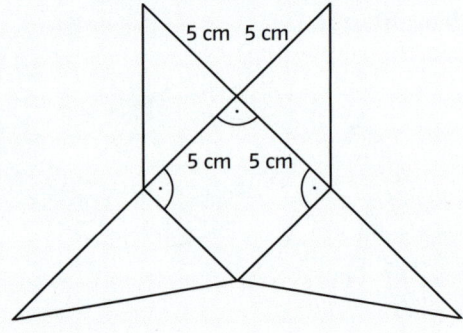

Online-Link
zu den Aufgaben 12 und 14
742861-1381

1 Zeichne ein Netz des Prismas.
Die Mantelkanten sollen 3 cm lang sein.

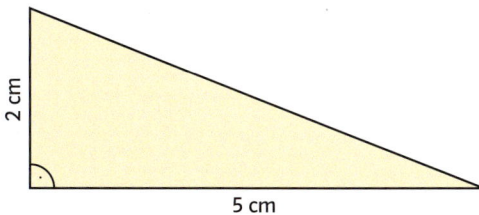

2 cm

5 cm

2 Wie viele Flächen, Kanten und Eckpunkte hat eine Pyramide
a) mit quadratischer Grundfläche?
b) mit sechseckiger Grundfläche?

3 Welche Eckpunkte treffen zusammen, wenn man das Netz zum Prisma faltet?

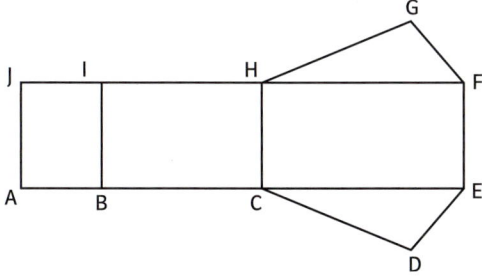

4 Welche Figuren sind Körpernetze?

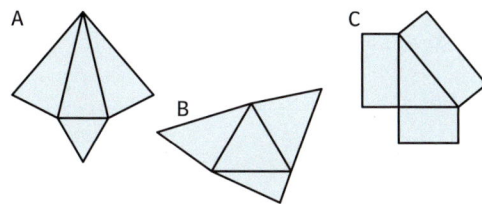

A   C
B

5 Benenne die Körper.

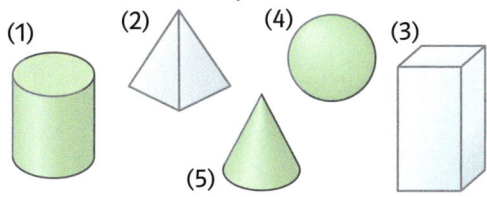

(1)   (2)   (4)   (3)
(5)

6 Welcher Körper entsteht, wenn sich ein Rechteck um eine Seite dreht?

Rückspiegel

Online-Link
zum Rückspiegel
742861-1391

1 Zeichne ein Netz des Prismas.
Die Mantelkanten sollen
4 cm lang sein.

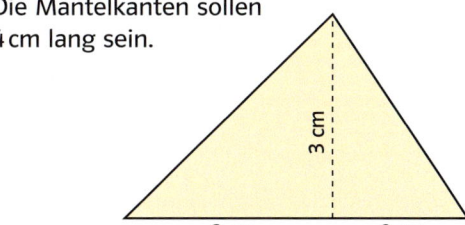

3 cm

3 cm   2 cm

2 Wie viele Flächen, Kanten und Eckpunkte hat ein Prisma
a) mit fünfeckiger Grundfläche?
b) mit zwölfeckiger Grundfläche?

3 Welche Eckpunkte treffen zusammen, wenn man das Netz zur Pyramide faltet?

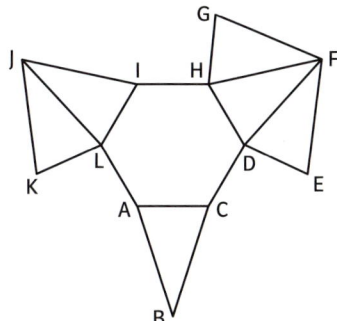

4 Welche Figuren sind Körpernetze?

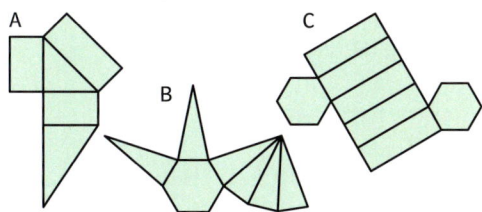

A   C
B

5 Benenne die Teilkörper.

a)   b)

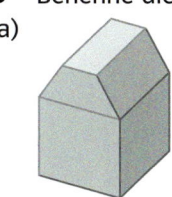
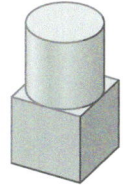

6 Welcher Körper entsteht, wenn sich ein Halbkreis um den Durchmesser dreht?

➔ Die Lösungen findest du auf Seite 214.

Standpunkt

Online-Links
zum Standpunkt
742861-1401
zu Kapitel 7
742861-0007

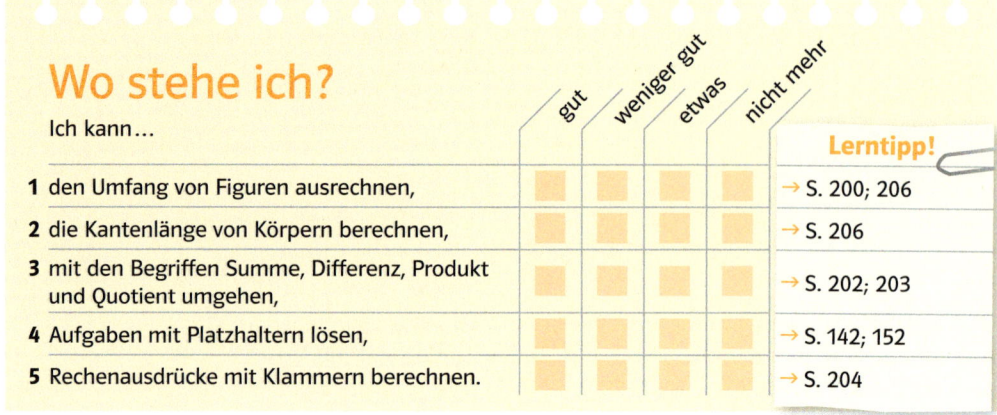

Wo stehe ich?

Ich kann…

	gut	weniger gut	etwas	nicht mehr	Lerntipp!
1 den Umfang von Figuren ausrechnen,	☐	☐	☐	☐	→ S. 200; 206
2 die Kantenlänge von Körpern berechnen,	☐	☐	☐	☐	→ S. 206
3 mit den Begriffen Summe, Differenz, Produkt und Quotient umgehen,	☐	☐	☐	☐	→ S. 202; 203
4 Aufgaben mit Platzhaltern lösen,	☐	☐	☐	☐	→ S. 142; 152
5 Rechenausdrücke mit Klammern berechnen.	☐	☐	☐	☐	→ S. 204

Überprüfe deine Einschätzung

Lerntipp!

zu Aufgabe 3:
= Ergebnis
+ Summe
− Differenz
· Produkt
: Quotient

1 a) Berechne Umfang und Flächeninhalt.

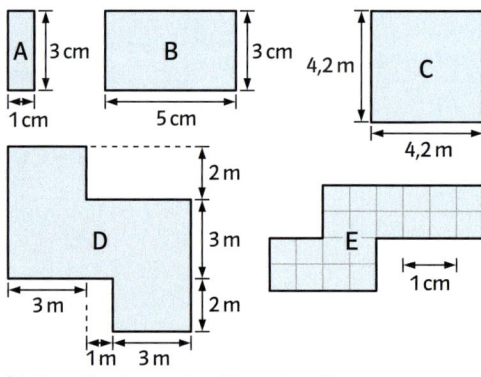

b) Der Umfang der Figur ist 12 cm.
Wie lang ist die fehlende Seite?

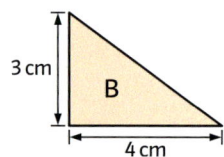

2 Welche Kantenlänge hat die Figur?

a)

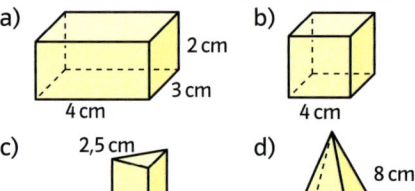

b)

c)   d)

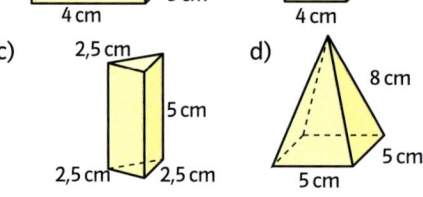

3 Berechne
a) die Summe aus 34 und 1,6;
b) den Quotienten aus 450 und 9;
c) das Produkt aus 12,5 und 2,4;
d) die Differenz aus $\frac{4}{5}$ und $\frac{2}{3}$.
e) Addiere 37 und 23.
f) Subtrahiere 10 von 87.
g) Multipliziere 2,5 mit 4.
h) Dividiere 56,7 durch 7.

4 Finde die Lösung.

Beispiel: 40 + ☐ = 55; ☐ = 15,
          denn 40 + 15 = 55

a) 80 + ☐ = 116
b) ☐ + 34 = 112
c) 129 − ☐ = 76
d) ☐ − 34 = 56
e) 7 · ☐ = 105
f) ☐ · 13 = 117
g) 56 : ☐ = 8
h) ☐ : 11 = 9
i) ☐ · 9 = 2,7

5 Berechne im Heft.
a) 23 + 45 : 9
b) 3 · 9 − 23
c) 24 + 6 : 2 − 8
d) 384 − (290 − 4 · 20)
e) 1000 : 40 · 3 − 15 · 2
f) 210 + 7 · (163 − 43) − 150

→ Die Lösungen findest du auf Seite 215.

Mit Platzhaltern rechnen

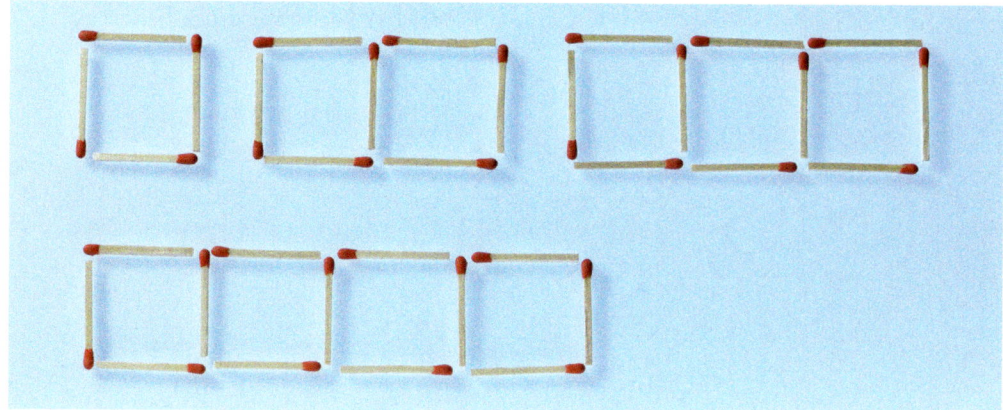

Streichholzketten

Lege Streichhölzer so aneinander, dass eine Kette zusammen-
hängender Quadrate entsteht.

Aus der Anzahl der Quadrate kannst du die Zahl der benötigten
Streichhölzer systematisch ermitteln.

Anzahl der Quadrate	1	2	3	4	...	△
Anzahl der Streichhölzer	4	7	10	13	...	...
Umfang der Gesamtfigur	4	6	8	10	...	...

Wie viele Streichhölzer würdest du für 10 Quadrate, wie viele für
100 Quadrate brauchen? Und für deren Umfang? Wie viele
Quadrate könntest du mit 400 Streichhölzern aneinanderlegen?

Das lerne ich:

- was eine Variable ist,
- was man unter einem Term versteht,
- wie man den Wert eines Terms
  berechnet,
- wie man Terme aufstellt,
- was eine Gleichung ist,
- wie man einfache Gleichungen löst,
- wie man Formeln aufstellt und Aufgaben mithilfe von Formeln löst.

1 Terme mit Variablen

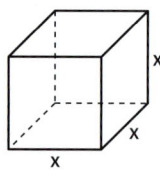
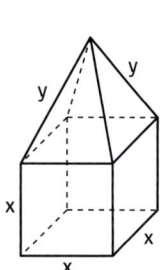
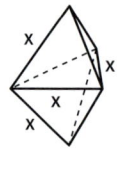
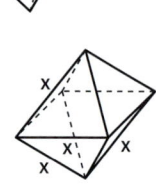
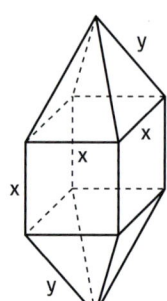

→ Welcher Rechenausdruck gehört zu welchem Kantenmodell?

- $9 \cdot x$
- $12 \cdot x + 4 \cdot y$
- $12 \cdot x + 8 \cdot y$
- $12 \cdot x$

Zusammenhängende Sachverhalte oder Rechenwege lassen sich allgemein mit einem Rechenausdruck oder **Term** beschreiben. Dabei werden für unbekannte Zahlen oder Größen Symbole oder Zeichen verwendet. Meist sind dies Buchstaben. Man nennt sie **Platzhalter** oder **Variablen**.

> Ein Zeichen, das man anstelle von Zahlen oder Größen verwendet, nennt man **Platzhalter** oder **Variable**.
> **Terme** sind Rechenausdrücke, in denen Zahlen, Variablen und Rechenzeichen vorkommen können.

Beispiele

$3 + 18$ $5 + \square$ $\square : 7$ $2 \cdot x$ $a - b - 5$ $\dfrac{x + y}{2}$ sind Terme.

Aber auch 6; $\frac{1}{2}$; $\square$ oder z können als Term aufgefasst werden.

Aufgaben

1 Was ist damit gemeint?
a) Claus zieht eine x-beliebige Karte.
b) Diana hat x-mal versucht, Beate zu erreichen.
c) Es kamen Zigtausende von Zuschauern.

2 Ersetze die Platzhalter durch passende Wörter. Gibt es mehrere Möglichkeiten?
a) ◯ ist die Hauptstadt von Rheinland-Pfalz.
b) △ ist ein Fluss.
c) s ist ein Gebirge in Deutschland.
d) x ist eine deutsche Millionenstadt.
e) Das Mathematikbuch hat y Seiten, aber nur z Blätter.
f) Ein Tag hat ◇ Minuten.
g) Ein Jahr hat ▢ Tage.

3 a) Bilde mit den Kärtchen, die auf dem Rand stehen, Terme.
b) Bilde eine Summe als Term.
c) Bilde ein Produkt als Term.
d) Bilde einen Term mit Summe und Produkt.

4 Wofür stehen die Variablen?
a) Umfang eines Quadrats: $4 \cdot a$
b) Umfang eines Dreiecks: $a + b + c$
c) Umfang eines Rechtecks: $2 \cdot a + 2 \cdot b$
d) Oberfläche eines Würfels: $6 \cdot a \cdot a$
e) Volumen eines Quaders: $a \cdot b \cdot c$
f) Kantenlänge eines Würfels: $12 \cdot a$
g) Kantenlänge eines Quaders:
$4 \cdot a + 4 \cdot b + 4 \cdot c$

5 Ordne jeder Figur einen richtigen Term für ihre Umfangsberechnung zu.

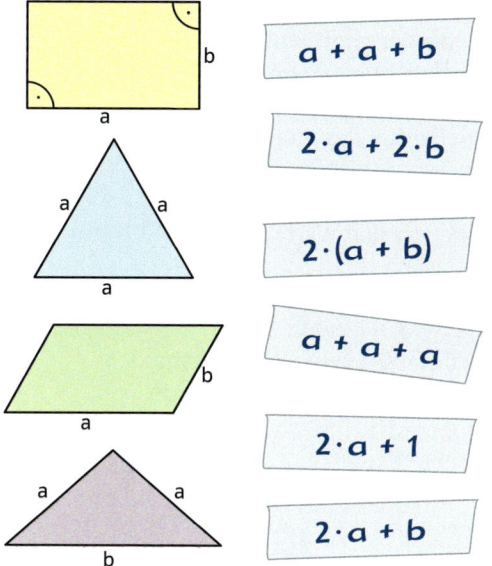

a + a + b

2 · a + 2 · b

2 · (a + b)

a + a + a

2 · a + 1

2 · a + b

6 Ersetze die Variable.
a) x ist die kleinste Primzahl.
b) 0,25 hat den gleichen Wert wie der Bruch y.
c) z ist eine Quadratzahl.
d) w ist Teiler von 32.
e) s ist die Quadratzahl von 25.
f) m ist ein Vielfaches von 17.

7 Ordne die Terme den Sätzen zu und erkläre die Bedeutung der Variablen.
- b + 30
- 2 · x − 30
- c : 4
- 2 · a
- t − 2
- t · 4
- x : 2 − 1
- 2 · y + 30

a) vom doppelten Gewicht 30 kg abziehen
b) den Kuchen in vier gleiche Teile teilen
c) Das Hochhaus ist um 30 m höher als der Bungalow.
d) Charlotte hat für diese Aufgabe zweimal so lange gebraucht wie Sophie.
e) Das Tempo ist jetzt viermal höher als vorher.
f) Der Brief kam zwei Tage später an als die Karte.
g) Das ist ein Jahr weniger als die Hälfte deines Alters.
h) Es kostet 30 Euro mehr als das Doppelte des Vorjahrespreises.

8 Erkläre die Gesetzmäßigkeit mithilfe von Zahlen.

Beispiel: $a + a + a + a = 4 · a$
$5 + 5 + 5 + 5 = 4 · 5$

a) $a + b = b + a$ b) $x · x = x^2$
c) $(a + b) + c = a + (b + c)$
d) $x · y = y · x$

9 Was drückt der Term aus? Wofür steht die Variable?

Beispiel: „Peter ist 2 Jahre jünger als Ute."
Der Term $y − 2$ drückt das Alter von Peter aus, die Variable y das Alter von Ute.

a) Timo ist 5 Jahre älter als Turan: $x + 5$
b) Britta ist dreimal so groß wie Ina: $t · 3$
c) Kai besitzt 5 Kaninchen mehr als er Meerschweinchen besitzt: $x − 5$
d) Sara hat viermal mehr Münzen als Geldscheine bei sich: $4 · z$
e) Vater wiegt doppelt so viel wie Anna und noch 8 kg dazu: $2 · x + 8$

Variablen in Ägypten

10 Mathematische Zeichen in Ägypten

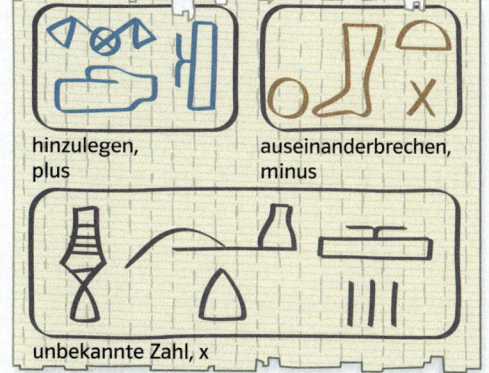

hinzulegen, plus

auseinanderbrechen, minus

unbekannte Zahl, x

Zeichen für cosa (c^0)

Papyrusrollen aus dem alten Ägypten beweisen, dass die dortigen Mathematiker schon damals für unbekannte Zahlen eigene Symbole verwendeten. Der Haufen △ stellt die unbekannte Zahl dar. Heute schreiben wir dafür den Buchstaben x. Michael Stiefel (geb. 1486 in Esslingen, gest. 1567 in Jena) und seine Zeitgenossen benannten die zu berechnende Zahl meist „cosa" (ital.: Ding, Sache).
Die Lehre von den Termen und Gleichungen hieß demnach „coss", also „x-Rechnung".

2 Berechnen von Termwerten

Für den Piloten eines Kleinflugzeugs ist es sehr wichtig, vor Flugbeginn die ausreichende Kraftstoffmenge zu berechnen. Außer dem Verbrauch pro Flugstunde kommen aus Sicherheitsgründen dazu
- ein Zuschlag von einem Fünftel des stündlichen Verbrauchs,
- eine Reserve für mindestens 30 Flugminuten,
- für Anlassen und Rollen etwa sechs Liter.

Der Term für eine Maschine mit dem Verbrauch von 40 Litern je Stunde lautet:
$$40 \cdot x + \frac{1}{5} \cdot 40 + \frac{1}{2} \cdot 40 + 6$$
Die Variable x steht für die reine Flugzeit.

→ Berechne den Verbrauch für ein, zwei, drei Flugstunden.
→ Ein anderes Flugzeug verbraucht 50 Liter je Stunde.

Ersetzt man die Variable in einem Term durch Zahlen, erhält man als Ergebnis einen Zahlenwert. So hat der Term $x - 8$ für $x = 15$ den **Wert** 7.

> Werden die Variablen in einem Term durch Zahlen ersetzt, lässt sich der **Wert des Terms** für diese Zahlen berechnen.

Beispiele

a) $2 \cdot y$ für $y = 4$
$2 \cdot y = 2 \cdot 4$
$\quad = 8$

b) $5 \cdot x + 2 \cdot x$ für $x = 4$
$5 \cdot x + 2 \cdot x = 5 \cdot 4 + 2 \cdot 4$
$\quad\quad\quad = 20 + 8$
$\quad\quad\quad = 28$

c) $6 \cdot y^2 + y$ für $y = 3$
$6 \cdot y^2 + y = 6 \cdot 3^2 + 3$
$\quad\quad\quad = 6 \cdot 9 + 3$
$\quad\quad\quad = 57$

In einem Term können verschiedene Variablen vorkommen.

d) $4 \cdot a - 3 \cdot b$ für $a = 6$ und $b = 5$
$4 \cdot a - 3 \cdot b \quad = 4 \cdot 6 - 3 \cdot 5$
$\quad\quad\quad\quad = 24 - 15$
$\quad\quad\quad\quad = 9$

e) Sollen in einen Term nacheinander mehrere Zahlen für die Variablen eingesetzt und der Termwert berechnet werden, benutzt man eine **Wertetabelle**.

Wertetabelle:

x	1	2	3	4	5	6
Term: $3 \cdot x + 2$	5	8	11	14	17	20

Online-Link
zu den Aufgaben 1 und 2
742861-1441

Lerntipp!
Die „unsichtbare Eins"
$a = 1 \cdot a = 1a$

Aufgaben

1 Setze für x die Zahlen 1; 4; 8; 0 ein.
a) $6 \cdot x$
b) $12 \cdot x$
c) $\frac{1}{2} \cdot x$
d) $1 \cdot x + 5$
e) $x^2 + 1$
f) $x + 3 \cdot x$
g) $8 - x$
h) $2 \cdot x - x$

2 Setze die Zahlen 4; 5; 6; 10; 20 ein und gib den Wert des Terms an.
a) $q - 2$
b) $22 - a$
c) $t - 3,5$
d) $(35 - a) - 1$
e) $2 \cdot p - 8$
f) $100 - y - y$

3 Setze für die Variable x nacheinander die Zahlen 1 bis 10 ein.

Beispiel:

x	1	2	3	4	5	6	7	8	9	10
$2 \cdot x + 1$	3	5	7	9	11	13	15	17	19	21

a) $x + 2$ b) $26 - x$
c) $x \cdot (5 + x)$ d) $x \cdot 5 + \frac{x}{2}$
e) $\frac{1}{2} \cdot x + 2$ f) $1,5 \cdot (x - 1)$

4 Setze für x die Zahl 2 und für y die Zahl 1,5 ein und berechne den Wert des Terms.

a) $2 \cdot x + 3 \cdot y$ b) $2 \cdot y - x$
c) $\frac{3}{4} \cdot x + \frac{1}{2} \cdot y$ d) $x^2 - \frac{2}{3} \cdot y$

5 Erfinde eine Geschichte zum Term. Welcher Wert ergibt sich?
a) $3 \, € \cdot x + 6 \, €$
b) $5 \cdot a - 11,25$
c) $2x + 2y$

6 Berechne den Wert des Terms für $x = 2; 7; 17; 729$.
$3 \cdot x - 2 \cdot x + 1 - x$
Was fällt dir auf? Erkläre.

7 Trage in die Tabelle für x und y alle natürlichen Zahlen ein, deren Summe 20 ergibt. Für welches Zahlenpaar hat das Produkt $x \cdot y$ den größten Wert?

x	y	$x \cdot y$
1	19	19
2	18	36
3	…	…
4	…	…

8 Berechne den Wert des Terms für $x = 2; 3; 4; 5$.
Achte auf die Rechenreihenfolge.
a) $7 \cdot x - 2 \cdot (2 \cdot x + 1)$ b) $2 \cdot x \cdot (x + 5)$
c) $\frac{1}{2} \cdot x + x^2 + 2$ d) $x : 2 + 5 \cdot x$

9 Welche natürlichen Zahlen x und y musst du in den Term $7 \cdot x + 11 \cdot y$ einsetzen, um den Wert 100 zu erhalten? Lege eine Tabelle an.

x	y	$7 \cdot x$	$11 \cdot y$	$7 \cdot x + 11 \cdot y$
1	1	7	11	18
2	1	14	11	25
2	2	14	22	36

Lerntipp!

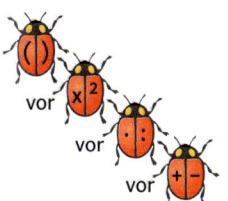

vor x^{2}
    vor ( )
        vor $\cdot$
            vor $+$

Online-Link
zu Aufgabe 10
742861-1451

Tabellenkalkulation I

10 Mit einem Tabellenkalkulationsprogramm kannst du selbst Terme als „Formel" eingeben und mit Einsetzungen für die Variablen deren Wert berechnen lassen. Die Einnahmen eines Wildparks ergeben sich aus den Eintrittsgeldern. Der zugehörige Term lautet: $2 \cdot x + 3 \cdot y$.
a) Stelle den Term auf, wenn du das Futter mitrechnest.
b) Wie hoch sind die Einnahmen der ganzen Woche?

D8   fx =2*B8+3*C8

	A	B	C	D
1		Zahl der Kinder	Zahl der Erwachsenen	Tageseinnahmen
2		x	y	
3	Mo	18	32	132
4	Di	24	38	162
5	Mi	22	42	170
6	Do	68	24	208
7	Fr	32	42	190
8	Sa	86	92	448
9	So	82	78	398

Tag	Mo	Di	Mi	Do	Fr	Sa	So
Kinder	18	24	22	68	32	86	82
Erwachsene	32	38	42	24	42	92	78
Futter	11	18	16	32	24	36	42
Gesamt							

Wildpark „Falkenhorst"
Kinder 2,00 €
Erwachsene 3,00 €
Futter 1,50 €

3 Aufstellen von Termen

Für den Flächeninhalt eines Fußballfeldes gilt: **Flächeninhalt gleich Länge mal Breite.** Beschreibt man die Länge mit a und die Breite mit b, so lässt sich der Flächeninhalt mit dem Rechenausdruck oder Term **a·b** berechnen.

➜ Mit welchem Rechenausdruck kannst du den Umfang berechnen? Beschreibe in Worten sowie mit den Variablen a und b.

Um eine Rechenvorschrift wie „Addiere zum Doppelten einer Zahl die Zahl 3 und dividiere dann das Ergebnis durch 4." in einem Term auszudrücken, geht man schrittweise vor.
Zuerst wird für die gedachte Zahl oder Größe eine Variable festgelegt. Anschließend überträgt man die Aussagen in die mathematische Schreibweise.

Bezeichnen der gesuchten Zahl mit einer Variablen:	x
Verdoppeln der Zahl:	$2 \cdot x$
Addition der Zahl 3:	$2 \cdot x + 3$
Division des Ergebnisses durch 4:	$(2 \cdot x + 3) : 4$

> Ein **Term** wird **aufgestellt**, indem man
> • Variablen für unbekannte Zahlen oder Größen festlegt,
> • Variablen sowie Größen und Zahlen durch Rechenzeichen in der richtigen Reihenfolge verknüpft.

Beispiele

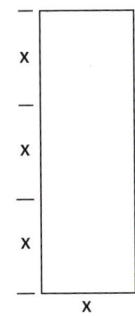

a) Den Umfang eines Rechtecks, das dreimal so lang wie breit ist, beschreibt man:
Breite des Rechtecks: x
Länge des Rechtecks: $3 \cdot x$
Umfang des Rechtecks: $(3 \cdot x + x) \cdot 2$
Kommt eine Variable mehrmals vor, können die Faktoren vor der Variablen zusammengefasst werden:
$3 \cdot x + x = (3 + 1) \cdot x$
$\qquad\qquad = 4 \cdot x$

b) Addiere zum Doppelten einer Zahl das Vierfache einer zweiten Zahl und dividiere das Ergebnis durch 3.
Die gesuchte erste Zahl: x
Das Doppelte dieser Zahl: $2 \cdot x$
Die gesuchte zweite Zahl: y
Das Vierfache
der zweiten Zahl: $4 \cdot y$
Die Summe daraus: $2 \cdot x + 4 \cdot y$
Dividiert durch 3: $(2 \cdot x + 4 \cdot y) : 3$

Aufgaben

1 Beschreibe den Umfang der folgenden Figuren in Worten und mit einem Term.

a) 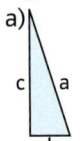   b) 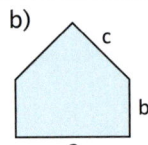   c)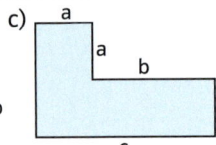

2 Übersetze in einen Term.
a) die Differenz aus 15 und 9
b) das Produkt aus 4 und 17
c) 34 vermindert um 11
d) der Quotient aus 85 und 17
e) die Summe aus 7 und ihrem Doppelten

3 Drücke mit einer Variablen aus.

a) das Fünffache einer Zahl

b) die Hälfte einer Zahl

c) das Quadrat einer Zahl

d) die Summe aus einer Zahl und 5

e) der achte Teil einer Zahl vermindert um 1

f) 25 vermindert um eine Zahl

4 Drücke die Länge der Strecke durch einen Term aus.

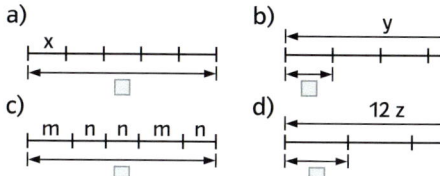

a)

b)

c)

d)

5 Stelle für den Umfang einen Term auf.

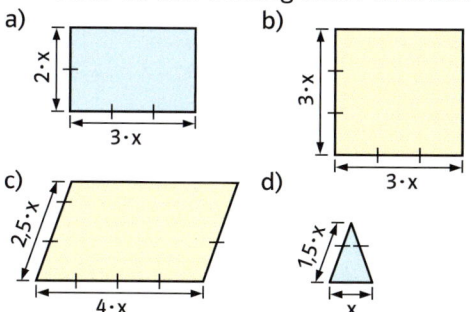

a)

b)

c)

d)

6 Schreibe als Term ins Heft. Benutze die Übersetzungshilfen am Rand.

a) Bilde die Summe der Zahlen 8 und 9.

b) Vergrößere eine Zahl um 25.

c) Bilde die Differenz einer Zahl und 52.

d) Vermindere 100 um eine Zahl.

e) Notiere das Produkt von 234 und 65.

f) Wie lautet das Fünffache einer Zahl?

g) Multipliziere eine Zahl mit 5.

h) Dividiere eine Zahl durch 17.

i) Benenne den 4. Teil einer Zahl.

j) Formuliere ähnliche Aufgaben. Dein Partner soll sie als Term notieren.

7 Drücke mit einem Term aus.

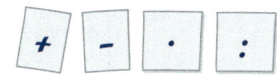

a) die Summe des dritten Teils einer Zahl und des Fünffachen einer anderen Zahl

b) das Produkt des Doppelten einer Zahl und der Differenz dieser Zahl und 10

c) die Differenz aus der Summe einer Zahl und 8 und dem Produkt einer anderen Zahl und 6

d) die Summe aus dem Produkt einer Zahl und 10 und dem Quotienten einer anderen Zahl und 3

Variablen festlegen

8 Miriam ist 20 cm größer als Fabian und 5 cm kleiner als Lisa.

Legt man für die Körpergröße von Fabian die Variable x fest, lauten die Terme für die Körpergrößen:

Fabian	x
Miriam	x + 20
Lisa	x + 20 + 5

Legt man für die Körpergröße von Miriam die Variable y fest, lauten die Terme für die Körpergrößen:

Miriam	y
Fabian	y – 20
Lisa	y + 5

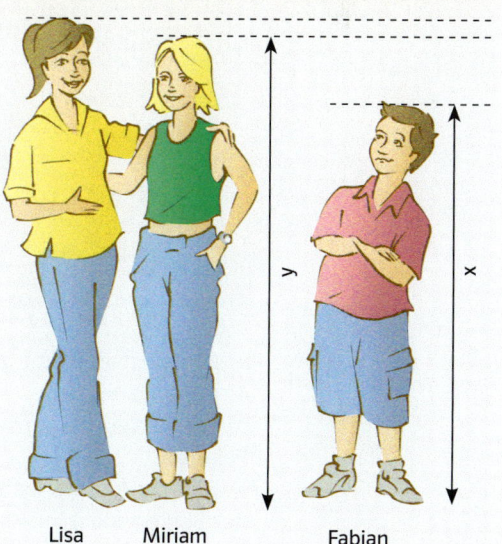

Lisa   Miriam   Fabian

Lege für eine Größe eine Variable fest und drücke damit die andere aus.

a) Tamara hat 8 Münzen mehr in ihrer Geldbörse als Matthias.

b) Das Hochhaus ist 6 Stockwerke höher als das Nebengebäude.

c) Temels Mutter ist um zwei Jahre älter als das doppelte Alter von Temel.

d) Der Preis liegt um 10 Euro über der Hälfte des ursprünglichen Preises.

Online-Link
zu Aufgabe 11
742861-1481

Lerntipp!

zu Aufgabe 9
b) Dies ist eine Sechs-eckspyramide.
c) Dies ist ein Dreiecks-prisma.

9 Stelle für die gesamte Kantenlänge einen Term auf. Setze für x die Zahlen 2; 4; 8; 16 ein.

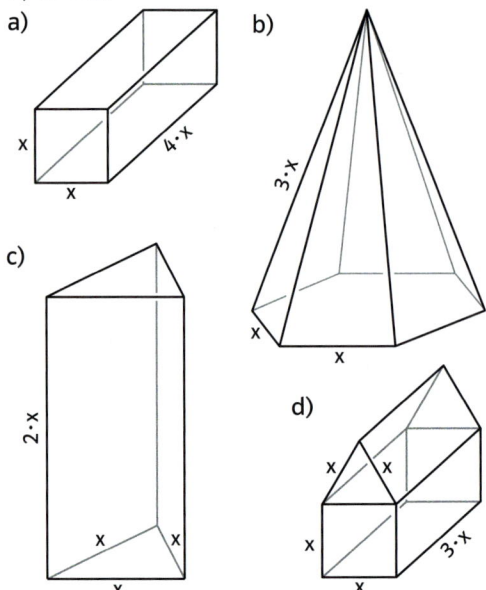

a)

b)

c)

d)

Lerntipp!

Was bleibt gleich?
Was verändert sich?

10 Die Pakete sollen verschnürt werden. Bezeichnet man die Höhe mit a, die Breite mit b und die Länge mit c, lässt sich die benötigte Länge der Paketschnur (ohne Knoten) für jedes Paket mit einem Term ausdrücken.

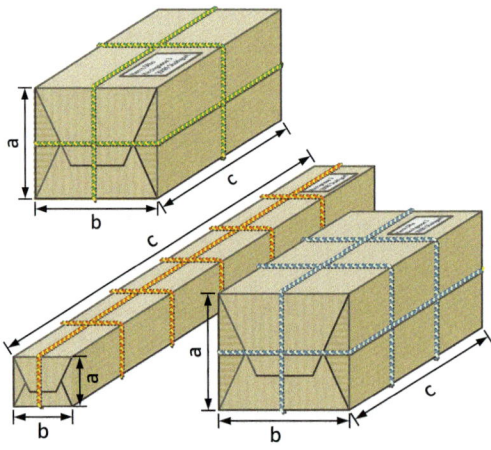

a) Für welches Paket gilt der Term
$4 \cdot a + 4 \cdot b + 4 \cdot c$?
b) Wie lauten die Terme für die anderen Pakete?
c) Berechne für jedes Paket die Länge der Schnur für a = 14 cm, b = 20 cm und c = 45 cm.

Tabellenkalkulation II: Abrechnungen

11 Ein Mobilfunkkunde bezahlt eine monatliche Grundgebühr von 9,85 €. Eine Gesprächseinheit kostet im Monatstarif 0,19 €.
Es werden abgerechnet

im Januar	143 Einheiten
im Februar	205 Einheiten
im März	182 Einheiten
im April	177 Einheiten

Beschreibe eine Monatsabrechnung allgemein mit einem Term.
Beim Berechnen kann dir ein Computer-programm helfen.

E5	▼	f_x	=9,85+0,19*B5		
	A	**B**	**C**	**D**	**E**
1	Monat	Einheiten	Grundgebühr		Abrechnung
2					
3		x	9,85		9,85+0,19*x
4					
5	Januar	143	9,85		37,02
6	Februar	205	9,85		48,80
7	März	182	9,85		44,43
8	April	177	9,85		43,48
9	Mai				
10	Juni				
11	Juli				
12	August				
13	September				
14	Oktober				

12 Die Stromrechnung setzt sich aus der Grundgebühr und den Verbrauchs-kosten zusammen.
Monatliche Grundgebühr: 6,38 €
Preis je Kilowattstunde: 10,89 ct
a) Drücke den Rechnungsbetrag für den Jahresverbrauch mit einem Term aus.
b) Erstelle mithilfe eines Tabellen-kalkulationsprogramms eine Kosten-aufstellung ab einem Verbrauch von 0 kWh bis 2000 kWh in 100-kWh-Schritten.

4 Einfache Gleichungen

Getränke kann man in einzelnen Flaschen und in Kisten kaufen. Frau Becker besorgt für den Kindergeburtstag ihrer Zwillinge Jens und Jasmin insgesamt 26 Flaschen Saft. Sie entscheidet sich für 6er-Kisten. Dann muss sie nur zwei einzelne Flaschen dazupacken und hat alles, was sie braucht.
→ Wie viele Kisten hat Frau Becker gekauft?

Häufig ist für einen Term mit einer Variablen ein bestimmter Wert vorgegeben. Dann muss man für die Variable die passende Zahl suchen.
Dies lässt sich mit einer **Gleichung** beschreiben.
Bei einfachen Gleichungen kann man die gesuchte Zahl durch **Probieren** finden.

$$6 \cdot x + 2 = 26$$
$$6 \cdot 1 + 2 = 8$$
$$6 \cdot 2 + 2 = 14$$
$$6 \cdot 3 + 2 = 20$$
$$\boxed{6 \cdot 4 + 2 = 26}$$
$$6 \cdot 5 + 2 = 32$$
$$\ldots$$

Die Zahl, die man einsetzen muss, um 26 zu erhalten, ist also die 4.

> Eine **Gleichung** besteht aus zwei Termen, die durch ein Gleichheitszeichen miteinander verbunden sind.
> **Gleichungen lösen** heißt, für die Variable die Zahl zu finden, die beide Terme der Gleichung zu demselben Wert führt.

Beispiele

a) Einfache Gleichungen kannst du im Kopf lösen:

$a + 4 = 12$	$2 \cdot x = 14$	$13 - y = 4$
$a = 8$	$x = 7$	$y = 9$

b) Lösen einer Gleichung durch systematisches Probieren:

x	$7 \cdot x + 5 = 26$	
1	$7 \cdot 1 + 5 \neq 26$	12
2	$7 \cdot 2 + 5 \neq 26$	19
3	$7 \cdot 3 + 5 = 26$	26

x	$x \cdot 3 - 6 = 24$	
	...	
12	$12 \cdot 3 - 6 \neq 24$	30
9	$9 \cdot 3 - 6 \neq 24$	21
10	$10 \cdot 3 - 6 = 24$	24

Die gesuchte Zahl ist also 3.

Die gesuchte Zahl ist also 10.

Rot-grün-blinde Menschen können diese Zahl nicht sehen. Wie gut siehst du?

Aufgaben

1 Ordne die Gleichungen den Sätzen zu und erkläre die Bedeutung der Variablen.

$$a - 4 = 6 \qquad\qquad 6 = 4 \cdot y$$
$$a + \tfrac{a}{2} = 6 \qquad\qquad 2 \cdot x - 4 = 6$$
$$n + 1 = 6 \qquad\qquad 3 \cdot y + y = 6$$

a) Eine Zahl vermindert um 4 ergibt 6.
b) Das Doppelte einer Zahl vermindert um 4 beträgt 6.
c) Die Summe des Dreifachen einer Zahl und der Zahl selbst beträgt 6.
d) Eine Zahl vermehrt um die Hälfte dieser Zahl beträgt 6.
e) Der Nachfolger einer natürlichen Zahl ist 6.
f) Das Vierfache einer Zahl beträgt 6.

2 Wie heißt die gesuchte Zahl? Notiere eine Gleichung. Löse sie durch Probieren.
a) Der 5. Teil der Zahl ist 5.
b) Subtrahiert man von der Zahl 12, so erhält man 44.
c) Vermehrt man die Zahl um 7, so ergibt sich 36.
d) Die Zahl verdoppelt ergibt 16.
e) Dividiert man die Zahl durch 8, so erhält man 7.
f) Das Fünffache der Zahl heißt 30.
g) Ein Viertel der Zahl ist 14.

3 Löse die Gleichung im Kopf.
a) $x + 12 = 19$
b) $45 = 9 \cdot b$
c) $17 + y = 35$
d) $2 \cdot x = 26$
e) $z \cdot 4 = 16$
f) $15 = 23 - y$
g) $a - 17 = 35$
h) $3 \cdot a - 2 = 19$

$a + b = 12\,cm$
$b + c = 16\,cm$
$c + a = 14\,cm$

4 Stelle eine Gleichung für den Umfang u auf und löse sie.
a) $u = 12\,cm$ b) $u = 20\,cm$ c) $u = 72\,cm$

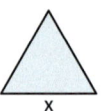 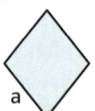 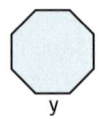

5 Übertrage die Tabelle ins Heft und bestimme die Lösung der Gleichung.

a)
x	$12 \cdot x = 72$
0	
1	
…	

b)
x	$4 \cdot x - 5 = 7$
1	
2	
…	

c)
x	$4 \cdot x + 5 = 37$
0	
1	
…	

d)
x	$5 + x = 2 \cdot x + 3$
0	
1	
…	

6 Ordne die Lösung richtig zu.
a) $7 \cdot x + 4 = 8 \cdot x$ $x = 2$
b) $12 + x = 6 + 2 \cdot x$ $x = 8$
c) $3 \cdot x + 6 = 38 - x$ $x = 4$
d) $6 \cdot x - 7 = 5 \cdot x + 7$ $x = 14$
e) $2 \cdot x - 5 = 3 - 2 \cdot x$ $x = 6$

7 Löse, indem du 1 bis 10 einsetzt.
a) $4 \cdot x - 12 = 16$
b) $80 - 5 \cdot x = 35$
c) $x : 4 + 9 = 11$
d) $30 - x : 3 = 27$
e) $5 \cdot x - 3 = 2 \cdot x + 15$
f) $3 \cdot x + 10 = x + 30$
g) $x + 5 = 2 \cdot x + 3$
h) $5 \cdot x - 2 = 8 \cdot x - 23$

Mit Gleichungen Probleme lösen

8 In Turgays Klasse gehen insgesamt 31 Schülerinnen und Schüler. Es gibt 7 Mädchen mehr als es Jungen gibt.

Jungen: x	$x + (x + 7) = 31$
Mädchen: x + 7	$x + x + 7 = 31$
Gesamtzahl: 31	$2 \cdot x + 7 = 31$

Durch Probieren kommt man auf die Zahl 12. Es sind also 12 Jungen und 19 Mädchen in der Klasse.

a) Natalies Klasse besuchen 29 Jugendliche, neun Jungen mehr als Mädchen.
b) Katrin warf doppelt so viele Tore wie ihre Mitspielerin Sonja. Beide warfen zusammen 27 Tore.
c) Eine 58 cm lange Leiste wird in zwei Teile zersägt. Das größere Stück ist 14 cm länger als das andere.
d) Auf einem Bücherregal stehen insgesamt 45 Bücher. Es sind 12 Romane mehr als Sachbücher und 6 Lexika weniger als Sachbücher.

9 Stellt Gleichungen auf. Löst sie durch Probieren. Das Lösungswort steht am Rand.

a) Ein Seehund benötigt pro Monat etwa 240 kg Nahrung. Berechne den Tagesbedarf.
b) Ein ausgewachsener Seehund wiegt etwa das Zehnfache eines Neugeborenen, nämlich bis zu 100 kg.
c) Seehunde haben ein dichtes Fell. Auf der Kopfhaut eines Menschen wachsen auf 1 cm² etwa 120 Haare. Bei einem Seehund sind es rund 400-mal so viele.
d) Im Wasser erreicht ein Seehund Geschwindigkeiten von ca. 35 km/h, 5-mal so schnell wie ein Weltklasseschwimmer.
e) Die normale Herzschlagfrequenz von etwa 150 Schlägen pro Minute wird bei Tauchgängen auf den 15. Teil reduziert.
f) Menschen haben die dreifache Lebenserwartung von Seehunden, etwa 84 Jahre.

10 Erstelle zu den Zahlenrätseln eine Gleichung und löse.
a) Die Summe aus einer gesuchten Zahl und 9 ist 63.
b) Die Differenz einer gedachten Zahl und 52 ist 50.
c) Das Produkt aus 90 und einer gesuchten Zahl ergibt 360.
d) Addiert man zum Dreifachen einer Zahl 250, so erhält man 280.
e) Vermindere das Doppelte einer Zahl um 111 und du erhältst 9.

11 a) Max und Moritz sind zusammen 312 cm groß. Max überragt Moritz um 6 cm.
b) Ein Füller und ein Bleistift kosten zusammen 11 €. Der Füller ist um 10 € teurer als der Bleistift.

12 Schreibe für jede Gleichung ein Zahlenrätsel wie in Aufgabe 10 auf. Suche dann die Lösung.
a) $x + 14 = 43$ 　　　　b) $2x - 4 = 6$
c) $5x + 3x = 80$ 　　　d) $5x - 100 = 200 : 2$

30 D	35 000 O
10 E	28 R
48 000 U	7 L
1000 B	252 S
8 H	175 N

13 Wer gewinnt das Rennen?
Verdoppelt man die Startnummer des Gewinners und erhöht diese Zahl um 8, subtrahiert dann 1, so erhält man 15.

Formeln

14 Der Umfang eines Rechtecks ist die Summe der doppelten Seitenlängen. Schreibt man a und b für die Seitenlängen und u für den Umfang, dann gilt für alle Rechtecke: $u = 2 \cdot a + 2 \cdot b$

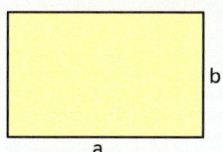

Solche allgemeingültigen Gleichungen nennt man Formeln. Sie sind kürzer und einprägsamer als lange Sätze und sie helfen Aufgaben zu lösen:
Ein Rechteck hat den Umfang $u = 12\,cm$ und eine Seitenlänge $a = 4\,cm$. Setzt man die Werte in die Gleichung ein:
$12\,cm = 2 \cdot 4\,cm + 2 \cdot b$
dann erhält man als Lösung der Gleichung $b = 2\,cm$.

a) Stelle eine Formel für den Flächeninhalt A des Rechtecks mit den Seitenlängen a und b auf.
b) Stelle Formeln für die Oberfläche O und das Volumen V des Quaders auf.

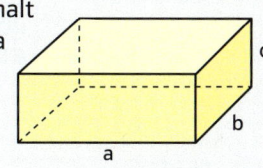

Berechne a mithilfe der Formeln.
c) Ein Rechteck hat den Flächeninhalt $A = 21\,cm$ und eine Seite $b = 7\,cm$.
d) Ein Quader hat ein Volumen $V = 24\,dm^3$ und die Kanten $c = 2\,cm$ und $b = 4\,cm$.
e) Die Oberfläche eines Quaders ist $O = 52\,cm^2$, die Kanten $b = 3\,cm$ und $c = 4\,cm$.

Zusammenfassung

Variable

Buchstaben oder andere Symbole, die für Größen oder Zahlen stehen, nennt man **Variablen**.

$5 \cdot \textcolor{orange}{a} + 3 \cdot \textcolor{blue}{b} - 12 \cdot \textcolor{green}{c}$

Term

Terme sind **Rechenausdrücke** aus Zahlen, Variablen und Rechenzeichen.

$18 - 7 \qquad 3^2 \qquad x : 5 \qquad 3 \cdot y \cdot (y - 6)$

Wert des Terms

Werden die Variablen in einem Term durch Zahlen ersetzt, lässt sich der **Wert des Terms** berechnen.

Term: $3 \cdot x - 1$

x	1	2	3	4	5	6
$3 \cdot x - 1$	2	5	8	11	14	17

Aufstellen von Termen

Variablen, Größen und Zahlen werden mithilfe von Rechenzeichen in der richtigen Reihenfolge verknüpft.

Term für die Kantenlänge eines Quaders

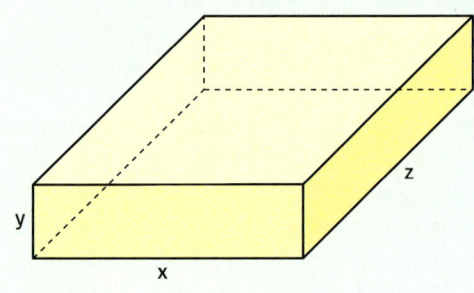

$4 \cdot x + 4 \cdot y + 4 \cdot z$ oder
$4 \cdot (x + y + z)$

Gleichung

Eine **Gleichung** besteht aus zwei Termen, die durch das Gleichheitszeichen verbunden sind.

$18 + 2 \cdot x = x + 20$

Gleichungen lösen

Beim **Lösen einer Gleichung** sucht man für die Variable die Zahl, die beide Terme der Gleichung zu demselben Wert führt.

x	$x \cdot 4 - 8 = 32$	
	...	
8	$8 \cdot 4 - 8 \neq 32$	32
9	$9 \cdot 4 - 8 \neq 32$	32
10	$10 \cdot 4 - 8 = 32$	32

Die gesuchte Zahl ist 10.

Üben • Anwenden • Nachdenken

1 Ersetze die Platzhalter durch passende Wörter beziehungsweise Zahlen.
a) n ist der Vorname eines Mitschülers.
b) z ist eine Maßeinheit für Flächen.
c) y ist als Gas in der Luft enthalten.
d) Ein rechter Winkel beträgt immer x Grad.

2 Stelle einen Term auf.
a) die Summe aus 12 und x
b) die Zahl 30 vermindert um 18
c) das Doppelte einer Zahl um 10 vermehrt
d) die auf x folgende natürliche Zahl
e) die Summe aus einer Zahl und dem Doppelten dieser Zahl

3 Erzähle eine passende Geschichte.
a) $2 \cdot x + 5$ b) $2 \cdot x + 2 \cdot y$
c) $3 \cdot z - 2 \cdot y$ d) $8 + 4 \cdot b$
e) $x : 2 - x : 3$ f) $5 \cdot a - 4 + 2 \cdot b$

4 Beschreibe den Umfang der Buchstaben mit einem Term.

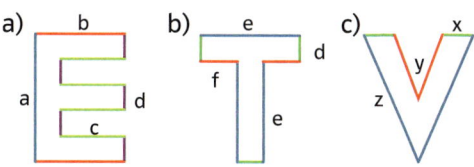

a) b) c)

5 Wie viel Draht braucht man für das Kantenmodell?
Drücke den Bedarf auch allgemein mit einem Term aus. Alle Angaben in cm.

a)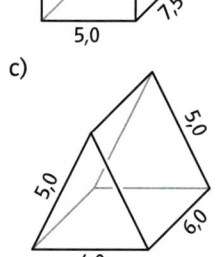

b)

c)

d)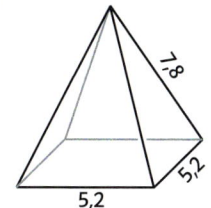

6 Übertrage die Tabelle ins Heft und berechne die Werte der Terme.

x	0	2	7	12	18
x + 3					
4 · x + 2					
x · 4 − x					

7 Setze in den Term des ersten Dominosteins eine Startzahl ein. Berechne den Wert und setze diese Zahl in den Term des zweiten Dominosteins ein usw.

Beispiel:
Startzahl 4
$2 \cdot 4 = 8$; $8 + 5 = 13$; $5 \cdot 13 - 15 = 50$; …
Was fällt dir auf?

8 Bei einem liegenden Würfel sieht man fünf Quadratflächen.
Bei zwei aufeinanderliegenden Würfeln sieht man neun Quadratflächen.
Bei drei aufeinanderliegenden Würfeln sieht man …

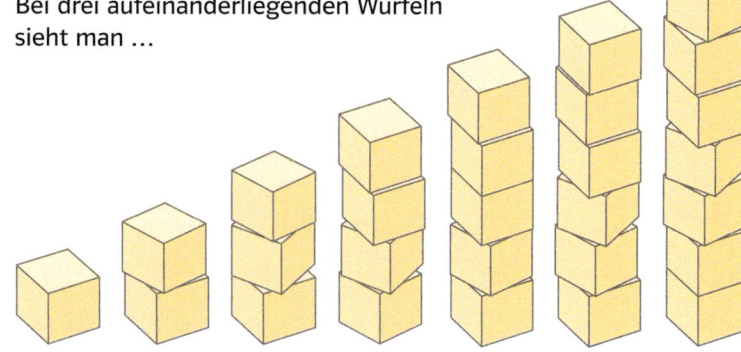

a) Baue den Turm Etage für Etage höher und zähle dann die sichtbaren Quadratflächen.
b) Stelle einen Term auf, mit dem die Anzahl der sichtbaren Quadratflächen berechnet werden kann.
c) Wie viele Quadratflächen würdest du bei einem Turm aus 100 Würfeln sehen?

Lerntipp!
zu Aufgabe 5:
c) Dies ist ein Dreiecksprisma.
d) Dies ist eine Pyramide.

9 Die Gesamtlänge aller Kanten eines Modells beträgt 144 cm. Berechne x.

a)

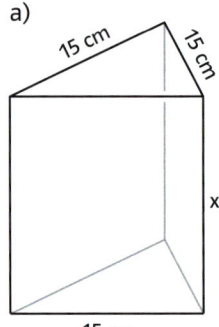

15 cm · 15 cm · 15 cm · x

b)

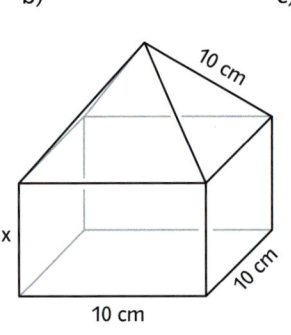

10 cm · 10 cm · 10 cm · x

c)

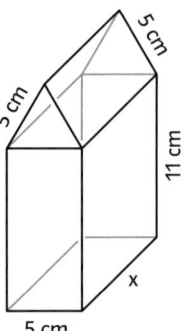

5 cm · 5 cm · 5 cm · 11 cm · x

10 Wie heißt die Zahl?
a) Wenn man die Zahl mit 7 multipliziert, erhält man 7.
b) Wenn man die Zahl mit 16 multipliziert, erhält man 144.
c) Welche Zahl muss man zu 105 addieren, um 501 zu erhalten?
d) Wenn man die Zahl durch 15 dividiert, erhält man 15.

11 Löse durch Probieren.
a) $4 \cdot x + 6 = 30$ b) $5 \cdot x - 3 = 22$
c) $9 \cdot x - 11 = 70$ d) $7 + 2 \cdot x = 27$
e) $8 + x - 5 = 42$ f) $5 \cdot (x + 2) = 15$
g) $8 \cdot x + 3 = 99$ h) $11 \cdot x - 11 = 11$

12 Stelle zunächst eine Gleichung auf. Löse dann das Zahlenrätsel.
a) Multipliziere eine Zahl mit 5 und subtrahiere vom Ergebnis 2. Du erhältst 13.
b) Multipliziere eine Zahl mit 6 und addiere 7. Du erhältst 25.
c) Verdoppelt man die Summe aus 5 und 12, erhält man die Differenz aus einer Zahl und 17.
d) Subtrahiert man von einer Zahl 5, multipliziert das Ergebnis mit 8, addiert dann 4 und teilt die Summe durch die Zahl selber, so erhält man 2.
e) Addiert man das Fünffache einer Zahl zu 5, so erhält man denselben Wert, wie wenn man den Quotienten aus den Zahlen 75 und 3 bildet.
f) Subtrahiert man vom Produkt einer Zahl und 7 die Summe aus 3 und der Zahl, so erhält man 3.

Rätsel

13

Dreifache Menge fürs halbe Geld

a) Wie viel kostet nun 1 kg Pflaumen, für das bisher 2,40 € zu bezahlen war?

b) Welche Zahl ergibt 24, wenn man zu ihr ihre Hälfte addiert?

c) Welche Zahlen ergeben 2, wenn man sie durch ihre Hälfte dividiert?

d) Simon behauptet: Wenn ich die Zahl der Münzen, die ich bei mir habe, verdopple und 3 Münzen dazugebe, habe ich insgesamt 13 Geldstücke.

e) Stefanie behauptet: An meinem Geburtstag bin ich doppelt so alt wie meine Schwester Saskia. Zusammen sind wir 26 Jahre alt.

f) Mein Vater, sagte Pit, gab mir gestern 3 €. Heute habe ich 50 ct ausgegeben, aber ich habe jetzt trotzdem doppelt so viel wie vorgestern.

14 Löse das Knopfrätsel.

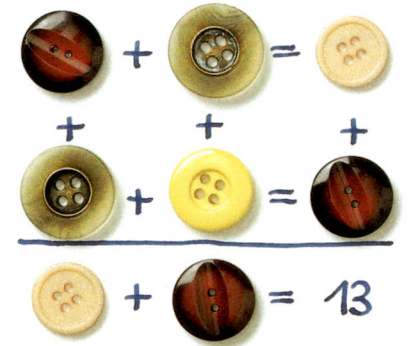

Rückspiegel

1 Setze für x die Zahlen 2; 5; 8 ein und berechne den Wert.
a) $4 \cdot x + 3$ b) $22 + 3 \cdot x$
c) $5 \cdot (x - 1)$ d) $6 \cdot x - 2,5$
e) $7 \cdot x + 3 - 2 \cdot x$ f) $10 + x \cdot (x - 1)$

2 Fülle die Tabelle in deinem Heft aus.

x	1	2	3	4	5	6	7
$2 \cdot x + 1$							

3 Schreibe als Term.
a) die Summe einer Zahl und 11
b) die Differenz aus einer Zahl und 22
c) das Produkt aus 13 und einer Zahl
d) der Quotient aus einer Zahl und 9
e) die Summe aus dem Vierfachen einer Zahl und der Zahl selbst

4 Drücke die Summe aller Kanten des Quaders mit einem Term aus.

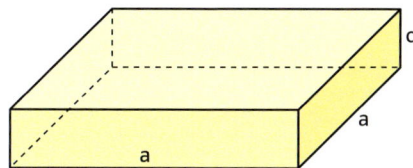

5 Bücher von je 300 g Gewicht werden in einen Karton verpackt, der leer 500 g wiegt.
a) Gib einen Term für das Gesamtgewicht von x Büchern samt Karton an.
b) Das Gesamtgewicht beträgt 4,7 kg. Wie viele Bücher sind im Karton?

6 Löse die Gleichung durch Probieren.
a) $2 \cdot y + 6 = 28$ b) $5 \cdot y + y = 30$
c) $35 = 3 \cdot x + 5$

7 a) Die Summe aus 2 und einer Zahl, vermindert um 4, ergibt 6.
b) Das Doppelte einer Zahl, vermehrt um 7, ergibt 21.

1 Berechne den Wert des Terms für $a = 3$; $b = 7$ und $c = 1$.
a) $2 \cdot a + 3 \cdot b$ b) $(a + 2 \cdot c) \cdot 4$
c) $5 \cdot b - 8 \cdot c$ d) $2 \cdot b - a + 2 \cdot c$
e) $6 \cdot b + 8 \cdot c - a$ f) $2 \cdot c \cdot (4 \cdot a + b)$

2 Fülle die Tabelle in deinem Heft aus.

x	0	1	2	3	4	5	6
$6 \cdot x + 13$							

3 Schreibe als Term.
a) das doppelte Produkt aus einer Zahl und 18
b) die Hälfte der Differenz des Doppelten einer Zahl und 4
c) der Quotient aus der Summe von 2 und einer Zahl und 6

4 Drücke sowohl die Summe aller Kanten des Quaders als auch seine Oberfläche mit einem Term aus.

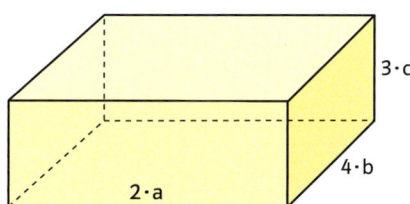

5 Die Servicepauschale eines Fotomarktes beträgt 2,80 € pro Auftrag.
a) Gib den Gesamtpreis an, wenn ein Foto 15 ct kostet.
b) Der Gesamtpreis beträgt 20,05 €.

6 Löse die Gleichung durch Probieren.
a) $11 + 6 \cdot x = 33 + 8$ b) $20 \cdot x - 59 = 21$
c) $4 \cdot x = 2 \cdot x + 16$ d) $6 - 2 \cdot x = 3 \cdot x - 9$

7 a) Vermindert man das Produkt aus einer Zahl und 4 um 16, so erhält man 8.
b) Addiert man zum Sechsfachen einer Zahl 17, so erhält man 41.

Online-Link
zum Rückspiegel
742861-1551

→ Die Lösungen findest du auf Seite 215.

Standpunkt

Online-Links
zum Standpunkt
742861-1561
zu Kapitel 8
742861-0008

Wo stehe ich?

Ich kann…

	gut	weniger gut	etwas	nicht mehr	Lerntipp!
1 Zahlen am Zahlenstrahl ablesen,	☐	☐	☐	☐	→ S. 201
2 für Zahlen eine geeignete Darstellung am Zahlenstrahl finden,	☐	☐	☐	☐	→ S. 201
3 Zahlen der Größe nach ordnen,	☐	☐	☐	☐	→ S. 201
4 Punkte im Quadratgitter ablesen und eintragen.	☐	☐	☐	☐	→ S. 165; 167

Überprüfe deine Einschätzung

1 Welche Zahlen sind markiert?

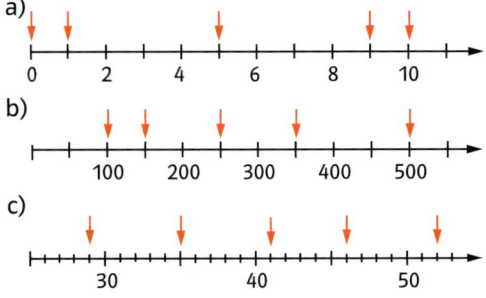

a)

b)

c)

Auf welche Zahlen zeigen die Pfeile?

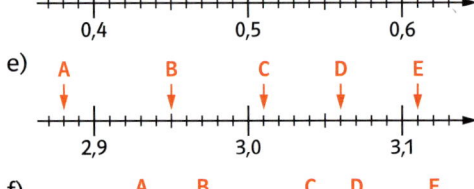

d)

e)

f)

g)

2 Zeichne jeweils einen geeigneten Zahlenstrahl.

a) 5; 25 und 60   b) 120; 250; 430
c) 0,3; 1,2 und 2,2   d) 1,4; 1,47; 1,51

3 a) Bilde mit den Ziffern 3; 5 und 7 alle möglichen dreistelligen Zahlen.
Jede Ziffer darf nur einmal vorkommen.
Ordne die Zahlen nach der Größe.
b) Ordne die Zahlen der Größe nach.

(1) 14; 7; 48; 27; 8; 22; 35; 9; 19; 23
(2) 626; 1026; 262; 1206; 662; 1260
(3) 45 544; 54 455; 54 444; 54 454
(4) 24,0; 0,24; 2,4
(5) 2,978; 2,897; 2,879
(6) 6,99; 7,02; 7,01

4 a) Übertrage die Zeichnung ins Heft.
Zeichne eine Kopie des Schiffes, die mit
$\overline{A'H'}$ beginnt.
b) Schreibe die neuen Rechts- und Hoch-
werte in dein Heft: A'(|); …

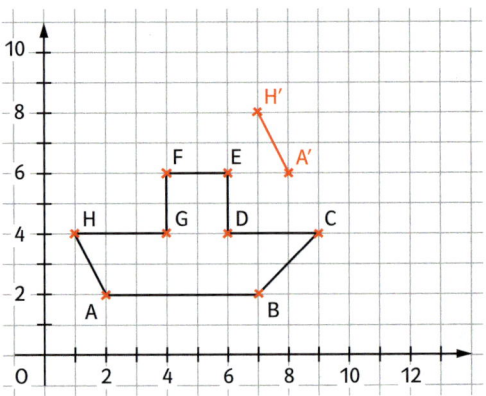

→ Die Lösungen findest du auf Seite 216.

Unter null

Ihr habt bestimmt schon oft Angaben mit einem Minuszeichen gesehen.

Etwa bei der Temperaturmessung im Winter oder bei der Angabe von Schulden.

Der Vulkan Mauna Loa gehört zur Inselgruppe von Hawaii und ragt etwa 4170 Meter über den Meeresspiegel. Bis zum Meeresboden sind es dann noch einmal etwa 5000 m, so dass er von dort gemessen sogar höher als der Mount Everest ist.

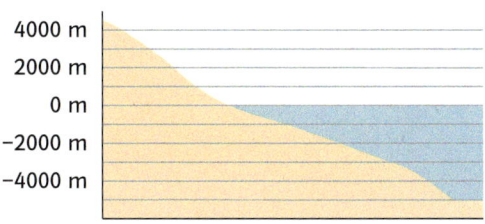

Countdown des Space Shuttle

−00 : 00 : 05
HOUR   MINUTE   SECOND

Das lerne ich:

- negative Zahlen am Zahlenstrahl darzustellen,
- negative Zahlen zu ordnen,
- Zu- und Abnahmen mit negativen Zahlen zu beschreiben,
- das Quadratgitter zum Koordinatensystem zu erweitern.

1 Ganze Zahlen

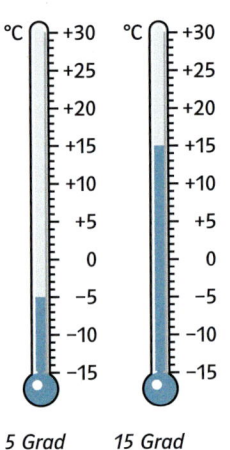

über 100	Höhe in m
75–100	
50–75	
25–50	
10–25	
0–10	
0–10	Meerestiefe in m
10–20	
20–40	
über 40	

Auf dem Ausschnitt dieser Landkarte der Insel Rügen sind Zahlen angegeben. Die Bezeichnung +107 bedeutet, dass dieser Ort 107 Meter über dem Meeresspiegel liegt.

→ Was bedeutet die Zahl auf Hiddensee?
→ Suche den höchsten Punkt der Insel. Wie hoch ist er?
→ Wie tief ist das Meer im Rügeschen Bodden?

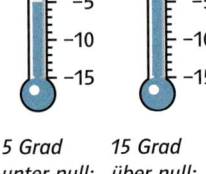

5 Grad unter null: −5 °C

15 Grad über null: +15 °C

Zur Beschreibung von Temperaturen unter dem Gefrierpunkt verwendet man **negative Zahlen**. Man schreibt diese Zahlen mit einem Minuszeichen, z. B. −8; −17; −35.
Zur deutlichen Unterscheidung zwischen 5 und −5 schreibt man manchmal auch +5 und −5. Die Zeichen + und − heißen **Vorzeichen**.
Zur Veranschaulichung der negativen Zahlen muss man den Zahlenstrahl zu einer **Zahlengerade** erweitern.
Die negativen Zahlen werden spiegelbildlich zu den positiven links von der Null eingetragen. Die Zahl −5 ist die **Gegenzahl** von +5 und umgekehrt ist +5 die Gegenzahl von −5.

Die Zahlengerade

Negative Zahlen stehen links der Null. Sie haben das Vorzeichen −.

Positive Zahlen stehen rechts der Null. Sie haben das Vorzeichen +.

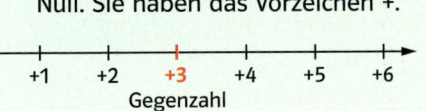

Zahl   und   Gegenzahl

Bemerkung

Die Menge der **ganzen Zahlen** wird mit ℤ bezeichnet.
ℤ = {...; −2; −1; 0; +1; ...}

Wenn man zu den natürlichen Zahlen die negativen ganzen Zahlen hinzufügt, erhält man die **ganzen Zahlen** ... − 3; − 2; − 1; 0; +1; +2; +3 ... Die Null ist weder positiv noch negativ.

Beispiel

Aus der Karte kann man verschiedene Höhenangaben entnehmen.
Las Vegas liegt 620 m über dem Meeresspiegel.
Die tiefste Stelle im Tal des Todes liegt 86 m unter dem Meeresspiegel.
Der Gipfel des Mt. Whitney liegt 4418 m über dem Meeresspiegel.

Aufgaben

1 Benutze die Vorzeichenschreibweise für die Angaben.
a) 17 °C unter dem Gefrierpunkt;
31 °C unter dem Gefrierpunkt
b) 258 m über dem Meeresspiegel;
59 m unter dem Meeresspiegel
c) 165 € Schulden; 485 € Guthaben
d) im 3. Untergeschoss; im Erdgeschoss

2 Auf welche Zahlen zeigen die Pfeile?
a)
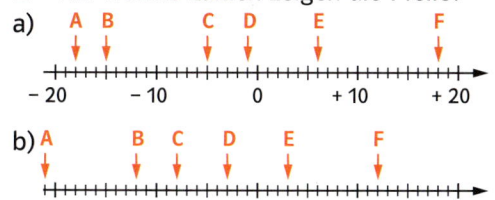
b)
c)
d)

3 Zeichne eine Zahlengerade ins Heft und markiere darauf die folgenden Zahlen.
Achte auf die Einteilung.
a) −3; +4; 0; −7; +7; −1; +3
b) −12; +35; +8; −47; −2; +27; −25
c) +410; −90; −560; +40; +560; −210
d) −1700; +3800; −3300; −500; +7100

4 Übertrage die Zahlengerade ins Heft und zeichne die Gegenzahlen der markierten Zahlen ein.
a)
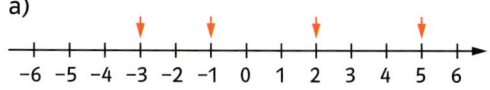
b)
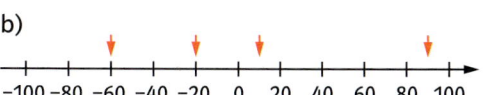

5 Welche Zahl liegt in der Mitte von
a) +3 und +11   b) +8 und −4?
c) +2 und −10   d) −4 und −14?

6 Setze die Folge um fünf Zahlen fort.
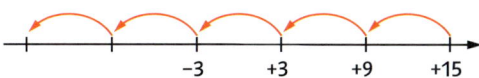
a) +15; +9; +3; −3; …
b) −32; −27; −22; …
c) +40; +32; +23; +13; …
d) +5; +4; +1; −4; …
e) −2; +4; −6; +8; …
f) −1; −2; −4; −7; …

7 Das Schaubild zeigt die Temperaturen im Verlauf eines Wintertages. Erkläre sie.
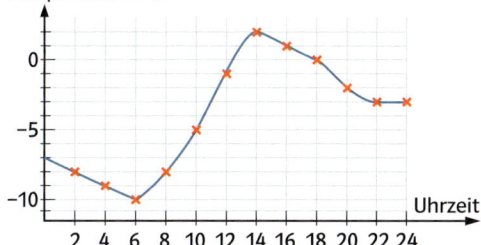

8 Sinje hat im Internet die Höhen von vier sehr hohen Bergen und die Tiefen von vier Tiefseegräben recherchiert.

Aconcagua	6958 m
Mt. Blanc	4807 m
Kilimandscharo	5895 m
Mt. Everest	8872 m
Sundagraben	7500 m
Kurilengraben	10 542 m
Marianengraben	11 034 m
Puerto-Rico-Graben	9219 m

a) Welche Zahlen und Namen muss sie den Nummern zuordnen?
b) Lege eine Skala an, auf der du die Berge und die Tiefseegräben eintragen kannst.

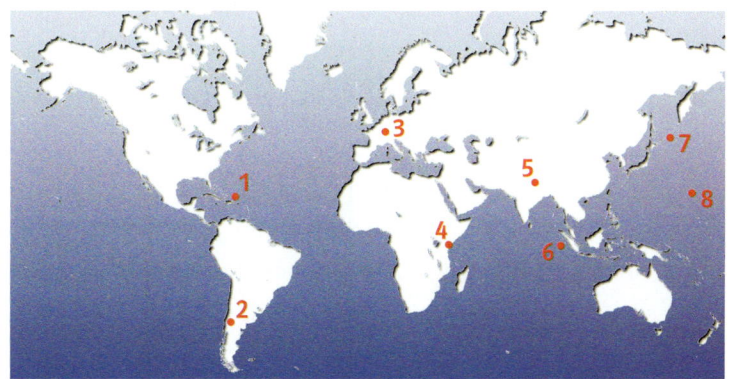

2 Anordnung

Einige Stellen unserer Kontinente liegen unterhalb des Meeresspiegels.

→ Nenne Punkte auf der Karte, die sich über beziehungsweise unter dem Meeresspiegel befinden.

→ Bestimme den höchsten und den tiefsten Punkt auf dem Kartenausschnitt.

→ Trage die Höhenangaben mit den zugehörigen Ortsbezeichnungen auf einer Zahlengerade ein.

Es ist sinnvoll, für 20 m Höhe eine Länge von 1 mm auf der Zahlengerade zu wählen und die Skala über eine Doppelseite zu zeichnen.

Lerntipp!

Rationale Zahlen sind negative oder positive Dezimalbrüche oder Brüche, z.B. 0,25 oder $-0,25$; $2\frac{1}{2}$ oder $-2\frac{1}{2}$

Rationale Zahlen vergleicht man genauso wie beispielsweise Temperaturen. Die Temperatur von $-7\,°C$ ist niedriger als $-2\,°C$. Entsprechend ist -7 kleiner als -2.

Auf der Zahlengeraden werden die Zahlen nach links immer kleiner und nach rechts immer größer.

$$-7 \quad -6 \quad -5 \quad -4 \quad -3 \quad -2 \quad -1 \quad 0 \quad +1 \quad +2 \quad +3 \quad +4 \quad +5 \quad +6 \quad +7$$

-3 steht links von $+2$, also $-3 < +2$.

-1 steht rechts von -6, also $-1 > -6$.

Beispiele

a) -3 liegt links von $+1$
-3 ist kleiner als $+1$
$-3 < +1$

b) $-3,9$ liegt rechts von $-4,8$
$-3,9$ ist größer als $-4,8$
$-3,9 > -4,8$

c) Zum Ordnen kann eine Kette gebildet werden.
$-7 < -4 < -2$
-4 liegt zwischen -7 und -2.

Aufgaben

1 Lies die Temperaturen ab und ordne sie nach ihrer Größe.

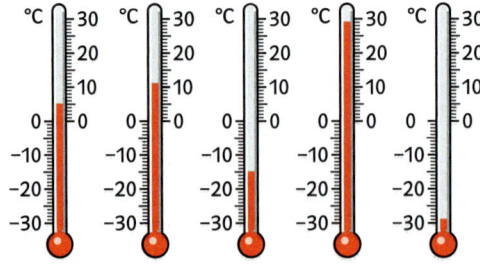

2 Ordne mit der Beziehung „ist niedriger (weniger) als". Schreibe die Beziehung als Kette.

Beispiel: $-4 < -1 < 1$

a) $-1\,°C$; $+7\,°C$; $-5\,°C$; $-11\,°C$; $+2\,°C$
b) -7; $+12$; -12; $+7$
c) $1,50\,€$; $-3,50\,€$; $0,84\,€$; $-1,50\,€$
d) $-1,23\,€$; $-2,31\,€$; $3,21\,€$; $-3,21\,€$
e) -205; 250; -25; $+20$
f) $-0,7\,m$; $-7\,m$; $7\,m$; $-0,8\,m$

3 Was ist richtig?
a) 3 < 5 oder 3 > 5
b) 5 < 3 oder 5 > 3
c) −3 < −5 oder −3 > −5
d) −5 < 3 oder −5 > 3
e) −5 < −3 oder −5 > −3

4 Zeichne eine geeignete Zahlengerade ins Heft und beschrifte sie. Setze mithilfe der Zahlengeraden die Folgen um fünf weitere Zahlen fort.

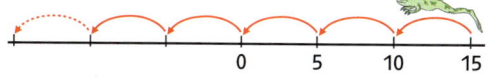

a) +15; +10; +5; …
b) −15; −12; −9; …
c) −14; −10; −6; …
d) +7; +5; +3; …
e) +8; +6,5; +5; …
f) −8; −5,5; −3; …

5 Setze das Zeichen > oder < ein.
a) +9 ☐ −9   b) +14 ☐ −5
  −10 ☐ +7   −10 ☐ −9
  −1 ☐ −2   0 ☐ −8
c) +5 ☐ +6   d) +84 ☐ +48
  −5 ☐ −6   −217 ☐ 172
  −2,5 ☐ −2,4   −801 ☐ 108

6 Ordne die Zahlen in einer Kette.
a) +1; −8; 0; +11; −18; −12; −2; −10
b) −4; +2; −24; +20; −40; −2
c) +78; −87; +89; −97; +75; −85
d) +0,5; −0,5; −0,25; +0,3; 0; −0,3

7 Gib drei rationale Zahlen zwischen den vorgegebenen an.
a) −5 und 5   b) −4 und −1
  −5 und 0   −4 und 4
  −5 und −1   −4 und 0
c) −89 und −78   d) −2 und 0
  −113 und −118   −5 und −4
  −172 und −127   −1 und +1

8 Gib drei Zahlen zwischen den vorgegebenen so an, dass der Abstand jeweils gleich groß ist.
a) 0 und +20   b) −40 und 0
c) −15 und −3   d) −3 und +3

9 Manche Meerestiere können in sehr großen Wassertiefen überleben. Auf dem Rand sind einige von ihnen abgebildet.
a) Stelle dies an einem geeigneten Zahlenstrahl dar.
b) Ordne die Zahlen der Größe nach. Beginne mit der größten.

10 Die Tabelle zeigt die tiefsten Tiefseegräben unserer Erde.

Graben	Tiefe
Boningraben	−10 340 m
Japangraben	−10 554 m
Kermadecgraben	−10 047 m
Kurilengraben	−10 542 m
Marianengraben	−11 034 m
Neupommern-Bougainville-Graben	−9 142 m
Philippinengraben	−10 540 m
Puerto-Rico-Graben	−9 219 m
Tongagraben	−10 882 m
Yapgraben	−8 597 m

a) Wie sind die Gräben geordnet? Kannst du sie auch anders ordnen?
b) Sucht die Gräben in euren Atlanten.

11 Bestimme die nächstkleinere und die nächstgrößere ganze Zahl.
a) ☐ < −3 < ☐   b) ☐ < −1,5 < ☐
  ☐ < −20 < ☐   ☐ < −2,08 < ☐
  ☐ < +3 < ☐   ☐ < +0,5 < ☐

12 Prüfe.
a) Liegt −3,4 näher bei −3 oder bei −4?
b) Liegt −8,6 näher bei −8 oder bei −9?
c) Ist −2,4 weiter entfernt von −2 oder von −3?
d) Ist −$\frac{1}{3}$ weiter entfernt von 0 oder von −1?

13 a) Wie werden Guthaben und wie werden Schulden auf einem Kontoauszug gekennzeichnet?
b) Ordne die Kontostände nach ihrer Größe:
−730 €; −6 €; −16 €; −85 €; +370 €; +9 €; −205 €; +27 €; 0 €; +205 €

Robbe 900 m

Seeigel 1000 m

Lederschildkröte 1200 m

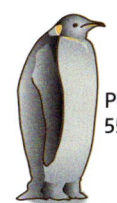
Pinguin 550 m

Delfin 300 m

Online-Link
zu Aufgabe 10
742861-1611

Monat	unter/über Normal in cm
Januar	−1
Februar	−17
März	+22
April	+68
Mai	+39
Juni	+5
Juli	−23
August	−41
September	−38
Oktober	−12
November	+11
Dezember	+19

14 Die Pegelstände eines Stausees werden regelmäßig gemessen.
a) In welchem Monat war der Pegelstand am höchsten, wann am niedrigsten?
b) In welchen Monaten stand das Wasser höher als im Juli? Wann stand das Wasser tiefer als im November?
c) In welchen Monaten lag der Pegel tiefer als im Mai, jedoch höher als im Februar?
d) Erkläre die Schwankungen der Pegelstände in den verschiedenen Monaten.

15 a) Ordne, beginne mit dem kältesten Ort.

Ort	Land	Tiefsttemp. (°C)
Aklavik	Kanada	−52
Eismitte	Grönland	−65
Fairbanks	USA	−54
Jakutsk	Russland	−64
Ulan-Bator	Mongolei	−44

b) Suche die Orte im Atlas.
c) Trage die Temperaturen auf einem geeigneten Ausschnitt der Zahlengerade ein.
d) Der heißeste Ort ist Arouane in Mali mit 54 °C. Zeichne einen neuen Ausschnitt und trage diese Temperatur zusätzlich ein.

16 a) Ordne die Stoffe nach der Temperatur der Schmelzpunkte und der Siedepunkte in zwei Tabellen.

Stoff	Schmelzpunkt	Siedepunkt
Benzin	−57 °C	108 °C
Campinggas	−190 °C	−42 °C
Frostschutzmittel	−68 °C	197 °C
Luft	−213 °C	−191 °C
Ozon	−251 °C	−113 °C
Quecksilber	−39 °C	357 °C
Sauerstoff	−219 °C	−183 °C
Wasser	0 °C	100 °C

b) Zeichne zwei Ausschnitte der Zahlengerade.
c) Sind die Stoffe in Aklavik oder in Arouane fest, flüssig oder gasförmig?

Angaben zu Aklavik und Arouane findest du in Aufgabe 15.

17 Für jeden Golfplatz wird eine bestimmte Anzahl von Schlägen für eine Runde als Platzstandard vorgegeben. Man kann Abweichungen davon mit positiven oder negativen Zahlen angeben. Negative Zahlen bedeuten, dass der Spieler weniger Schläge benötigt hat, als der Platzstandard vorgibt.

a) Erstelle eine Rangfolge der Spieler.

Garcia	+11	Norman	−3
Singh	−11	Westwood	−4
Faldo	−1	Johnson	−9
Langer	−7	Woods	−12

b) Auch die Anzahl der Schläge pro Loch hat eigene Bezeichnungen.
Die am Loch angegebene Anzahl nennt man **par**. **Bogey** bedeutet 1 Schlag mehr, +2 ist ein **Doppel-Bogey**. 1 Schlag weniger nennt man **Birdie**, −2 **Eagle** und −3 **Albatros**.
Vor dem letzten Loch haben drei Spieler folgenden Punktestand:

Siem	+1	Els	−2
Jimenez	−1		

Wie lautet die Rangfolge?
c) Siem spielt sensationell einen Albatros, Els einen Birdie und Jimenez einen Bogey.
Wie lautet die neue Reihenfolge?
d) Was hätte Jimenez spielen müssen, um zu gewinnen?

3 Zunahme und Abnahme

Die Blautopfhöhle in der Schwäbischen Alb ist die längste deutsche Unterwasserhöhle. Ihr Entdecker, Jochen Hasenmeyer, hatte bei seinen Tauchgängen einige Höhenunterschiede zu überwinden.

→ Beschreibe den Tauchweg von Punkt zu Punkt.

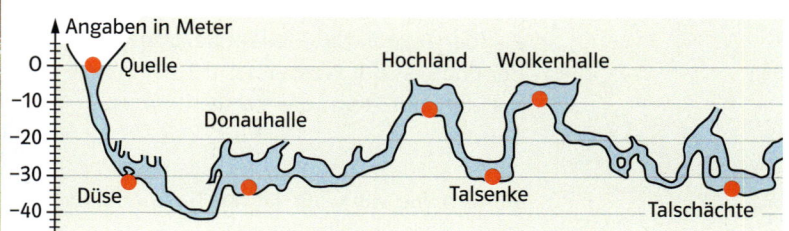

Änderungen lassen sich durch positive oder negative Zahlen beschreiben. Nimmt die Temperatur beispielsweise um 6 °C ab, so spricht man von einer Temperaturänderung um −6 °C. Die Flüssigkeit im Thermometer bewegt sich dabei nach unten. Bei steigender Temperatur bewegt sich die Flüssigkeit im Thermometer nach oben.

Die Veränderungen lassen sich an der Zahlengerade veranschaulichen.

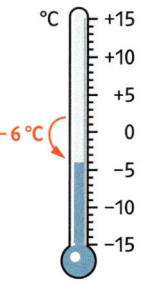

Eine **Zunahme** um 4 bedeutet: Gehe 4 Schritte nach rechts.

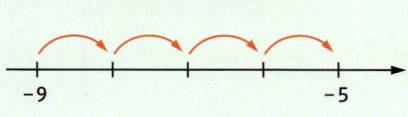

Die Änderung beträgt + 4.

Eine **Abnahme** um 4 bedeutet: Gehe 4 Schritte nach links.

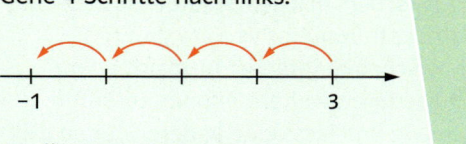

Die Änderung beträgt − 4.

Beispiele

a) $-13\,°C \xrightarrow{+8\,°C} -5\,°C$

$+3\,°C \xrightarrow{-5\,°C} -2\,°C$

$-1\,°C \xrightarrow{-7\,°C} -8\,°C$

b) Der Wasserstand des Sees hat um 25 cm abgenommen. Er fiel von + 14 cm auf − 11 cm.

$+14\,cm \xrightarrow{-25\,cm} -11\,cm$

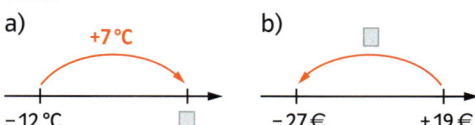

Aufgaben

1 Beschreibe die Änderungen mit positiven oder negativen Zahlen.
a) Die Temperatur sinkt um 4 °C.
b) Der Wasserspiegel steigt um 2 m.
c) Das Guthaben vermindert sich um 53 €.
d) Die Flughöhe steigt um 4500 Fuß.

2 Ergänze die fehlenden Angaben im Heft.

a)

+7 °C
−12 °C ☐

b)
☐
−27 € +19 €

3 Wofür könnten die Pfeildiagramme stehen? Ergänzt die fehlenden Angaben und formuliert Sätze.

a) $+26\,cm \xrightarrow{\;\square\,cm\;} -15\,cm$

b) $-13{,}25\,€ \xrightarrow{\;+13{,}50\,€\;} \square\,€$

c) $\square\,°C \xrightarrow{\;-27\,°C\;} -20\,°C$

d) $+1{,}5\,l \xrightarrow{\;\square\,l\;} +0{,}4\,l$

e) Übersetze in die Pfeildarstellung:
Bei Ebbe ist der Wasserstand 1,30 m unter null, bei Flut steigt das Wasser um etwa 1,90 m.

4 Um wie viel Grad Celsius hat sich die Temperatur jeweils verändert?

a) $-6\,°C \xrightarrow{\;\square\;} +2\,°C$ b) $+10\,°C \xrightarrow{\;\square\;} -7\,°C$

c) $+29\,°C \xrightarrow{\;\square\;} -4\,°C$ d) $-1\,°C \xrightarrow{\;\square\;} -14\,°C$

e) $+2{,}2\,°C \xrightarrow{\;\square\;} +7{,}6\,°C$ f) $-3{,}5\,°C \xrightarrow{\;\square\;} -9{,}3\,°C$

5 a) Wählt jeweils zwei Städte aus und berechnet den Temperaturunterschied.

München $-1\,°C \xrightarrow{\;\square\;}$ Oslo $-16\,°C$

Sucht mindestens zehn solcher Paare.
b) Zwischen welchen Städten ist der Temperaturunterschied am größten? In welchen Städten ist es gleich warm?
c) Bestimmt weitere Temperaturunterschiede und lasst eine andere Gruppe die entsprechenden Städte suchen.

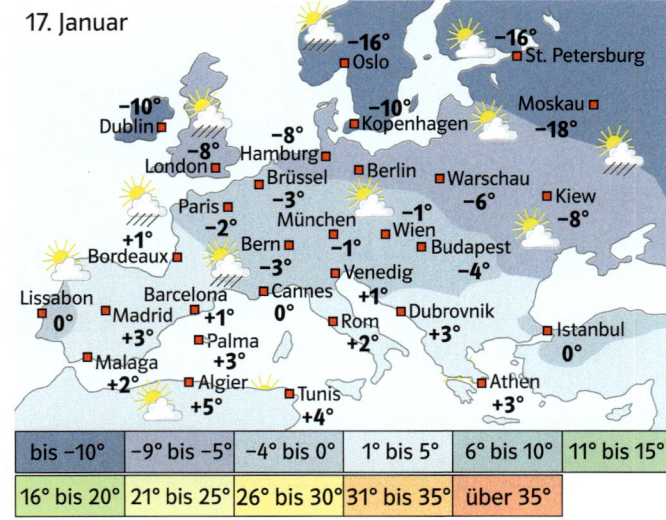

17. Januar

bis −10°	−9° bis −5°	−4° bis 0°	1° bis 5°	6° bis 10°	11° bis 15°
16° bis 20°	21° bis 25°	26° bis 30°	31° bis 35°	über 35°	

6 a) Herr Engel fährt in den Keller. Wie viele Stockwerke fährt er nach unten?
b) Frau Mai fährt von der Tiefgarage U3 in ihre Praxis.
c) Notiert vier weitere Textaufgaben mit Lösungen

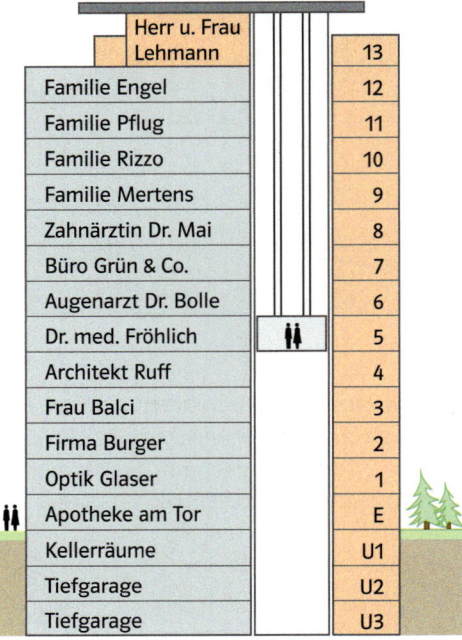

7 Übertrage ins Heft und ergänze.

alter Kontostand	Buchung	neuer Kontostand
180 €	−190 €	
−25 €	+120 €	
−43 €		78 €
257 €		−10 €
	−26 €	−16 €
	−195 €	180 €

8 Wähle passende Kärtchen. Notiere die vollständigen Darstellungen im Heft.

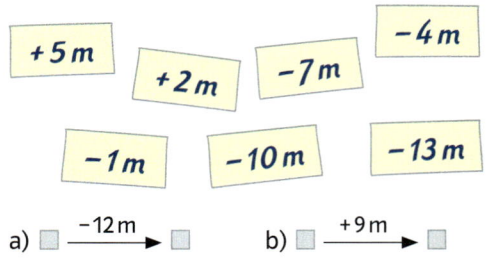

a) $\square \xrightarrow{\;-12\,m\;} \square$ b) $\square \xrightarrow{\;+9\,m\;} \square$

4 Das Koordinatensystem

Wenn du die Figur an der Hochachse des Quadratgitters spiegeln möchtest, musst du die Achse erweitern. Du erhältst nun auch negative Werte.
Der Spiegelpunkt von A(2|1) heißt nun A'(−2|1).
A(2|1) → A'(−2|1)
→ Übertrage das Gitterkreuz in dein Heft und spiegele die Figur an der Hochachse.
→ Wie heißen die Spiegelpunkte von B, C und D?
→ Wie wird die Hochachse erweitert, damit die neue Figur an der x-Achse gespiegelt werden kann?

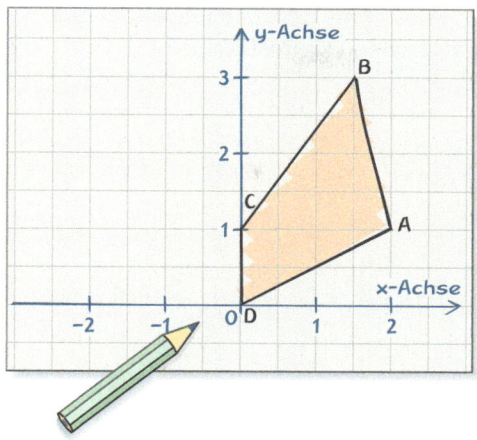

Erweitert man das Quadratgitter nach links und nach rechts unten, dann lassen sich auch Punkte mit negativen Werten eintragen.
Die waagerecht verlaufende Rechtsachse und die darauf senkrecht stehende Hochachse werden somit Geraden, die man **Koordinatenachsen** nennt.
Die zur Gerade erweiterte Rechtsachse heißt **x-Achse**, die zur Gerade verlängerte Hochachse heißt **y-Achse**. Der Punkt O(0|0) heißt auch **Ursprung**.

Die beiden **Koordinaten** eines Punktes P bestimmen die Lage im **Koordinatensystem** eindeutig. Die erste Koordinate des Punktes heißt x-Wert, die zweite Koordinate heißt y-Wert.

Beispiel

Wenn die Figur, die durch die Spiegelung oben entstanden ist, noch mal an der x-Achse gespiegelt wird, entstehen weitere Spiegelpunkte.

A(2|1)   2 nach rechts; 1 nach oben
A'(−2|1)   2 nach links; 1 nach oben
A''(−2|−1) 2 nach links; 1 nach oben
A'''(2|−1) 2 nach rechts; 1 nach unten

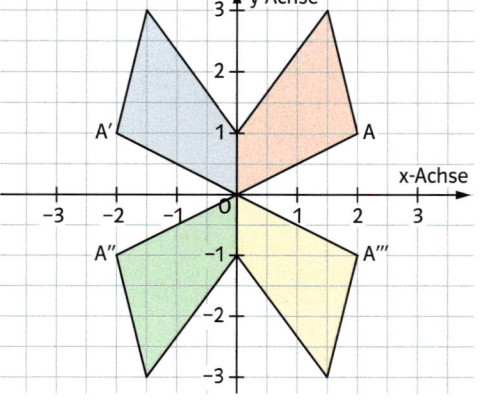

Bemerkung

a) Die beiden Achsen teilen die Zeichenebene in vier Felder, die man **Quadranten** nennt.
b) x-Achse und y-Achse werden aus zwei Zahlengeraden gebildet, die senkrecht zueinander stehen und sich im Ursprung O(0|0) schneiden.

Aufgaben

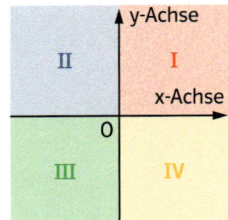

Gib die Eckpunkte der Drachengesichter an. Zeichne ein eigenes Drachengesicht. Was fällt dir an den Koordinaten auf?

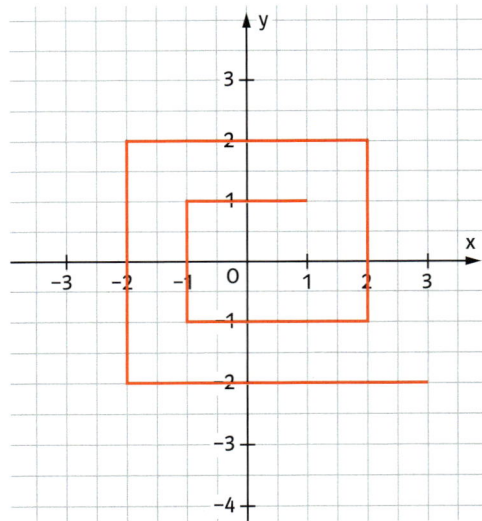

1 Bestimme die Koordinaten der eingetragenen Punkte. Beispiel: P(−3|2)

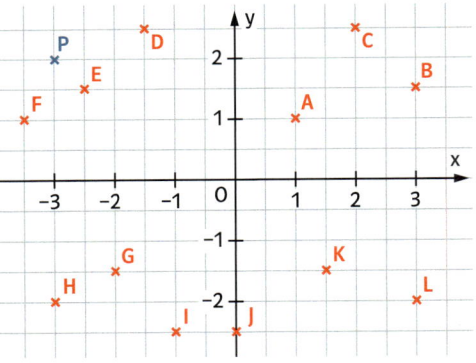

2 In welchem Quadranten liegt der Punkt? Muss man die Punkte einzeichnen?
a) P(−7|3)   b) Q(−9|−12)
c) R(4,7|−0,5)   d) S(−0,1|−0,9)
e) T(0|−8,5)   f) U(−1,6|0)
g) V(8,2|−8,2)   h) W(−6,5|−5,6)

3 Übertrage die Punkte in ein Koordinatensystem und verbinde zu einem Viereck.
a) A(−6|−3); B(−1|1); C(−4|0); D(−5|−1)
b) A(2,5|−4,5); B(−1|4,5); C(−7,5|0,5); D(−5,5|−0,5)
c) A(4,5|3,5); B(−5,5|−0,5); C(−1|−5,5); D(6|−2,5)

4 Übertrage die Tabelle ins Heft und fülle sie aus.

Quadrant	Vorzeichen des	
	x-Werts	y-Werts
I	+	
II		
III		
IV		

5 Die Punkte A, B und C sind Eckpunkte eines Vierecks. Bestimme den fehlenden Eckpunkt D.
a) Quadrat: A(2|1); B(−1|1); C(−1|−2)
b) Parallelogramm: A(4|3); B(−2|6); C(−4|3)
c) Raute: A(−1|1); B(−4|−1); C(−1|−3)

6 Zeichne das Viereck ABCD samt der Diagonalen in ein Koordinatensystem. In welchem Punkt schneiden sich die Diagonalen?
a) A(−1|−4); B(4|1); C(−5|4); D(−6|−4)
b) A(5|−7); B(7|0); C(0|3); D(−2|−4)

7 Zeichne das Parallelogramm ABCD mit A(1|3); B(3|−1,5); C(7|−1,5) und D(5|3) in ein Koordinatensystem. Verschiebe jeden der Eckpunkte um vier Einheiten nach oben. Du erhältst die Bildpunkte A′, B′, C′ und D′. Verbinde A mit A′, B mit B′ usw. Welche Figur entsteht?

8 Setze die Spirale um einige Runden fort. Wo liegt der 10. Eckpunkt? Welche Koordinaten hat der 20. Punkt? Mit Überlegen findest du auch die Koordinaten des 100. Punkts der Spirale.

9 Verbinde die Punkte in einem Zug, ohne abzusetzen. Welche Figur entsteht dadurch?
a) A(−2|−4); C(2|0); D(0|3); E(−2|0); B(2|−4); A(−2|−4); E(−2|0); C(2|0); B(2|−4)
b) A(−3|−1); B(−3|3); C(−1|6); D(1|3); E(1|−1); F(6|0); G(6|4); H(4|7); C(−1|6)
Verbinde anschließend die Punktepaare D und G sowie A und E.

Zusammenfassung

Ganze Zahlen

Die Zahlen ... −3; −2; −1; 0, 1; 2; 3 ... heißen **ganze Zahlen**.
Die Menge der ganzen Zahlen wird mit $\mathbb{Z}$ bezeichnet.

$\mathbb{Z} = \{... −3; −2; −1; 0, 1; 2; 3 ...\}$

Rationale Zahlen

Rationale Zahlen sind negative und positive Dezimalbrüche oder Brüche.

0,25 oder −0,25
$2\frac{1}{2}$ oder $−2\frac{1}{2}$

Zahlengerade

Zur Darstellung der rationalen Zahlen wird der Zahlenstrahl zur Zahlengerade erweitert. Negative Zahlen stehen links der Null.

Gegenzahl

Jede Zahl, außer Null, hat eine **Gegenzahl**. Zahl und Gegenzahl haben auf der Zahlengerade denselben Abstand von null.

−5 ist die Gegenzahl von +5 und +5 ist die Gegenzahl von −5.

Vergleichen und Ordnen

An der Zahlengerade kann man rationale Zahlen miteinander vergleichen.
Die kleinere von zwei rationalen Zahlen liegt auf der Zahlengerade weiter links.

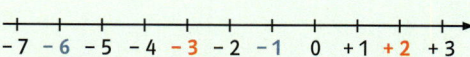

−3 steht links von +2, also −3 < +2.
−1 steht rechts von −6, also −1 > −6

Zunahme und Abnahme

Durch positive und negative Zahlen kann man Änderungen beschreiben.
An der Zahlengerade lassen sich diese Veränderungen veranschaulichen.

3 Schritte nach links bedeuten eine Abnahme um 3, die Änderung beträgt −3.

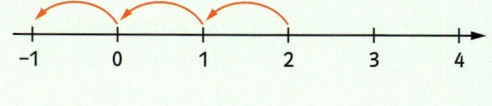

Koordinatensystem

Das **Koordinatensystem** ist eine Erweiterung des Quadratgitters nach links und nach unten.
Die waagerechte Achse heißt **x-Achse**, die senkrechte **y-Achse**.

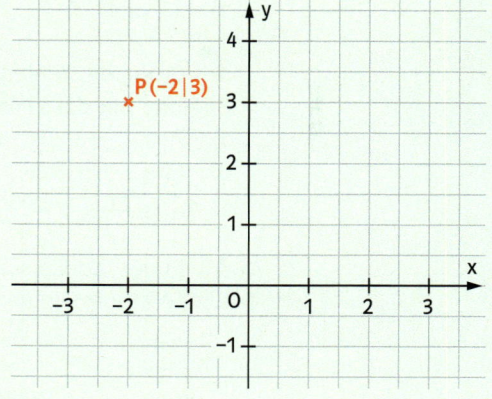

Punkte im Koordinatensystem werden mit **Koordinaten** beschrieben. Sie bestimmen die Lage der Punkte eindeutig.

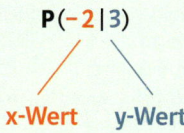

Üben • Anwenden • Nachdenken

Online-Link
Hin und her
742861-1691

1 Auf welche Zahlen zeigen die Pfeile?

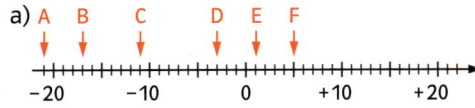

a)

A B C D E F
−20 −10 0 +10 +20

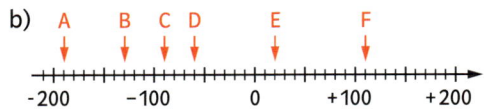

b)

A B C D E F
-200 −100 0 +100 +200

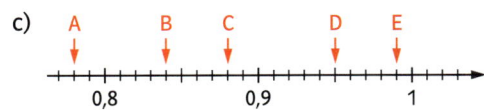

c)

A B C D E
0,8 0,9 1

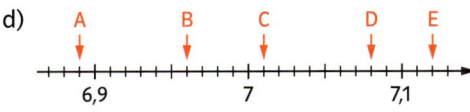

d)

A B C D E
6,9 7 7,1

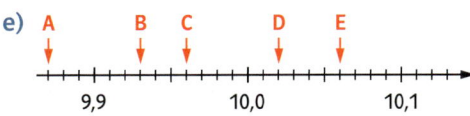

e)

A B C D E
9,9 10,0 10,1

2 Welche Zahl liegt in der Mitte der angegebenen Zahlen? Überprüfe an der Zahlengeraden.

a) −4 und +2   b) −3 und 1
c) −1 und +1   d) 0 und −3
e) −3,2 und −3   f) +0,2 und +1

3 Ordne die Zahlen in einer Kette. Beginne mit der kleinsten.

a) −7; +4; −3; 0; +6; −1
b) −609; −69; 906; −960; −690; 96
c) 3,2; −2,03; −3,02; −2,3; 2,3; −3,2

4 In der Tabelle sind die Schmelz-temperaturen einiger Stoffe angegeben.

Alkohol	−114 °C
Butter	31 °C
Eisen	1400 °C
Gold	1063 °C
Platin	3390 °C
Quecksilber	−39 °C
Wachs	62 °C
Wasser	0 °C
Meerwasser	−2,5 °C
Zinn	232 °C

Ordne die Schmelztemperaturen. Beginne mit der niedrigsten Temperatur.

5 Wie heißen die nächsten 5 Stationen?

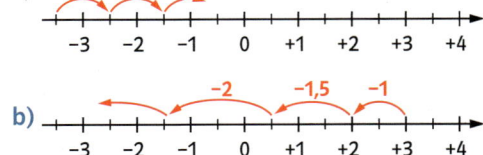

a)

+1 +1
−3 −2 −1 0 +1 +2 +3 +4

b)

−2 −1,5 −1
−3 −2 −1 0 +1 +2 +3 +4

6 Der römische Feldherr Gajus Julius Cäsar lebte von 100 v. Chr. bis 44 v. Chr. Wie alt wurde er?

7 Auf dem Planet Merkur herrschen extreme Temperaturunterschiede. Die Temperaturen reichen von +430 °C bis zu −200 °C. Berechne den Temperaturunterschied.

8 Aus dem Schaubild lässt sich der Kontostand von Pias Girokonto ablesen.

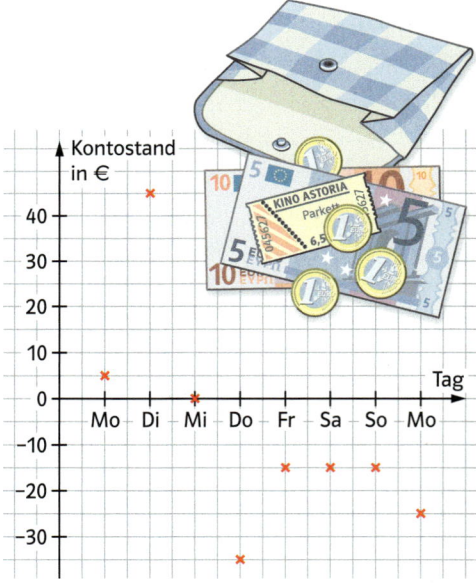

a) Beschreibe den Verlauf von Tag zu Tag.
b) Wann hat sie am meisten einbezahlt, wann am meisten abgehoben?
c) Wie viel Geld hat sie in diesen Tagen insgesamt abgehoben?
d) Wie viel Geld muss sie am folgenden Dienstag einzahlen, um wieder den ursprünglichen Kontostand zu haben?

Spielvorbereitung (2 bis 4 Spieler)

- Für das Spielfeld wird ein langer Streifen mit Zahlenfeldern von −13 bis +13 hergestellt.
- Überklebt die Zahlen von zwei Spielwürfeln mit Klebepapier.
- Schreibt nun auf den ersten Würfel jeweils dreimal die Rechenzeichen + und −. Das ist der *Rechenzeichenwürfel*.
- Schreibt auf den zweiten Würfel die Zahlen 0, −1, −2, +3, −4, +5. Das ist der *Zahlenwürfel*.
- Jeder bekommt drei Spielfiguren. Malt auf jede Spielfigur ein Gesicht, damit man weiß, wo vorne und hinten ist.

Spielregeln

- Jeder Spieler stellt seine 3 Spielfiguren aufs Startfeld.
- Gespielt wird mit beiden Würfeln reihum.
- Um eine Figur ins Spiel zu bringen, muss man eine „0" würfeln. Jeder darf dreimal probieren.
- Wie hin und her gezogen werden darf, zeigen die Würfel an:

Rechenzeichenwürfel

+ Deine Figur schaut in die positive Richtung.
− Deine Figur schaut in die negative Richtung.

Zahlenwürfel

+3 Gehe drei Felder vorwärts.
−4 Gehe vier Felder rückwärts.

- Springt man auf ein Feld, auf dem bereits eine gegnerische Figur steht, muss diese wieder bei Start beginnen.
- Gewonnen hat, wer zuerst zwei Figuren im Ziel hat. Das Ziel muss nicht mit der genauen Augenzahl erreicht werden.

Beispiel

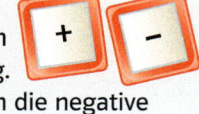 heißt: „Schaue in die negative Richtung und gehe dann 4 Felder rückwärts."

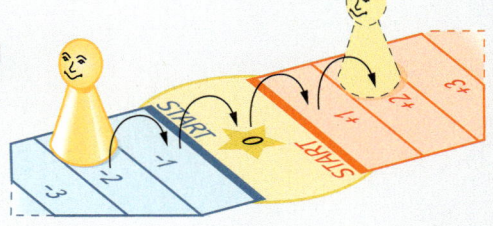

9 Probiert die folgende Spielvariante. Spielt mit zwei Rechenzeichenwürfeln und mit zwei Zahlenwürfeln. Wer an der Reihe ist, wirft alle vier Würfel und darf sich davon ein Rechenzeichen und eine gewürfelte Zahl aussuchen.

10 Für eine weitere Spielvariante benötigt man ebenfalls zwei Rechenzeichenwürfel und zwei Zahlenwürfel.
Alle Würfel müssen nun verwendet werden. Man darf aber entscheiden, welche Zahl mit welchem Rechenzeichen verwendet wird.

negatives Ziel
−13
−12
−11
−10
−9
−8
−7
−6
−5
−4
−3
−2
−1
START
0
START
+1
+2
+3
+4
+5
+6
+7
+8
+9
+10
+11
+12
+13
positives Ziel

11 Auf der Erde herrschen zum Teil extreme Temperaturen. Hier siehst du einige solcher Temperaturrekorde.

a) **Deutschland**
40,3° in Perl-Nennig (Saarland)
−44,8 °C Berchtesgaden (Funtener See)
Weltweit
57,3 °C El Assisja, Libysche Wüste
−89,2 °C Antarktisstation Wostok
Vergleiche die Temperaturrekorde.

b) Das Diagramm zeigt die mittleren Temperaturen im sibirischen Werchojansk. Lies die Temperaturen der einzelnen Monate ab.
Bestimme die größte Temperaturdifferenz innerhalb des ganzen Jahres.

c) Im Verlauf eines Jahres gab es in Werchojansk eine Tiefsttemperatur von −70 °C und eine Höchsttemperatur von 36,6 °C.
Vergleiche.

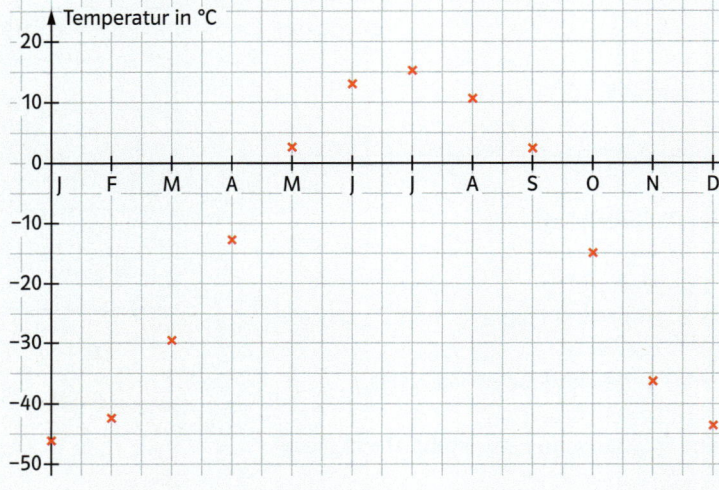

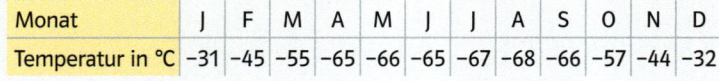

Monat	J	F	M	A	M	J	J	A	S	O	N	D
Temperatur in °C	−31	−45	−55	−65	−66	−65	−67	−68	−66	−57	−44	−32

12 In der Tabelle findest du die Werte für die Antarktisstation Wostok.

a) Übertrage die Werte in ein Diagramm. Vergleiche den Verlauf der Temperaturkurve mit dem von Werchojansk.
Was stellst du fest?
b) Die Karte zeigt die mittleren Januar- und Julitemperaturen einiger Städte in Europa und Russland.
In welcher Stadt wurde der größte, in welcher der geringste Temperaturunterschied gemessen?
c) Ordne die aufgeführten Städte nach der Höhe der Temperaturunterschiede. Kannst du einen Zusammenhang der Temperaturdifferenzen mit der Entfernung zum Meer erkennen?

Rückspiegel

1 Welche Zahlen sind markiert?

a)

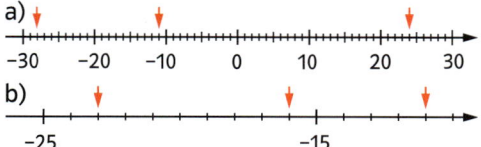

b)

2 Trage die Zahlen der Zahlengerade ein.
a) −4; 8; −1; 0; 3; −5
b) −12; −10,5; −0,5; +1,5; +3

3 Setze < oder > ein.
a) 23 ☐ −27
b) −4312 ☐ −1234
c) 2,5 ☐ −12

4 Ordne nach der Größe.
a) 45; −54; −405; 540; −450; −45
b) 2; −5; −1; 5; −10

5 Welche Zahl liegt in der Mitte von
a) −5 und −3?
b) −2 und −3?

6 Die drei Zahlen haben denselben Abstand. Wie heißt die fehlende Zahl?

a)

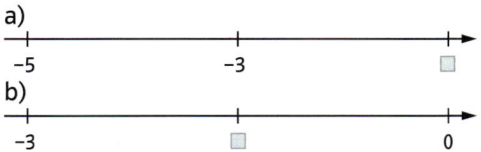

b)

7 Ordne die Städte nach ihren Temperaturen. Beginne mit der kältesten.

Athen	11 °C	Las Palmas	20 °C
Brüssel	0 °C	Moskau	−27 °C
Helsinki	−18 °C	Wien	−7 °C

8 Die Tabelle zeigt die Kontostände vom letzten Tag des jeweiligen Monats. Bestimme die Kontobewegungen.

Jan.	Feb.	März	Apr.	Mai	Juni
5400	1700	−800	2350	−2150	740

1 Welche Zahlen sind markiert?

a)

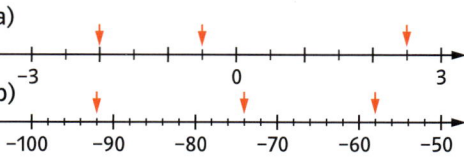

b)

2 Trage auf der Zahlengerade ein.
a) −32; −17; −48; −9; −66; −76
b) −0,3; 0,15; $-\frac{1}{4}$; −0,2; −0,05

3 Setze < oder > ein.
a) +12 ☐ −21
b) −6,3 ☐ 2,9
c) −3,3 ☐ −4,4

4 Ordne nach der Größe.
a) −387; −783; 378; −873; 783
b) 25; −502; −52; 52; −205

5 Welche Zahl liegt in der Mitte von
a) −7 und 6,0?
b) −0,6 und +4,8?

6 Die drei Zahlen haben denselben Abstand. Wie heißen die fehlenden Zahlen?

a)

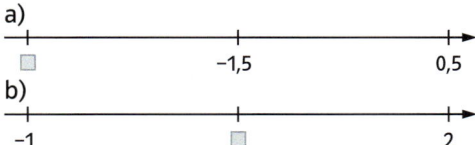

b)

7 Ordne die Geldbeträge.

−234,56 €	1025,00 €
5,09 €	−75,80 €
−1,00 €	−100,00 €

8 In der Tabelle stehen die Tageshöchst- und die Tagestiefsttemperaturen (in °C). Bestimme die täglichen Änderungen und die größte Temperaturdifferenz.

Mo	Di	Mi	Do	Fr	Sa	So
12,2	9,1	5,6	7,5	8,2	10,1	4,5
3,9	0,4	−1,3	−2,9	−5,3	2,6	−3,7

Online-Link
zum Rückspiegel
742861-1711

→ Die Lösungen findest du auf Seite 216.

Standpunkt

Online-Links
zum Standpunkt
742861-1721
zu Kapitel 9
742861-0009

Du musst verstehen!
Aus Eins mach Zehn
und Zwei lass gehen
und Drei mach gleich,
so bist du reich. Verlier
die Vier! Aus Fünf
und Sechs, so sagt
die Hex, mach Sieben
und Acht, so ist's
vollbracht. Und Neun
und Eins, und Zehn
ist keins. Das ist das
Hexen-Einmaleins.

Johann Wolfgang
von Goethe

Milch 等ЩЩ \\\
Kakao ЩЩЩЩ \\
Wasser \\\
Orangensaft ЩЩЩ
Energy-Drink ЩЩЩ \

Es gibt weltweit
mehr als eine Milliarde
Jugendliche.
**Von je 100 leben in den
Kontinenten:**

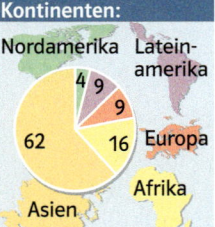

Wo stehe ich?

Ich kann…

	gut	weniger gut	etwas	nicht mehr	Lerntipp!
1 die Häufigkeit der Zahlen eines Textes in einer Strichliste darstellen,	☐	☐	☐	☐	→ S. 174; 186; 201
2 eine Strichliste in eine Tabelle übertragen,	☐	☐	☐	☐	→ S. 174; 201
3 Aussagen anhand eines Diagramms überprüfen,	☐	☐	☐	☐	→ S. 176; 186; 201
4 eine Tabelle in ein Säulendiagramm übertragen,	☐	☐	☐	☐	→ S. 177; 201
5 Temperaturen aus einem Diagramm ablesen,	☐	☐	☐	☐	→ S. 201
6 einem Diagramm Informationen entnehmen.	☐	☐	☐	☐	→ S. 176; 186; 201

Überprüfe deine Einschätzung

1 Wie oft kommen die einzelnen Zahlen im Hexen-Einmaleins auf dem Rand vor? Stelle die Häufigkeit in einer Strichliste dar.

2 Stelle die Lieblingsgetränke der Klasse 6 a in einer Tabelle dar.

Milch	Kakao	Wasser	O-Saft	Energy-D
18	☐	☐	☐	☐

3 Welche Aussagen stimmen? Begründe.
a) In Europa leben 9 Jugendliche.
b) Von 100 Jugendlichen leben 16 in Afrika.
c) Von 100 Jugendlichen leben 84 in Asien, Afrika oder Lateinamerika.

4 Übertrage das Säulendiagramm in dein Heft und vervollständige es.

Jungtiere pro Wurf	
Rotfuchs	6
Koala	1
Schnabeltier	3
Maulwurf	4
Wasserschwein	8
Biber	5
Schneehase	5
Berglemming	5

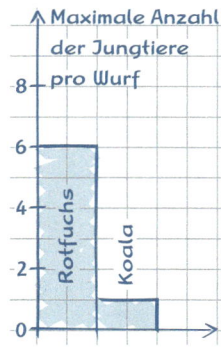

5 Lies die Temperaturen von Mainz ab und übertrage sie in eine Tabelle.

6 Das Diagramm zeigt die beliebtesten Kinder-Freizeitbeschäftigungen.

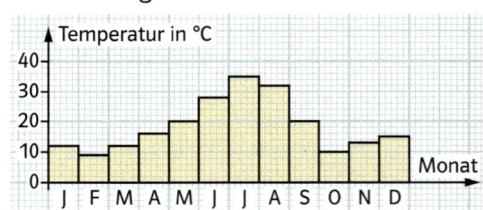

So verbringen 8- bis 13-Jährige ihre Freizeit (in %):			
	Mädchen	**Jungen**	
Freunde	79	82	Freunde
Musikhören	63	68	Radfahren
Radfahren	48	58	Fußballspielen
Malen	47	50	Musikhören
Tiere	36	33	Computer
Sport	36	32	Handspielgeräte
Lesen	36	25	Computerspiele
Puppen	29	24	Schwimmen
Hörbücher	26	23	Spielkästen
Schwimmen	26	23	Spielekonsolen

a) Was sind die Lieblingsbeschäftigungen von Jungen und Mädchen?
Was machen beide gerne?
b) Womit beschäftigen sich Jungen gerne, Mädchen dagegen nicht?
c) Was nennen Mädchen seltener als Lesen?

→ Die Lösungen findest du auf Seite 217.

Schulwege

In der Klasse 6b der Erich-Kästner-Schule wird eine Erhebung darüber durchgeführt, wie viel Zeit der Schulweg für jeden Einzelnen in Anspruch nimmt. Das Ergebnis wird in einer Liste festgehalten.

Schulweg in Minuten (einfacher Weg) für die Schülerinnen und Schüler der Klasse 6b:

	Strichliste	Anzahl
0–5 Minuten	II	2
5–10 Minuten	IIIII	5
10–15 Minuten	IIIII I	
15–20 Minuten	IIII I	
20–25 Minuten	III	
25–30 Minuten	IIIII III	
30–35 Minuten		0
35–40 Minuten	I	
über 40 Minuten	I	
Summe		30

Warum wurde eine Strichliste angefertigt? Welche Werte fallen dir besonders auf? Stelle das Ergebnis in einem Diagramm dar.

Führt in eurer Klasse eine solche Befragung durch und stellt das Ergebnis in einem Diagramm dar. Vergleicht euer Diagramm mit dem der Klasse 6b der Erich-Kästner-Schule.

Das lerne ich:

- wie statistische Erhebungen durchgeführt werden,
- wie man statistische Erhebungen in Listen erfasst,
- wie man statistische Erhebungen grafisch darstellt,
- wie man statistische Erhebungen auswertet und vergleicht,
- was der Mittelwert ist und wie man ihn berechnet.

1 Daten erfassen

In einer Klasse wurde eine Umfrage über die Lieblingssportart durchgeführt.
Aus dem Durcheinander der vielen Zettel erhältst du so schnell keine Antwort, welche Sportart am häufigsten oder welche selten gewählt wurde.
→ Wie kannst du dir einen Überblick verschaffen?

Um bestimmte Fragen beantworten zu können, sammelt man Daten. Zur besseren Übersicht über die Datenmenge legt man unter anderem Listen an.

Das Sammeln von Daten wird **statistische Erhebung** genannt.
In einer **Strichliste** kann das Ergebnis einer statistischen Erhebung festgehalten werden.
Werden in der Liste statt der Striche Zahlenwerte angegeben, so spricht man von einer **Häufigkeitsliste**.

Beispiel

In der Jahrgangsstufe 6 wird eine statistische Erhebung darüber durchgeführt, während welchen Tätigkeiten Kinder und Jugendliche essen. 100 Jugendliche werden gefragt.
Das Ergebnis wird in einer Strichliste notiert.

Hausaufgaben	Spielen	Lesen	Musik hören	Fernsehen	Schlafen
‖‖‖ ‖‖‖ ‖‖‖ ‖‖‖	‖‖‖ ‖‖‖ ‖‖‖ ‖‖‖ ‖‖‖ ‖‖‖ ‖‖‖ ‖‖‖ ‖‖‖ ‖‖‖ ‖‖‖ ‖‖‖ ‖‖‖‖	‖‖‖ ‖‖‖ ‖‖‖ ‖‖‖ ‖‖‖ ‖‖‖ ‖‖‖ ‖‖‖	‖‖‖ ‖‖‖ ‖‖‖ ‖‖‖ ‖‖‖ ‖‖‖ ‖‖‖ ‖‖‖ ‖‖‖ ‖‖	‖‖‖ ‖‖‖	

Zur besseren Übersicht wird eine Häufigkeitsliste erstellt.

Hausaufgaben	Spielen	Lesen	Musik hören	Fernsehen	Schlafen
20	64	40	52	68	0

Aufgaben

1 In der Klasse 6a wird gefragt, ob die Schülerinnen und Schüler lieber eine Klassenlehrerin oder einen Klassenlehrer haben. Rechts siehst du das Ergebnis.
Was kannst du aus der Strichliste ablesen?

	Klassenlehrer	Klassenlehrerin	weiß nicht
Jungen	‖‖‖ ‖‖	‖‖‖‖	‖‖‖
Mädchen	‖‖‖	‖‖‖ ‖‖‖	‖‖‖‖

2 Das Schülercafé der Burgschule wurde neu eröffnet. Die Schülerinnen und Schüler wollen herausfinden, ob sie den Verkauf von Milch, Kakao, Käse- und Wurstbrötchen richtig einschätzen. Den Tagesverkauf halten sie in einer Strichliste fest.

Milch	‖‖‖ ‖‖‖ ‖‖‖ ‖‖‖ ‖‖‖ ‖‖‖ ‖‖‖
Kakao	‖‖‖ ‖‖‖ ‖‖‖ ‖‖‖ ‖‖‖ ‖‖‖ ‖‖‖ ‖‖‖ ‖‖‖ ‖‖‖
Käsebrötchen	‖‖‖ ‖‖‖ ‖‖‖‖
Wurstbrötchen	‖‖‖ ‖‖‖ ‖‖‖ ‖
Müsli	‖‖‖ ‖‖‖ ‖‖‖ ‖‖

a) Was ist wie beliebt? Wertet aus.
b) Welches Nahrungsmittel wurde am häufigsten (am wenigsten) verkauft?

3 Viele Kinder der Klasse 6 b treiben Sport.

Sportart	Strichliste	Anzahl
Fußball	‖‖‖ ‖	6
Basketball	‖‖	
Schwimmen	‖‖‖ ‖‖‖ ‖	
Tischtennis	‖‖‖	
Inlineskaten	‖‖‖‖	

a) Vervollständige die Tabelle in deinem Heft.
b) Wie viele Schülerinnen und Schüler sind in eurer Klasse aktiv? Erstelle eine Strichliste und eine Häufigkeitsliste.

4 In den Jahrgangsstufen 5 und 6 wurde nach dem Frühstück befragt.

nichts	39
Brot mit Butter	16
Brot mit Marmelade	22
Brot mit Nusscreme	43
Brot mit Wurst/Käse	33
Müsli/Cornflakes	42
Quark/Jogurt	13
Süßigkeiten	25

a) Nicht zu frühstücken oder nur Süßigkeiten zum Frühstück sind ungesund. Lohnt sich ein Tag des gesunden Frühstücks?
b) Wie sieht es in eurer Klasse aus?

5 Die Schülerinnen und Schüler der sechsten Klassen tragen sich für ein Projekt ein.

Klasse	6a	6b	6c	6d
Mathematische Zaubereien	‖‖‖ ‖	‖‖‖ ‖‖‖‖	‖‖‖‖	‖‖‖
Wir bauen einen Schulteich	‖‖	‖‖‖	‖‖‖ ‖	‖‖‖
Sportspiele	‖‖‖ ‖	‖‖‖ ‖	‖‖‖	‖‖‖ ‖‖‖
Gesundes Frühstück	‖‖‖		‖‖	‖‖‖‖
Lernen am PC	‖‖‖	‖‖‖ ‖‖	‖‖	
American way of life	‖‖‖‖	‖‖	‖‖‖	‖‖‖
Unterstufenzeitung	‖		‖‖‖ ‖‖‖‖	‖‖‖‖

a) Erstelle eine Häufigkeitsliste.
b) Welche Aussagen kannst du mithilfe der Liste machen?

6 Mareike und Torsten erfassen in einer Strichliste für 10 Minuten den Straßenverkehr vor der Schule.

Pkw	‖‖‖ ‖‖‖ ‖‖‖ ‖‖‖ ‖
Lkw	‖‖‖ ‖‖‖
Motorräder	‖‖‖ ‖‖
Motorroller	‖‖‖ ‖‖‖ ‖
Fahrräder	‖‖‖ ‖‖‖ ‖‖‖ ‖
Sonstiges	‖

a) Was könnte „Sonstiges" gewesen sein?
b) Wie viele Zweiräder haben sie gezählt?
c) Wie viele Fahrzeuge würden bei diesem Verkehr in einer Stunde vorbeifahren?

Lerntipp!
Begriffe wie „weniger als" „gleich viel" helfen dir, Aussagen zu formulieren.

Lerntipp!
Nicht immer ist es sinnvoll, alle Ergebnisse, die vorkommen können, in einer Häufigkeitsliste aufzuführen. Selten vorkommende Ergebnisse fasst man dann unter „Sonstiges" zusammen.

2 Daten darstellen

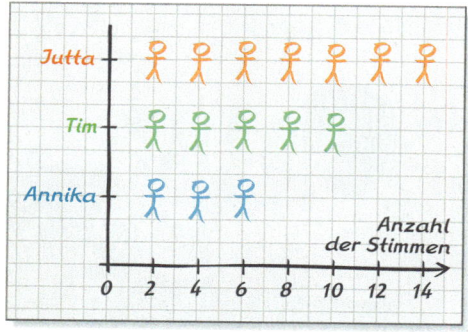

Das Ergebnis einer Klassensprecherwahl wird hier unterschiedlich dargestellt.
- → Erkläre die Darstellungen.
- → Welche Vor- und Nachteile haben diese?
- → Stelle das Ergebnis der Klassensprecherwahl in einem anderen Diagramm dar. Beschreibe Vor- und Nachteile dieses Diagramms.
- → Suche in der Zeitung weitere unterschiedliche Diagramme zu anderen Themen.

Statistische Erhebungen werden bildlich oft mithilfe von **Diagrammen** veranschaulicht.

> Das **Säulendiagramm** oder das **Bilddiagramm** wird meistens gebraucht, wenn man Werte der Häufigkeitsliste ablesen möchte.
> Das **Kreisdiagramm** oder das **Streifendiagramm** wird meistens gebraucht, wenn man darstellen möchte, welchen Anteil ein Wert der Häufigkeitsliste am Ganzen hat.

Beispiel

Eine Tüte Luftballons enthält fünf verschiedene Farben. Dirk zählt nach und erstellt eine Häufigkeitsliste.

Farbe	rot	blau	grün	gelb	pink
Anzahl	10	9	5	8	4

insgesamt also 36 Ballons

Im Säulen- oder Bilddiagramm kannst du ablesen, wie viele rote Luftballons in der Tüte waren.

Bilddiagramm

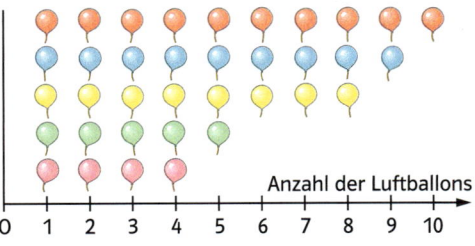

Säulendiagramm

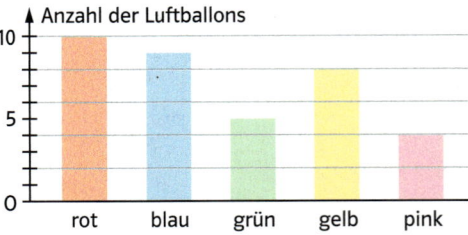

Im Kreis- oder Streifendiagramm kannst du ablesen, dass der Anteil der roten Luftballons in der Tüte am größten ist.

Streifendiagramm

Kreisdiagramm

Aufgaben

1 Wie viele Haustiere habt ihr?
Macht eine Umfrage in eurer Klasse.
a) Wie viele Kinder hat die Klasse?
b) Wie viele Schülerinnen und Schüler haben Haustiere?
c) Wie viele Kinder haben mehr als ein und weniger als drei Haustiere?
d) Wenn alle Kinder ihre Haustiere in die Schule mitbringen würden, wie viele Tiere wären es insgesamt?

2 a) Was zeigt das Schaubild?

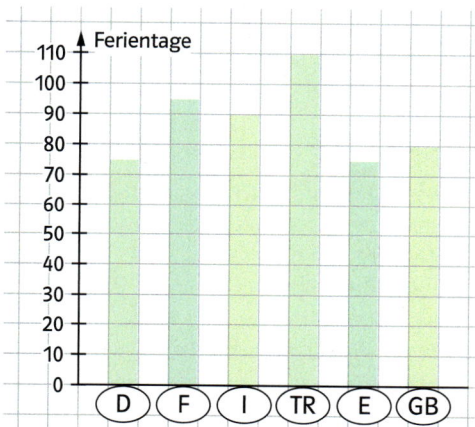

b) Ordne die Länder nach der Zahl ihrer Ferientage.
c) Wer hat die meisten, wer die wenigsten Ferientage?
Berechne den Unterschied.

3 In dem Bilddiagramm ist die Erhebung über das Gewicht von Schultaschen dargestellt. Das Bild einer Schultausche entspricht dabei 10 Schultaschen in Wirklichkeit.

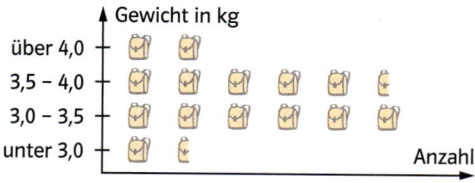

a) Wie viele Schultaschen wurden ungefähr gewogen?
b) Bestimme für jede Gewichtsklasse die ungefähre Anzahl. Fertige eine Häufigkeitsliste an.

Säulen- und Bilddiagramme zeichnen

4 Diagramme dienen dazu, Häufigkeiten darzustellen.

Beispiel: Häufigkeitsliste der verkauften Getränke

Getränke	Kakao	Milch	Saft	Kaffee	Tee	Sonst.
Anzahl	244	320	124	147	92	73
Länge (cm)	4,88	6,4	2,48	2,94	1,84	1,46

Beim **Säulendiagramm** legt man fest, wie groß der Abstand auf der y-Achse ist. Hier ist 50 sinnvoll, weil die größte Zahl 320 ist. Die Hochachse wird in 20er-Schritten eingeteilt.
Die Häufigkeit 320 entspricht der Säulenhöhe
320 cm : 50 = 6,4 cm.
Die Häufigkeit 244 entspricht der Säulenhöhe
244 cm : 50 = 4,88 cm.
Entsprechend verfährt man mit allen anderen Werten der Häufigkeitsliste.
Die Säulenbreite ist beliebig, jedoch für alle Säulen gleich.

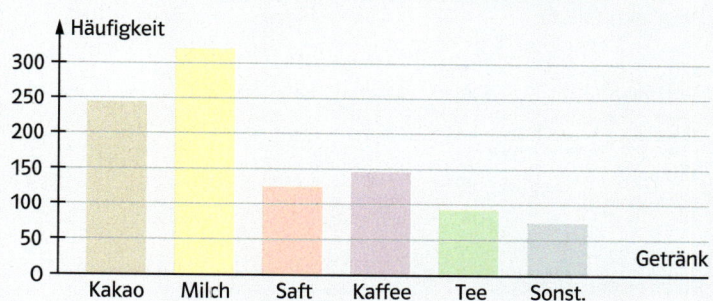

Beim **Bilddiagramm** legt man fest, welche Häufigkeit ein Bild darstellen soll.
Beispiel: Soll ein Bild die Häufigkeit 40 darstellen, so müssen alle Werte der Tabelle durch 40 geteilt werden. Die gerundeten Werte ergeben die Anzahl der Bilder.
So ergibt sich für Kakao: 244 : 40 = 6,1 ≈ 6.

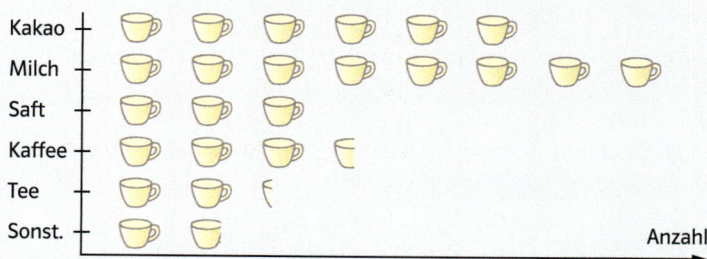

Bei Bilddiagrammen wird häufig auch auf halbe oder viertel Bilder gerundet.

5 Um für eine Häufigkeitsliste ein **Kreis-** oder **Streifendia-gramm** zeichnen zu können, muss für jedes Ergebnis die entsprechende Winkelgröße bzw. Abschnittslänge bestimmt werden.

Beispiel: Häufigkeitsliste der verkauften Getränke:

Getränke	Kakao	Milch	Saft	Kaffee	Tee	Sonst.
Anzahl	178	230	89	105	66	52

Insgesamt wurden
178 + 230 + 89 + 105 + 66 + 52 = 720 Getränke verkauft.

Kreisdiagramm
Die 720 Getränke werden durch den Vollkreis mit 360° dargestellt.
Ein Getränk wird dann durch den Winkel $\frac{360°}{720}$ = 0,5° dargestellt.
178 Getränke werden durch den Winkel 178 · 0,5° = 89° dargestellt. Entsprechend berechnet man die anderen Werte der Häufigkeitsliste.

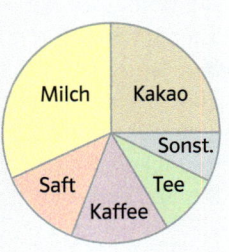

· 178

Getränke		Kakao	Milch	Saft	Kaffee	Tee	Sonst.
Anzahl	1	178	230	89	105	66	52
Kreisaus-schnitt	0,5°	89°	115°	44,5°	52,5°	33°	26°

· 178

Streifendiagramm
Die 720 Getränke werden durch einen Block dargestellt.
Dabei ist die Länge des Blocks frei wählbar. Bei 720 verkauften Getränken bietet sich als Blocklänge 7,2 cm oder ein Vielfaches davon an. In der Tabelle ist die Blockeinteilung mit gerundeten Werten aufgeführt.

· 2,3

Getränke		Kakao	Milch	Saft	Kaffee	Tee	Sonst.
Anzahl	100	178	230	89	105	66	52
Abschnitt	1,00 cm	1,78 cm	2,3 cm	0,89 cm	1,05 cm	0,66 cm	0,52 cm

· 2,3

Zum Zeichnen werden die Werte häufig gerundet.
Zum Beispiel 1,78 cm ≈ 1,8 cm.

Kakao	Milch	Saft	Kaffee	Tee	— Sonst.

6 Schülerinnen und Schüler fehlen aus unterschiedlichen Gründen in der Schule. In dem Streifendiagramm ist die Verteilung der Fehlgründe auf die gesamte Fehlzeit dargestellt.

Behördengänge

Krankheit	famili-äre Gründe	— Sonst.

a) Was kannst du aus dem Streifendiagramm ablesen?
b) Zeichne ein Säulendiagramm, wenn 200 Kinder in der Schule sind.

7 Eine Umfrage über die Lieblingsfarbe bei Jugendlichen ergibt Folgendes:

schwarz	128	grün	45
rot	195	weiß	18
blau	95	braun	4
gelb	34	sonst.	17

a) Wie viele Jugendliche wurden befragt?
b) Stelle das Ergebnis in einem geeigneten Säulendiagramm dar.
c) Stelle das Ergebnis in einem Bilddia-gramm dar. Wähle für jede Farbe einen Farbtopf in dieser Farbe. Dabei soll ein Farbtopf für 15 Nennungen gezeichnet werden.

8 Erstelle zum Bilddiagramm die Häufig-keitsliste. Ein Bild entspricht 4 Eiern.

Sumpfschildkröte
Laubfrosch
Ringelnatter
Weinbergschnecke

Anzahl der Eier

9 Bei einer Fahrradkontrolle wurden folgende Beanstandungen gemacht:

Glocke	12	Bremsen	5
Reifen	2	Licht	8
Reflektor	4		

a) Welche Diagramme eignen sich gut, welche eignen sich nicht zur Darstellung des Ergebnisses?
b) Was musst du voraussetzen, wenn du das Ergebnis in einem Kreis- oder Streifen-diagramm darstellen möchtest?
c) Stelle das Ergebnis in einem geeigneten Diagramm dar.

Tabellen werden mithilfe eines Tabellen-kalkulationsprogramms in Diagramme verwandelt.

10 Mit dem Computer können Daten statistischer Erhebungen in Form von Diagrammen schnell, sauber und präzise dargestellt werden. Ein **Tabellenkalkula-tionsprogramm** erleichtert dies.

Die Vertrauenslehrerwahl der Gustav-Heinemann-Schule soll als Diagramm dargestellt werden. Neun Lehrpersonen standen zur Wahl, 1277 Schülerinnen und Schüler haben abgestimmt.

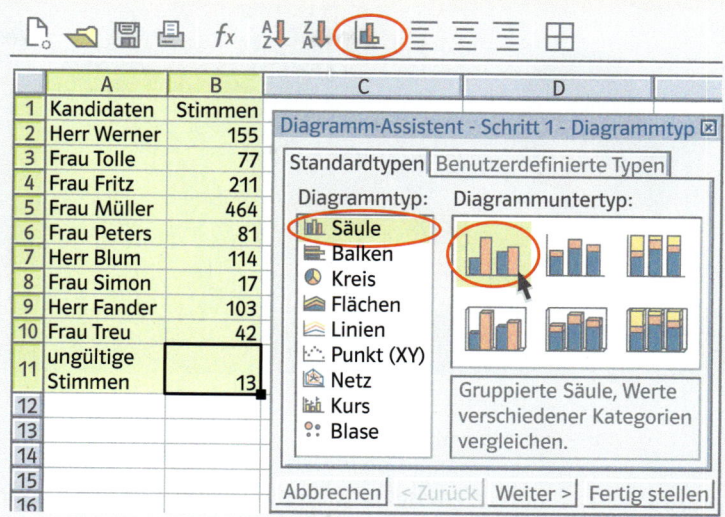

- Übertrage die Daten der Tabelle in das Tabellenkalkulationsprogramm.
- Markiere in deiner Tabelle beide Spal-ten, also die Kandidaten- und die Stim-menzahlspalte mit ihren Überschriften.
- Klicke in der Symbolleiste auf den **Diagramm-Assistenten**.
- Wähle als Diagrammtyp „**Säule**" aus.
- Rechts siehst du eine Auswahl an Säu-lendiagrammen. Wähle das angezeigte aus. Klicke dann auf **Weiter**.
- Probiere weitere Diagramme mit dem Computer aus.
- Welches Diagramm scheint dir zur Dar-stellung des Wahlergebnisses beson-ders geeignet zu sein?
  Begründe deine Meinung.

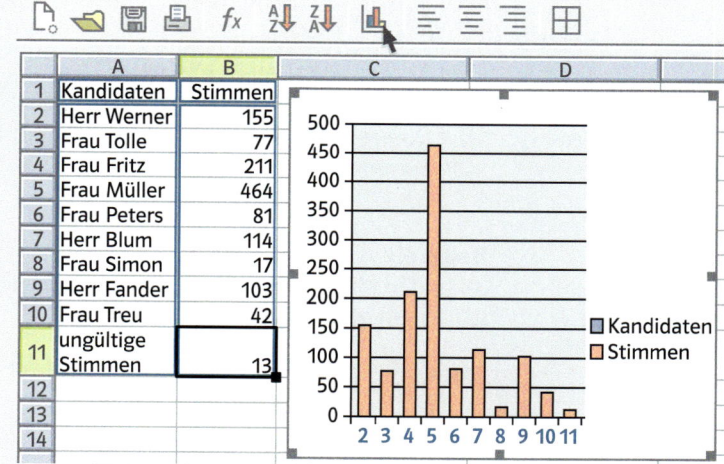

11 Wertet die statistischen Erhebungen grafisch aus.
a) Zeichne für jede Spalte ein geeignetes Diagramm.
b) Markiere die ganze Tabelle und zeich-ne ein geeignetes Diagramm.

Aussage	trifft zu	trifft kaum zu
zu viel fernsehen	26	4
zu viel am Computer	19	13
zu viele Hobbys	15	15
halte zu wenig Ordnung, suche oft	21	9
höre viel Musik, bei den Hausaufgaben	26	4
verschiebe die Arbeit, das lähmt	12	18
arbeite nur unter Zeitdruck	17	13

3 Daten auswerten

Claudia und ihre Freunde sammeln für einen wohltätigen Zweck Geld.
→ Wer hat am meisten, wer am wenigsten Geld gesammelt?
→ Wenn alle acht Jugendlichen den gleichen Betrag gesammelt hätten, wie viel hätte dann jeder sammeln müssen, um das gleiche Sammelergebnis zu erzielen?
→ Stelle und beantworte weitere Fragen.

Claudia	18,00 €
Florian	21,30 €
Andreas	14,50 €
Nicole	14,00 €
Ali	21,00 €
Olga	9,40 €
Björn	16,80 €
Vitali	13,00 €

Wenn eine umfangreiche Liste mit Daten vorliegt, kann man sich unter verschiedenen Gesichtspunkten schnell einen Überblick verschaffen. Man fragt z. B. nach dem kleinsten oder dem größten Wert, nach dem Unterschied zwischen diesen beiden Werten oder nach einem Durchschnittswert. Wir verwenden verschiedene **Kennwerte**.

> Der kleinste Wert heißt **Minimum**.
> Der größte Wert heißt **Maximum**.
> Die Differenz aus dem Maximum und dem Minimum heißt **Spannweite**.
> Die Summe aller Werte geteilt durch die Anzahl der Werte heißt **Mittelwert**.

Lerntipp!

Der Mittelwert wird auch Durchschnitt genannt.

Beispiele

a) Zu den jährlich stattfindenden Vergleichswettkämpfen stellt die Klasse 6 a ihre Basketball-Mannschaft zusammen.

Name	Armin	Daniel	Florian	Ismail	Sven
Größe in cm	145	150	182	148	160

Kennwerte

Minimum: 145 cm   Spannweite: 182 cm − 145 cm = 37 cm

Maximum: 182 cm   Mittelwert: $\frac{145 + 150 + 182 + 148 + 160}{5}$ cm = $\frac{785}{5}$ cm = 157 cm

Dies bedeutet

Keiner der aufgestellten Basketball-Spieler ist kleiner als 145 cm oder größer als 182 cm.
Der größte Spieler ist 37 cm größer als der kleinste Spieler.
Die durchschnittliche Größe der Spieler beträgt 157 cm.

In der Abbildung kann man die Bedeutung des Mittelwerts gut erkennen.
Berechnet man den Unterschied zwischen den einzelnen Werten und dem Mittelwert, so ist die Summe aller Werte, die über dem Mittelwert liegen, gleich der Summe aller Werte, die unter dem Mittelwert liegen.
25 + 3 = 12 + 7 + 9

b) Die Häufigkeitsliste zeigt die Fehlerauswertung eines Diktats.

Anzahl der Fehler	0	1	2	3	4	5	6	8	9	10	12	15	18
Anzahl der Schülerinnen und Schüler	0	4	7	4	2	2	5	1	1	1	1	1	1

Kennwerte:

Minimum: 1 Fehler Spannweite: 18 Fehler − 1 Fehler = 17 Fehler
Maximum: 18 Fehler
Mittelwert: $\frac{0 \cdot 0 + 4 \cdot 1 + 7 \cdot 2 + 4 \cdot 3 + 2 \cdot 4 + 2 \cdot 5 + 5 \cdot 6 + 1 \cdot 8 + 1 \cdot 9 + 1 \cdot 10 + 1 \cdot 12 + 1 \cdot 15 + 1 \cdot 18}{30}$ Fehler
$= \frac{150}{30}$ Fehler = 5 Fehler

Dies bedeutet:

In dem Diktat hat niemand weniger als einen Fehler oder mehr als 18 Fehler gemacht.
Der Schlechteste hat 17 Fehler mehr gemacht als der Beste.
Im Durchschnitt hat jede Schülerin und jeder Schüler 5 Fehler gemacht.

Aufgaben

1 Bestimme Spannweite und Mittelwert.
a) 1; 2; 3; 4; 5; 6; 7; 8; 9; 10
b) 11; 12; 13; 14; 15; 16; 17; 18; 19; 20
c) 2; 4; 6; 8; 10; 12; 14; 16; 18; 20
d) 5; 10; 15; 20; 25; 30; 35; 40; 45; 50
e) $\frac{1}{2}$; 1; $1\frac{1}{2}$; 2; $2\frac{1}{2}$; 3; $3\frac{1}{2}$; 4; $4\frac{1}{2}$; 5

2 Bestimme Minimum, Maximum und Spannweite.
a) 156 m; 84 m; 248 m; 37 m; 312 m; 189 m; 189 m; 55 m; 270 m
b) 44,3 kg; 19,8 kg; 26,1 kg; 12,0 kg; 8,7 kg; 14,3 kg; 12,0 kg; 21,9 kg
c) 4,36 m; 185 cm; 0,59 m; 5,3 dm; 1,08 m; 558 mm; 12 dm; 16,5 dm
d) 2 h 12 min; 2 h 15 min; 1 h 20 min; 50 min; 1 h 30 min; 2 h; 1 h 45 min

3 Bestimme für die drei Listen den Mittelwert und die Spannweite.
Was stellst du fest?
1. Liste: 3; 5; 7; 10; 17; 24
2. Liste: 0; 6; 13; 13; 15; 19
3. Liste: 7; 7; 9; 12; 15; 16

4 Bestimme für die drei Listen den Mittelwert und die Spannweite.
Was stellst du fest?
1. Liste: 5; 8; 10; 10; 12; 15; 16; 20
2. Liste: 24; 25; 28; 31; 35; 36; 38; 39
3. Liste: 0; 3; 6; 8; 10; 12; 13; 14; 15

5 Die Spannweite für die folgenden Zahlen soll 25 sein. Wie muss die fehlende Zahl heißen?
a) 0; 5; 12; 14; 17; 22; ▢
b) 13; 18; 21; 21; 21; 25; ▢
c) ▢; 26; 27; 28; 29; 30; 31; 32

6 Der Mittelwert für die folgenden Zahlen soll 12 sein. Wie muss die fehlende Zahl heißen?
a) 6; ▢; 15; 17
b) 7,5; 8,5; ▢; 15; 20
c) 0; 5; 5; ▢; 15; 20; 25

7 a) Berechnet die Durchschnittsgröße aller Schülerinnen und Schüler in eurer Klasse.
b) Welche Durchschnittswerte erhaltet ihr für Mädchen und Jungen getrennt?

8 Im Laufe eines Tages wird alle drei Stunden die Außentemperatur gemessen.

Uhrzeit	0	3	6	9	12	15	18	21	24
Temperatur in °C	7	6	7	10	15	14	12	10	9

a) Bestimme Minimum, Maximum, Spannweite und Mittelwert. Welche Bedeutung haben diese Werte?
b) Bestimme die mittlere Tagestemperatur für die Zeit von 06:00 Uhr bis 18:00 Uhr.

Online-Link
zu den Aufgaben 13 und 14
742861-1821

9 Was bedeuten folgende Angaben?
a) Durchschnittlich kamen 26 000 Zuschauer.
b) Im Winter liegt an bis zu 95 Tagen Schnee.
c) Eine deutsche Durchschnittsfamilie hat 1,2 Kinder.
d) Der Pegelstand kann bis zu 6 m schwanken.
e) Der Benzinverbrauch beträgt im Durchschnitt 8,6 l pro 100 km.
f) Eine der kleinsten Schulen Deutschlands befindet sich in Stohren und hat 20 Schülerinnen und Schüler.
g) Der Tagesumsatz schwankt zwischen 4000 € und 6000 €.
h) Der Notendurchschnitt lag bei 3,1.

10 Auf die Frage, wie viel Stunden sie täglich fernsieht, antwortet Michaela: „Manchmal gar nicht, manchmal sechs Stunden."
a) Welchen Kennwert hat sie angegeben?
b) Welcher Kennwert wäre zur Beantwortung der Frage interessanter gewesen?

11 Der Mittelwert ist hier schnell berechnet, aber was sagt er aus?
a)

Wochentag	Mo	Di	Mi	Do	Fr	Sa	So
Anzahl der Fernsehstunden	2	1	0	3	4	5	6

b) Anzahl der Besuchstage im Freibad pro Monat: Oktober bis April geschlossen

Mai: 2 Tage   Juni: 5 Tage
Juli: 13 Tage   August: 6 Tage
September: 4 Tage

c) Unterrichtstage pro Monat

Monat	1.	2.	3.	4.	5.	6.
Tage	18	20	23	15	14	17

Monat	7.	8.	9.	10.	11.	12.
Tage	20	0	14	21	17	16

12 In einer anonymen Umfrage wird nach dem Taschengeld pro Monat gefragt. Werte die statistische Erhebung mithilfe von Kennwerten aus.

Taschengeld pro Monat (in €)

20 18 40
15 22 12
12 28 5
25 30 45
20 30 20
24 20 24
50 25 20
40 17 30

Tabellenkalkulation IV

13 In den Listen sind die Weiten der Mädchen und Jungen beim Schlagballwerfen getrennt aufgeschrieben.

Mädchen

23 m 17 m 14 m
14 m 15 m 32 m
12 m 21 m 29 m
26 m 22 m

Jungen

19 m 20 m 28 m
32 m 23 m 11 m
27 m 12 m 16 m
15 m 21 m 9 m
38 m 39 m 18 m
34 m 40 m

a) Bestimme die Kennwerte für Jungen und Mädchen getrennt.
Welche Gruppe war deiner Meinung nach die bessere?
b) Bestimme die Kennwerte für die ganze Klasse. Kannst du dazu die Kennwerte aus Aufgabe a) benutzen?

14 Mithilfe einer Tabellenkalkulation kannst du die Kennwerte wie Minimum (MIN), Maximum (MAX) und den Mittelwert aus Aufgabe 13 überprüfen.
a) Gib die Daten der Mädchen in eine Tabelle ein.
• Setze den Cursor auf eine leere Zelle.
• Klicke auf das Funktionssymbol *fx*.
• Klicke auf die Kategorie MIN.

• Bestätige mit OK.
• Markiere alle Werte des Ballwurfs und bestätige mit OK.
In der Zelle steht nun der kleinste Wert, der beim Ballwurf der Mädchen vorkommt.
b) Berechne nach dem gleichen Verfahren das Maximum (MAX) und den Mittelwert der Würfe bei den Mädchen.
c) Bestimme die drei Kennwerte für die Jungen.

Häufigster Wert

Wird eine statistische Erhebung durchgeführt und das Ergebnis in einer Liste festgehalten, so kann es ein Ergebnis geben, das häufiger auftritt als irgendein anderes. Ein solches Ergebnis heißt **häufigster Wert**.
Der häufigste Wert spielt eine große Rolle bei statistischen Erhebungen für die der Mittelwert nicht angegeben werden kann. Er stellt dann einen Ersatz für den Mittelwert dar.

Jugendliche werden nach ihrem Interesse an Sport gefragt.

Interesse	kein	wenig	etwas	viel	sehr viel
Jungen	20	31	118	154	189
Mädchen	22	76	146	157	140

Ein Mittelwert kann für diese Tabelle nicht sinnvoll angegeben werden. Aber man kann einen häufigsten Wert angeben. Für die Jungen liegt er bei „sehr viel Interesse", für die Mädchen bei „viel Interesse". Dies zeigt, dass die Jungen dieser Befragung etwas mehr an Sport interessiert sind als die Mädchen.

Manchmal gibt es auch keinen häufigsten Wert.

Schulweg in km	1	2	3	4	5	6
Anzahl	12	10	12	8	9	4

Hier gibt es keinen häufigsten Wert, da die Werte für 1 km und 3 km je 12-mal vorkommen, alle anderen aber seltener.

15 Bestimme für die Aufgaben 1 bis 4 und 8 (auf Seite 181) falls möglich den häufigsten Wert.

16 In der Klasse fragt der Lehrer nach der Anzahl der Bücher, die jeder im letzten Jahr gelesen hat.
Der Unterschied zwischen der „Leseratte" und dem „Lesemuffel" beträgt 12 Bücher.
a) Wie viele Bücher könnte der „Lesemuffel", wie viele die „Leseratte" gelesen haben?
b) Wie groß ist in eurer Klasse der Unterschied zwischen dem „Lesemuffel" und der „Leseratte"?

17 Welche der statistischen Kennwerte sind für die folgende Erhebung sinnvoll? Bestimme diese Kennwerte.
a) Alter in Jahren: 12; 14; 12; 11; 12; 14; 14; 11; 10; 13; 12; 11; 10; 11; 12
b) Telefonnummern: 8374; 5652; 2895; 2587; 5597; 8725; 6985; 9941
c) Wertung einer Turnübung:
   8,7; 8,3; 9,2; 7,5; 9,5; 9,2
d) Ergebnis einer Umfrage: „Wie oft schaust du die Tagesschau?"

immer	häufig	manchmal	selten	nie
5	14	26	15	8

e) Nummern von Kfz-Kennzeichen:
   298; 29; 417; 311; 527; 1593
f) Gewicht der Schultaschen in kg:
   3,4; 4,8; 2,6; 3,8; 4,1; 2,7; 3,6; 4,0; 4,2
g) Umfrage nach dem Lieblingstier:

Hund	Katze	Pferd	Vogel	Hase	Maus	Fisch
517	428	219	271	88	43	26

4 Daten vergleichen

Kai, Arne und Uwe üben Freiwürfe für ein Basketballspiel. Zuerst wirft Kai 15-mal auf den Korb und trifft 6-mal. Danach werfen Arne und Uwe. Die Anzahl ihrer Würfe und ihrer Treffer halten sie in einer Strichliste fest.

	Kai	Arne	Uwe
Würfe	‖‖‖ ‖‖‖ ‖‖‖	‖‖‖ ‖‖‖ ‖‖‖ ‖‖‖	‖‖‖ ‖‖‖ ‖‖
Treffer	‖‖‖ ‖	‖‖‖ ‖‖‖‖	‖‖‖ ‖

→ Arne behauptet, er wäre der Sieger. Was meinst du?

In statistischen Erhebungen kommen bestimmte Ereignisse (Treffer) mit ihren jeweiligen Häufigkeiten vor. Um diese Häufigkeiten besser vergleichen zu können, bestimmt man den Anteil dieser Ereignisse an der Gesamtzahl aller Ereignisse (Würfe).

> Die Anzahl, mit der bestimmte Ereignisse eintreten, heißt **absolute Häufigkeit**.
> Treffer: Kai 6; Arne 9; Uwe 6. Der Anteil dieser Ereignisse an der Gesamtzahl heißt **relative Häufigkeit**.
>
> $$\text{relative Häufigkeit} = \frac{\text{absolute Häufigkeit}}{\text{Gesamtzahl}}$$
>
> Kai: $\frac{6}{15} = \frac{2}{5} = \frac{40}{100} = 40\,\%$; Arne: $\frac{9}{20} = \frac{45}{100} = 45\,\%$; Uwe: $\frac{6}{12} = \frac{1}{2} = \frac{50}{100} = 50\,\%$.

Lerntipp!

Besonders gut lassen sich relative Häufigkeiten vergleichen, wenn man sie in Prozent angibt.

Beispiele

a) Grit wirft 12 Schneebälle auf Meike und trifft dreimal. Meike wirft siebenmal zurück und trifft Grit zweimal.

Die absolute Häufigkeit der Treffer beträgt bei Grit 3 und bei Meike 2.

Die relative Häufigkeit der Treffer ergibt für Grit 3 Treffer von 12 Würfen, das sind $\frac{3}{12} = 0{,}25$, für Meike $\frac{2}{7} \approx 0{,}286$ (gerundet). 0,286 ist größer als 0,25; Meike trifft also relativ gesehen häufiger.

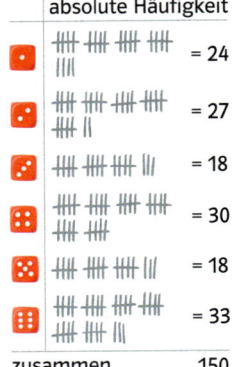

absolute Häufigkeit	
⚀	‖‖‖ ‖‖‖ ‖‖‖ ‖‖‖ ‖‖‖‖ = 24
⚁	‖‖‖ ‖‖‖ ‖‖‖ ‖‖‖ ‖‖‖ ‖‖ = 27
⚂	‖‖‖ ‖‖‖ ‖‖‖ ‖‖‖ = 18
⚃	‖‖‖ ‖‖‖ ‖‖‖ ‖‖‖ ‖‖‖ ‖‖‖ = 30
⚄	‖‖‖ ‖‖‖ ‖‖‖ ‖‖‖ = 18
⚅	‖‖‖ ‖‖‖ ‖‖‖ ‖‖‖ ‖‖‖ ‖‖‖ ‖‖‖ = 33
zusammen	150

b) Susi hat gewürfelt und die Ergebnisse in einer Strichliste festgehalten.

Für die relativen Häufigkeiten setzt sie die absoluten Häufigkeiten ins Verhältnis zur Gesamtzahl der durchgeführten Würfe. Es ergibt sich für

„Eins": $\frac{24}{150} = \frac{8}{50} = \frac{16}{100} = 16\,\%$

„Zwei": $\frac{27}{150} = \frac{9}{50} = \frac{18}{100} = 18\,\%$ usw.

Die relative Häufigkeit wird oft auch in einem Säulendiagramm dargestellt.

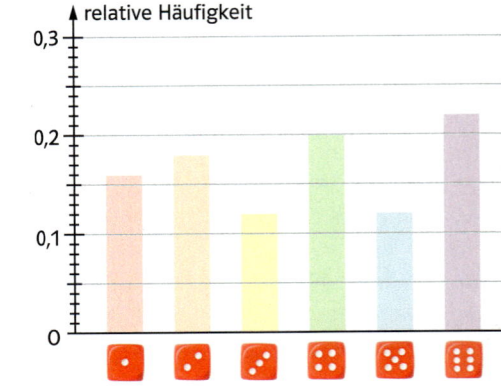

Aufgaben

Online-Link
zu Aufgabe 2
742861-1851

1 Bei einer Blutspendeaktion wurden die Blutspenden nach den vier Hauptblutgruppen notiert.

Blutgruppe	Anzahl der Spender
0	216
A	168
B	72
AB	24

a) Wie viele Personen spendeten insgesamt Blut?
b) Berechne die relativen Häufigkeiten für die einzelnen Blutgruppen.
c) Stimmt es, dass jeder 5. Blutspender dieser Aktion die Blutgruppe AB hatte?

2 Die Klasse 5c arbeitet an dem Projekt „Sicherer Schulweg". Die Schülerinnen und Schüler zählen daher zweimal für fünf Minuten die Verkehrsteilnehmer auf einer Kreuzung in der Nähe der Schule und führen eine Strichliste (siehe Rand).
Vergleiche für die Zeit 08:00–08:05 Uhr mit denen von 09:00–09:05 Uhr
a) die absoluten Häufigkeiten.
b) die relativen Häufigkeiten.
c) Stelle die relativen Häufigkeiten in einem Säulendiagramm dar.

3 In einer Porzellanfabrik werden die hergestellten Waren nach sorgfältiger Prüfung in vier Qualitätsstufen eingeordnet.

	Tassen	Teller	Schüsseln
1. Wahl	162	232	32
2. Wahl	336	448	116
3. Wahl	90	64	34
„Polterporzellan"	12	56	18

a) Berechne die relativen Häufigkeiten.
b) Erstelle Säulendiagramme für die relativen Häufigkeiten.
c) Angenommen, es würden jeweils 1000 Tassen, Teller und Schüsseln hergestellt. Wie viele Teile würden jeweils zur Qualitätsstufe „1. Wahl" gehören?

4 Im Winter 2009/2010 fehlten während der Schweinegrippewelle an einem Tag:
5a: 6 von 24;   5b: 12 von 24 Schüler;
6a: 10 von 25;   6b: 15 von 20 Schüler;
7a: 12 von 28;   7b: 14 von 27 Schüler.
a) Stelle fest, in welcher Klasse der größte Anteil der Schüler erkrankte.
b) Stelle die Anteile im Diagramm dar.

5 Zwei Klassenarbeiten werden verglichen.

Zensur	1	2	3	4	5	6
1. Arbeit	1	6	7	8	4	2
2. Arbeit	2	4	7	6	4	1

a) Wie viele Schülerinnen und Schüler haben die Arbeiten jeweils mitgeschrieben?
b) Erstelle für beide Arbeiten eine Säulendiagramm für die absoluten Häufigkeiten.
c) Ermittle für beide Arbeiten die relativen Häufigkeiten aller Zensuren und stelle sie in einem Säulendiagramm dar. Vergleiche.

6 Ein Erwachsener hat 215 Knochen.

Körperteile	Anzahl der Knochen
Schädel	25 Knochen
Wirbelsäule	35 Knochen
Schultergürtel	4 Knochen
Becken	6 Knochen
Brustkorb	25 Knochen
Arm	6 Knochen
Hand	54 Knochen
Bein	8 Knochen
Fuß	52 Knochen

a) Berechne die relativen Häufigkeiten.
b) Erstelle ein Kreisdiagramm.

7 Das Glücksrad auf dem Rand wurde 80-mal gedreht. Für die „Stopps" wurde folgende Strichliste angefertigt.
a) Übertrage die Strichliste in dein Heft. Schreibe die absoluten Häufigkeiten auf.
b) Zeichne das Glücksrad ab. Trage in die Felder die Anzahl der Ausfälle ein.
c) Welche sechs zusammenliegenden Felder kamen besonders oft vor?

Zu Aufgabe 2:

	08.00 – 08.05 h	09.00 – 09.05 h
Fußgänger	ЖЖ ЖЖ ЖЖ ЖЖ ЖЖ ЖЖ ЖЖ	ЖЖ ЖЖ ЖЖ ЖЖ Ж I
Radfahrer	ЖЖ ЖЖ ЖЖ ЖЖ	ЖЖ ЖЖ II
Motorräder	ЖЖ ЖЖ Ж	ЖЖ I
Pkw	ЖЖ ЖЖ ЖЖ ЖЖ ЖЖ ЖЖ ЖЖ	ЖЖ ЖЖ ЖЖ ЖЖ Ж I
Lkw, Busse	ЖЖ ЖЖ ЖЖ	ЖЖ ЖЖ
insgesamt		

Zu Aufgabe 7:

1	ЖЖ
2	ЖЖ ЖЖ I
3	ЖЖ I
4	IIII
5	ЖЖ II
6	ЖЖ ЖЖ I
7	III
8	ЖЖ
9	III
10	ЖЖ ЖЖ III
11	ЖЖ
12	ЖЖ II

Zusammenfassung

Statistische Erhebung

Eine **statistische Erhebung** ist eine Sammlung von Daten.

Wie viele Bücher (außer für den Unterricht) hat jeder im letzten Jahr gelesen?

Listen

Zum Zählen der einzelnen Ergebnisse einer statistischen Erhebung werden **Strichlisten** verwendet.

Anzahl der Bücher	0	1	2	3	4	5	6
Anzahl der Schüler	ﬁﬁ	ﬁﬁ	ﬁﬁﬁ ﬁﬁ	ﬁﬁﬁ ﬁﬁ		ﬁﬁﬁ	ﬁ

Werden in der Liste statt der Striche Zahlenwerte angegeben, so spricht man von einer **Häufigkeitsliste**.

Anzahl der Bücher	0	1	2	3	4	5	6
Anzahl der Schüler	5	4	7	10	0	3	1

Diagramme

In **Säulen-** oder **Bilddiagrammen** können in der Regel die Werte der zugrunde liegenden Häufigkeitsliste abgelesen werden.

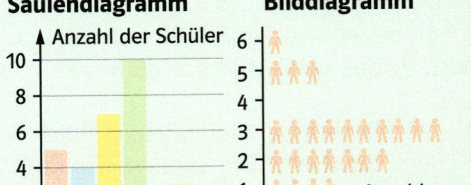

Säulendiagramm   Bilddiagramm

Kreis- oder **Streifendiagramme** machen deutlich, welchen Anteil ein Wert der zugrunde liegenden Häufigkeitsliste am Ganzen hat.

Kreisdiagramm

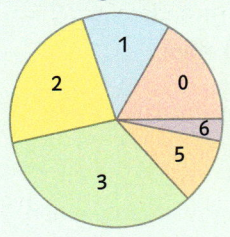

Streifendiagramm

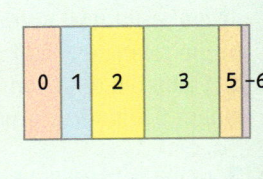

Kennwerte

Der kleinste Wert der Liste heißt **Minimum**.

0 Bücher sind das Minimum.

Der größte Wert der Liste heißt **Maximum**.

6 Bücher sind das Maximum.

Die Differenz aus dem Maximum und dem Minimum heißt **Spannweite**.

6 Bücher − 0 Bücher = 6 Bücher
Die Spannweite beträgt 6 Bücher.

Die Summe aller Werte dividiert durch die Anzahl der Werte heißt **Mittelwert**.

$$\frac{5 \cdot 0 + 4 \cdot 1 + 7 \cdot 2 + 10 \cdot 3 + 0 \cdot 4 + 3 \cdot 5 + 1 \cdot 6}{30} = \frac{69}{30} = 2{,}3$$

Im Durchschnitt wurden 2,3 Bücher gelesen.

Häufigkeit

Die **relative Häufigkeit** gibt an, welchen Anteil die **absolute Häufigkeit** an der **Gesamtzahl** hat.

$$\text{relative Häufigkeit} = \frac{\text{absolute Häufigkeit}}{\text{Gesamtzahl}}$$

Üben • Anwenden • Nachdenken

1 Das Säulendiagramm gibt Auskunft über die Herkunftsländer der Kinder der Schillerschule.

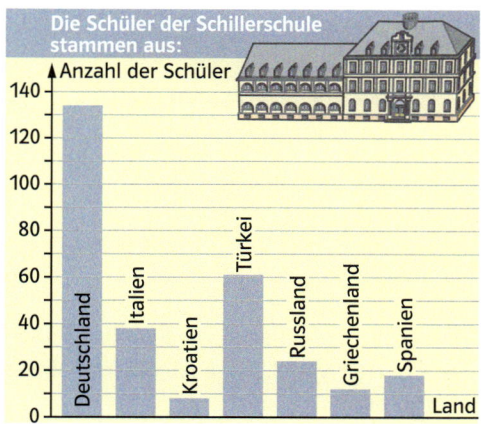

a) Wie viele Kinder kommen aus den verschiedenen Ländern?
b) Wie viele Schülerinnen und Schüler besuchen die Schillerschule?
c) Wie viele Kinder kommen nicht aus Deutschland?

2 In den europäischen Ländern sind die Schulferien nicht gleich lang.

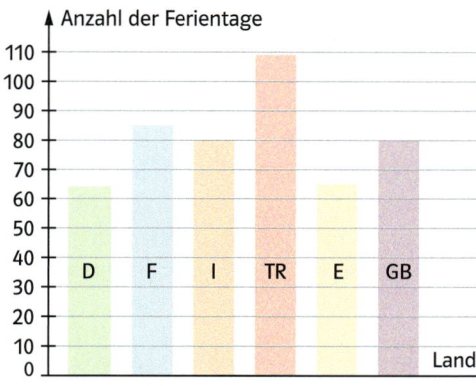

a) Ordne die Länder nach der Anzahl der Ferientage.
b) Wer hat die meisten, wer die wenigsten Ferientage? Wie groß ist der Unterschied?
c) Welche Länder haben mehr Ferientage, welche weniger Ferientage als Deutschland?
d) Vergleiche die Ferientage von Deutschland mit dem Mittelwert.

3 In dem Balkendiagramm siehst du, wie viel Kilogramm Obst pro Kopf im Jahr in Deutschland verzehrt werden.

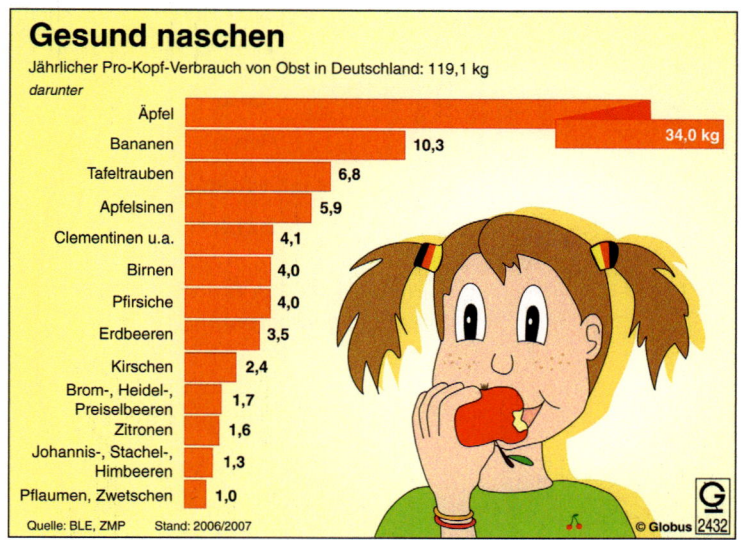

a) Beschreibe mithilfe der Kennwerte den jährlichen Pro-Kopf-Verbrauch von Obst in Deutschland.
b) Wie viel Kilogramm Erdbeeren werden im Frühsommer pro Kopf verzehrt?
c) Welche Obstarten sind in Deutschland beliebter (weniger beliebt) als Apfelsinen?

4 Im Jahre 2010 gab es etwa 6,9 Milliarden Menschen auf der Erde.
Stelle die Angaben in einem Bilddiagramm dar. (👤 entspricht 100 Mio. Einwohnern)

5 Stelle die Anteile der einzelnen Erdteile an der gesamten Landfläche in einem Streifendiagramm dar.
Warum ist es günstig, 1 mm für 1 Mio. km^2 zu wählen?

6 a) Stelle die Anteile der Ozeane an der gesamten Wasserfläche der Erde in einem geeigneten Streifendiagramm dar.

Pazifischer Ozean (Pazifik)	180 Mio. km^2
Atlantischer Ozean (Atlantik)	105 Mio. km^2
Indischer Ozean (Indik)	75 Mio. km^2

b) Zeichne ein Kreisdiagramm.

Zu Aufgabe 4: Menschen pro Kontinent

Afrika	1033 Mio.
Amerika	941 Mio.
Asien	4167 Mio.
Australien und Ozeanien	36 Mio.
Europa	733 Mio.

Zu Aufgabe 5: Kontinente und ihre Flächen

Europa	10 Mio. km^2
Asien	44 Mio. km^2
Afrika	30 Mio. km^2
Nordamerika	24 Mio. km^2
Südamerika	18 Mio. km^2
Australien und Ozeanien	9 Mio. km^2
Antarktis	14 Mio. km^2

7 In der Tabelle ist der Nahrungsmittelverbrauch von 1955 und 2000 aufgeführt.

1955	Verbrauch in kg je Person	2000
160	Kartoffeln	70
130	Trinkmilch	90
94	Brot, Mehl	76
71	Obst	134
46	Fleisch	91
42	Gemüse	90
26	Zucker	33

a) Hier siehst du den Anfang eines zweiseitigen Balkendiagramms.

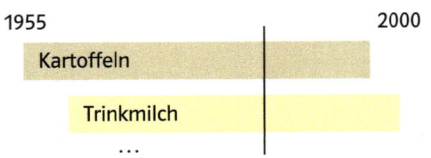

Stelle die Angaben der Tabelle in einem zweiseitigen Balkendiagramm dar.
b) Stelle auch die Unterschiede in einem zweiseitigen Balkendiagramm dar.

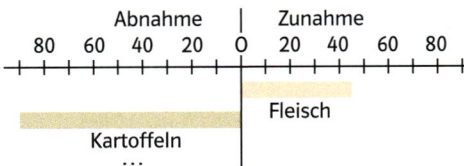

8 In den Streifendiagrammen ist der Nährstoffgehalt von Nahrungsmitteln angegeben.

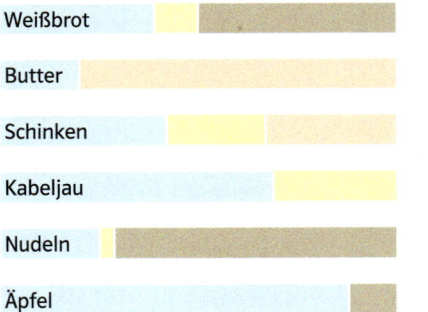

Kohlenhydrate

Fette

Eiweiß

Wasser

Welche Lebensmittel haben einen hohen Anteil an Kohlenhydraten, welche eignen sich für eine fettarme Kost?

9 Das Schaubild zeigt, wie viele Eier manche Reptilien legen können.

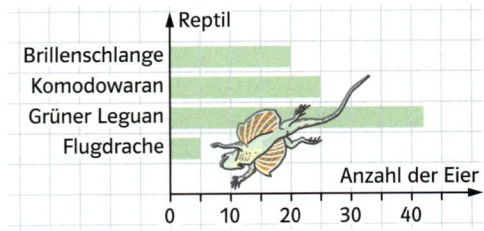

a) Wer legt die wenigsten Eier?
b) Wer legt die meisten Eier?
c) Wie viele Eier legen die Reptilien im Durchschnitt?

10 Das Schaubild zeigt die Flügelspannweite einiger Vögel. Trage sie in eine Tabelle im Heft ein.

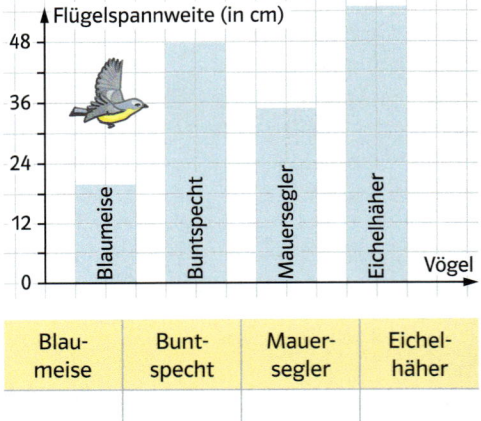

Blau-meise	Bunt-specht	Mauer-segler	Eichel-häher

11 Die Anzahl der fehlenden Schülerinnen und Schüler wird stichprobenartig über das Jahr verteilt ermittelt. Es soll damit die durchschnittliche Anzahl der Fehlenden berechnet werden.

Fehltag	1.	2.	3.	4.	5.	6.	7.	8.	9.	10.	11.	12.
Anzahl	9	8	8	7	9	11	8	33	6	11	14	8

a) Berechne den Mittelwert.
b) Berechne den Mittelwert ohne Berücksichtigung des 8. Messwertes.
Warum trifft dieser Mittelwert den Sachverhalt besser? Was könnte am achten Tag passiert sein?
c) Was ist der häufigste Wert? Vergleiche ihn mit den beiden Mittelwerten.

1 Bei einer Verkehrszählung wurde folgende Strichliste angelegt:

Lkw	Pkw	Motorrad	Fahrrad	Sonst.
⊮⊮ |||	⊮⊮ ⊮⊮ ⊮⊮ ⊮⊮ ⊮⊮ ⊮⊮ ⊮⊮ ||	|||	⊮⊮ ⊮⊮ ⊮⊮ ||	||

a) Fertige eine Häufigkeitsliste an.
b) Zeichne ein Säulendiagramm.

2 a) Lies die Temperaturen in Sydney ab.
b) Wann war es am heißesten?
c) Wann war es am kältesten?

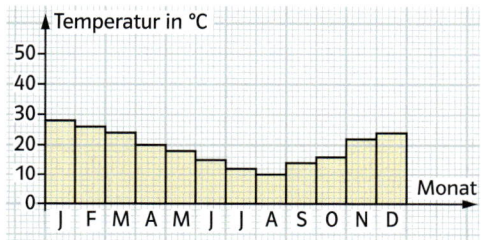

3 In der Schule „Am See" gibt es sechs Klassen mit unterschiedlich vielen Schülerinnen und Schülern:

Klasse	5	6	7	8	9	10
Schüler/innen	22	21	22	21	23	20

Wie viele Kinder gehen im Durchschnitt in eine Klasse?

4 Berechne den Mittelwert.
a) 12,30 €; 14,75 €; 11,26 €
b) 4,5 kg; 2,6 kg; 3,4 kg
c) 23 cm; 48 cm; 51 cm; 2 cm
d) 20 m²; 18,50 m²; 12 m²; 21,50 m²
e) 0,7 l; 1,2 l; 0,8 l; 3,4 l; 1,4 l

Rückspiegel

Online-Link
zum Rückspiegel
742861-1891

1 Bei einer Umfrage wird ermittelt, wie viele Stunden ihrer Freizeit die Jugendlichen pro Woche mit ihren Freundinnen bzw. ihren Freunden verbringen.
Fertige eine Häufigkeitsliste an und zeichne ein geeignetes Bilddiagramm.
2; 3; 4; 3; 2; 2; 4; 3; 6; 5; 7; 5; 4; 3;
2; 2; 5; 5; 4; 2; 7; 1; 8; 3; 3; 5; 4; 5;
5; 6; 7; 5; 2; 3; 1; 1; 4; 5; 2; 4; 1; 3;
7; 2; 2; 6; 3; 1; 5; 2

2 Dies ist die Fieberkurve von Max.

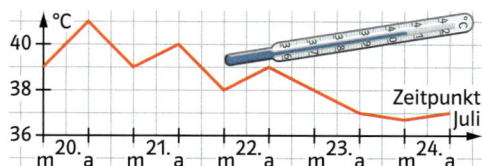

a) Wann ist das Fieber am höchsten und wie hoch ist die Temperatur zu diesem Zeitpunkt?
b) Wann steigt das Fieber am stärksten an und um wie viel Grad steigt es an?
c) Ab wann ist Max fieberfrei?

3 Silke und Andreas legten auf einer einwöchigen Radtour durch den Schwarzwald folgende Etappen zurück (Angaben in km):

Tag	Mo	Di	Mi	Do	Fr	Sa	So
Länge	40	52	49	58	34	40	35

a) Welcher Tagesdurchschnitt ergibt sich?
b) Petra und Sabine wollen die gleiche Radtour in fünf Tagen schaffen.

4 Die besten Kugelstoßer der 6. Klassen treten gegeneinander an.
Es wurden folgende Weiten (in m) erzielt:
6a: 4,21; 4,38; 4,27; 4,59; 4,45; 4,56
6b: 4,47; 4,44; 4,55; 4,58; 4,40; 4,38
6c: 4,44; 4,41; 4,48; 4,48; 4,47; 4,60
6d: 4,42; 4,17; 4,47; 4,57; 4,65; 4,30
a) In welcher Klasse ist die Spannweite am größten?
b) In welcher Klasse wurde die durchschnittlich größte Weite gestoßen?
c) Gib die Spannweite und den Mittelwert für die ganze Jahrgangsstufe an.

→ Die Lösungen findest du auf Seite 217.

Standpunkt

Online-Links
zum Standpunkt
742861-1901
zum Sammelpunkt
742861-1900

Wo stehe ich?

Ich kann…

	gut	weniger gut	etwas	nicht mehr	Lerntipp!
1 Daten von Strichlisten in ein Säulendiagramm übertragen,	☐	☐	☐	☐	→ S. 201
2 Zahlen der Größe nach ordnen,	☐	☐	☐	☐	→ S. 167; 201
3 Maßeinheiten umwandeln,	☐	☐	☐	☐	→ S. 205
4 Volumen und Oberflächeninhalt eines Quaders berechnen,	☐	☐	☐	☐	→ S. 135; 206
5 Netze ihren Körpern zuordnen,	☐	☐	☐	☐	→ S. 135; 206
6 die Größe einer Figur abschätzen.	☐	☐	☐	☐	→ S. 135; 200; 206

Überprüfe deine Einschätzung

1 Emil führt eine Strichliste über die verkauften Produkte im Schulkiosk.

Milch	Kakao	Käse-brot	Wurst-brot	Müsli

Übertrage die Angabe in ein Säulendiagramm.

2 Ordne die Zahlen der Größe nach.

$5,5$ $0,1$ $\dfrac{2}{5}$ $2,75$

$5\dfrac{3}{4}$ $5\dfrac{1}{2}$ $4\dfrac{1}{2}$ $4\dfrac{3}{8}$

Lerntipp!

Beim Umwandeln von Maßeinheiten benötigst du häufig ein Komma.

3 Übertrage die Aufgaben in dein Heft und wandle in die größere Maßeinheit um.
a) 798 mg = ☐ g   b) 808,4 g = ☐ kg
c) 79 291 m = ☐ km   d) 328,8 cm = ☐ m
e) 89 ct = ☐ €   f) 940 kg = ☐ t

4 Berechne das Volumen und den Oberflächeninhalt des Schrankes.

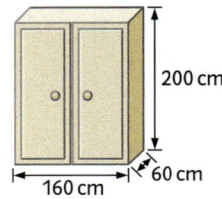

5 Ordne den Körpern ihre passenden Netze zu.

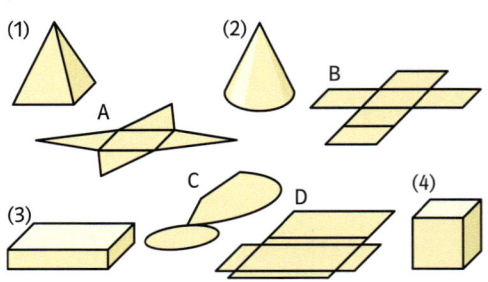

6 Schätze die Länge des Reisebusses.

→ Die Lösungen findest du auf Seite 219.

Alles in allem

In den letzten Jahren sind dir im Mathematikunterricht manche Themen immer wieder begegnet. Viele Ideen und Herangegehensweisen konntest du wieder aufgreifen und weiterentwickeln. Auch in den nächsten Jahren werden dich einige dieser Leitideen wie rote Fäden durch die Mathematik begleiten:

Daten und Zufall – Um bestimmte Fragen beantworten zu können, werden Daten gesammelt, erfasst, übersichtlich dargestellt und ausgewertet.

Zahl – An Zahlen denken viele Menschen als Erstes, wenn sie Mathematik hören. Zählen und Rechnen mit natürlichen Zahlen, aber auch der Umgang mit Brüchen, Dezimalbrüchen usw. sind unter dieser Leitidee zusammengefasst.

Messen – Geld, Zeit, Gewicht, Länge, Volumen – vieles wird gemessen und verglichen. Dafür werden Maßeinheiten festgelegt und mit den gemessenen Größen gerechnet.
Manche Berechnungen werden immer nach dem gleichen Schema durchgeführt, für solche Berechnungen stellt man Formeln auf.

Raum und Form – Bestimmte Figuren, Muster und Formen begegnen uns überall: Vierecke, Kreise, Würfel, Prismen …
Wir untersuchen und beschreiben ihre Eigenschaften und Besonderheiten und lernen, womit wir rechnen können.

Modellieren – Alltägliche Erscheinungen müssen wir manchmal erst in die Sprache der Mathematik übersetzen, um sie untersuchen zu können und Fragen dazu zu beantworten. Die Mathematik dient uns als Werkzeug, Antworten zu finden, die wir dann aber wieder in die Alltagssprache übersetzen und die wir überprüfen müssen, ob unsere Antwort auch alltagstauglich ist.

Auf den nächsten Seiten findest du Aufgaben zu allen Bereichen, die du in den letzten beiden Jahren kennengelernt hast. Dabei kannst du testen, wie schnell du den roten Faden siehst und an welchen Stellen er schnell reißt. (Die Lösungen stehen im Anhang.)

	Fläche (in Mio. km²)	Einwohner (in Mio.)
Australien	7,7	19
Kanada	10,0	31
Indien	3,3	1025
Russland	17,0	145
Brasilien	8,5	173
China	9,6	1292
USA	9,4	286

1 a) Runde auf Zehner.
1234; 56 760; 70 205
b) Runde auf Hunderter und stelle die
Zahlen in einem Balkendiagramm dar.
1356; 843; 145; 799
c) Runde die Besucherzahlen und zeichne
ein geeignetes Diagramm.

Di	19 345	Mi	23 965	Do	12 457
Fr	8907	Sa	37 490	So	55 678

2 Die Tabelle zeigt die Flächengröße und
die Einwohnerzahlen der sieben größten
Flächenstaaten der Erde.
a) Ordne die Staaten nach der Größe der
Fläche und nach der Zahl der Einwohner.
b) Erstelle ein Diagramm für die Anzahl
der Einwohner.
c) Ordne die Staaten nach der Anzahl
der Einwohner pro km². Beschreibe wie
du dabei vorgehst.

3 a) Wandle um.
in **m**: 236 cm; 45 dm 3 cm; 1,345 km
in **kg**: 4500 g; 68,552 t; 12 kg 650 g
b) Wandle in die jeweils nächstkleinere
Einheit um.
12 m²; 0,54 kg; 2,3 dm²; 0,355 m³
c) Wandle in alle vorkommenden Einheiten um. 12,5 l; 4500 cm³; 0,65 dm³

4 a) Berechne.
in **m**: 2345,6 m + 2,5 km − 456 m
in **dm²**: 536 cm² · 25
b) Berechne in der größten vorkommenden Einheit.
23,5 kg + 0,654 t − 123 000 g
9,8 a − 472 m² + 32 450 dm²
c) Berechne in jeder Einheit, die in der
Rechnung vorkommt.
1,8 m² + 18,8 dm² − 188,8 cm²
75 l + 6,5 dm³ − 5,5 l

Lerntipp!

1	S. 90; 178
2	S. 178 ff.
3	S. 102
4	S. 102
5	S. 167
6	S. 167
7	S. 8

5 a) Übertrage das Koordinatensystem
und die Punkte in dein Heft. Verbinde die
Punkte A, B, C und ergänze einen vierten
Punkt D so, dass ein Rechteck entsteht.

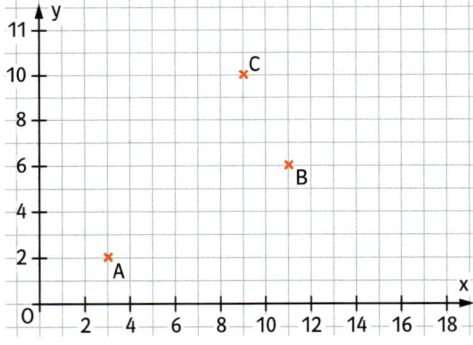

b) Notiere die Koordinaten der Punkte A, B,
C und D.
c) Gib die Koordinaten des Schnittpunktes S
der Diagonalen an.
d) Zeichne einen Kreis, der durch alle vier
Eckpunkte geht. Wie groß ist der Radius?
e) Ergänze die Punkte A (1|7); B (7|1) und
C (9|6) zu einem symmetrischen Trapez,
dessen Symmetrieachsen auf $\overline{AB}$ senkrecht
steht. Zeichne die Symmetrieachse ein.

6 Trage die Punkte A (3|10); B (18|0) und
P (1|1) in ein Quadratgitter ein.
a) Bestimme die Entfernung von A nach B.
b) Die Gerade g verläuft durch die Punkte
A und B. Wie groß ist der Abstand von P
zur Geraden g?
c) Zeichne eine Parallele h zu $\overline{PB}$ durch den
Punkt A. Miss den Abstand von $\overline{PB}$ und h.

7 a) Zeichne drei Kreise mit einem gemeinsamen Mittelpunkt, die die Radien
1 cm; 2,5 cm und 4 cm haben.
b) Zeichne eine 4 cm lange Strecke und um
die beiden Endpunkte jeweils einen Kreis
mit Radius 3 cm. Verbinde die Schnittpunkte der beiden Kreise mit den Endpunkten
der Strecke. Beschreibe das entstandene
Viereck. Miss die Längen der beiden Diagonalen und die Größe der vier Winkel.
c) Zwei Orte A und B sind 5 km voneinander entfernt. Maria wohnt 3 km von A
und Martin 4 km von B entfernt. Zeige
mithilfe einer Zeichnung, wie weit Martin
und Maria voneinander entfernt wohnen
können. Können die beiden mehr als 10 km
voneinander entfernt wohnen?

→ Die Lösungen findest du auf Seite 219.

8 a) Berechne den Umfang und den Flächeninhalt der Figur.

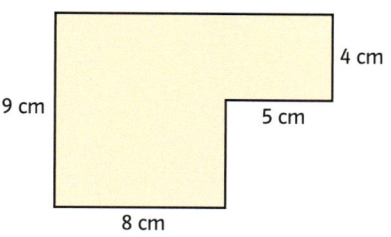

b) Gib mehrere Möglichkeiten zur Berechnung des Flächeninhalts der Figur an.
c) Wie verändern sich Umfang und Flächeninhalt der Figur, wenn die angegebenen Maße jeweils um 1 cm verlängert werden?

9 a) Berechne den Umfang und den Flächeninhalt der Figur.

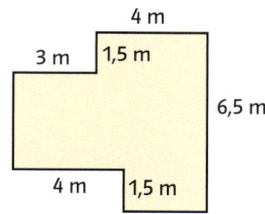

b) Das abgebildete Flächenstück hat einen Flächeninhalt von 34 cm^2.
Berechne seinen Umfang.

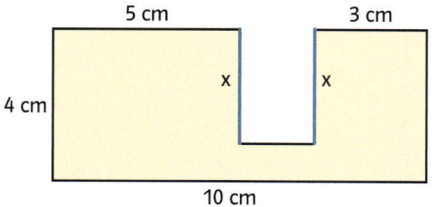

c) Wie groß muss die rote Länge des inneren Rechtecks gewählt werden, damit der weiße Bereich zwei Drittel der Gesamtfläche ausmacht?

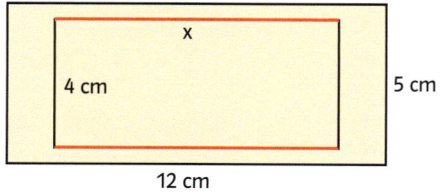

10 a) Berechne den Flächeninhalt der gelb gefärbten Fläche.

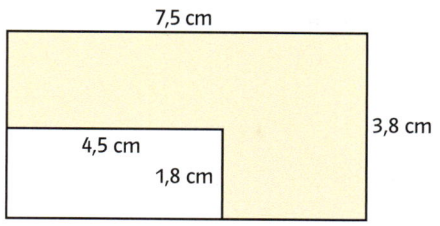

b) Erstelle einen Term zur Berechnung des Flächeninhalts der rot gefärbten Fläche.

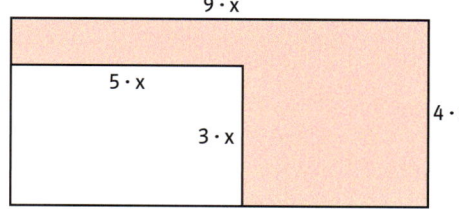

c) Bestimme den Flächeninhalt $x = 2$.

11 a) Marvin baut ein 60 cm langes, 40 cm breites und 50 cm hohes Aquarium.
Wie viel dm^2 Glas benötigt er?

b) Wie viel Liter Wasser passen hinein, wenn es bis zu 10 cm unter dem Rand gefüllt wird?
c) Ein würfelförmiges, oben offenes Gefäß hat eine Kantenlänge von 90 cm. Es soll zu einem Drittel mit Wasser gefüllt werden. Reichen dazu 250 Liter Wasser?
Wie viel m^2 der Innenfläche werden nass?

12 Eine Seitenfläche eines Würfels ist 50 cm^2 groß.
a) Wie groß ist die Oberfläche des Würfels?
b) Zwei dieser Würfel werden aneinandergeklebt. Wie groß ist die Oberfläche des neu entstandenen Quaders?
c) Aus 8 solchen Würfeln kann man einen großen Würfel zusammensetzen.
Wie groß ist die Oberfläche dieses Würfels?

Messen und Raum und Form

Lerntipp!	
8	S. 200
9	S. 200
10	S. 200
11	S. 206
12	S. 206

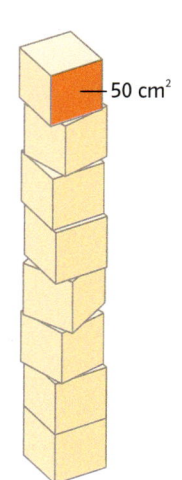

50 cm^2

→ Die Lösungen findest du auf Seite 220.

Messen

13 a) Bestimme jeweils den Winkel α und gib die Winkelart an.

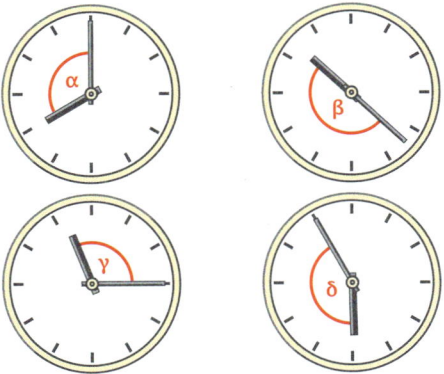

b) Wie groß ist der Winkel, den die Zeiger um 12:45 Uhr einschließen?
c) Wie spät kann es sein, wenn die Zeiger einen rechten bzw. einen gestreckten Winkel bilden? Nenne Beispiele.

14 Die Ergebnisse der Wahl zum Klassensprecher wurden in einem Kreisdiagramm dargestellt.

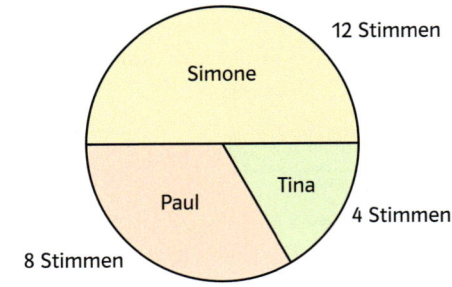

a) Zeichne ein Säulendiagramm.
b) Wie groß sind die Winkel der zugehörigen Kreisausschnitte?
c) Welche Winkel ergeben sich bei einer Klasse mit 30 Schülerinnen und Schülern, wenn die restlichen 6 Stimmen gleichmäßig auf die Kandidaten aufgeteilt werden?

Modellieren und Zahl

15 Ein Wechselgeldautomat in einem Parkhaus wechselt Geldscheine auf Wunsch in Münzen zu 0,50 €; 1 € und 2 € um.
a) Tobias lässt einen 20-Euro-Schein in 11 Münzen wechseln.
b) Sabine lässt einen 10-Euro-Schein in 9 Münzen umwechseln.
c) Denke dir selber Münzkombinationen für 5-Euro- und 10-Euro-Scheine aus.

16 Ein 2-Euro-Stück wiegt knapp 10 g.
a) Wie viele Münzen sind in einem 50-kg-Sack?
b) Wie viele 2-Euro-Stücke ergeben eine Million Euro?
Wie schwer sind die 2-Euro-Münzen, die 1 Million Euro ergeben?
c) Schätze zuerst und überschlage dann so genau wie möglich. Wie schwer wird dein Mäppchen, wenn es mit 2-Euro-Münzen voll gefüllt wäre? Schätze und beschreibe deine Überlegungen.

17 a) Timo und Eva holen Angebote für den Jahresausflug in einen Freizeitpark ein. Für welches Angebot sollten sie sich entscheiden?

b) Die Klassen 6 a und 6 b machen gemeinsam eine Busfahrt. Für alle 60 Schülerinnen und Schüler kostet der Bus 750 €.
Die Klasse 6 a bezahlt 350 €.
Wie viele Schülerinnen und Schüler sind in der 6 b?
c) Stefanie hat bereits von jedem Schüler der Klasse denselben Geldbetrag eingesammelt. In ihrer Kasse sind 197 €.
Warum wird Stefanie stutzig?

Lerntipp!	
13	S. 12
14	S. 12; 178 ff.
15	S. 100 ff.
16	S. 100 ff.
17	S. 100 ff.

18 a) Nenne alle Teiler von 15. Wie heißen die ersten fünf Vielfachen von 15?

b) Die Zahl 12 hat mehr Teiler als die Zahl 13. Wie verhält es sich bei den Zahlen 23 und 24? Erkläre.

c) In einer Klasse mit 24 Schülerinnen und Schülern kann man verschieden große Gruppen bilden. Gibt es mehr Möglichkeiten, wenn einer zu der Klasse dazukommt oder wenn einer fehlt?

19 a) Wie viele Teiler hat die Zahl 42?

b) Thea behauptet: „Eine Zahl, die durch 3 und gleichzeitig durch 5 teilbar ist, ist durch 15 teilbar." Ist damit eine Zahl, die durch 4 und durch 8 teilbar ist, auch durch die Zahl 32 teilbar?

c) Ist 525 570 eine Primzahl? Begründe deine Antwort.

20 a) Welcher Bruchteil ist dargestellt?

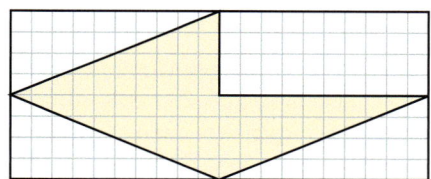

b) Stelle den selben Bruch als Kreisausschnitt dar.

c) Wie viele Kästchen müssen noch zusätzlich gefärbt werden, damit der Bruch $\frac{1}{2}$ dargestellt ist?

21 a) Übertrage ins Heft. Welcher Bruchteil der Fläche ist weiß?

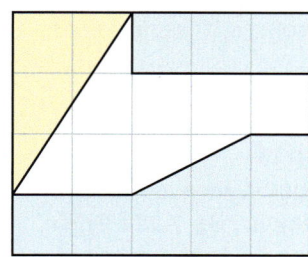

b) Ergänze die blau gefärbte Fläche so, dass $\frac{3}{4}$ der Gesamtfläche blau gefärbt sind.

c) Wie viele blaue Kästchen müssten weiß gefärbt werden, damit 50 % des Rechtecks weiß bleiben?

22 a) Ordne den Bruchbildern die richtigen Brüche zu.

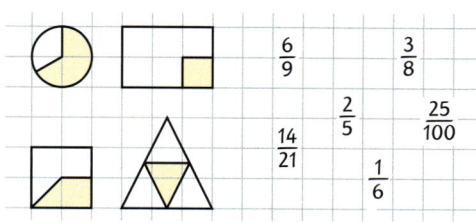

$\frac{6}{9}$ $\frac{3}{8}$ $\frac{2}{5}$ $\frac{25}{100}$ $\frac{14}{21}$ $\frac{1}{6}$

b) Fertige für die folgenden Zahlen Bruchbilder an:

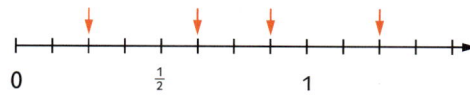

$\frac{1}{4}$ $\frac{3}{4}$ $\frac{3}{7}$

c) Stelle die Brüche $\frac{3}{10}$ und $\frac{1}{3}$ in einem gleich großen Rechteck dar.

23 a) Welche Brüche sind markiert?

b) Trage die Brüche auf dem Zahlenstrahl ein. Wähle dazu eine geeignete Länge für die Einheitsstrecke.

$\frac{5}{8}$ $\frac{3}{4}$ $\frac{7}{16}$

c) Die Brüche $\frac{3}{4}$ und $\frac{7}{8}$ liegen auf einem Zahlenstrahl 1 cm voneinander entfernt. Wie weit ist es von der Null bis zur Eins?

24 a) Ordne die unten stehenden Brüche von klein nach groß.

$\frac{1}{2}$ $\frac{4}{5}$ $\frac{1}{4}$ $\frac{2}{3}$

b) Welcher der beiden Brüche ist größer? Man braucht nicht unbedingt einen gemeinsamen Nenner zu bestimmen.

$\frac{19}{40}$ oder $\frac{13}{24}$

25 a) Gib einen Bruch an, der zwischen $\frac{1}{4}$ und $\frac{1}{3}$ liegt.

b) Gib einen Bruch und einen Dezimalbruch zwischen $\frac{1}{2}$ und 0,6 an.

c) Warum kann man nicht alle Dezimalbrüche zwischen 0,5 und 0,6 aufschreiben? Beschreibe deine Überlegungen.

Lerntipp!

18	S. 28
19	S. 28; 29
20	S. 35 ff.
21	S. 35 ff.
22	S. 35 ff.; 47
23	S. 42
24	S. 47
25	S. 47; 80

→ Die Lösungen findest du auf Seite 221.

26 Berechne.

a) $\frac{4}{3} + \frac{3}{4}$ b) $\frac{5}{2} + 2,5$ c) $3\frac{1}{2} + 2\frac{1}{3}$

$\frac{4}{3} - \frac{3}{4}$ $\frac{5}{2} - 2,5$ $3\frac{1}{2} - 2\frac{1}{3}$

$\frac{4}{3} \cdot \frac{3}{4}$ $\frac{5}{2} \cdot 2,5$ $3\frac{1}{2} \cdot 2\frac{1}{3}$

$\frac{4}{3} : \frac{3}{4}$ $\frac{5}{2} : 2,5$ $3\frac{1}{2} : 2\frac{1}{3}$

27 Berechne.

a) $5 + 0,5$ b) $1,2 + 0,12$ c) $2,5 + \frac{2}{5}$

$5 \cdot 0,5$ $1,2 - 0,12$ $2,5 \cdot \frac{2}{5}$

$5 - 0,5$ $1,2 \cdot 0,12$ $2,5 - \frac{2}{5}$

$5 : 0,5$ $1,2 : 0,12$ $2,5 : \frac{2}{5}$

28 Berechne. Achte beim Rechnen auf die Reihenfolge.

a) $\frac{1}{2} \cdot \frac{3}{4} + \frac{5}{8}$

b) $\frac{1}{3} + 2 \cdot \left(\frac{5}{6} - \frac{2}{3}\right) - \frac{5}{12}$

c) $0,1 + \frac{4}{5} - \left(4,25 - \frac{7}{8}\right) : 4\frac{1}{2}$

d) Welche Rechengesetze hast du jeweils benutzt?

29 Nutze Rechenvorteile.

a) $\frac{7}{8} - \frac{3}{4} + \frac{1}{8}$

b) $4 \cdot \frac{1}{2} + 8 \cdot \frac{1}{2}$

c) $\frac{8}{17} + \frac{17}{12} + \frac{12}{19} + \frac{9}{17} + \frac{7}{19} - \frac{11}{12}$

d) $\frac{35}{24} \cdot \frac{36}{55} \cdot \frac{17}{105} \cdot \frac{11}{34}$

30 Welche Dezimalzahlen sind auf dem Zahlenstrahl markiert?

a)

0   100

b)
0   1   2

c)
2,40   2,60

d)
0,98   1

Lerntipp!	
26	S. 56 ff.
27	S. 91; 102; 106; 108; 112
28	S. 116
29	S. 74; 116
30	S. 88
31	S. 47; 82
32	S. 74; 116
33	S. 100 ff.
34	S. 100 ff.

31 Ordne die Zahlen nach ihrer Größe.

a) $0,987$; $8,79$; $0,798$; $9,87$; $0,978$; $7,98$

b) $\frac{3}{8}$; $\frac{1}{2}$; $\frac{1}{4}$; $\frac{5}{8}$

c) $\frac{3}{8}$; $0,42$; $\frac{2}{5}$; $\frac{7}{20}$; $0,36$

32 Nutze Rechenvorteile und beschreibe dein Vorgehen mit Worten.

a) $12,5 - 0,26 - 1,5 - 0,74$

b) $0,47 \cdot 34,8 + 34,8 \cdot 0,53$

c) $\left(\frac{3}{4} \cdot \frac{1}{2} - \frac{3}{8} : 1,5\right) : 0,75$

33 Das Produkt $729 \cdot 591$ hat den Wert $430\,839$.

a) Bestimme damit das Ergebnis von
$7,29 \cdot 5,91$
$0,0729 \cdot 5910$

b) Kannst du damit auch die Aufgabe $430,839 : 5,91$ im Kopf berechnen?

c) Woran erkennst du sofort, dass falsch gerechnet wurde?
$3,641 \cdot 4,321 = 15,732\,762$

34 Erstelle aus den vorgegebenen Zahlen und Rechenzeichen einen Rechenausdruck. Dabei darf jedes Rechenzeichen nur einmal verwendet werden.

a) Der Wert soll möglichst groß sein.

12   5   107   43

b) Der Wert soll möglichst klein sein.

0,5   2,4   4,0   1,5

c) Der Wert des Rechenausdrucks soll möglichst nahe bei der Zahl 1 liegen.

$\frac{4}{5}$ $\frac{5}{6}$ $\frac{1}{2}$ $\frac{1}{4}$

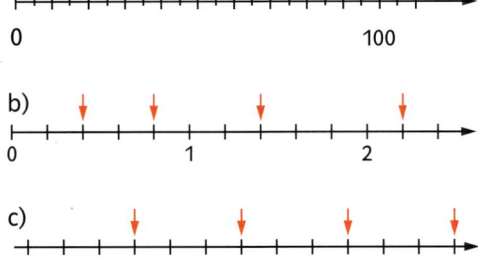
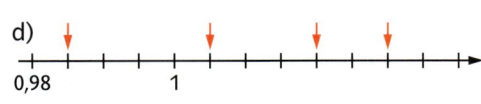

→ Die Lösungen findest du auf Seite 222.

35 a) In einer Schule gibt es 480 Stühle. $\frac{1}{20}$ stehen im Lehrerzimmer, $\frac{1}{12}$ stehen im Keller. Die restlichen Stühle stehen in den Klassensälen. Wie viele Stühle stehen in den Klassensälen?

b) Im Sportverein „Blau-Weiß" sind $\frac{3}{5}$ aller Mitglieder weiblich. $\frac{3}{4}$ der männlichen Mitglieder spielen Fußball. Dies sind 84 Personen. Wie viele Mitglieder sind im Sportverein „Blau-Weiß"?

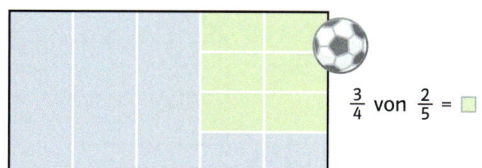

$\frac{3}{4}$ von $\frac{2}{5}$ = ☐

c) Ein Drittel aller Schülerinnen und Schüler einer Klasse sind Jungen. Ein Viertel aller Jungen spielt ein Instrument. Von den Mädchen spielt die Hälfte ein Instrument. Welcher Anteil der Klasse spielt kein Instrument?

36 Vervollständige die Zahlenmauer.

a)

0,5 | 1,2 | 2,5 | 1,8

b)

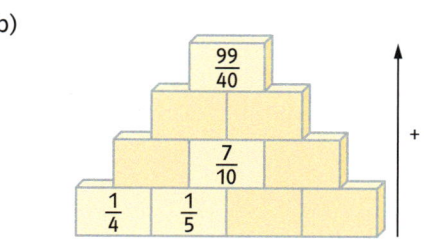

$\frac{99}{40}$

$\frac{7}{10}$

$\frac{1}{4}$ | $\frac{1}{5}$

c) Wie muss man die Brüche $\frac{1}{2}$; $\frac{1}{3}$; $\frac{1}{4}$ und $\frac{1}{5}$ in der unteren Reihe einer Zahlenmauer wie in b) anordnen, damit in der Spitze der kleinste Wert entsteht?

Messen und Zahl

37 a) Ermittle das Minimum, das Maximum, die Spannweite und den Mittelwert folgender Liste:
1,85 €; 2,80 €; 0,8 €; 5,25 €; und 4,00 €

b) Lehrer Lämpel vergleicht die Notenspiegel der parallel geschriebenen Mathematikarbeiten der 6a und 6b.

Note	1	2	3	4	5	6
6a	–	5	10	4	2	1
6b	3	5	8	5	1	1

c) Berechne die Notendurchschnitte der beiden Klassen.

d) Max aus der 6a, der die Arbeit nachgeschrieben hat, behauptet: „Wenn ich eine 2 schreibe, haben die beiden Klassen den gleichen Notendurchschnitt." Hat er Recht?

38 Die durchschnittliche Größe von Kim, Kai, Tom und Tim beträgt 1,53 m. Kim ist die Kleinste mit 1,46 m, Tim der Größte mit 1,58 m. Tom ist 2 cm größer als Kai. Wie groß sind Kai und Tom?

39 Zwei Basketball-Schulmannschaften, deren Spieler folgende Körpergrößen haben, treffen aufeinander.
Mannschaft A:
1,65 m; 1,60 m; 1,92 m; 1,68 m und 1,70 m.
Mannschaft B:
1,71 m; 1,68 m; 1,66 m; 1,65 m und 1,70 m.

a) Ordne die Spieler jeder Mannschaft nach ihrer Größe.

b) Vergleiche die größten und kleinsten Spieler jeder Mannschaft.

c) Berechne für jede Mannschaft die durchschnittliche Körpergröße.

40 Fabian hat in seinen Klassenarbeiten folgende Noten erzielt:
2,5; 3,5; 1,5; 3,0 und 4,0.

a) Berechne den Durchschnitt auf eine Nachkommaziffer genau.

b) Welcher Durchschnitt ergibt sich, wenn die beste und die schlechteste Note gestrichen werden?

c) Was hätte Fabian in der fünften Klassenarbeit schreiben müssen, um noch eine 2 im Zeugnis zu bekommen?

Daten und Zufall

Lerntipp!

35	S. 64
36	S. 58; 102
37	S. 182
38	S. 182
39	S. 182
40	S. 182

→ Die Lösungen findest du auf Seite 222.

41 a) Welche Eckpunkte kommen zusammen, wenn man aus dem Netz den Körper herstellt?
Beispiel: **C = E**

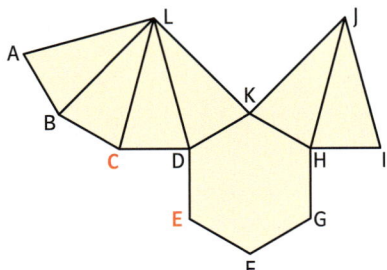

b) Welche Figuren sind Pyramidennetze?

(1)   (2)

(3)   (4)

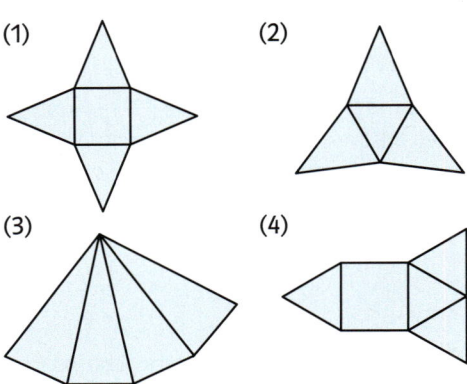

c) Laura stellt aus dem Netz ein Kantenmodell aus Draht her. Wie viel Draht braucht sie mindestens?

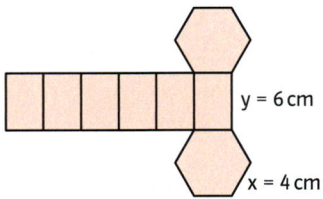

Gib einen Term zur Berechnung der Gesamtlänge aller Kanten an.

42 Zeichne zu dem Quader ein passendes Schrägbild.

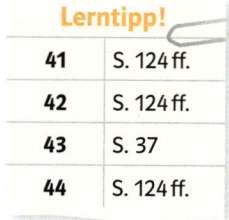

Lerntipp!

41	S. 124 ff.
42	S. 124 ff.
43	S. 37
44	S. 124 ff.

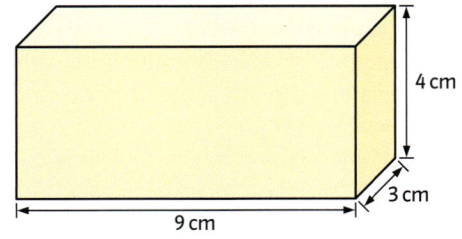

43 a) Benenne jeweils einen Bruchteil.
(1)   (2)   (3)

b) Welchen Bruchteil des Rauminhalts nehmen die gefärbten Würfelteile ein?

(1)   (2)

(3)   (4)

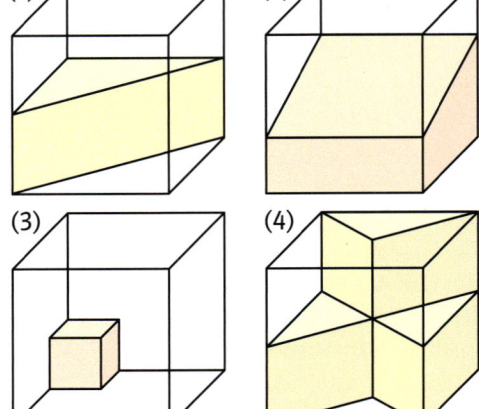

44 a) Zeichne ein Würfelnetz und übertrage den rot eingezeichneten Weg.

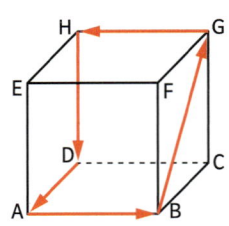

b) Zeichne das Netz in Orginalgröße ab und übertrage den roten Weg.

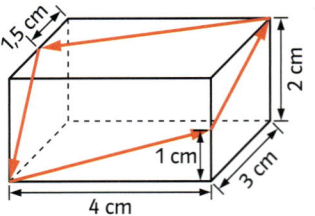

c) Zeichne ein Schrägbild des Würfels mit dem rot eingetragenen Weg.

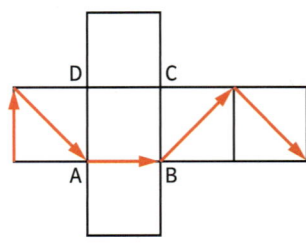

➔ Die Lösungen findest du auf Seite 222.

45 Bei beiden Netzen fehlt jeweils ein Quadrat. Welche Körper kannst du herstellen, wenn du das fehlende Quadrat richtig anfügst? Wo lässt es sich anfügen? Es gibt mehrere Möglichkeiten.

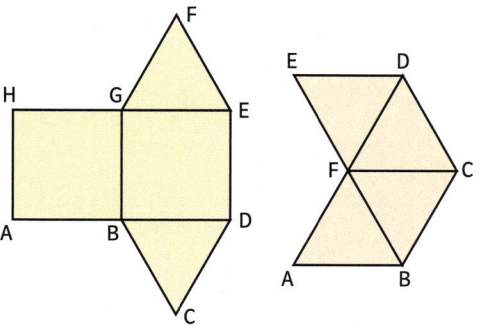

46 Berechne den Rauminhalt eines Würfels mit folgender Kantenlänge.
a) 5 cm
b) 11 mm
c) 4,2 dm
d) Übertrage die Tabelle in dein Heft und ergänze die fehlenden Werte.

Quader	a)	b)	c)	d)
Länge	4 cm	5 cm	10 m	
Breite	7 cm	3 cm		2 dm
Höhe	9 cm		4 m	8 dm
Volumen		60 cm³	240 m³	64 l

47 Stelle Terme zur Berechnung von Umfang und Flächeninhalt der Flächen A und B auf. Vergleiche.

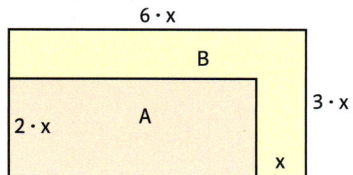

48 a) Setze in den Term $4 \cdot (2 \cdot x - 3 \cdot y)$ für $x = 8$ und $y = 5$ ein. Berechne.
b) Für welche Werte von a und b gilt $3a - 4b = 5$? Du darfst natürliche Zahlen zwischen 0 und 5 einsetzen.
c) Welche natürlichen Zahlen m und n kann man in den Term $6 \cdot m + 5 \cdot n$ einsetzen, sodass der Wert 100 entsteht? Es gibt mehrere Lösungen.

49 Ein Würfel ist aus Stäbchen der Länge x aufgebaut. Stelle einen Term zur Berechnung der Kantensumme auf. Wie lang ist ein Stäbchen, wenn alle Kanten zusammen 180 cm lang sind?

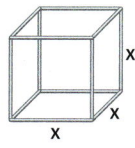

50 Der Quader ist doppelt so groß wie der Würfel.

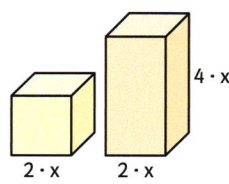

a) Stelle Terme für die Berechnung der Kantensumme und der Oberfläche auf.
b) Vergleiche die Kantensumme K der beiden Körper miteinander.

51 Löse die Gleichungen.
a) $2 \cdot x - 4 = 18$
  $2 \cdot (x - 4) = 18$
b) $\frac{x}{2} - 4 = 18$
  $\frac{1}{2} \cdot (x - 4) = 18$
c) $2 \cdot x - 4 = x$
  $2 \cdot (x - 4) = x$

52 a) Wenn man die Zahl verdoppelt und 3 addiert, erhält man 13. Wie heißt die Zahl?
b) Wenn man den dritten Teil einer Zahl verdoppelt, erhält man 6.
c) Vom Dreifachen einer Zahl wird 3 subtrahiert. Man erhält das Doppelte der Zahl.

Modellieren und Zahl

Lerntipp!

45	
46	S. 124 ff.
47	
48	
49	
50	S. 140 ff.
51	
52	

→ Die Lösungen findest du auf Seite 223.

Basiswissen | Linien, Figuren und Quadratgitter

Eine **Gerade** ist eine gerade Linie ohne Anfangs- und Endpunkt.
Eine **Strecke** besitzt einen Anfangs- und Endpunkt.
Zwei Geraden oder Strecken sind zueinander **senkrecht**, wenn
sie zueinander liegen wie die lange Seite und die Mittellinie des
Geodreiecks. $g \perp h$
Zwei Geraden, die zur selben Geraden senkrecht stehen, sind
parallel. Strecken heißen parallel, wenn sie auf parallelen
Geraden liegen. $g \parallel h$
Im **Quadratgitter** kann man die Lage von Gitterpunkten durch
zwei Zahlen angeben. Für den Punkt P mit dem Rechtswert 8
und dem Hochwert 2 schreibt man $P(8|2)$.

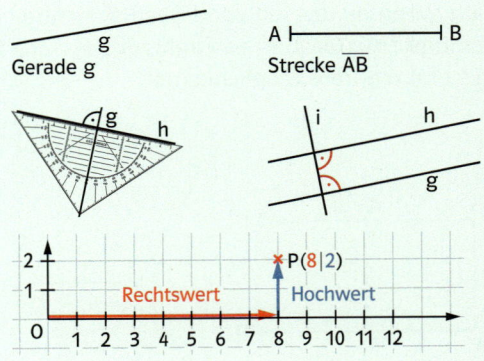

Online-Links
zum Basiswissen
742861-2000

1 a) Welche der Linien verlaufen senkrecht zueinander?
b) Welche verlaufen parallel zueinander?

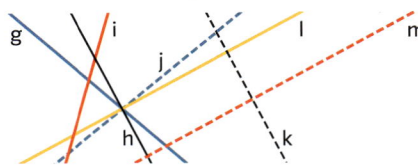

2 Zeichne die Punkte $A(6|4)$, $B(10|4)$
und $C(10|8)$ in ein Quadratgitter ein.
Durch Vertauschen von Rechtswert und
Hochwert erhältst du die Punkte D, E
und F. Verbinde die Punkte so, dass eine
schöne Figur entsteht. Welche Entfernung
haben die Punkte voneinander?
Überlege, wie oft du messen musst.

Im **Rechteck** sind
• benachbarte Seiten zueinander senkrecht.
• gegenüberliegende Seiten parallel und gleich lang.
• die Diagonalen gleich lang.
Ein **Quadrat** ist ein besonderes Rechteck. Es hat vier gleich lange
Seiten. Die Diagonalen stehen zueinander senkrecht.
Den **Flächeninhalt** eines Rechtecks berechnet man aus dem
Produkt aus Länge und Breite: $A = 4\,cm \cdot 3\,cm = 12\,cm^2$.
Sein **Umfang** ergibt sich als die Summe aus der doppelten Länge
und der doppelten Breite: $u = 2 \cdot 4\,cm + 2 \cdot 3\,cm = 14\,cm$.
Ein Viereck, dessen gegenüberliegende Seiten parallel sind,
nennt man **Parallelogramm**. Die **Raute** ist ein besonderes
Parallelogramm. Sie hat vier gleich lange Seiten.

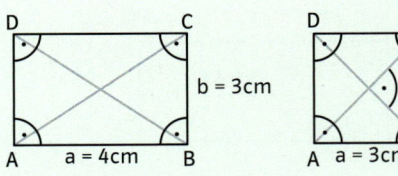

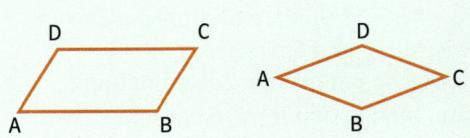

3 a) Zeichne auf Kästchenpapier und
auf weißes Papier: Rechteck mit $a = 5\,cm$
und $b = 3{,}5\,cm$; Quadrat mit $a = 4\,cm$.
b) Bestimme den Flächeninhalt.
c) Berechne jeweils den Umfang der Figur.

4 Ergänze im Heft zu einer Raute.

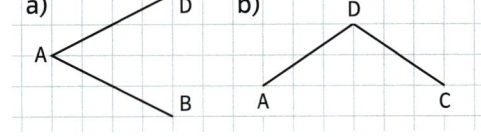

5 Übertrage in dein Heft und ergänze
jeweils zu einem Parallelogramm.

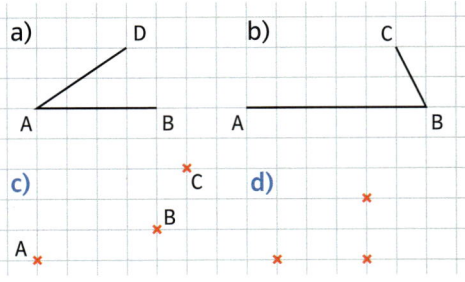

➔ Die Lösungen findest du auf Seite 224.

Basiswissen | Zahlen darstellen und runden

Zahlen kann man in einer **Stellenwerttafel A**, auf einem **Zahlenstrahl B**, in einer **Strichliste C** und einem **Diagramm D** darstellen.

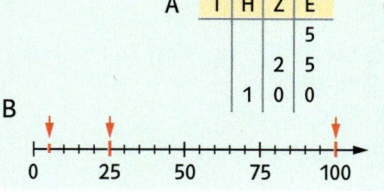

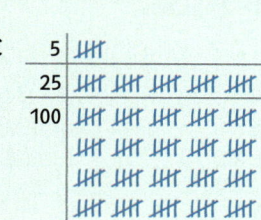

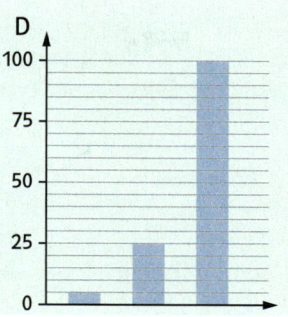

1 Trage in eine Stellenwerttafel ein.

Millionen			Tausender					
HM	ZM	M	HT	ZT	T	H	Z	E

a) 67; 235; 5722; 12387

b) 27643; 231982; 2490377; 98765401

2 Zeichne einen geeigneten Zahlenstrahl und trage die Zahlen ein.

a) 3; 7; 12; 2; 5

b) 40; 100; 30; 70; 10

c) 3000; 12000; 5000; 7000; 4500

3 a) Füge der Strichliste noch 7 Roller hinzu.

b) Zeichne dann ein Säulendiagramm.

Fahrzeug	Anzahl
Pkw	ⵉⵉⵉ ⵉⵉⵉ ⵉⵉⵉ ⵉⵉⵉ |||
Lkw	ⵉⵉⵉ ⵉⵉⵉ |
Motorräder	|||
Fahrräder	ⵉⵉⵉ ⵉⵉⵉ ⵉⵉⵉ ⵉⵉⵉ
Mopeds	ⵉⵉⵉ ⵉⵉⵉ ||
Busse	ⵉⵉⵉ

Zahlen kann man **runden**. Man geht dabei wie folgt vor:

Rundungsstelle (Tausender) ———— Steht hier eine 5; 6; 7; 8; 9 dann wird **aufgerundet**.

37589 ≈ 38000 (aufgerundet)

Rundungsstelle (Tausender) ———— Steht hier eine 0; 1; 2; 3; 4 dann wird **abgerundet**.

37489 ≈ 37000 (abgerundet)

Eine Rechnung mit gerundeten Zahlen heißt **Überschlagsrechnung**. Die Zahlen werden so gerundet, dass man die Rechnung im Kopf durchführen kann.

4 a) Runde auf Zehner.

81	1909	12811
169	8378	36449
905	1165	86987

b) Runde auf Tausender.

1224	21356	12499
4789	76598	243789
8458	45812	394884

5 Ordne richtig zu.

Aufgabe	Überschlag	Lösung
75 · 47 (1)	1900 + 700	2505
1852 + 653	70 · 50 (1)	3936
287 · 69	1900 + 600	14848
1895 + 688	300 · 70	3525 (1)
13380 + 8684	80 · 50	2583
82 · 48	300 · 50	22064
256 · 58	13000 + 9000	19803

? *Welche Reihen fehlen? Schreibe sie auf.*

→ Die Lösungen findest du auf Seite 224.

Basiswissen | Rechnen – Addition und Subtraktion

Den Rechenausdruck 24 + 5 nennt man **Summe**. Die Zahl 24 ist der **1. Summand**, die Zahl 5 ist der **2. Summand**. Den Rechenausdruck 18 – 7 nennt man **Differenz**. 18 ist der **Subtrahend**, 7 ist der **Minuend**.

1 Berechne.

a) 5 + 3
50 + 30
500 + 300
5000 + 3000
50 000 + 30 000

b) 7 – 6
70 – 60
700 – 600
7000 – 6000
70 000 – 60 000

2 Setze die Folgen um fünf Zahlen fort.

a) 650; 700; 750; …
b) 6000; 6120; 6240; …
c) 425; 400; 375; …

3 Berechne.

a) 560 – 90   b) 140 – 80   c) 8300 – 600
d) 67 + 50   e) 430 + 70   f) 750 + 270

Beim **schriftlichen Addieren** und **schriftlichen Subtrahieren** schreibt man die Zahlen stellengerecht untereinander. Achte auf den Übertrag.
Aufgabe: 3094 + 6535

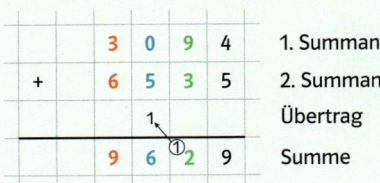

Aufgabe: 3094 – 1278

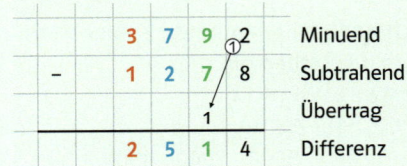

4 Addiere schriftlich.

a)   43
 + 25

b)   126
 + 687

c)   7543
 + 1766

d)   34
 + 65
 + 37

e)   492
 + 265
 + 87

f)   3495
 + 2766
 + 8942

2 + ☐ = 7,
also
7 – 2 = ☐

5 Schreibe untereinander und addiere.

a) 56 + 23 + 78
b) 165 + 782 + 243
c) 2830 + 102 + 554 + 39
d) 4321 + 802 + 3930 + 5502 + 157
e) 24789 + 7305 + 13711 + 43217 + 1
f) 2467 + 41364 + 213 + 2074 + 6131

☐ – 6 = 3,
also
3 + 6 = ☐

6 Subtrahiere schriftlich.

a)   76
 – 45

b)   542
 – 193

c)   3947
 – 1657

d)   2934
 – 267
 – 132

e)   4673
 – 2798
 – 1284

f)   7865
 – 397
 – 1299

7 Schreibe untereinander und subtrahiere.

a) 67 – 34   b) 61 – 43
c) 456 – 287   d) 762 – 293 – 186
e) 16 273 – 3625 – 2819
f) 212 014 – 31 215 – 18 554 – 67 819

8 Wie heißen die fehlenden Ziffern?

a)   5 7 2
 + 3 ☐ ☐
   ☐ 9 7

b)   7 ☐ 0 ☐
 + 2 1 ☐ 1
   ☐ 5 9 9

c)   6 ☐ ☐ 0
 + 2 5 2 ☐
   ☐ 9 5 1

9 Ergänze die fehlenden Ziffern im Heft.

a)   ☐ ☐
 – 4 6
   5 3

b)   4 2 7 ☐
 – ☐ 5 8 7
   1 ☐ ☐ 1

c)   ☐ 8 8 ☐
 –   9 ☐ 9
   7 ☐ 8 9

10 Notiere die Rechenaufgabe und löse.

a) Bilde die Summe aus 134 und 23.
b) Bilde die Differenz aus 145 und 67.
c) Addiere 43 zur Summe aus 12 und 65.
d) Subtrahiere von 267 die Zahl 78.

➔ Die Lösungen findest du auf Seite 225.

Basiswissen | Rechnen – Multiplikation und Division

Den Rechenausdruck 6 · 12 nennt man **Produkt**. Die Zahl 6 ist der **1. Faktor**, die Zahl 12 der **2. Faktor**.

Den Rechenausdruck 72 : 8 nennt man **Quotient**. Die Zahl 72 ist der **Dividend**, die Zahl 8 der **Divisor**.

1 Berechne.

a) 5 · 3
   50 · 30
   500 · 300
   5000 · 3000
   50 000 · 30 000

b) 8 : 4
   80 : 40
   800 : 400
   8000 : 4000
   80 000 : 40 000

2 Berechne.

a) 300 · 70
   30 · 700
   300 · 7000
   3000 · 700
   30 · 70 000

b) 3600 : 60
   360 : 60
   36 000 : 600
   360 : 6
   36 000 : 60

Bei der **schriftlichen Multiplikation** wird der 2. Faktor in Einer, Zehner, Hunderter usw. zerlegt.
Beginne mit der höchsten Stelle und berechne die Teilprodukte. Zuletzt werden die Teilprodukte addiert.

Bei der **schriftlichen Division** zerlegt man die zu teilende Zahl schrittweise und dividiert dann.

$$2571 : 3 = 857$$
$$-\ 24$$
$$17$$
$$-\ 15$$
$$21$$
$$-\ 21$$
$$0$$

25 : 3 = 8 Rest 1
17 : 3 = 5 Rest 2
21 : 3 = 7 Rest 2

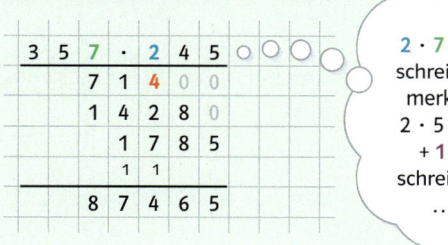

2 · 7 = 14
schreibe 4
merke 1
2 · 5 = 10
+ 1 = 11
schreibe 1
…

3 Multipliziere.

a) 35 · 3   b) 12 · 5   c) 19 · 6
d) 7 · 33   e) 52 · 8   f) 22 · 4
g) 35 · 7   h) 84 · 5   i) 98 · 7

4 Multipliziere.

a) 262 · 5   b) 314 · 7   c) 712 · 3
d) 111 · 8   e) 446 · 4   f) 107 · 6
g) 718 · 9   h) 999 · 5   i) 387 · 7

5 Multipliziere.

a) 146 · 12   b) 361 · 34   c) 134 · 72
d) 192 · 246   e) 725 · 654   f) 1983 · 222

6 Ergänze die fehlende Zahl.

a) 44 : 11 = ☐   b) 12 · ☐ = 84
c) ☐ : 5 = 7   d) 17 · 6 = ☐
e) 72 : ☐ = 8   f) ☐ · 15 = 165
g) 150 : ☐ = 30   h) 380 · 30 = ☐
i) ☐ · 70 = 210   j) ☐ · 70 = 4900

7 Dividiere.

a) 96 : 4   b) 192 : 3   c) 114 : 6
d) 5931 : 9   e) 736 : 8   f) 9352 : 7
g) 228 : 19   h) 221 : 13   i) 750 : 25

8 Setze um fünf weitere Zahlen fort.

a) 3; 9; 27; …   b) 10; 100; 1000; …
c) 17; 34; 68; …   d) 512; 256; 128; …
e) 1 000 000 000; 100 000 000; 10 000 000; …

9 Suche alle Ziffern, sodass die Zahlen ohne Rest teilbar sind.

a) ☐33 : 3   b) 47☐ : 5   c) 98☐ : 10
   54☐ : 9   6 6 : 6   84☐ : 4
   8☐4 : 2   74☐ : 2   25☐ : 7

10 Notiere die Aufgabe und löse sie.

a) Bilde das Produkt aus 123 und 45.
b) Wie lautet der Quotient aus 450 und 9?
c) Dividiere das Produkt aus 17 und 9 durch 3.

Lerntipp!

Lösung mithilfe der Umkehraufgabe:

12 · ☐ = 84,
also
84 : 12 = ☐

☐ : 5 = 7,
also
7 · 5 = ☐

→ Die Lösungen findest du auf Seite 225.

Basiswissen | Rechenregeln und Rechenvorteile

Vertauschungsgesetz (Kommutativgesetz)
In Summen dürfen die Summanden vertauscht werden.
27 + **2** = **2** + **27**

In Produkten dürfen die Faktoren vertauscht werden.
4 · **13** = **13** · **4**

Verbindungsgesetz (Assoziativgesetz)
In Summen dürfen Klammern beliebig gesetzt oder weggelassen werden.
(**17** + **34**) + 16 = 17 + (**34** + **16**) = 17 + 34 + 16

In Produkten dürfen Klammern beliebig gesetzt oder weggelassen werden.
(**12** · **4**) · 25 = 12 · (**4** · **25**) = 12 · 4 · 25

Verteilungsgesetz (Distributivgesetz)
Ausmultiplizieren
Wenn man eine Summe mit einer Zahl multipliziert, kann man jeden Summanden mit der Zahl multiplizieren.

7 · (**40** + **8**) = 7 · **40** + 7 · **8**

Ausklammern
Wenn in einer Summe ein Faktor mehrmals vorkommt, kann man ihn ausklammern.

4 · **13** + 4 · **12** = 4 · (**13** + **12**)

Regeln beim Berechnen von Rechenausdrücken
Klammern werden zuerst gerechnet.
4 · (**13** + **77**) = 4 · 90

Punktrechnung vor Strichrechnung
7 + 3 · 14 = 7 + 42

vor
vor

1 Verwende das Verbindungsgesetz und das Vertauschungsgesetz.
a) 49 + 16 + 4
b) 78 + 19 + 2
c) 299 + 87 + 11
d) 23 + 72 + 17 + 28
e) 13 · 50 · 2
f) 5 · 4 · 7
g) 16 · 4 · 5
h) 4 · 12 · 5 · 25

2 Berechne durch Ausmultiplizieren.
a) 7 · (10 + 7)
b) 6 · (20 + 8)
c) 4 · (40 − 7)
d) 9 · (50 + 2)
e) (80 − 15) · 4
f) (20 − 2) · 18

3 Schreibe einen Faktor als Summe oder als Differenz und berechne.

Beispiel: 35 · 3 = (30 + 5) · 3
= 30 · 3 + 5 · 3 = 90 + 15 = 105

a) 47 · 8
b) 51 · 9
c) 13 · 62
d) 103 · 23
e) 6 · 199
f) 98 · 8

4 Beachte Klammern und Punkt vor Strich.
a) 4 · 12 − 9
b) 27 − 88 : 11
c) 20 − 8 : 4
d) 27 : 3 − 8
e) 35 − 35 : 7 + 15
f) 12 · (45 − 36)

5 Beachte die Rechenregeln.
a) 28 + 12 : 4
b) 76 − 6 · 5 + 2
c) 7 · 5 − 3 · 4
d) 76 − 6 · (5 + 2)
e) 36 − (15 + 7)
f) (76 − 6) · (5 + 2)
g) 7 · (5 − 3) · 4
h) (76 − (6 · 5) + 2)

6 Übertrage ins Heft und ergänze die Rechenzeichen +, − , · ; : so, dass die Gleichungen richtig sind.
a) 2 ☐ 5 ☐ 10 = 20
b) 13 ☐ 25 ☐ 7 = 45
c) 17 ☐ 3 ☐ 5 = 2
d) 48 ☐ 6 ☐ 3 = 24
e) $\frac{1}{2}$ ☐ 2 ☐ 5 = 5
f) 16 ☐ 4 ☐ 4 = 0
g) 24 ☐ 8 ☐ 27 = 30
h) 48 ☐ 6 ☐ 3 = 50

7 Das Ergebnis soll immer 100 sein. Bei einigen Aufgaben musst du Klammern setzen.
a) 2 · 25 + 25
b) 18 + 32 · 2
c) 37 + 7 · 9
d) 500 : 50 − 45
e) 180 − 60 + 20
f) 360 − 60 : 3
g) 150 − 5 · 10
h) 8 · 5 + 3 · 20
i) 80 + 9 · 8 − 52
j) 23 − 13 · 35 − 25

→ Die Lösungen findest du auf Seite 226.

Basiswissen | Größen

Eine **Maßzahl** zusammen mit einer **Maßeinheit** nennt man **Größe**.

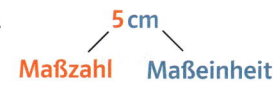

5 cm

Maßzahl   Maßeinheit

Die wichtigsten Größen sind:

Geld: 1 € = 100 ct

Zeit: 1 h = **60** min

1 min = **60** s

Gewicht: 1 t = 1000 kg

1 kg = 1000 g

1 g = **1000** mg (Milligramm)

Länge:

1 km = 1000 m

1 m = **10** dm

1 dm = **10** cm

1 cm = **10** mm

Flächeninhalt:

1 km² = **100** ha (Hektar)

1 ha = **100** a (Ar)

1 a = **100** m² (Quadratmeter)

1 m² = **100** dm²

1 dm² = **100** cm²

1 cm² = **100** mm²

Rauminhalt (Volumen):

1 m³ = **1000** dm³

1 dm³ = **1000** cm³ = 1 l (Liter)

1 cm³ = **1000** mm³ = 1 ml

(Milliliter)

---

1 Wandle um in Cent.
a) 3 € b) 12 € c) 5,50 €
d) 100 € e) 2,15 € f) 0,50 €

2 Wandle um in Euro.
a) 200 ct b) 3000 ct c) 420 ct
d) 60 ct e) 135 ct f) 5500 ct

3 Wie viel Stunden sind das?
a) 180 min b) 300 min c) 900 min
d) 45 min e) 30 min f) 15 min

4 Wandle um in Minuten.
a) 3 h b) 4 h c) 10 h
d) $\frac{1}{2}$ h e) $1\frac{1}{2}$ h f) $2\frac{1}{4}$ h

5 Wandle in die angegebene Einheit um.

Beispiel: 7 kg = 7000 g

a) in Gramm:
3 kg; 9 kg; 12 kg; 23 kg; $\frac{1}{2}$ kg; 100 kg
b) in Kilogramm:
4 t; 21 t; 97 t; 223 t; 990 t; 12 t; $\frac{1}{2}$ t; 1,5 t
c) in Kilogramm:
2000 g; 24 000 g; 99 000 g; 233 000 g
d) in Tonnen:
3000 kg; 17 000 kg; 70 000 kg; 500 kg

6 Wandle um.
Beispiel: 40 cm = 400 mm
a) in mm: 9 cm; 14 cm; 560 cm
b) in cm: 6 dm; 480 dm; 452 dm
c) in dm: 4 m; 21 m; 150 m; 198 m
d) in m: 2 km; 12 km; 135 km

7 Wandle um.
Beispiel: 350 dm = 35 m
a) in m: 50 dm; 370 dm; 5800 dm
b) in dm: 70 cm; 8800 cm; 90 900 cm
c) in cm: 110 mm; 2500 mm; 1350 mm
d) in km: 15 000 m; 21 000 m; 100 000 m

8 a) Wandle in die nächstkleinere Einheit um: 5 dm²; 7 m²; 10 dm²; 12 dm²; 130 m².
b) Wandle in eine möglichst große Einheit ohne Kommazahl um: 70 000 cm²; 90 000 cm²; 130 000 mm²; 3 400 000 mm²; 8 900 000 cm².

9 Gib in der nächstgrößeren Einheit an.
a) 4000 mm³; 82 000 cm³; 325 000 dm³
b) 5000 ml; 7000 l; 23 000 ml; 45 000 l

10 Gib in der nächstkleineren Einheit an.
a) 34 m³; 80 cm³; 115 dm³; 200 m³
b) 17 l; 230 l; 2000 l; 5478 l

Ordne den Flächen-inhalt zu.
a) 1 mm²
b) 1 cm²
c) 1 dm²
d) 1 m²

A ▪

B

C

D

→ Die Lösungen findest du auf Seite 226.

Basiswissen | Körper, Netze, Oberflächen- und Rauminhalte

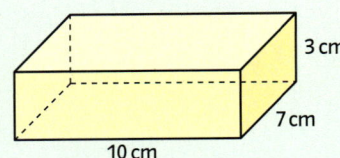

Ein **Quader** hat sechs rechteckige Seitenflächen, 12 Kanten und 8 Ecken. Sein **Oberflächeninhalt** ergibt sich aus der Summe der Flächeninhalte der sechs Rechtecke.

$O = 2 \cdot 10 \cdot 7\,cm^2 + 2 \cdot 10 \cdot 3\,cm^2 + 2 \cdot 7 \cdot 3\,cm^2 = 242\,cm^2$

Sein **Rauminhalt** (Volumen) errechnet sich aus dem Produkt der Maßzahlen von Länge, Breite und Höhe.

$V = 10 \cdot 7 \cdot 3\,cm^3 = 210\,cm^3$

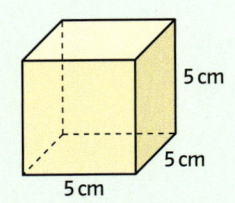

Die Oberfläche eines **Würfels** besteht aus 6 Quadraten. Der **Oberflächeninhalt** errechnet sich aus dem Sechsfachen der Fläche eines dieser Quadrate.

$O = 6 \cdot 5 \cdot 5\,cm^2 = 15\,cm^2$

Der **Rauminhalt** errechnet sich aus $V = 5 \cdot 5 \cdot 5\,cm^3 = 125\,cm^3$.

Faltet man einen Quader (Würfel) auseinander, so erhält man das **Netz eines Quaders (Würfels)**.

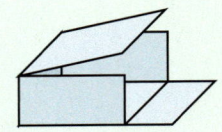
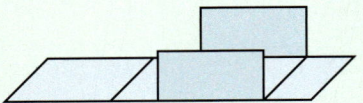
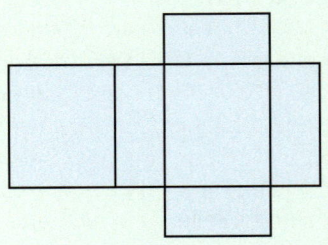

1 Zeichne in dein Heft und ergänze so, dass Quadernetze entstehen.

a)   b)

3 Berechne und vergleiche jeweils den Oberflächeninhalt und das Volumen der beiden Körper.

b)

2 Berechne jeweils den Oberflächeninhalt der Quadernetze.

a)   b)

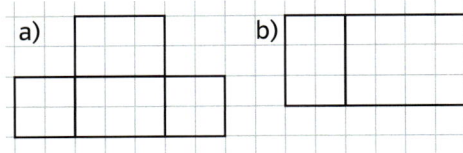

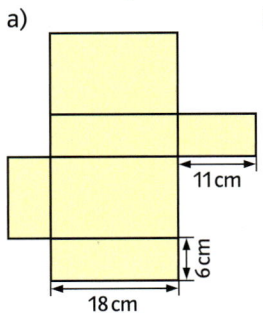
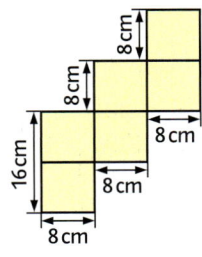

a)

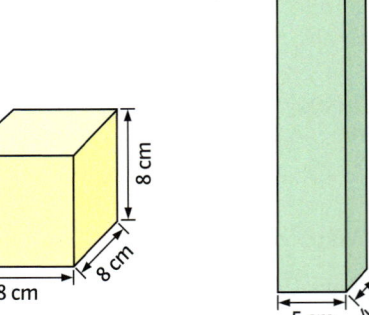

4 a) Berechne den Rauminhalt und den Oberflächeninhalt eines Würfels mit der Kantenlänge 6 cm.

b) Wie ändern sich Oberflächeninhalt und Rauminhalt, wenn die Kantenlänge verdoppelt wird?

→ Die Lösungen findest du auf Seite 227.

Basiswissen | Tabellenkalkulation – eine Einführung

Mithilfe von Programmen zur **Tabellenkalkulation** können mathematische Sachverhalte leicht **berechnet** oder dargestellt werden.

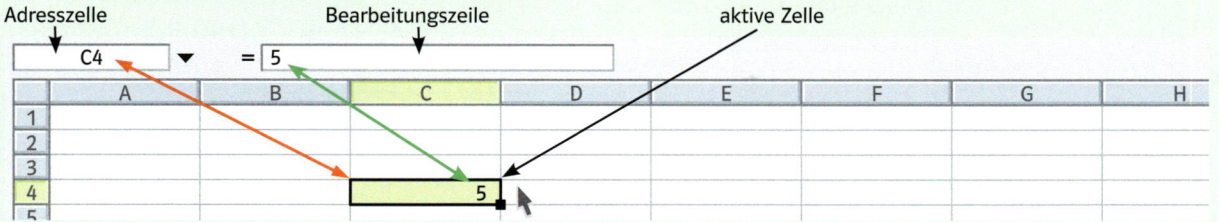

- Der Eingabebereich, also der Bereich, in den du etwas hineinschreibst, heißt **Tabellenblatt**. Es ist in **Spalten** (A; B; C; …) und **Zeilen** (1; 2; 3; …) aufgeteilt. Die Zellen werden entsprechend ihrer Spalte und Zeile benannt, zum Beispiel C4.
  Der Zellenname wird in der Adresszelle dargestellt.
- In die **Zellen** können sowohl Texte als auch Zahlen eingetragen werden. Der Eintrag in der aktiven Zelle erfolgt gleichzeitig mit dem Eintrag in der Bearbeitungszeile.
- Auf dem Tabellenblatt kann man rechnen. Für jede Berechnung
  (wie zum Beispiel: +, −, ·, :) benötigt man eine **Formel**.
- Jede Formel beginnt mit einem Gleichheitszeichen „=" und wird eingegeben in der aktiven Zelle, die gleichzeitig in der Bearbeitungszeile erscheint.

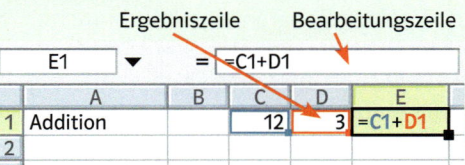

- Beende die Eingabe jeder Formel mit der Enter-Taste.

Jede Zelle, in die eine Formel eingebunden wurde, hat zwei Ansichten:

Beispiel: 12 + 3 = 15
Eingabe: das Ergebnis in der Zelle   (Strg#)   die Formel in der Zelle

	A	B	C	D	E
1	Addition		12	3	15
2	Subtraktion		12	3	9
3	Multiplikation		12	3	36
4	Division		12	3	4

	A	B	C	D	E
1	Addition		12	3	=C4+D4
2	Subtraktion		12	3	=C2−D2
3	Multiplikation		12	3	=C3*D3
4	Division		12	3	=C4/D4

- Achte bei der Formeleingabe auf die Rechenregeln wie Punkt vor Strich oder Klammer hat Vorfahrt.
  Beispiel: 12 + 3 · 3 Eingabe in einer Ergebniszelle, zum Beispiel = D1*D1+C1.

Durch das Anklicken folgender Icons (Zeichen) kannst du eine Vielzahl von Befehlen ausführen.

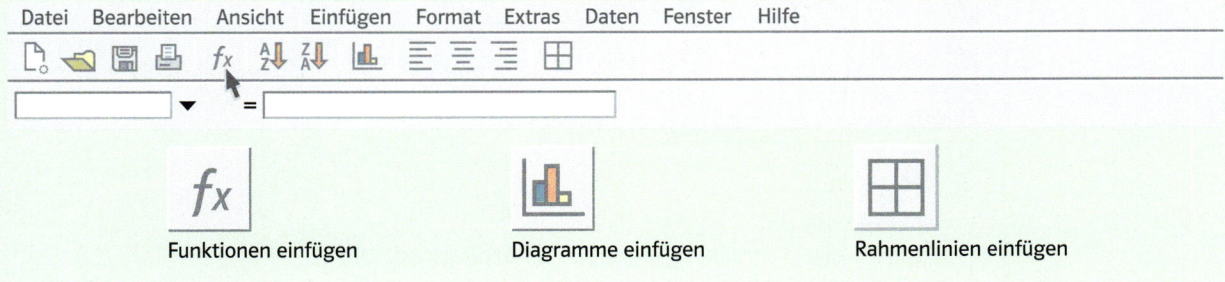

Datei Bearbeiten Ansicht Einfügen Format Extras Daten Fenster Hilfe

f_x Funktionen einfügen   Diagramme einfügen   Rahmenlinien einfügen

Basiswissen | Tabellenkalkulation – Daten bearbeiten

Datenlisten und Diagramme
Mit einem Tabellenkalkulationsprogramm können Datenlisten erstellt, Diagramme dargestellt und Kennwerte berechnet werden.

	A	B	C	D	E
1		Fernsehverhalten von Jugendlichen			
2					
3	Aussage	trifft voll zu	trifft teilweise zu	trifft kaum zu	trifft nicht zu
4	Ich sehe viel fern.	45	33	19	3

1 In der Häufigkeitsliste oben steht das Ergebnis einer Umfrage über das Fernsehverhalten von Jugendlichen.
a) Übertrage die Liste in ein Tabellenblatt.
b) Erstelle ein Säulendiagramm. Markiere mit der Maus die Zellen B 3 bis E 4. Klicke den Diagrammassistenten 📊 an und wähle den Diagrammtyp Säule.
c) Erstelle auch ein Kreisdiagramm.
d) Zu einem Diagramm gehört immer ein Diagrammtitel und eine Beschriftung. Diese kannst du auch nachträglich über Diagrammoptionen einfügen. Probiere selbst.

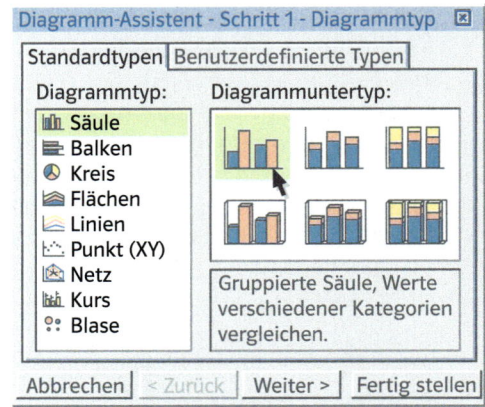

Kennwerte berechnen
Mithilfe einer Tabellenkalkulation kannst du Umfragen auswerten. Du kannst die Kennwerte wie Mittelwert, Maximum (MAX) und Minimum (MIN) berechnen.

Handykosten:
10 €; 14 €; 11 €; 33 €; 7 €; 25 €

2 Bei einer Umfrage von 6 Schülerinnen und Schülern der 6. Klassen wurde anonym untersucht, wie hoch die monatlichen Handykosten der Jugendlichen sind.
a) Berechne die durchschnittlichen Handykosten der Jugendlichen.
- Gib die Daten der Umfrageergebnisse in ein Tabellenblatt ein.
- Setze den Cursor auf eine leere Zelle.
- Klicke anschließend auf das Funktionssymbol. *fx*
- Klicke auf die Kategorie Mittelwert.

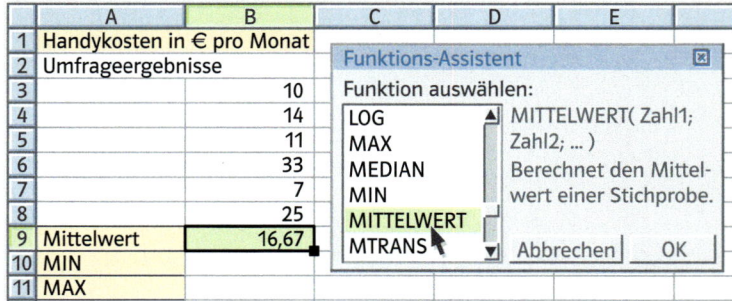

- Bestätige mit OK.
- Markiere alle Umfrageergebnisse und bestätige mit OK.

In der Zelle stehen nun die durchschnittlichen Handykosten der befragten Jugendlichen.
b) Berechne nach dem gleichen Verfahren das Maximum (MAX) und das Minimum (MIN).

→ Die Lösungen findest du auf Seite 227.

Lösungen zu den Standpunkten und den Rückspiegeln

Standpunkt, Seite 6

1

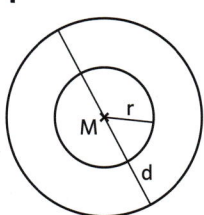

2 bis **5**
Individuelle Lösung

6
Beide Windräder drehen sich um den Mittelpunkt. Windrad B muss weniger drehen.

A   B

   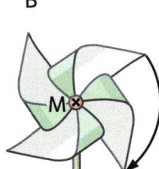

7
a) grün $\frac{1}{3}$; weiß $\frac{2}{3}$
b) grün $\frac{1}{7}$; weiß $\frac{6}{7}$
c) grün $\frac{2}{5}$; weiß $\frac{3}{5}$

Rückspiegel, Seite 23, links

1 bis **3**
Individuelle Lösung

4
35°; spitz   90°; rechter Winkel
210°; überstumpf   105°; stumpf

5
a) α = 27°   b) β = 124°
c) γ = 138°   d) δ = 304°; ε = 56°

6
a) 90°; 180°; 270°; 360°
b) 120°; 240°; 360°

Rückspiegel, Seite 23, rechts

1 bis **3**
Individuelle Lösung

4
27°; spitz   175°; stumpf
270°; überstumpf   310°; überstumpf

5
a) α = 85°; spitzer Winkel   b) α = 148°; stumpfer Winkel
   β = 23°; spitzer Winkel   β = 72°; spitzer Winkel
   γ = 72°; spitzer Winkel   γ = 90°; rechter Winkel
                                      δ = 50°; spitzer Winkel

6
a) 90°; 180°; 270°; 360°
b) 60°; 120°; 180°; 240°; 300°; 360°

Standpunkt, Seite 24

1
a) 85   b) 380   c) 380
   182   256   256
   304   171   180

2
a) 4   b) 9   c) 8 Rest 4
   9   32   6 Rest 5
   8   10   16

3
a) 8 · 15 = 120   b) 45 : 9 = 5
   120 : 8 = 15   5 · 9 = 45
c) 17 · 11 = 187   d) 96 : 8 = 12
   187 : 17 = 11   12 · 8 = 96

4
a) 1200 = 12 · 100   b) 4200 = 6 · 700
   1200 = 60 · 20   4200 = 60 · 70
   1200 = 600 · 2   4200 = 200 · 21
c) 45 000 = 900 · 50   d) 36 000 = 900 · 40
   45 000 = 450 · 100   36 000 = 200 · 180
   45 000 = 150 · 300   36 000 = 4000 · 9

5

a) $\frac{3}{10}$; $\frac{2}{6}$; $\frac{3}{6}$

b) z.B.

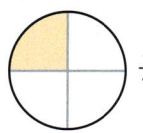 $\frac{1}{4}$ 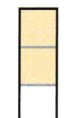 $\frac{2}{3}$ 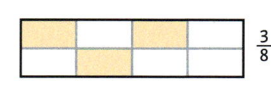 $\frac{3}{8}$

6

a) 25 cm   b) 30 min   c) 750 m   d) 125 g

7

a) $\frac{2}{12} = \frac{1}{6}$; $\frac{6}{12} = \frac{1}{2}$; $\frac{11}{12}$; $\frac{12}{12} = 1$

$\frac{1}{7}$; $\frac{4}{7}$; $\frac{6}{7}$

$\frac{2}{9}$; $\frac{3}{9} = \frac{1}{3}$; $\frac{5}{9}$; $\frac{7}{9}$

b)

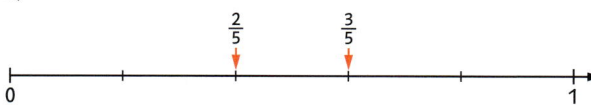

Rückspiegel, Seite 55, links

1

a) $T_{18} = \{1; 2; 3; 6; 9; 18\}$

b) $T_{37} = \{1; 37\}$

c) $T_{48} = \{1; 2; 3; 4; 6; 8; 12; 16; 24; 48\}$

2

Teilbar durch 2 sind die Zahlen 78; 90; 120 und 616.

Teilbar durch 5 sind die Zahlen 90; 120 und 255.

Teilbar durch 4 sind die Zahlen 120 und 616.

3

Teilbar durch 3 sind die Zahlen 123; 609; 729; 3009 und 87 654.

Teilbar durch 9 ist nur die Zahl 729.

Die Zahl 4321 ist nicht durch 3 teilbar und somit auch nicht durch 9.

4

Primzahlen sind die Zahlen 37; 97 und 103.

5

a) $2\frac{1}{4}$ b) $8\frac{1}{2}$ c) $\frac{15}{8}$ d) $\frac{44}{5}$

6

a) mit 3   b) mit 4   c) mit 6

d) mit 8   e) mit 5   f) mit 13

7

$\frac{36}{38} = \frac{18}{19}$; $\frac{32}{52} = \frac{8}{13}$; $\frac{48}{72} = \frac{2}{3}$

8

a) 50 %   b) 80 %   c) 70 %

d) $\frac{7}{100}$ e) $\frac{12}{100} = \frac{3}{25}$ f) $\frac{85}{100} = \frac{17}{20}$

9

a) $\frac{1}{3} < \frac{2}{5}$; $\frac{1}{2} < \frac{3}{5}$; $\frac{2}{5} < \frac{7}{15}$

b) $\frac{1}{3} > \frac{1}{4}$; $\frac{2}{3} > \frac{3}{5}$; $\frac{5}{6} > \frac{3}{4}$

Rückspiegel, Seite 55, rechts

1

a) $T_{49} = \{1; 7; 49\}$

b) $T_{53} = \{1; 53\}$

c) $T_{100} = \{1; 2; 4; 5; 10; 20; 25; 50; 100\}$

2

Teilbar durch 4 sind die Zahlen 96 und 5596.

Teilbar durch 2, aber nicht durch 4 sind die Zahlen 82; 150 und 430.

3

Teilbar durch 3, aber nicht durch 9 sind die Zahlen 984; 10 002 und 79 842.

4

Primzahlen sind die Zahlen 211 und 109.

5

a) $1\frac{3}{8} = \frac{11}{8}$ b) $\frac{48}{15} = 3\frac{1}{5}$ c) $\frac{34}{3} = 11\frac{1}{3}$ d) $13\frac{2}{9} = \frac{119}{9}$

6

a) 72   b) 42   c) 13   d) 11   e) 2   f) 17

7

$\frac{32}{44} = \frac{8}{11}$; $\frac{38}{95} = \frac{2}{5}$; $\frac{140}{175} = \frac{4}{5}$

8

a) 60 %   b) 90 %   c) 12,5 %

d) $\frac{15}{100} = \frac{3}{20}$ f) $\frac{46}{100} = \frac{23}{50}$ g) $\frac{110}{100} = \frac{11}{10} = 1\frac{1}{10}$

9

a) $\frac{13}{20} > \frac{1}{2}$; $\frac{43}{21} > \frac{1}{2}$; $1\frac{5}{6} > \frac{1}{2}$

b) $\frac{13}{20} < \frac{2}{3}$; $\frac{12}{25} < \frac{2}{3}$; $\frac{45}{97} < \frac{2}{3}$; $\frac{54}{108} < \frac{2}{3}$

Standpunkt, Seite 56

1 a) α = 180°; β = 90°; γ = 40°
b)

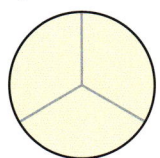 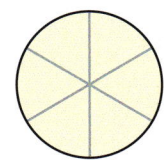 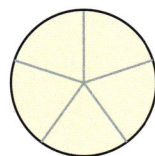

2
a) 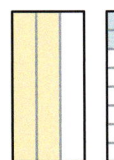 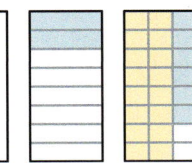 b)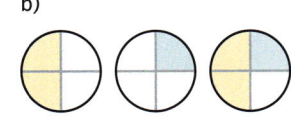

c)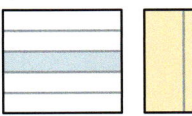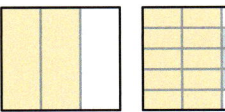

3
a) $\frac{1}{2} = \frac{2}{4}$; $\frac{1}{4}$

$\frac{1}{3} = \frac{2}{6}$; $\frac{1}{6}$

$\frac{1}{5} = \frac{2}{10}$; $\frac{3}{10}$

c) $\frac{1}{3} = \frac{2}{6}$; $\frac{5}{6}$

$\frac{7}{9} = \frac{14}{18}$; $\frac{5}{18}$

$\frac{2}{11} = \frac{4}{22}$; $\frac{19}{22}$

b) $\frac{4}{6} = \frac{2}{3}$; $\frac{1}{3}$

$\frac{2}{5}$; $\frac{6}{10} = \frac{3}{5}$

$\frac{6}{8} = \frac{3}{4}$; $\frac{2}{4}$

d) $\frac{6}{10} = \frac{3}{5}$; $\frac{15}{25} = \frac{3}{5}$

$\frac{3}{6} = \frac{6}{12}$; $\frac{5}{12}$

$\frac{7}{49} = \frac{1}{7} = \frac{2}{14}$; $\frac{3}{14}$

4 a) 6; 70; 64   b) 55; 260; 3
c) 24 : 8 + 27 = 30; 48 + 6 : 3 = 50; 3 · 6 + 6 · 7 = 60

5 a) 12 · (15 + 5) = 240
b) 17 + 83 + 45 = 100 + 45 = 145
c) 397 − 297 + 12 = 100 + 12 = 112
d) (120 − 90) : 3 = 30 : 3 = 10
e) 28 · (73 + 27) = 28 · 100 = 2800
f) 25 · 4 · 3 · 12 = 25 · 4 · 36 = 3600
g) (100 − 1) · 17 = 1700 − 17 = 1683

Rückspiegel, Seite 81, links

1
a) $\frac{5}{6}$; $\frac{1}{6}$; $\frac{3}{10}$; $\frac{5}{6}$ b) $\frac{1}{12}$; $\frac{5}{8}$; $\frac{7}{12}$; $\frac{8}{15}$ c) $\frac{8}{35}$; $\frac{13}{35}$; $\frac{8}{21}$; $\frac{9}{20}$

2
a) $\frac{1}{4}$; $1\frac{1}{8}$; $\frac{3}{5}$; $\frac{3}{4}$ b) $2\frac{1}{2}$; $\frac{1}{2}$; $2\frac{1}{3}$; $\frac{3}{4}$

3
a) $2\frac{1}{4}$; $\frac{7}{30}$; $\frac{4}{5}$; $\frac{9}{20}$ b) $\frac{35}{36}$; $2\frac{1}{21}$; $1\frac{1}{6}$; 2

4
a) $\frac{7}{20}$; $\frac{2}{3}$; $\frac{28}{27}$; $\frac{3}{10}$ b) $\frac{3}{4}$; $\frac{3}{10}$; $\frac{1}{6}$; $\frac{5}{3}$

5
a) Manuela $5 \cdot \frac{1}{2}$h = $2\frac{1}{2}$h = 150 min
Ruben $2 \cdot 1\frac{1}{2}$h = 3 h = 180 min
Ruben übt mehr.
b) Sven 7 · 20 min = 140 min = 2 h 20 min
c) Karin $2\frac{1}{2}$h = 150 min; 150 min : 3 = 50 min

Rückspiegel, Seite 81, rechts

1
a) $\frac{15}{28}$; $\frac{11}{12}$; $\frac{29}{70}$; $\frac{9}{10}$ b) $\frac{15}{32}$; 34; $\frac{11}{30}$; $\frac{8}{99}$ c) $\frac{33}{35}$; $\frac{21}{25}$; $\frac{11}{84}$; $\frac{35}{48}$

2
a) $\frac{3}{2} = 1\frac{1}{2}$; 5; $\frac{13}{25}$; $\frac{12}{11} = 1\frac{1}{11}$ b) $2\frac{1}{2}$; $\frac{3}{16}$; $1\frac{6}{11}$; $\frac{7}{12}$

3
a) $\frac{2}{3}$; $\frac{7}{12}$; $2\frac{4}{5}$; $7\frac{1}{6}$ b) $\frac{6}{7}$; $3\frac{3}{4}$; $1\frac{1}{17}$; $1\frac{1}{8}$

4
a) $3\frac{1}{3}$; $\frac{16}{35}$; $1\frac{3}{4}$; $1\frac{7}{18}$ b) $1\frac{1}{11}$; $2\frac{1}{3}$; $1\frac{3}{4}$; $\frac{9}{10}$

5
a) In der Flasche ist $\frac{1}{4}$ l.
b) Es werden 7 Flaschen benötigt.
c) Insgesamt sind es 2 l.
d) 1 l Benzin wiegt $\frac{3}{4}$ kg.

1

a) 12 € 19 ct = 12,19 € = 1219 ct
b) 35,01 € = 35 € 1 ct = 3501 ct
c) 4570 ct = 45 € 70 ct = 45,70 €

2

a) 3,500 kg = 3500 g   b) 3,5 kg = 3500 g
c) 0,087 kg = 87 g   d) 4,05 t = 4050 kg
e) 6,034 t = 6034 kg   f) 0,9 t = 900 kg

3

567,89; 6,05; 0,709; 45,075

4

Schreibe die Zahlen ausführlich.

m	dm	cm	mm	
3,	1	4		3,14 m = 3 m 1 dm 4 cm
7,	8	5		7,85 m = 7 m 8 dm 5 cm
	6,	4	7	6,47 dm = 6 dm 4 cm 7 mm
		9,	8	9,8 cm = 9 cm 8 mm

5

a) 36,6°   b) 37,7°   c) 38,3°   d) 39,6°

6

a) 4556 < 4565   b) 3,50 m > 3,05 m   c) 21,56 € > 12,65 €

7

a) 0,56 € < 2,59 € < 2,65 € < 5,06 €
b) 0,57 € < 0,59 € < 1,51 € < 2,17 € < 2,53 €

8

a) 3,00 €   b) 7,00 €   c) 7,00 €
d) 10,00 €   e) 4,00 €   f) 1,00 €

9

0,5 l; 0,25 l; 0,125 l; 0,75 l

Rückspiegel, Seite 97, links

1

a) 0,8; 0,07; 0,19   b) 0,4; 0,75; 0,28; 8,06

2

a) $\frac{4}{5}$; $\frac{3}{25}$; $\frac{3}{4}$ b) $1\frac{2}{5}$; $2\frac{3}{4}$; $8\frac{1}{2}$

3

a) 745 cm   b) 5,67 m   c) 78,05 m²

4

a) 423,4 < 432,4   b) 19,400 = 19,4
c) 12,345 < 123,45   d) 456,5 cm < 456,5 m
e) 0,71 > 70 %   f) $\frac{4}{5}$ = 0,8

5

a) 2,345; 2,354; 2,435; 2,543
b) 1,001; 1,010; 1,100; 1,101
c) 0,8987; 0,8997; 0,9879; 0,9987

6

a) 1,3; 2,5; 0,8; 14,4   b) 25,83; 1,23; 0,06; 0,10

7

a) 0,5; 0,75; 0,875; 0,25   b) 2,5; 1,25; 1,375; 9,6

8

a) 712,3   b) 3,127   c) 3,712

Rückspiegel, Seite 97, rechts

1

a) 7,5; 0,017; 0,16   b) 3,8; 0,625; 0,6

2

a) $\frac{3}{4}$; $\frac{1}{25}$; $\frac{1}{40}$ b) $\frac{9}{50}$; $4\frac{8}{25}$; $\frac{101}{500}$

3

a) 17,34 m   b) 12,02 dm²
c) 300,030 003 m³

4

a) 4,5678 < 4,5768
b) 12,5 m² > 0,12 a = 12 m²
c) 0,75 l < 750 dm³
d) 40 % = 0,4 > 4 %
e) 5 kg 890 g = 5,89 kg > 5 kg 89 g
f) 3,045 km = 3 km 45 m < 3,405 km

5

a) 0,0909; 0,0990; 0,909; 0,9909
b) 0,1001; 0,1010; 0,1011; 0,1101
c) 5,55 cm³; 0,5 dm³; 0,55 l

6

a) 0,36; 3,65; 0,04   b) 9,877; 98,877; 9,009

7

a) 4,5; 5,25; 1,85; 3
b) 1,92; 2,4; 4,75; 9,875

8

a) 232 221,0   b) 0,122 223   c) 231,2220

Standpunkt, Seite 98

1
a) 2872   b) 1823   c) 7345   d) 2872

2
a) 2800   b) 375 000   c) 65,00 €   d) $\frac{28}{100} = \frac{7}{25}$

e) 7   f) 50   g) 9,70   h) $\frac{3}{100}$

3
a) 2520   b) 31 464   c) 1 430 135

4
a) 138   b) 125 Rest 3   c) 786

5
a) 64,92 €   b) 60,50 €   c) 656 €   d) 70 €

6
a) 12   b) $\frac{1}{10}$ c) 1   d) $\frac{3}{4}$

7
a) $8 \cdot 125 \cdot 3 \cdot 50 = 1000 \cdot 150 = 150\,000$
b) $\frac{4}{15} - \frac{2}{15} + \frac{2}{7} + \frac{5}{7} = \frac{2}{15} + \frac{7}{7} = \frac{2}{15} + 1 = 1\frac{2}{15}$
c) $5 \cdot \left(\frac{3}{8} + \frac{1}{8}\right) = 5 \cdot \frac{4}{8} = 5 \cdot \frac{1}{2} = 2\frac{1}{2}$
d) $\frac{7}{8} + \frac{1}{8} + \frac{9}{11} = \frac{8}{8} + \frac{9}{11} = 1 + \frac{9}{11} = 1\frac{9}{11}$

8
$7 - \frac{5}{9} \cdot \frac{3}{5} = 6\frac{2}{3}$

9

Wander-albatros	Kaiser-pinguin	Nandu	Kormoran	Anden-kondor
8 kg	30 kg	26 kg	4 kg	12 kg

Rückspiegel, Seite 123, links

1
a) 24,6   b) 48,5   c) 8,912

2
a) 30   b) 11,5

3
a) 98,28   b) 5,5   c) 6,8   d) 13

4
a) 2,5   b) 0,2   c) 0,1

5
a) $2,5 \cdot 0,04 = 0,1$ b) $0,5 \cdot 5 = 2,5$
c) $1,2 \cdot 0,9 = 1,08$ d) $0,72 : 0,8 = 0,9$
e) $1,44 : 1,2 = 1,2$

6
a) $5,2 \cdot 9 = 46,8$ b) $2,5 \cdot 9 = 22,5$

7
$3,2 \cdot 10,5 + 6,4 = 40$

8
$7 \cdot 0,89\,€ + 8 \cdot 0,99\,€ + 4,98\,€ = 19,13\,€$
Die Klasse 6c muss insgesamt 19,13 € bezahlen.
$20,00\,€ - 19,13\,€ = 0,87\,€$
Der Klassensprecher erhält 0,87 € Rückgeld.

Rückspiegel, Seite 123, rechts

1
a) 14,61   b) 5,86   c) 18,652

2
a) 14   b) 0,5

3
a) 0,179 54   b) 7,89   c) 0,01

4
a) 8   b) 0,08   c) 5,7

5
a) $8,5 \cdot 15,2 = 129,2$ b) $1,3 \cdot 1,3 = 1,69$
c) $2,3 \cdot 0,6 = 1,38$ d) $14,75 : 0,5 = 29,5$
e) $9,46 : 20 = 0,473$

6
a) $0,4 : 9,8 \approx 0,04$ b) $8,4 : 9,0 \approx 0,93$

7
$1,7 + 1,6 - 7,68 : 2,4 = 0,1$

8
Flächeninhalt: $16,8\,m \cdot 25,6\,m = 430,08\,m^2$
Flächeninhalt: $22,4\,m \cdot \square\,m = 430,08\,m^2$
Also muss der neue Bauplatz 19,2 m breit sein.

Standpunkt, Seite 124

1

Rauten, Quadrate

2

Würfel, Sechseckprisma

3

Der Würfel wurde aus Netz c) gefaltet.

4

Zum Beispiel:

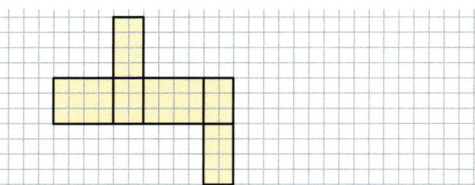

5

Die Reihenfolge ist A; C; B und D.

6

Ein Quader.

7

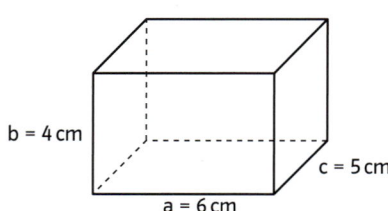

b = 4 cm
c = 5 cm
a = 6 cm

8

a) Ein Würfelgebäude.
b) Der Körper ist aus Würfeln aufgebaut. Das mittlere Netz ist ein Würfelnetz.

Rückspiegel, Seite 139, links

1

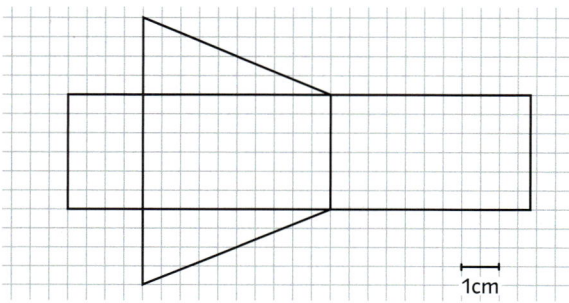

1cm

2

a) Eine Pyramide mit quadratischer Grundfläche hat 5 Flächen, 8 Kanten und 5 Eckpunkte.
b) Eine Pyramide mit sechseckiger Grundfläche hat 7 Flächen, 12 Kanten und 7 Eckpunkte.

3

A kommt mit E zusammen, B mit D; C und H bleibt allein, F kommt mit J zusammen, I kommt mit G zusammen. Es müssen 6 Ecken sein.

4

Nur Netz A ist ein Körpernetz (Dreieckspyramide).

5

(1) Zylinder; (2) Pyramide; (3) Quader; (4) Kugel; (5) Kegel

6

Es entsteht ein Zylinder.

Rückspiegel, Seite 139, rechts

1

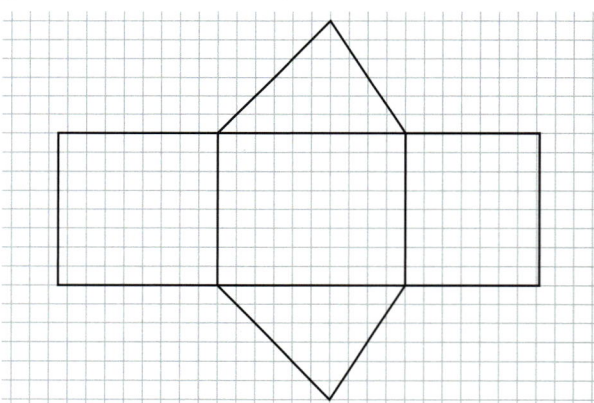

2

a) 7 Flächen, 15 Kanten, 10 Eckpunkte
b) 14 Flächen, 36 Kanten, 24 Eckpunkte

3

A kommt mit K zusammen, B mit F und J; C mit E; G mit I. D, H und L bleiben allein. Es müssen 7 Ecken sein.

4

Nur B ist das Netz eines Körpers.

5

a) Der Körper besteht aus einem Trapezprisma und einem Quader.
b) Der Körper besteht aus einem Zylinder und einem Würfel.

6

Es entsteht eine Kugel.

Standpunkt, Seite 140

1

a) A u = 8 cm; A = 3 cm^2 b) A 2 cm
  B u = 16 cm; A = 15 cm^2 B 5 cm
  C u = 16,8 m; A = 17,64 m^2
  D u = 28 m; A = 33 m^2
  E u = 12 cm; A = 5 cm^2

2

a) 36 cm   b) 48 cm   c) 30 cm   d) 52 cm

3

a) 34 + 1,6 = 35,6   b) 450 : 9 = 50
c) 12,5 · 2,4 = 30   d) $\frac{4}{5} - \frac{2}{3} = \frac{2}{15}$
e) 37 + 23 = 60   f) 87 − 10 = 77
g) 2,5 · 4 = 10   h) 56,7 : 7 = 8,1

4

a) 36   b) 78   c) 53   d) 90   e) 15   f) 9
g) 7   h) 99   i) 0,3

5

a) 28   b) 4   c) 19
d) 174   e) 45   f) 900

Rückspiegel, Seite 155, links

1

a) 4 · 2 + 3 = 11   b) 22 + 3 · 2 = 28
  4 · 5 + 3 = 23   22 + 3 · 5 = 37
  4 · 8 + 3 = 35   22 + 3 · 8 = 46
c) 5 · (2 − 1) = 5   d) 6 · 2 − 2,5 = 9,5
  5 · (5 − 1) = 20   6 · 5 − 2,5 = 27,5
  5 · (8 − 1) = 35   6 · 8 − 2,5 = 45,5
e) 7 · 2 + 3 − 2 · 2 = 13   f) 10 + 2 · (2 − 1) = 12
  7 · 5 + 3 − 2 · 5 = 28   10 + 5 · (5 − 1) = 30
  7 · 8 + 3 − 2 · 8 = 43   10 + 8 · (8 − 1) = 66

2

x	1	2	3	4	5	6	7
2 · x + 1	3	5	7	9	11	13	15

3

a) x + 11   b) x − 22   c) 13 · x
d) $\frac{x}{9}$ e) 4 · x + x

4

Summe aller Kanten: 8 · a + 4 · c

5

a) 500 g + x · 300 g
b) 4,7 kg = 4700 g
(4700 g − 500 g) : 300 g = 14
Es sind 14 Bücher im Karton.

6

a) y = 11   b) y = 5   c) x = 10

7

a) (2 + x) − 4 = 6; x = 8
b) 2 · x + 7 = 21; x = 7

Rückspiegel, Seite 155, rechts

1

a) 2 · 3 + 3 · 7 = 27   b) (3 + 2 · 1) · 4 = 20
c) 5 · 7 − 8 · 1 = 27   d) 2 · 7 − 3 + 2 · 1 = 13
e) 6 · 7 + 8 · 1 − 3 = 47   f) 2 · 1(4 · 3 + 7) = 38

2

x	0	1	2	3	4	5	6
6 · x + 13	13	19	25	31	37	43	49

3

a) 2 · (x · 18)   b) $\frac{1}{2}$ · (2 · x − 4)   c) (2 + x) : 6

4

Summe aller Kanten:
4 · (2 · a + 4 · b + 3 · c) oder 8 · a + 16 · b + 12 · c
Oberfläche: 2 · (2 · a · 4 · b) + 2 · (4 · b · 3 · c) + 2 · (2 · a · 3 · c)

5

a) 2,80 € + 0,15 € · x
b) 20,05 € − 2,80 € = 17,25 €
17,25 € : 0,15 = 115 €
Es wurden 115 Fotos bestellt.

6

a) x = 5   b) x = 4   c) x = 8   d) x = 3

7

a) x · 4 − 16 = 8; x = 6
b) 6 · x + 17 = 41; x = 4

Standpunkt, Seite 156

1

a) 0; 1; 5; 9; 10
b) 100; 150; 250; 350; 500
c) 29; 35; 41; 46; 52
d) A = 0,42; B = 0,47; C = 0,55; D = 0,59; E = 0,63
e) A = 2,88; B = 2,95; C = 3,01; D = 3,06; E = 3,11
f) A = 25,13; B = 25,17; C = 25,24; D = 25,27; E = 25,32
g) A = 5,061; B = 5,064; C = 5,069; D = 5,073; E = 5,078

2

a)

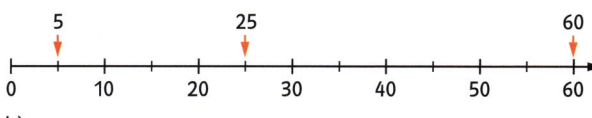

b)

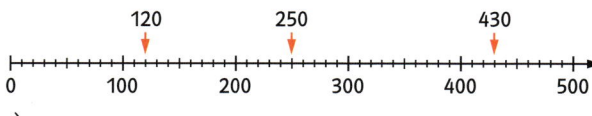

c)

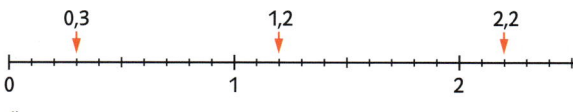

d)

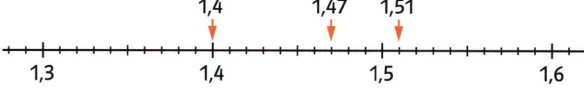

3

a) 753; 735; 573; 537; 375; 357
b) (1) 48; 35; 27; 23; 22; 19; 14; 9; 8; 7
   (2) 1260; 1206; 1026; 662; 626; 262
   (3) 54 455; 54 454; 54 444; 45 544
   (4) 24,0; 2,4; 0,24
   (5) 2,978; 2,897; 2,879
   (6) 7,02; 7,01; 6,99

4

A' (8|6); B' (13|6); C' (15|8); D' (12|8), E' (12|10); F' (10|10);
G' (10|8); H' (7|8)

Rückspiegel, Seite 171, links

1

a) −11; −28; 24   b) −23; −16; −11

2

a)

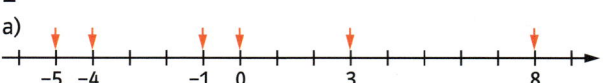

b)

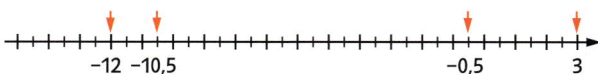

3

a) 23 > −27
b) −4312 < −1234
c) 2,5 > −12

4

a) −450; −405; −54; −45; 45; 540
b) −10; −5; −1; 2; 5

5

a) −4   b) −2,5

6

a) −1   b) −1,5

7

Moskau −27 °C; Helsinki −18 °C; Wien −7 °C; Brüssel 0 °C;
Athen 11 °C; Las Palmas 20 °C

8

Im Februar −3700; im März −2500; im April +3150;
im Mai −4500; im Juni +2890

Rückspiegel, Seite 171, rechts

1

a) −2; −0,5; 2,5
b) −92; −74; −58

2

a)

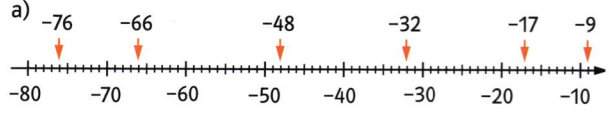

b)

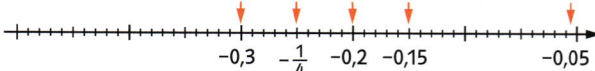

3

a) +12 > −21   b) −6,3 < 2,9   c) −3,3 > −4,4

4

a) −873; −783; −387; 378; 783
b) −502; −205; −52; 25; 52

5

a) −0,5   b) 2,1

6

a) −3,5   b) 0,5

7

1025,00 €; 5,09 €; −1,00 €; −75,80 €; −100,00 €; −234,56 €

8

Montag	8,3
Dienstag	8,7
Mittwoch	6,9
Donnerstag	10,4
Freitag	13,5
Samstag	7,5
Sonntag	8,2

Die größte Differenz ist also am Freitag.

Standpunkt, Seite 172

1

1	2	3	4	5	6	7	8	9	10
⦀	\	\	\	\	\	\	\\	\	\\

2

Milch	Kakao	Wasser	O-Saft	Energy D
18	22	3	8	16

3

Nur Aussage b) stimmt mit der Grafik überein.

4

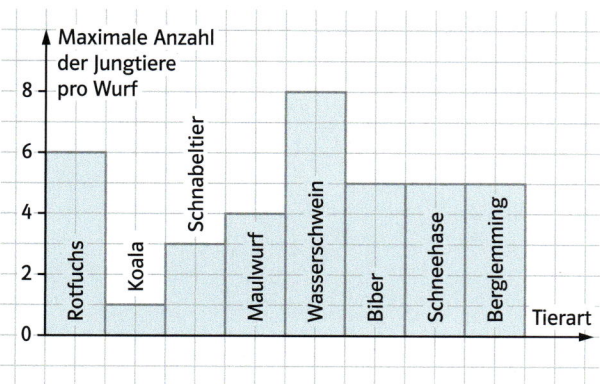

5

J	F	M	A	M	J	J	A	S	O	N	D
12°	9°	12°	16°	20°	28°	35°	32°	20°	10°	13°	15°

6

a) Jungen und Mädchen verbringen ihre Freizeit am liebsten mit Freunden.
Freunde, Musikhören, Radfahren, Fußballspielen
Radfahren und Musikhören nennen Jungen und Mädchen etwa gleich häufig.
b) Fußballspielen, Computer, Handspielgeräte
c) mit Puppen spielen, Hörbücher, Schwimmen

Rückspiegel, Seite 189, links

1

Lkw	Pkw	Motorrad	Fahrrad	Sonst.
8	37	3	17	2

b)

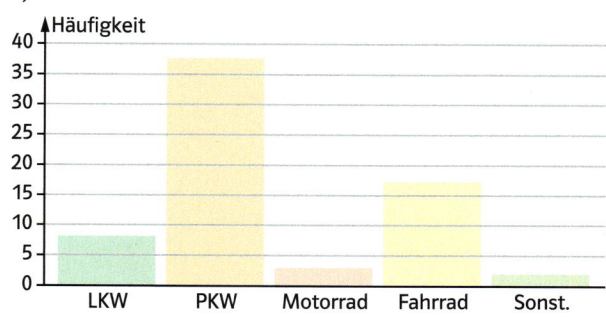

2

a)

J	F	M	A	M	J	J	A	S	O	N	D
28°	26°	24°	20°	18°	15°	12°	10°	14°	16°	22°	24°

b) Im Januar war es am heißesten.
c) Im August war es am kältesten.

3

Durchschnittlich gehen 21,5 Jugendliche in eine Klasse.

4

a) Mittelwert 12,77 €   b) Mittelwert 3,5 kg
c) Mittelwert 31 cm   d) Mittelwert 18 m²
e) Mittelwert 1,5 l

Rückspiegel, Seite 189, rechts

1

Gemeinsame Freizeit in Std.	1	2	3	4	5	6	7	8
Anzahl	5	11	9	7	10	3	4	1

Bilddiagramm:

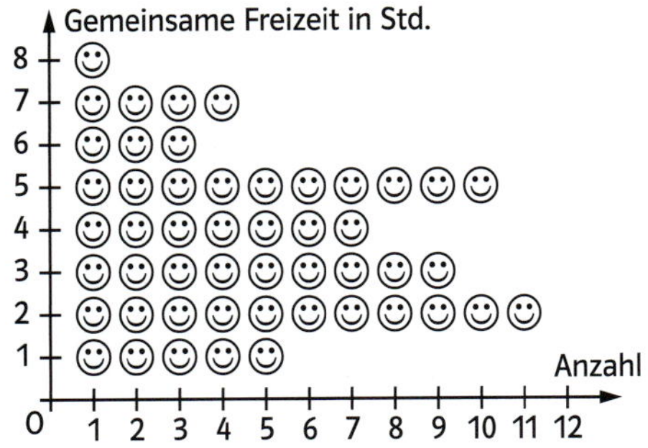

2

a) am 20.7. abends mit 41 °C

b) am 20.7. steigt das Fieber am stärksten an, und zwar von morgens auf abends um 2 °C.

c) Max ist ab 23.7. abends fieberfrei

3

a) Tagesdurchschnitt: $\frac{308}{7}$ km = 44 km

b) Um die gleiche Tour in 5 Tagen zu schaffen, müssen Petra und Sabine im Durchschnitt täglich $\frac{308}{5}$ km = 61,6 km zurücklegen.

4

a) Die größte Spannweite liegt mit 0,48 m in der Klasse 6 d vor.

b) Die durchschnittlich größte Weite wurde mit 4,48 m in der Klasse 6 c gestoßen.

c) Für die ganze Jahrgangsstufe beträgt die Spannweite 0,48 cm und der Mittelwert 4,4475 m ≈ 4,45 m.

Lösungen des Sammelpunktes

1

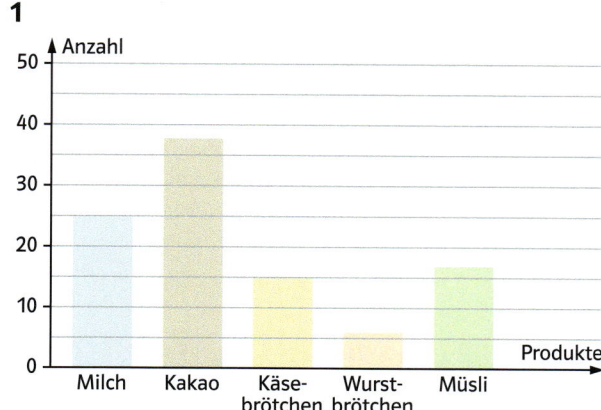

2

$0,1 < \frac{2}{5} < 2,75 < 4\frac{3}{8} < 4\frac{1}{2} < 5\frac{1}{2} = 5,5 < 5\frac{3}{4}$

3

a) 0,798 g
b) 0,8084 kg
c) 79,291 km
d) 3,288 m
e) 0,89 €
f) 0,940 t

4

$V = 1,92\,m^3$; $O = 10,72\,m^2$

5

(1) – A; (2) – C; (3) – D; (4) – B

6

Hier kann das Motorrad als Vergleichsgröße dienen, ein Motorrad ist etwa 2,50 m lang. Auf dem Bild hat das linke Motorrad eine Länge von 0,5 cm, der Bus ist auf dem Bild gemessen 2,5 cm, also fünfmal so lang.
5 · 2,50 m = 12,50 m. Der Bus ist etwa 12,50 m lang.

Sammelpunkt

1

a) 1230; 56 760; 70 210
b)

c) gerundet auf 1000er: Di: 19 000; Mi: 24 000; Do: 12 000; Fr: 9000; Sa: 37 000; So: 56 000; Geeignet ist z. B. ein Säulendiagramm mit 2 mm für 1000 Personen.

2

a) nach Fläche:
Russland; Kanada; China; USA; Brasilien; Australien; Indien.
nach Einwohnern:
China; Indien; USA; Brasilien; Russland; Kanada; Australien
b)

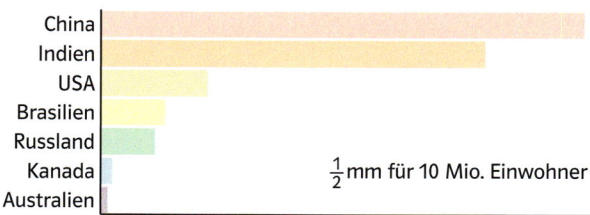

c) Man dividiert die Zahl der Einwohner durch die Fläche und ordnet die Quotienten (gerundete Werte).
Indien 311; China 135; USA 30; Brasilien 20; Russland 9; Kanada 3; Australien 2

3

a) 2,36 m; 4,53 m; 1345 m; 4,5 kg; 68 552 kg; 12,650 kg
b) 1200 dm²; 540 g; 230 cm²; 355 dm³
c) 12,5 l = 12,5 dm³ = 12 500 cm³
4500 cm³ = 4,5 l = 4,5 dm³
0,65 dm³ = 0,65 l = 650 cm³

4

a) 4389,6 m; 134 dm²
b) 0,5545 t; 8,325 a
c) 1,96 912 m² = 196,912 dm² = 19 691,2 cm²
76 l = 76 dm³

5

a) D(1|6)

b) A(3|2); B(11|6); C(9|10); D(1|6)

c) S(6|6)

d) Der Radius beträgt 2,5 cm.

e) D(6|9)

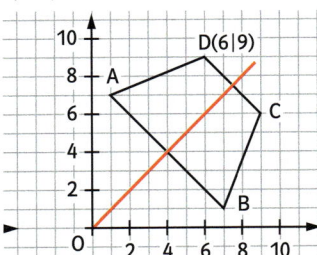

6

a) Entfernung von A nach B: 9 cm

b) Der Abstand von P zur Geraden g ist 4,3 cm.

c) Der Abstand von $\overline{PB}$ und h ist 4,6 cm.

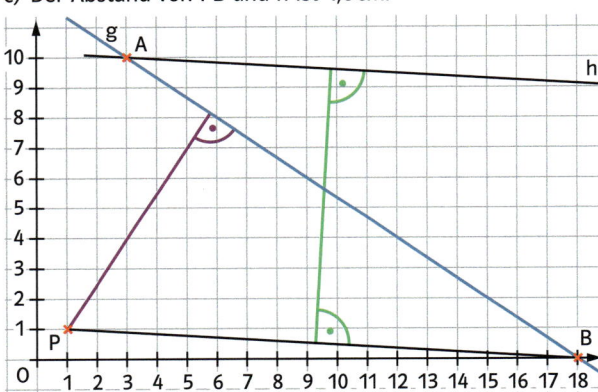

7

a)

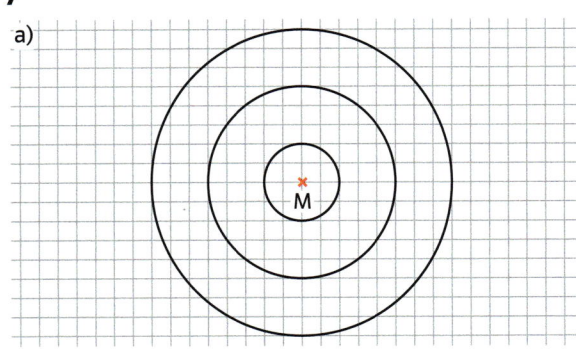

b)

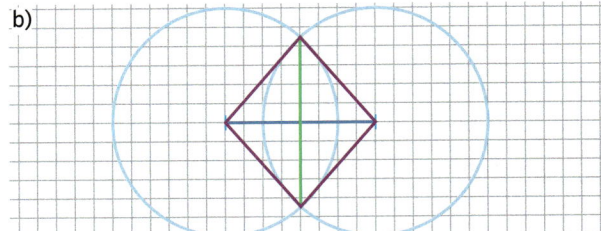

Das entstandene Viereck ist eine Raute. Die Diagonalen sind 4,5 cm und 4 cm lang. Die Winkel sind 84° und 96° groß.

c) Die Entfernung kann 0 bis 12 km betragen.

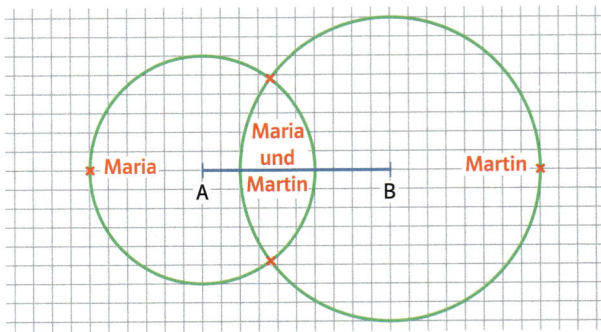

8

a) Umfang 44 cm; Flächeninhalt 92 cm²

b) 13 cm · 4 cm + 5 cm · 8 cm = 92 cm²

oder 9 cm · 8 cm + 5 cm · 4 cm = 92 cm²

oder 13 cm · 9 cm − 5 cm · 5 cm = 92 cm²

c) Umfang 50 cm; Flächeninhalt 120 cm²

9

a) Umfang 27 m; Flächeninhalt 35 m²

b) Die beiden fehlenden Seiten sind x = 3 cm und y = 2 cm lang. Umfang: 34 cm

c) Die weiße Fläche ist zwei Drittel der Gesamtfläche, also 40 cm². Dann muss die gesuchte Länge x = 10 cm sein.

10

a) 20,4 cm²

b) 9 · x · 4 · x − 5 · x · 3 · x = 36 · x² − 15 · x² = 21 · x²

c) 21 · 4 cm² = 84 cm²

11

a) 2 · (60 · 50 cm²) + 2 · (40 · 50 cm²) + 60 · 40 cm² =
2 · 3000 cm² + 2 · 2000 cm² + 2400 cm² = 12 400 cm² = 124 dm²

b) (60 · 40 · 40) cm³ = 96 000 cm³ = 96 dm³ = 96 l
Es passen 96 l Wasser hinein.

c) Es wird mit 243 l gefüllt, also reichen 250 l.
1,89 m² der Innenfläche werden nass.

12

a) 300 cm²   b) 500 cm²   c) 1200 cm²

13

a) α = 120° (stumpfer Winkel); β = 180° (gestreckter Winkel);
γ = 113° (stumpfer Winkel); δ = 150° (stumpfer Winkel)
b) Etwas weniger als 270° bzw. etwas mehr als 90°.
c) 3 Uhr oder 6 Uhr oder 9 Uhr; alle anderen Zeiten sind
sehr schwer zu bestimmen.

14

a)

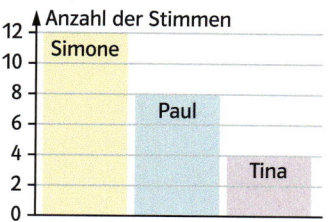

b) Simone 180°; Paul 120°; Tina 60°
c) Simone (14) 168°; Paul (10) 120°; Tina (6) 72°

15

a) 9-mal 2 Euro und 2-mal 1 Euro
b) 1-mal 2 Euro und 8-mal 1 Euro oder
2-mal 2 Euro und 5-mal 1 Euro und 2-mal 0,50 Euro oder
3-mal 2 Euro und 2-mal 1 Euro und 4-mal 0,50 Euro
c) Individuelle Lösung

16

a) ca. 5000 kg
b) 500 000; knapp 5000 kg = 5 t
c) Individuelle Lösung

17

a) bei Jutour 27 € pro Person, bei Young H. 26,50 €
b) 28 Schülerinnen und Schüler aus Klasse 6 a;
aus Klasse 6b 32
c) 197 ist eine Primzahl, hat deshalb nur die Teiler 1 und 197.

18

a) T_{15} = {1; 3; 5; 15}
V_{15} = {15; 30; 45; 60; 75}
b) T_{12} = {1; 2; 3; 4; 6; 12}
T_{13} = {1; 13}
T_{23} = {1; 23}
T_{24} = {1; 2; 3; 4; 6; 8; 12; 24}
13 und 23 sind Primzahlen.
c) Mit 24 kann man Gruppen mit 12; 8; 6; 4; 3 oder 2 bilden.
Wenn einer dazu kommt, kann man nur 5er-Gruppen bilden.
Wenn einer fehlt, kann man keine Gruppen bilden, 23 ist
eine Primzahl.

19

a) T_{42} = {1; 2; 3; 6; 7; 14; 21; 42}, also acht Teiler.
b) Nein, da z. B. 16 durch 4 und durch 8, aber nicht durch 32
teilbar ist.
c) 525 570 ist keine Primzahl, weil sie durch 10 teilbar ist, die
Zahl endet mit 0.

20

a) $\frac{3}{8}$ oder $\frac{60}{160}$ b)
c) Es müssen noch 20 Käst-
chen eingefärbt werden.

21

a) $\frac{7}{20}$ sind weiß.

b) 5 Kärtchen müssen noch blau gefärbt werden.

c) 3 blaue Kästchen müssten weiß gefärbt werden.

22

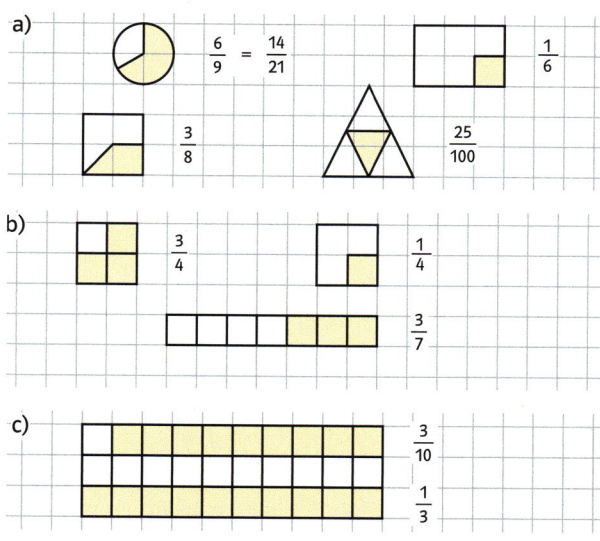

23

a) $\frac{1}{4}$; $\frac{5}{8}$; $\frac{7}{8}$; $\frac{5}{4}$

b)

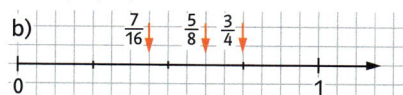

c) $\frac{1}{8}$ entspricht dann 1 cm. Von der Null bis zur Eins sind es
dann 8 cm.

24

a) $\frac{1}{4} < \frac{1}{2} < \frac{2}{3} < \frac{4}{5}$

b) $\frac{13}{24}$ ist größer als $\frac{19}{40}$, weil $\frac{13}{24}$ größer als $\frac{1}{2}$ ist und $\frac{19}{40}$ kleiner als $\frac{1}{2}$ ist.

25

a) Zum Beispiel $\frac{14}{48}$ b) Zum Beispiel $\frac{55}{100}$ und 0,55

c) Zwischen zwei Dezimalbrüchen kann man immer noch einen weiteren Dezimalbruch finden.

26

a) $2\frac{1}{12}$; $\frac{7}{12}$; 1; $\frac{16}{9} = 1\frac{7}{9}$ b) 5; 0; 6,25 $= 6\frac{1}{4}$; 1

c) $5\frac{5}{6}$; $1\frac{1}{6}$; $8\frac{1}{6}$; $1\frac{1}{2}$

27

a) 5,5; 2,5; 4,5; 10 b) 1,32; 1,08; 0,144; 10

c) 2,9; 1; 2,1; $\frac{25}{4} = 6\frac{1}{4} = 6,25$

28

a) 1 b) $\frac{1}{4}$ c) 0,15

29

a) $\frac{1}{4}$ b) 6

c) $\frac{17}{17} + \frac{6}{12} + \frac{19}{19} = 2\frac{1}{2}$ d) $\frac{1}{20}$

30

a) 20; 45; 75; 100 b) 0,4; 0,8; 1,4; 2,2

c) 2,46; 2,52; 2,58; 2,64 d) 0,985; 1,05; 1,2; 1,3

31

a) 0,798; 0,978; 0,987; 7,98; 8,79; 9,87

b) $\frac{1}{4}$; $\frac{3}{8}$; $\frac{1}{2}$; $\frac{5}{8}$

c) $\frac{7}{20}$; 0,36; $\frac{3}{8}$; $\frac{2}{5}$; 0,42

32

a) 12,5 − 1,5 − (0,26 + 0,74) = 11 − 1 = 10

b) (0,47 + 0,53) · 34,8 = 34,8; 34,8 kann man ausklammern.

c) $\left(\frac{3}{8} - \frac{3}{8} : \frac{3}{2}\right) : \frac{3}{4} = \left(\frac{3}{8} - \frac{1}{4}\right) : \frac{3}{4} = \frac{1}{8} \cdot \frac{4}{3} = \frac{1}{6}$

33

a) 43,0839; 430,839 b) 72,9

c) An der letzten Stelle muss eine 1 stehen.

34

a) 107 · 43 + 12 − 5 = 4608 b) 0,5 + 2,4 · 1,5 − 4,0 = 0,1

c) Zum Beispiel $\frac{4}{5} \cdot \frac{5}{6} + \frac{1}{2} - \frac{1}{4} = \frac{11}{12}$

35

a) In den Klassensälen stehen 416 Stühle.

b) $\frac{3}{10}$ spielen Fußball; es sind 280 Mitglieder.

c) $\frac{7}{12}$ spielen kein Instrument.

36

a)

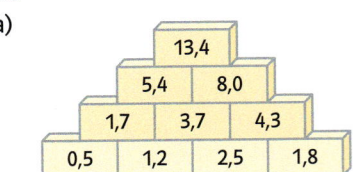

b)

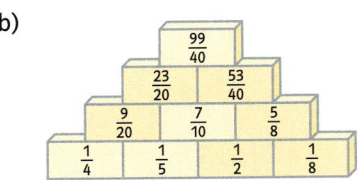

c) Zum Beispiel

$\frac{1}{2}$	$\frac{1}{4}$	$\frac{1}{5}$	$\frac{1}{3}$

37

a) Minimum: 0,80 €; Maximum: 5,25 €; Spannweite: 4,45 €; Mittelwert: 2,94 €

b) Klasse 6 a: 3,27; Klasse 6 b: 2,96

c) Nein mit Max: Klasse 6 a: 3,22

38

Kai 1,53 m; Tom 1,55 m

39

a) A: 1,60 m; 1,65 m; 1,68 m; 1,70 m; 1,92 m

B: 1,65 m; 1,66 m; 1,68 m; 1,70 m; 1,71 m

b) A im Vergleich zu B: 1,60 m zu 1,65 m und 1,92 m zu 1,71 m

c) A: 1,71 m; B: 1,68 m

40

a) 2,9 b) 3,0

c) Für einen Notendurchschnitt von 2,4 hätte er eine 1,5 oder besser schreiben müssen.

41

a) L und J; C und E; B und F; A und G und I

b) (1) und (4) sind quadratische Pyramiden, (2) ist eine Dreieckspyramide.

c) Laura braucht 12 · 4 cm + 6 · 6 cm = 48 cm + 36 cm = 84 cm.

12 x + 6 · y

42

Individuelle Lösung

43

a) (1) ein Achtel; (2) ein Viertel; (3) ein Sechstel

b) (1) $\frac{1}{4}$; (2) $\frac{1}{2}$; (3) $\frac{1}{27}$; (4) $\frac{1}{2}$

44

a)

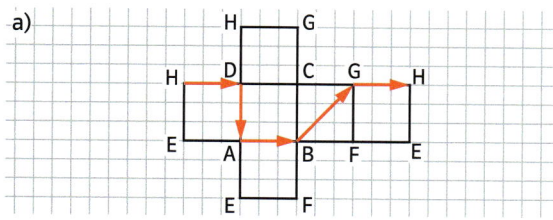

b)

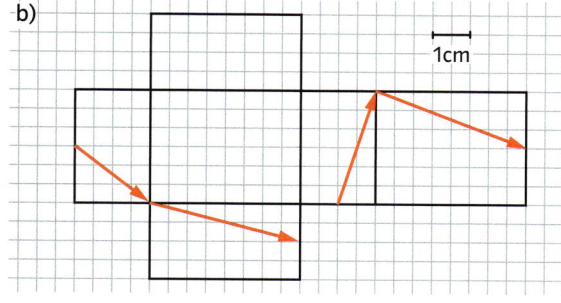

1cm

c)

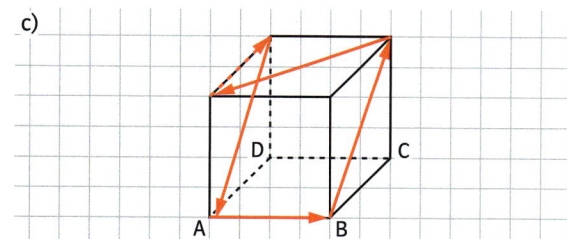

45

a) Dreiecksprisma und quadratische Pyramide.
Das Quadrat lässt sich anfügen
beim Prisma an $\overline{AH}$, $\overline{CD}$, $\overline{DE}$, $\overline{EF}$;
bei der Pyramide an $\overline{AB}$, $\overline{BC}$, $\overline{CD}$, $\overline{DE}$.

46

Beim Würfel sind alle Seiten gleich lang.

a) $125\,cm^3$ b) $1331\,mm^3 = 1{,}331\,cm^3$ c) $74{,}088\,dm^3$

d)

Quader	a)	b)	c)	d)
Länge	4 cm	5 cm	10 m	4 dm
Breite	7 cm	3 cm	6 m	2 dm
Höhe	9 cm	4 cm	4 m	8 dm
Volumen	$252\,cm^3$	$60\,cm^3$	$240\,m^3$	$64\,dm^3$

47

Flächeninhalt:
A: $2x \cdot 5x = 10x^2$;
B: $6x \cdot 3x - 2x \cdot 5x = 8x^2$
A ist größer als B.
Umfang:
A: $2 \cdot 2 \cdot x + 2 \cdot 5 \cdot x = 14x$;
B: $6 \cdot x + 3 \cdot x + x + 2 \cdot x + 5 \cdot x + x = 18x$
Umfang von B ist länger als von A.

48

a) 4

b) a = 3 und b = 1

c) m = 0 und n = 20; m = 5 und n = 14; m = 10 und n = 8
oder m = 15 und n = 2.

49

12x; ein Stäbchen ist 15 cm lang.

50

a) Kantensumme 24x und 32x; Oberfläche $24x^2$ und $40x^2$.

b) Beim Quader kommen noch 8x dazu.

51

a) x = 11; x = 13   b) x = 44; x = 40   c) x = 4; x = 8

52

a) 5   b) 9   c) 3

Lösungen des Basiswissens

Basiswissen | Linien, Figuren und Quadratgitter, Seite 200

1

a) Senkrecht zueinander laufende Linien:
$h \perp l$, $h \perp m$, $k \perp l$, $k \perp m$
b) Parallel verlaufende Linien:
$h \parallel k$, $l \parallel m$

2

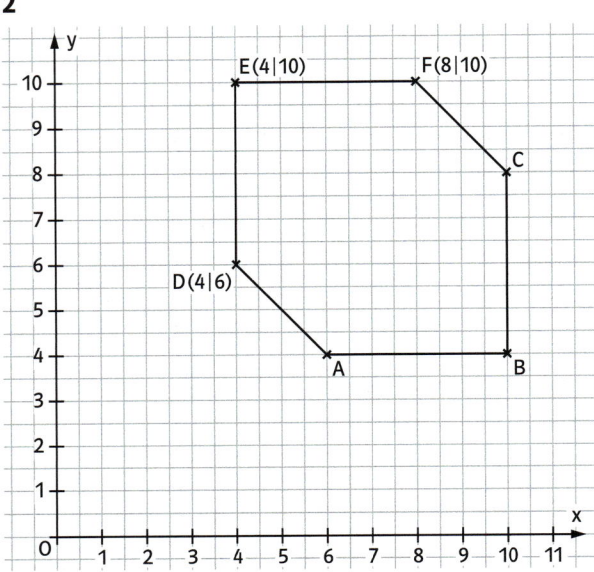

$\overline{AB} = \overline{BC} = \overline{EF} = \overline{DE} = 4\,\text{cm}$
$\overline{AC} = \overline{DF} = 5,7\,\text{cm}$
$\overline{AF} = \overline{BD} = \overline{BF} = \overline{CD} = \overline{CE} = \overline{AE} = 6,3\,\text{cm}$
$\overline{AD} = \overline{CF} = 2,8\,\text{cm}$
$\overline{BE} = 8,5\,\text{cm}$
Es gibt nur fünf unterschiedliche Streckenlängen, die gemessen werden müssen.

3

b) Flächeninhalt Rechteck: $17,5\,\text{cm}^2$
Flächeninhalt Quadrat: $16\,\text{cm}^2$
c) Umfang Rechteck: $17\,\text{cm}$
Umfang Quadrat: $16\,\text{cm}$

4

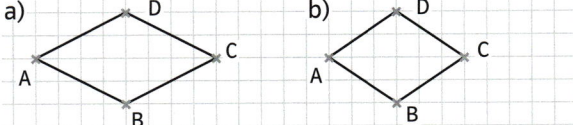

5

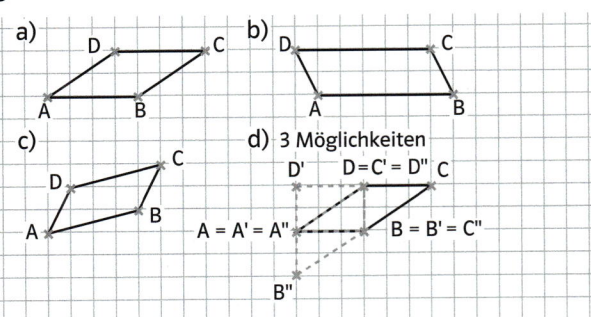

Basiswissen | Zahlen darstellen und runden, Seite 201

1

a)

Millionen			Tausender					
HM	ZM	M	HT	ZT	T	H	Z	E
							6	7
						2	3	5
					5	7	2	2
				1	2	3	8	7

b)

Millionen			Tausender					
HM	ZM	M	HT	ZT	T	H	Z	E
				2	7	6	4	3
			2	3	1	9	8	2
		2	4	9	0	3	7	7
	9	8	7	6	5	4	0	1

2

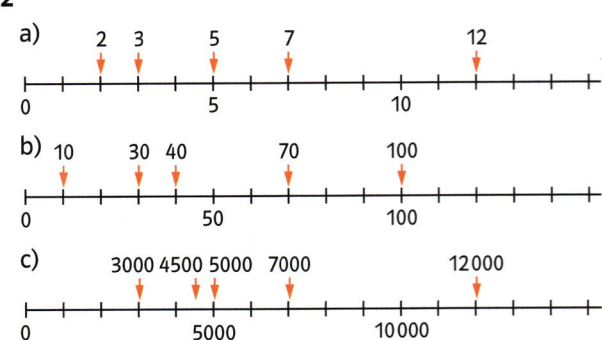

3

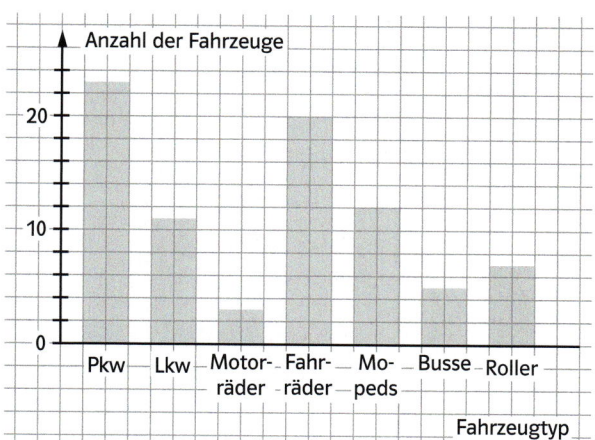

4

a) 80   1910   12 810

     170   8380   36 450

     910   1170   86 990

b) 1000   21 000   12 000

    5000   77 000   244 000

    8000   46 000   395 000

5

Aufgabe		Überschlag		Lösung	
75 · 47	(1)	1900 + 700	(4)	2505	(2)
1852 + 653	(2)	70 · 50	(1)	3936	(6)
287 · 69	(3)	1900 + 600	(2)	14 848	(7)
1895 + 688	(4)	300 · 70	(3)	3525	(1)
13 380 + 8684	(5)	80 · 50	(6)	2583	(4)
82 · 48	(6)	300 · 50	(7)	22 064	(5)
256 · 58	(7)	13 000 + 9000	(5)	19 803	(3)

Randspalte

13 er: 13	14 er: 14	16 er: 16	18 er: 18	19 er: 19
26	28	32	36	38
39	42	48	54	57
52	56	64	72	76
65	70	80	90	95
78	84	96	108	114
91	98	112	126	133
104	112	128	144	152
117	126	144	162	171
130	140	160	180	190

Basiswissen | Rechnen – Addition und Subtraktion, Seite 202

1

a) 8; 80; 800; 8000; 80 000

b) 1; 10; 100; 1000; 10 000

2

a) 650; 700; 750; 800; 850; 900; 950; 1000

b) 6000; 6120; 6240; 6360; 6480; 6600; 6720; 6840

c) 425; 400; 375; 350; 325; 300; 275; 250

3

a) 470   b) 60   c) 7700   d) 117   e) 500   f) 1020

4

a) 68   b) 813   c) 9309   d) 136   e) 844   f) 15203

5

a) 157   b) 1190   c) 3525   d) 14 712   e) 89 023   f) 52 249

6

a) 31   b) 349   c) 2290   d) 2535   e) 591   f) 6169

7

a) 33   b) 18   c) 169   d) 283   e) 9829   f) 94 426

8

a)
```
    5 7 2
  + 3 2 5
  _____
    8 9 7
```
b)
```
    7 4 0 8
  + 2 1 9 1
  _____
    9 5 9 9
```
c)
```
    6 4 3 0
  + 2 5 2 1
  _____
    8 9 5 1
```

9

a)
```
    9 9
  - 4 6
  _____
    5 3
```
b)
```
    4 2 7 8
  - 2 5 8 7
     1 1
  _____
    1 6 9 1
```
c)
```
    8 8 8 8
  -   9 9 9
     1 1 1
  _____
    7 8 8 9
```

10

a) 134 + 23 = 157   b) 145 − 67 = 78

c) 12 + 65 + 43 = 120   d) 267 − 78 = 189

Basiswissen | Rechnen – Multiplikation und Division, Seite 203

1

a) 15; 1500; 150 000; 15 000 000; 1 500 000 000
b) 2; 2; 2; 2; 2

2

a) 21 000; 21 000; 2 100 000; 2 100 000; 2 100 000
b) 60; 6; 60; 60; 600

3

a) 105   b) 60   c) 114   d) 231   e) 416   f) 88
g) 245   h) 420   i) 686

4

a) 1310   b) 2198   c) 2136   d) 888   e) 1784   f) 642
g) 6462   h) 4995   i) 2709

5

a) 1752   b) 12 274   c) 9648   d) 47 232   e) 474 150   f) 440 226

6

a) 4   b) 7   c) 35   d) 102   e) 9   f) 11
g) 5   h) 11 400   i) 3   j) 70

7

a) 24   b) 64   c) 19   d) 659   e) 92   f) 1336
g) 12   h) 17   i) 30

8

a) 81; 243; 729; 2187; 6561 (mit 3 multipliziert)
b) 10 000; 100 000; 1 000 000; 10 000 000; 100 000 000
(mit 10 multipliziert)
c) 136; 272; 544; 1088; 2176 (mit 2 multipliziert)
d) 64; 32; 16; 8; 4 (durch 2 dividiert)
e) 1 000 000; 100 000; 10 000; 1000; 100 (durch 10 dividiert)

9

a) 3; 6; 9   b) 0; 5   c) 0
0; 9   0; 3; 6; 9   0; 4; 8
alle Ziffern von 0 bis 9   0; 2; 4; 6; 8   2; 9

10

a) 123 · 45 = 5535   b) 450 : 9 = 50   c) (17 · 9) : 3 = 51

Basiswissen | Rechenregeln und Rechenvorteile, Seite 204

1

a) 69   b) 99   c) 397   d) 140
e) 1300   f) 140   g) 320   h) 6000

2

a) 119   b) 168   c) 132   d) 468   e) 260   f) 324

3

a) (40 + 7) · 8 = 376   b) (51 + 1) · 9 = 459
c) (10 + 3) · 62 = 806   d) (100 + 3) · 23 = 2369
e) 6 · (200 − 1) = 1194   f) (100 − 2) · 8 = 784

4

a) 39   b) 19   c) 18   d) 1   e) 45   f) 108

5

a) 31   b) 48   c) 23   d) 34
e) 14   f) 490   g) 56   h) 48

6

a) 2 · 5 + 10 = 20   b) 13 + 25 + 7 = 45
c) 17 − 3 · 5 = 2   d) (48 : 6) · 3 = 24
e) $\frac{1}{2}$ · 2 · 5 = 5   f) 16 − 4 · 4 = 0
g) 24 : 8 + 27 = 30   h) 48 + 6 : 3 = 50

7

a) 2 · (25 + 25)   b) (18 + 32) · 2
c) keine Klammer   d) 500 : (50 − 45)
e) 180 − (60 + 20)   f) (360 − 60) : 3
g) keine Klammer   h) keine Klammer
i) keine Klammer   j) (23 − 13) · (35 − 25)

Basiswissen | Größen, Seite 205

1

a) 300 ct   b) 1200 ct   c) 550 ct
d) 10 000 ct   e) 215 ct   f) 50 ct

2

a) 2 €   b) 30 €   c) 4,20 €   d) 0,60 €   e) 1,35 €   f) 55 €

3

a) 3 h   b) 5 h   c) 15 h   d) $\frac{3}{4}$ h   e) $\frac{1}{2}$ h   f) $\frac{1}{4}$ h

4

a) 180 min   b) 240 min   c) 600 min
d) 30 min   e) 90 min   f) 135 min

5

a) 3000 g; 9000 g; 12 000 g; 23 000 g; 500 g; 100 000 g
b) 4000 kg; 21 000 kg; 97 000 kg; 223 000 kg; 990 000 kg;
12 000 kg; 500 kg; 1500 kg;
c) 2 kg; 24 kg; 99 kg; 233 kg
d) 3 t; 17 t; 70 t; 0,5 t

6

a) 90 mm; 140 mm; 5600 mm
b) 60 cm; 4800 cm; 4520 cm
c) 40 dm; 210 dm; 1500 dm; 1980 dm
d) 2000 m; 12 000 m; 135 000 m

7

a) 5 m; 37 m; 580 m

b) 7 dm; 880 dm; 9 090 dm

c) 11 cm; 250 cm; 135 cm

d) 15 km; 21 km; 100 km

8

a) 500 cm^2; 700 dm^2; 1000 cm^2; 1200 cm^2; 13 000 dm^2

b) 7 m^2; 9 m^2; 13 dm^2; 340 dm^2; 890 m^2

9

a) 4 cm^3; 82 dm^3; 325 m^3

b) 5 l; 7 m^3; 23 l; 45 m^3

10

a) 34 000 dm^3; 80 000 mm^3; 115 000 cm^3; 200 000 dm^3

b) 17 000 ml; 230 000 ml; 2 000 000 ml; 5 478 000 ml

Basiswissen | Körper, Netze, Oberflächen- und Rauminhalte, Seite 206

1

mögliche Lösungen:

a)   b)

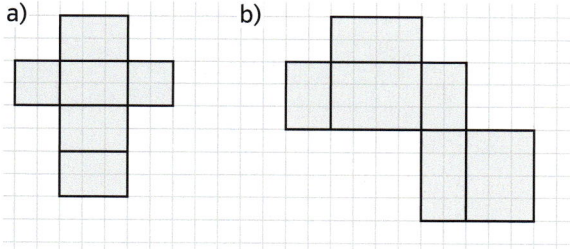

2

a) $2 \cdot (18 \cdot 6)\,\text{cm}^2 + 2 \cdot (18 \cdot 11)\,\text{cm}^2 + 2 \cdot (11 \cdot 6)\,\text{cm}^2 = 744\,\text{cm}^2$

b) $6 \cdot (8 \cdot 8)\,\text{cm}^2 = 6 \cdot 64\,\text{cm}^2 = 384\,\text{cm}^2$

3

a) Oberflächeninhalt: $6 \cdot 8 \cdot 8\,\text{cm}^2 = 384\,\text{cm}^2$

Volumen: $8\,\text{cm} \cdot 8 \cdot 8\,\text{cm}^2 = 512\,\text{cm}^3$

b) Oberflächeninhalt: $2 \cdot (5 \cdot 4)\,\text{cm}^2 + 2 \cdot (5 \cdot 25,6)\,\text{cm}^2 + 2 \cdot (4 \cdot 25,6)\,\text{cm}^2 = 500,8\,\text{cm}^2$

Volumen: $5 \cdot 4 \cdot 25,6\,\text{cm}^3 = 512\,\text{cm}^3$

Die beiden Körper haben das gleiche Volumen, aber der Oberflächeninhalt des Quaders ist größer.

4

a) Rauminhalt: $6 \cdot 6 \cdot 6\,\text{cm}^3 = 216\,\text{cm}^3$

Oberflächeninhalt: $6 \cdot 6 \cdot 6\,\text{cm}^2 = 216\,\text{cm}^2$

b) Rauminhalt eines Würfels mit 12 cm Kantenlänge:

$12 \cdot 12 \cdot 12\,\text{cm}^3 = 1728\,\text{cm}^3$

Oberflächeninhalt: $6 \cdot 12 \cdot 12\,\text{cm}^2 = 864\,\text{cm}^2$

Der Rauminhalt verachtfacht sich. Der Oberflächeninhalt vervierfacht sich.

Basiswissen | Tabellenkalkulation – Daten bearbeiten, Seite 208

1

a) und b)

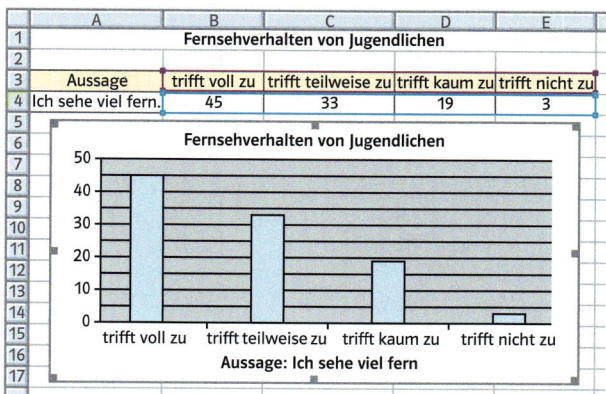

c) und d)

2

Register

Abnahme 163, 167
abrunden 201
addieren
- gleichnamiger Brüche 58
- ungleichnamiger Brüche 60, 76
Addition, schriftliche 202
Ägyptische Bruchrechnung 79
Assoziativgesetz 62, 204
aufrunden 201
ausklammern 75, 204
ausmultiplizieren 75, 204

Bilddiagramm 176, 177, 186
Bruch 24, 25, 37, 42, 51, 64
- als Quotient 38
Brüche
- am Zahlenstrahl 42, 51
- dividieren 71, 76
- multiplizieren 68, 76
- ordnen 47, 51
- teilen 66, 76
-, ungleichnamige 60, 76
- vervielfachen 64, 76
Bruchzahl 42

centi 105

Daten
- auswerten 172, 180
- bearbeiten 208
- darstellen 176
- erfassen 172, 174
- vergleichen 184
Datenliste 208
Deckfläche 126, 133
dezi 105
Dezimalbruch 82, 83, 98, 106, 108, 112
- addieren 100, 119
- dividieren 104, 112, 119
- multiplizieren 104, 108, 119
- periodische 91, 93
- rechnen mit 98, 99, 119
- runden 88
- subtrahieren 100, 119
- Verbindung der Rechenarten 86, 93
- vergleichen und ordnen 86
Dezimale 84
Dezimalschreibweise 84, 93
- von Größen 106

Diagramm 176, 186, 201, 208
Differenz 202
Distributivgesetz 75, 204
dividieren
- mit Zehnerpotenzen 104
- von Brüchen 71, 76
Division, schriftliche 203
Divisor 203
drehsymmetrisch 17, 19
Drehung 17, 19
Drehwinkel 17, 19
Drehzentrum 17, 19
Durchmesser 8, 19

Endziffernregel 31
Erhebung, statistische 174, 186
erweitern 44, 51, 93

Faktor 203
Figur 200
-, drehsymmetrische 17, 19
Flächeninhalt 200, 205
Formel 151, 207

Gegenzahl 158, 167
Geld 205
Geometriediktat 21
Gerade 200
Gesamtzahl 186
Gewicht 205
Giga 105
gleichnamig 47, 58
Gleichung 140, 149, 152
- lösen 149, 150, 152
Grad 14, 19
Gradnetz der Erde 22
Größe 205
Grundfläche 126, 129, 133

Häufigkeit
-, absolute 184, 186
-, relative 184, 186
Häufigkeitsliste 174, 186

Kegel 133, 135
Kehrbruch 71, 76
Kennwert 208
Kennwerte 180, 186
Kilo 105

Klammern 74, 76, 116, 119
Komma 84, 104, 119
Kommutativgesetz 62, 69, 204
Koordinaten 165
Koordinatensystem 165, 167
Kopfrechnen 26, 27
Körper 124, 125, 135
Kreis 6, 7, 8, 19
Kreisausschnitt 10, 19, 57
Kreisbogen 10, 19
Kreisdiagramm 176, 178, 186
Kugel 133, 135
kürzen 44, 45, 51, 93

Länge 205
Linie 200
Listen 174, 186

Mantel 126, 129, 133, 135
Maßeinheit 205
Maßzahl 205
Maximum 180, 186
Mega 105
mikro 105
milli 105
Minimum 180, 186
Mischungsverhältnis 41, 80
Mittelwert 180, 186
Multiplikation, schriftliche 203
multiplizieren
- mit Zehnerpotenzen 104
- von Brüchen 68, 76

Nachkommaziffer 84
nano 105
Nenner 37

Oberflächeninhalt 206
ordnen 167

parallel 200
Parallelogramm 200
Periode 91, 92
piko 105
Platzhalter 142
Primzahl 35, 51
Prisma 126, 131, 135
Produkt 203
Prozent 49, 51, 90
Punkt vor Strich 74, 76, 116, 119
Pyramide 129, 131, 135, 138

Quadernetz 206
Quadrant 165
Quadrat 200
Quadratgitter 200
Quersumme 33
Quersummenregeln 33
Quotient 203

Radius 8, 19
Rauminhalt 205, 206
Raute 200
Rechenausdruck 152
Rechengesetz 62, 69, 74, 75, 76, 116, 119
Rechenregeln 204
Rechenvorteile 204
Rechnen mit Brüchen 56, 57
Rechteck 200
runden 201
- von Dezimalbrüchen 88, 93
Rundungsstelle 93

Säulendiagramm 176, 177, 186
Scheitel 12, 19
Schenkel 12, 19
Schrägbild 131, 135
Sehne 10
Spalte 207
Spannweite 180, 186
Spitze 129
Stellenwerttafel 201
Strecke 200
Streifendiagramm 176, 178, 186
Strichliste 174, 186, 201
Subtrahend 202
subtrahieren
- gleichnamiger Brüche 58
- ungleichnamiger Brüche 60, 76
Subtraktion, schriftliche 202
Summand 202
Summe 202

Tabellenblatt 207
Tabellenkalkulation 145, 148, 178, 182, 207
Teilbarkeit 24, 25, 51
teilen von Brüchen 66
Teiler 28, 51
- gemeinsamer 30, 46
Teilermenge 51
Tera 105
Term 140, 141, 142, 146, 152
-, aufstellen von 146, 152
- mit Variablen 142, 147
Termwert
-, berechnen von 144, 152

Überschlagsrechnung 100, 201
Umfang 200
umwandeln von Brüchen in Dezimalbrüche 89
ungleichnamig 60

Variable 140, 142, 152
Verbindungsgesetz 62, 204
vergleichen 167
Vertauschungsgesetz 62, 69, 204
Verteilungsgesetz 75, 204
vervielfachen von Brüchen 64
Vielfachenmenge 51
Vielfaches 28, 51
-, gemeinsames 30
Volumen 205, 206
Vorzeichen 158

Wert, häufigster 183
Winkel 6, 7, 12, 14, 19
-, Einteilung der 14
-, gestreckter 14
-, rechter 14
-, spitzer 14
-, stumpfer 14
-, überstumpfer 14
-, voller 14
Winkelmessung 14, 19
Würfel 206

x-Achse 165, 167
x-Wert 165, 167

y-Achse 165, 167
y-Wert 165, 167

Zahlen
- darstellen 201
-, ganze 158, 167
-, rationale 162, 167
- runden 88, 201
Zahlengrade 158, 167
-, Anordnung 160
Zahlenstrahl 201
Zähler 37
Zehnerpotenz 104, 105, 119
Zeile 207
Zeit 205
Zeitmessung 103
Zelle 207
Zunahme 163, 167
Zylinder 133, 135

Mathematische Symbole

=	gleich
<	kleiner als
>	größer als
$\mathbb{N}$ ($\mathbb{N}^*$)	Menge der natürlichen Zahlen (ohne 0)
a, b, … g, h, …	Buchstaben für Strecken, Halbgeraden, Geraden
g ⊥ h	die Geraden g und h sind zueinander senkrecht
∟	rechter Winkel
g ∥ h	die Geraden g und h sind parallel
A, B, … , P, Q, …	Buchstaben für Punkte
α, β, γ, δ, …	griechische Buchstaben für Winkel
$\overline{AB}$	Strecke mit den Endpunkten A und B
A(2│4)	Gitterpunkt mit dem Rechtswert 2 und dem Hochwert 4

Maßeinheiten und Umrechnungen

Zeiteinheiten

Jahr		Tag		Stunde		Minute		Sekunde
1a	=	365 d						
		1 d	=	24 h				
				1 h	=	60 min		
						1 min	=	60 s

Gewichtseinheiten

Tonne		Kilogramm		Gramm		Milligramm
1 t	=	1000 kg				
		1 kg	=	1000 g		
				1 g	=	1000 mg

Längeneinheiten

Kilometer		Meter		Dezimeter		Zentimeter		Millimeter
1 km	=	1000 m						
		1 m	=	10 dm				
				1 dm	=	10 cm		
						1 cm	=	10 mm

Flächeneinheiten

Quadrat-kilometer		Hektar		Ar		Quadrat-meter		Quadrat-dezimeter		Quadrat-zentimeter		Quadrat-millimeter
$1\,km^2$	=	100 ha										
		1 ha	=	100 a								
				1 a	=	$100\,m^2$						
						$1\,m^2$	=	$100\,dm^2$				
								$1\,dm^2$	=	$100\,cm^2$		
										$1\,cm^2$	=	$100\,mm^2$

Raumeinheiten

Kubikmeter		Kubikdezimeter		Kubikzentimeter		Kubikmillimeter
$1\,m^3$	=	$1000\,dm^3$				
		$1\,dm^3$	=	$1000\,cm^3$		
		1 l	=	1000 ml		
				$1\,cm^3$	=	$1000\,mm^3$